普通高等教育“十三五”规划教材

大学计算机基础教程

主　编　桂　洁
副主编　杨素科

中国铁道出版社有限公司
CHINA RAILWAY PUBLISHING HOUSE CO., LTD.

内 容 简 介

本书是大学计算机基础课程的教材。全书共分 7 章，主要包括以下内容：计算机基础知识、Windows 7 操作系统基础、Word 2010 文字处理软件、Excel 2010 电子表格工具、Power Point 2010 文稿演示工具、计算机网络及 Internet 应用。

本书内容渗透了新的教育理念，贴近学生需要，符合大学生认知水平。力求将思想性、科学性、趣味性、综合性统一起来，突出适用性和可操作性。

本书适合作为高等学校本科非计算机专业和高职高专各专业的教材，还可作为全国计算机等级考试或各类培训机构教材。

图书在版编目（CIP）数据

大学计算机基础教程／桂洁主编．—北京：中国铁道出版社有限公司，2020.7（2023.7 重印）
普通高等教育“十三五”规划教材
ISBN 978-7-113-26888-6

Ⅰ．①大…　Ⅱ．①桂…　Ⅲ．①电子计算机-高等学校-教材　Ⅳ．①TP3

中国版本图书馆 CIP 数据核字（2020）第 083817 号

书　　名：大学计算机基础教程
作　　者：桂　洁

策　　划：曾露平　钱　鹏　　　　编辑部电话：（010）63551926
责任编辑：钱　鹏
封面设计：刘　颖
责任校对：张玉华
责任印制：樊启鹏

出版发行：中国铁道出版社有限公司（100054，北京市西城区右安门西街 8 号）
网　　址：http://www.tdpress.com/51eds/
印　　刷：北京铭成印刷有限公司
版　　次：2020 年 7 月第 1 版　2023 年 7 月第 3 次印刷
开　　本：787 mm×1 092 mm 1/16　印张：20.75　字数：516 千
书　　号：ISBN 978-7-113-26888-6
定　　价：54.00 元

前言

FOREWORD

随着计算机技术和网络技术的飞速发展，计算机应用已经渗透到各行各业，成为人们生产、生活、工作和学习不可或缺的一部分。高等院校作为人才培养的摇篮，应当适应现代社会发展的新趋势，着力培养大学生应用计算机的能力和信息素养，掌握基本的操作技能，学会通过网络获取和处理信息，成为复合型的信息化创新创业人才。因此，计算机基础课程作为各高校开设的一门公共必修课程，在信息化人才培养方面具有十分重要的地位。

本书是普通高等教育"十三五"规划教材，遵照教育部制定的《大学计算机基础课程教学基本要求》，结合计算机的最新发展技术以及课程改革的最新动向，秉承应用为主、素质为重的教育理念，对教材体系结构合理规划，对教学内容仔细甄选，力求在反映计算机技术发展趋势和学科领域最新科技成果的同时，使学生不仅掌握计算机的基本概念、基本原理、操作技术与方法，还初步具备利用计算机分析问题、解决问题的意识与能力，为今后的学习、工作打下基础。

本书共分为7章。第1章系统介绍了信息技术的基本知识、计算机的发展、计算机的组成、计算机中的信息表示和数制转换以及计算机中常用的编码等计算机基础知识；第2章讲述操作系统的形成、发展、基本概念和特征，并详细介绍了 Windows 7 操作系统的使用；第3~5章主要介绍了 Microsoft Office 2010 办公套件的内容和使用方法，包括文字处理软件 Word 2010、电子表格工具 Excel 2010 和演示文稿工具 PowerPoint 2010，第6章计算机网络介绍计算机网络的发展、功能及分类、数据传输介质、网络组成设备、网络体系结构和 IP 地址等知识；第7章介绍 Internet 的基本知识及应用。

本书主要特点如下：

（1）内容全面，知识新颖。本书在详细全面介绍计算机基础知识的同时，注重反映计算机发展的新技术、新领域，内容具有先进性。

（2）体系完整，概念清楚。本书内容丰富全面，可作为高等学校本科非计算机专业以及高职高专各专业的大学计算机基础课程教材，还可作为全国计算机等级考试或各类培训机构教材。

（3）面向应用，重在实践。书中实例均为作者多年经验总结所得，具有很强的实用性和可操作性，同时对操作实践内容进行了翔实、具体的讲解，尽可能介绍多种操作方法，开拓学生思路、激发创新意识。

（4）图文并茂，配套齐全。引入基于移动学习平台的混合教学模式，将重点和难点知识录制成微课，学生可通过扫描二维码，利用碎片时间观看学习，帮助他们更加细致、深入、熟练地掌握计算机的基本操作。

（5）目标突出，重点明确。本书在每章内容之前先列出学习目标，可以帮助教师备课，引导学生自学。

本书由桂洁任主编，杨素科任副主编，其中桂洁负责编写第 1 章至第 5 章，杨素科负责编写第 6 章、第 7 章。本书的编写得到了编者家人的大力支持，以及刘俊娟老师的帮助。正是他们的鼓励和帮助，使本书得以顺利完成。在此，谨向他们表示最真挚的感谢。

本书在编写过程中，参阅了大量的参考文献和图书资料，在此对相关文献的作者表示感谢。

由于时间紧迫以及编者的水平有限，书中难免会有疏漏和不足之处，敬请各位读者批评指正。

编　者

2020 年 4 月

目录

CONTENTS

第1章 计算机基础知识

当今世界，信息技术发展日新月异，数字化、网络化、智能化深入发展，给人们的工作、学习、生活方式带来了巨大改变，对推动社会发展起到了至关重要的作用，而计算机是信息技术的核心。电子计算机是20世纪人类最伟大的发明之一，从20世纪40年代诞生以来，以惊人的速度发展成为当今信息社会中必不可少的工具。

本章主要介绍了信息、信息技术、信息化、信息素养的基本概念和相关知识，并重点介绍了计算机的发展、分类、工作原理及软件、硬件系统等，最后对计算机中的数值和编码进行了介绍。

学习目标

- 了解信息与信息技术的概念。
- 理解计算机中常用的数制，掌握数制之间的转换方法。
- 了解信息在计算机中的表示。
- 了解计算机的发展、分类与用途。
- 理解计算机的基本工作原理，掌握计算机系统的组成。
- 了解计算机系统的主要性能指标。
- 了解计算机的正确使用方法。

1.1 信息技术概述

今天的社会是一个信息社会，人们到处在谈论信息，人们越来越多地听到“信息”这个词汇，可以说，我们正在迈向信息的高速公路，进入一个信息爆炸的新时代。

信息技术发展和应用所推动的信息化，给人类经济和社会生活带来了深刻的影响。进入21世纪，信息化对经济社会发展的影响愈加深刻。世界经济发展进程加快，信息化、全球化、多极化发展的大趋势十分明显。信息化被称为推动现代经济增长的发动机和现代社会发展的均衡器。

1.1.1 信息的概念与特征

1. 信息

信息（information）是一种十分广泛的概念，它普遍存在于自然界、人类社会以及人类思维活动中。对人类而言，五官能直接感受到的一切，比如，看到的新闻、听到的声音、感受的温度、嗅到的味道，这些都是信息。从原始社会的“结绳记事”，到古时边防的“烽火告警”，从东汉时期的造纸术和印刷术，到今天的计算机技术和移动通信技术，都是信息的表达方式与传播媒介。总之，信息无处不在。

信息有着多样的表现形态和载体形态，包括消息、信号、数据、媒体、情报等。由于信息和消息是同义词，因此，人们一直把信息看作是消息，简单地把信息定义为能够带来新内容、新知识的消息。但是，信息又不同于消息，其含义要比消息广泛得多。

人们虽然广泛地接触和使用信息，但是对什么是信息，迄今说法不一。美国数学家、控制论奠基人维纳在 1948 年出版的《控制论：动物与机器中的通信与控制问题》指出：“信息就是信息，不是物质，也不是能量。”这是将信息与物质和能量放在同等地位上的最早科学论断。另一位美国学者、信息论创始人香农在 1948 年发表了题为《通信的数学理论》的论文中将信息明确表示为“用来消除随机不定性的东西”。美国信息管理专家霍顿（F.W.Horton）给信息下的定义是：“信息是为了满足用户决策的需要而经过加工处理的数据。”1988 年，我国著名的信息学专家钟义信教授在《信息科学原理》一书中指出“信息是事物存在方式或运动状态，就是关于事物运动的千差万别的状态和方式的知识”。说明信息是客观世界各种事物特征的反映，是可通信的，且能够被加工成知识。

根据对信息的研究成果，可以将信息的概念概括为：是对客观世界中各种事物的运动状态和变化的反映，是客观事物之间相互联系和相互作用的表征，表现的是客观事物运动状态和变化的实质内容。

如今的信息，已经与半导体技术、微电子技术、计算机技术、网络技术、通信技术、多媒体技术、信息社会、信息服务业、信息经济、信息产业、信息管理等含义紧密地联系在一起。同时，随着互联网的快速发展，信息全球化也成为一个显而易见的发展趋势。

2. 信息的作用

（1）信息是一切生物进化的导向资源。生物生存于环境之中，而环境经常发生变化，如果生物不能得到这些变化的信息，就不能及时采取必要的措施来适应环境的变化，就可能被环境淘汰。

（2）信息是知识的来源，信息又是决策的依据。因为信息可以被提炼成为知识，而知识与决策目标结合在一起才可能形成合理的策略。

（3）信息是控制的灵魂。控制是依据策略信息来干预和调节被控对象的运动状态和状态变化的方式。没有策略信息，控制系统便会不知所措。

（4）信息是思维的材料。思维的材料只能是“事物运动的状态及其变化方式”，而不可能是事物的本身。

当然，信息的作用不只以上这些，但信息最重要的作用是可以通过一定的方法被加工成知识，并针对给定的目标被激活成为求解问题的智能策略，进而按照策略求解实际的问题。信息—知识—智能（策略），这是人类智慧的生长链，或称为智慧链，是人类认识世界和改造世界的一切活动。

3. 信息分类

根据不同的依据，信息有多种分类方法。从宏观上讲，人们一般把信息分为宇宙信息、地球自然信息和人类社会信息。

（1）宇宙信息：宇宙空间恒星不断发出的各种各样的电磁波信息和行星通过反射发出的信息，形成了直接传播或者反射传播的信息，这些信息称为宇宙信息。

（2）地球自然信息：包括地球上的生物为了繁衍生存而表现出来的各种形态行为以及生物运动的各种信息，另外还包括无生命的信息。

（3）人类社会信息：是指人类从事社会活动，通过五官及媒体、语言、文字、图表、图形等表现出来的，描述客观世界的信息。

另外，根据信息的来源不同，也可以把信息分为以下 4 种类型。

（1）源于书本上的信息：这种信息随着时间的推移变化不大，比较稳定。

（2）源于广播电视、报纸、杂志等的信息：这类信息具有很强的时效性，经过一段时间后，这类信息的实用价值会大大降低。

（3）人与人之间各种交流活动产生的信息：这些信息只在很小的范围内流传。

（4）源于具体事物，属于具体事物的信息：这类信息是最重要的、也是最难获得的信息，这类信息能增加整个社会的信息量，能给人类带来更多的财富。

4. 信息的基本特征

信息具有很多的基本特征，比如可度量性、可识别性、可转换性、可处理性等等。下面介绍一些信息的主要特征，便于进一步认识和理解信息的概念。

（1）可量度性。信息可采用某种度量单位进行度量，并进行信息编码，如现代计算机使用的二进制。

（2）可识别性。信息可采取直观识别、比较识别和间接识别等多种方式来把握。

（3）可转换性。信息可以从一种形态转换为另一种形态。如自然信息可转换为语言、文字和图像等形态，也可转换为电磁波信号或计算机代码。

（4）可存储性。信息可以存储。人脑就是一个天然信息存储器。人类发明的文字、摄影、录音、录像以及计算机存储器等都可以进行信息存储。

（5）可处理性。人脑就是最佳的信息处理器。人脑的思维功能可以进行决策、设计、研究、写作、改进、发明、创造等多种信息处理活动。计算机也具有信息处理功能。

（6）可传递性。信息通过传输媒体的传播，可以实现信息在空间上的传递。信息的传递是与物质和能量的传递同时进行的。语言、表情、动作、报刊、书籍、广播、电视、电话等是人类常用的信息传递方式。

（7）可再生性。信息经过处理后，可以以其他方式再生成信息。输入计算机的各种数据文字等信息，可用显示、打印、绘图等方式再生成信息。

（8）可压缩性。信息可以进行压缩，可以用不同的信息量来描述同一事物。人们常常用尽可能少的信息量描述一件事物的主要特征。

（9）可利用性。信息具有一定的时效性和可利用性。

（10）可共享性。信息作为一种资源，具有使用价值。信息传播的面积越广，使用信息的人越多，信息的价值和作用会越大。信息具有扩散性，在复制、传递、共享的过程中，可以不断地重复产生副本。但是，信息本身并不会减少，也不会被消耗掉。

1.1.2　信息技术的概念及发展历程

信息技术是主要用于管理和处理信息所采用的各种技术的总称，而以计算机及现代通信技

术和网络技术等为代表的现代信息技术成为了当代科学技术发展的主导领域，也被称为信息和通信技术。

1. 信息技术的定义

信息技术（Information Technology，缩写为 IT）涉及的范围十分广泛，一切与信息的获取、加工、表达、交流、管理和评价有关的技术都可以被称为信息技术。但是，信息技术和信息一样，到目前为止也没有公认的定义。

人们从技术、知识、生产、经济、社会、国家等多角度对“信息化”的定义与内涵进行了阐释，比如人们认为：凡是能扩展人的信息功能的技术，都可以称作信息技术；信息技术是研究如何获取信息、处理信息、传输信息和使用信息的技术；信息技术是指在计算机和通信技术支持下用以获取、加工、存储、变换、显示和传输文字、数值、图像以及声音信息，包括提供设备和提供信息服务两大方面的方法与设备的总称。

在“信息技术教育”中，“信息技术”可以从广义、中义、狭义三个层面来定义：

① 广义而言，信息技术是指能充分利用与扩展人类信息器官功能的各种方法、工具与技能的总和。该定义强调的是从哲学上阐述信息技术与人的本质关系。

② 中义而言，信息技术是指对信息进行采集、传输、存储、加工、表达的各种技术之和。该定义强调的是人们对信息技术功能与过程的一般理解。

③ 狭义而言，信息技术是指利用计算机、网络、广播电视等各种硬件设备及软件工具与科学方法，对文字、图形、声音、影像等各种信息进行获取、加工、存储、传输与使用的技术之和。该定义强调的是信息技术的现代化与高科技含量。

中国公众科技网对信息技术的表述是：有关信息的收集、识别、提取、变换、存储、传递、处理、检索、检测、分析和利用等技术。概括而言，信息技术是在信息科学的基本原理和方法的指导下扩展人类信息功能技术，是人类开发和利用信息资源的所有手段的总和。

信息技术是一门多学科交叉综合的技术，计算机技术、通信技术、多媒体技术和网络技术互相渗透、互相作用、互相融合，将形成以智能多媒体信息服务为特征的大规模信息网。

2. 信息技术的发展历程

在人类发展史上，信息技术经历了 5 个发展阶段：

第一个阶段：语言的使用。在距今 35 000 年～50 000 年前，人类社会出现了语言，语言成为人类进行思想交流和信息传播不可缺少的工具。

第二个阶段：文字的创造。大约在公元前 3500 年出现了文字，文字的出现使人类对信息的保存和传播取得重大突破，这是信息第一次打破时间、空间的限制。

第三个阶段：印刷术的发明和使用。大约在公元 1040 年，我国开始使用活字印刷技术（欧洲人则在 1451 年开始使用印刷技术）。印刷术的发明和使用，使书籍、报刊成为重要的信息存储和传播的媒体。

第四个阶段：电报、电话、广播和电视的发明和普及应用。19 世纪中叶以后，随着电报、电话的发明，电磁波的发现，人类通信领域产生了根本性的变革，实现了金属导线上的电脉冲来传递信息以及通过电磁波来进行无线通信。

第五个阶段：电子计算机的普及应用。始于 20 世纪 60 年代，其标志是电子计算机的普及应用及计算机与现代通信技术的有机结合。

21世纪初，人类将全面迈向信息时代。信息技术革命是经济全球化的重要推动力量和桥梁，是促进全球经济和社会发展的主导力量，以信息技术为中心的新技术革命将成为世界经济发展史上的新亮点。

1.1.3　信息化与信息化社会

1. 信息化的概念

信息化一词最早是与信息产业、信息化社会联系在一起的，是20世纪60年代的一名日本学者最先提出，而后被译成英文传播到西方，西方社会普遍使用“信息社会”和“信息化”的概念是20世纪70年代后期才开始的。

1997年召开的首届全国信息化工作会议，将信息化和国家信息化定义为：“信息化是指培育、发展以智能化工具为代表的新的生产力并使之造福于社会的历史过程。国家信息化就是在国家统一规划和组织下，在农业、工业、科学技术、国防及社会生活各个方面应用现代信息技术，深入开发广泛利用信息资源，加速实现国家现代化进程。”

具体来说，信息化就是以现代通信技术、网络技术和数据库技术为基础，将所研究对象各要素汇总至数据库，与特定人群生活、工作、学习、辅助决策等和人类息息相关的各种行为相结合的一种技术，使用该技术后，可以极大地提高各种行为的效率，为推动人类社会进步提供极大的技术支持。

因此，信息化代表了一种信息技术被高度应用，信息资源被高度共享，从而使得人的智能潜力以及社会物质资源潜力被充分发挥，个人行为、组织决策和社会运行趋于合理化的理想状态。同时，信息化也是IT产业发展与IT在社会经济各部门扩散的基础上，不断运用IT改造传统的经济、社会结构，从而通往上述理想状态的一个持续的过程。

2. 信息社会

在农业社会和工业社会中，物质和能源是主要资源，人们所从事的是大规模的物质生产。而在信息社会中，信息成为比物质和能源更为重要的资源，以开发和利用信息资源为目的信息经济活动迅速扩大，逐渐取代工业生产活动而成为国民经济活动的主要内容。信息经济成为国民经济的主导，并构成社会信息化的物质基础。

信息化社会指以信息技术为基础，以信息产业为支柱，以信息价值的生产为中心，以信息产品为标志的社会。其动力源泉是以计算机、微电子和通信技术为主的信息技术革命。

一般来说，信息化社会主要有以下几个特点：

（1）在信息社会中，信息、知识成为重要的生产力要素，和物质、能量一起构成社会赖以生存的三大资源。

（2）信息社会的经济是以信息经济、知识经济为主导的经济，它有别于农业社会是以农业经济为主导，工业社会是以工业经济为主导。

（3）在信息社会，劳动者的知识成为基本要求。

（4）科技与人文在信息、知识的作用下更加紧密地结合起来。

（5）人类生活不断趋向和谐，社会可持续发展。

由于信息技术在资料生产、科研教育、医疗保健、企业和政府管理以及家庭中的广泛应用，从而对经济和社会发展产生了巨大而深刻的影响，从根本上改变了人们的生活方式、行为方式和价值观念。

1.1.4 信息素养

信息素养是一个内容丰富的概念。它不仅包括利用信息工具和信息资源的能力，还包括选择、获取、识别信息、加工、处理、传递信息并创造信息的能力。

信息素养的本质是全球信息化需要人们具备的一种基本能力。信息素养这一概念是信息产业协会主席保罗·泽考斯基于1974年在美国提出的，简单的定义来自1989年美国图书馆学会（American Library Association，ALA），包括：文化素养、信息意识和信息技能三个层面。具体来说，就是能够判断什么时候需要信息，并且懂得如何去获取信息，如何去评价和有效利用所需的信息。

2003年，我国《普通高中信息技术课程标准》将信息素养定义为：信息的获取、加工、管理与传递以及对信息活动的过程、方法、结果进行评价的能力；流畅地发表观点、交流思想、开展合作，勇于创新，并解决学习和生活中的实际问题的能力；遵守道德与法律，形成社会责任感。

可以看出，信息素养是一种基本能力，是一种对信息社会的适应能力，同时也是一种综合能力。它涉及人文的、技术的、经济的、法律等各方面的知识，和许多学科有着紧密的联系，是一个特殊的、涵盖面很宽的能力。因此，培养和提高学生的信息素养，特别是信息能力，是信息化教育的重要目标。

1. 信息素养的构成

具体来说，信息素养主要包括4个方面：

（1）信息意识。信息意识是人的信息敏感程度，是人们对自然界和社会的各种现象、行为、理论、观点等从信息角度的理解、感受和评价。通俗地讲，面对不懂的东西，能积极主动地去寻找答案，并知道到哪里，用什么方法去寻求答案，这就是信息意识。

（2）信息知识。既是信息科学技术的理论基础，又是学习信息技术的基本要求。通过掌握信息技术的知识，才能更好地理解与应用它。它不仅体现着人们所具有的信息知识的丰富程度，而且还制约着他们对信息知识的进一步掌握。

（3）信息能力。它包括信息系统的基本操作能力，信息的采集、传输、加工处理和应用的能力，以及对信息系统与信息进行评价的能力等。这也是信息时代重要的生存能力。

（4）信息道德。培养学生具有正确的信息伦理道德修养，要让学生学会对媒体信息进行判断和选择，自觉地选择对学习、生活有用的内容，自觉抵制不健康的内容，不组织和参与非法活动，不利用计算机网络从事危害他人信息系统和网络安全、侵犯他人合法权益的活动。

信息素养的四个要素共同构成一个不可分割的统一整体。信息意识是先导，信息知识是基础，信息能力是核心，信息道德是保证。

2. 信息能力

信息素养主要表现为以下8个方面的能力：

（1）运用信息工具。能熟练使用各种信息工具，特别是网络传播工具。

（2）获取信息。能根据自己的学习目标有效地收集各种学习资料与信息，能熟练地运用阅读、访问、讨论、参观、实验、检索等获取信息的方法。

（3）处理信息。能对收集的信息进行归纳、分类、存储记忆、鉴别、遴选、分析综合、抽象概括和表达等。

（4）生成信息。在信息收集的基础上，能准确地概述、综合、履行和表达所需要的信息，使之简洁明了，通俗流畅并且富有个性特色。

（5）创造信息。在多种收集信息的交互作用的基础上，迸发创造思维的火花，产生新信息的生长点，从而创造新信息，达到收集信息的终极目的。

（6）发挥信息的效益。善于运用接受的信息解决问题，让信息发挥最大的社会和经济效益。

（7）信息协作。使信息和信息工具作为跨越时空的、“零距离”的交往和合作中介，使之成为延伸自己的高效手段，同外界建立多种和谐的合作关系。

（8）信息免疫。浩瀚的信息资源往往良莠不齐，需要有正确的人生观、价值观、甄别能力以及自控、自律和自我调节能力，能自觉抵御和消除垃圾信息及有害信息的干扰和侵蚀，并且完善合乎时代的信息伦理素养。

1.2 计算机基础知识

1.2.1 计算机的发展

纵观人类历史文明的发展，计算工具经历了由简到难、由低级到高级的发展过程。从最原始的石子、贝壳、手指、结绳计数，到我国古代的算筹（见图 1-1）、算盘（见图 1-2），英国的计算尺和法国的手摇计算机，再到后来出现的计算器、电动机械计算机等，直到今天的计算机，经历了一个漫长的过程，其每个计算工具的出现都是人类智慧的结晶，也是今天电子计算机的发展雏形。

图 1-1 算筹

图 1-2 算盘

1. 电子计算机的诞生

世界公认的第一台电子计算机诞生于 1946 年 2 月 15 日，由美国宾夕法尼亚大学研制成功，命名为 ENIAC（The Electronic Numerical Integrator and Computer，电子数值积分计算机）如图 1-3 所示。ENIAC 最初为计算弹道轨迹和射击表而设计的，其应用领域也主要是军事方面。ENIAC 大约使用了 18800 个电子管，1500 个继电器及其他器件，6000 多个开关，7000 个电阻，10000 个电容，功率为 150 kW，占地面积为 170m^2，重达 30t，耗资 40 万美元，每秒能够完成 5000 次加、减运算。虽然这个“庞然大物”的运算速度和我们今天的电子计算机比起来微不足道，但是它可以将当时人工需要一个星期才能完成的弹道轨迹计算，仅用 3 秒钟就完成，使当时的一切运算工具都相形见绌。它的诞生宣告了计算机时代的到来，是人类科学史上具有划时代意义的伟大成就。

图 1-3　第一台电子计算机 ENIAC

2. 电子计算机的发展历程

从第一台电子计算机诞生到今天，在短短的 70 多年中，计算机技术得到了迅猛的发展，计算机成为人类学习、工作、生活不可或缺的主要工具。人们根据电子计算机使用的电子元器件的不同，将电子计算机的发展划分为电子管、晶体管、集成电路、大规模超大规模集成电路四个阶段。

（1）第一代计算机：电子管计算机（1946—1954 年）

第一代计算机的主要元件采用电子管，内存储器采用水银延迟线，外存储器使用纸带、卡片、磁带或磁鼓储存数据。这一代计算机体积庞大、耗电多、运算速度慢、存储容量小、可靠性差、价格昂贵，运算速度只有每秒几千次到几万次基本运算，内存容量只有几千个字。

它几乎没有什么软件配置，最初使用的是二进制代码表示的机器语言进行编程，直到 20 世纪 50 年代末才出现汇编语言。

由于第一代计算机体积庞大、价格昂贵，加之操作指令只是为特定任务而编制，每种机器有各自不同的机器语言，功能受到限制，因此其应用领域主要是军事方面。1951 年，UNIVAC（Universal Automatic Computer）首次交付美国人口统计局使用，标志着计算机由军事领域转入数据处理领域。

（2）第二代计算机：晶体管计算机（1955—1964 年）

1955 年，美国贝尔实验室研制出的世界上第一台全晶体管计算机 TRADIC 是其代表之一。如图 1-4 所示。第二代计算机的主要元件采用晶体管，内存储器为磁芯，外存储器出现了磁带和磁盘。这一代计算机体积缩小，功耗减小，可靠性提高，运算速度加快，达到每秒几十万次基本运算，内存容量扩大到几十万字。

1951 年，美国哈佛大学计算机实验室的华人留学生王安发明了磁芯存储器。该技术改变了继电器存储器的工作方式和存储器与处理器的连接方式，大大缩小了存储器的体积。

计算机软件技术也有了较大的发展，出现了监控程序并发展为后来的操作系统，随之相继出现了大量的高级程序设计语言，如 FORTRAN，COBOL，BASIC。这些语言的出现使程序员不需要学习计算机的内部结构，就可以实现计算机编程，大大方便了计算机的使用，加速了计算机的普及。

它的应用领域也由单一的科学计算扩大到数据处理、工业过程控制等多个领域，并开始进入商业领域。

（3）第三代计算机：集成电路计算机（1965—1970 年）

1964 年，IBM 公司研制出的 IBM S/360 系列计算机是第三代计算机的代表性产品，如图 1-5

所示。第三代计算机的主要电子器件采用中、小规模集成电路，通过半导体集成技术将许多逻辑电路集成在一块只有几平方毫米的硅片上。内存储器开始采用半导体存储器，外存储器使用磁带和磁盘。与晶体管电路相比，这一代计算机的特点是小型化、耗电省、可靠性高、运算速度快，运算速度提高到每秒几十万到几百万次基本运算，在存储器容量和可靠性等方面都有了较大的提高。

图 1-4 首台晶体管计算机 TRADIC

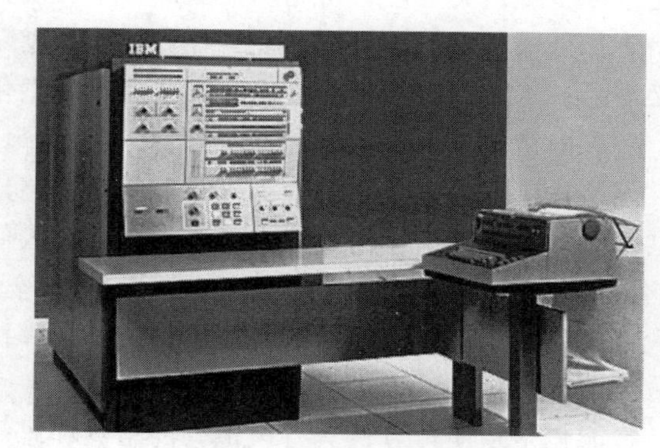

图 1-5 IBM360 计算机

计算机软件技术的进一步发展，尤其是操作系统的逐步成熟是第三代计算机的显著特点。提出了结构化、模块化的程序设计思想，出现了结构化的程序设计语言 Pascal。这个时期的另一个特点是小型计算机的应用。这些特点使得计算机在科学计算、数据处理、实时控制等方面得到更加广泛的应用。

（4）第四代计算机：大规模超大规模集成电路计算机（1971 年至今）

美国的 ILLIAC-IV 标志着计算机进入了第四代，它是第一台全面使用大规模集成电路的计算机。第四代计算机的主要元件采用大规模超大规模集成电路。在 20 世纪 70 年代初期，在一个芯片上可以容纳几千到几万个元件，到了 80 年代初，一个芯片可以容纳的元件达到几十万个，也正是在这个时代出现了微处理器（CPU），将控制器和运算器集成到一个芯片上。1971 年，美国的 Intel 公司发明的微处理器 4004，开创了微型计算机时代。主存储器采用集成度很高的半导体存储器，外存储器的存储速度和存储容量也大幅上升。从第四代计算机开始，其集成度越来越高，体积小、质量轻、耗电省、可靠性高、运算速度快，每秒可进行几百万次甚至上亿次基本运算。计算机的性能价格比以每 18 个月翻一翻的速度上升，这就是著名的 More 定律。

在这个时期，软件也得到了飞速发展，提出软件工程的概念，出现了数据库系统、分布式操作系统等，应用软件的开发已逐步成为一个庞大的现代产业。

微型计算机问世并迅速得到推广，逐渐成为现代计算机的主流。计算机技术以前所未有的速度在各领域迅速普及应用，快速进入寻常百姓家庭。

3. 计算机的发展趋势

随着计算机应用的不断推广和深入，对计算机技术本身提出了更高的要求。当前，计算机的发展主要有巨型化、微型化、网络化、智能化及多媒体化五种发展趋向。

（1）巨型化

巨型化是指高速度、高精度、大容量和强功能的巨型计算机。巨型化的计算机是为了满足诸如天文、气象、地质、核反应堆等尖端科学和战略武器研制中的复杂计算需要，也是记忆巨量的知识信息以及使计算机具有类似人脑的学习和复杂推理的功能所必需的。巨型机的发展集中体现了计算机科学技术的发展水平，标志着一个国家的综合科技实力。

（2）微型化

随着高性能的超大规模集成电路技术的研究和应用，计算机中开始使用微型处理器。微型化是进一步提高集成度，研制功能更加齐全、质量更加可靠、性能更加优良、整机更加小巧、价格更加低廉的微型计算机，使得计算机越来越贴近人们的日常生活，并成为人们生活和学习的必需品。因此，未来计算机仍会不断趋于微型化，体积将越来越小。

（3）网络化

网络化是把各自独立的计算机通过通信线路连接起来，实现各计算机用户的相互通信和资源共享。计算机网络化彻底改变了人类世界，人们能够充分利用计算机的宝贵资源并扩大计算机的使用范围，获得更加快捷、方便、可靠、广泛、灵活的信息服务。尤其是无线网络的出现，极大地提高了人们使用网络的便捷性，未来计算机将会进一步向网络化方面发展。

（4）智能化

智能化是指使计算机具有模拟人的感觉和思维过程，并通过计算机程序来实现这些功能。这种通过计算机程序来呈现人类智能的技术被称为“人工智能”。利用人工智能技术，可以实现智能控制、密码破译、专家系统、机器人学、语言和图像理解、遗传编程机器人工厂、自动程序设计、航天应用、庞大的信息处理、储存与管理、执行化合生命体无法执行的或复杂或规模庞大的任务等等。智能化使计算机突破了“计算”这一初级的含义，从本质上扩充了计算机的能力，可以越来越多地代替人类的脑力劳动。计算机人工智能化是未来发展的必然趋势。

（5）多媒体化

传统的计算机只是处理字符和数字，而多媒体计算机能够综合处理文字、图形、图像、声音、动画等媒体信息，使多种信息建立有机联系，创建一个图文并茂、有声有色的交互性系统，使信息处理的对象和内容更加接近真实世界。

4. 未来计算机

随着第四代计算机技术的日趋成熟，人们已经开始了第五代计算机的研制与开发。日本在1981年宣布要在10年内研制“能听会说、能识字、会思考”的第五代计算机。作为新一代计算机，第五代计算机将把信息采集、存储、处理、通信和人工智能结合起来，具有形式推理、联想、判断、学习、解释等能力。虽然，迄今为止日本原来的研究计划只有部分实现了，也并没有哪一台计算机被宣称是第五代计算机。但有一点可以肯定，第五代计算机的讨论引发了许多国家对新型计算机的研究，在不久的将来，我们会面对各种各样的未来计算机。

（1）神经网络计算机

人类大脑是由数千亿个脑细胞（神经元）组成的网络系统，神经网络计算机是能够完成类似人脑功能的计算机系统。近十年以来，日本、美国、西欧等国家都纷纷大力投入对人工神经网络的研究。神经网络计算机除有许多处理器外，还有很多类似神经的节点，每个节点与其他节点相连。每一步运算可以分配给每台微处理器同时运算，从而大大提高信息处理速度。同时，神经网络计算机的信息不是存在存储器中，而是存储在神经元之间的联络网中。若有节点断裂，计算机仍有重建资料的能力。

神经网络计算机具有模仿人类大脑的判断能力和适应能力、具有联想记忆、视觉和声音识别能力，可以判断对象的性质与状态，而且可同时并行处理实时变化的大量数据，并引出结论。神经元计算机最有前途的应用领域是国防，它可以识别物体和目标，处理复杂的雷达信号，决定要击毁的目标。

（2）生物计算机（分子计算机）

生物计算机也称仿生计算机，是以生物电子元件构建的计算机。其主要原材料是生物工程技术产生的蛋白质分子作为生物芯片，利用有机化合物存储数据。信息以波的形式传播，当波沿着蛋白质分子链传播时，会引起蛋白质分子链中单键、双键结构顺序的变化。用蛋白质构成的集成电路，大小只相当于硅片集成电路的十万分之一，它的一个存储点只有 1 个分子大小，所以它的存储容量可以达到普通计算机的十亿倍，而且运行速度更快，只有 10^{-11} 秒，大大超过人脑的思维速度。它还具有很强的抗电磁干扰能力，能彻底消除电路间的干扰，能量消耗仅相当于普通计算机的十亿分之一。

生物计算机最大的优点是生物芯片的蛋白质具有生物活性，能够跟人体的组织结合在一起，特别是可以和人的大脑和神经系统有机的连接，使人机接口自然吻合，免除了繁琐的人机对话。这样，生物计算机就可以听人指挥，成为人脑的外延或扩充部分，还能够从人体的细胞中吸收营养来补充能量，不需要任何外界的能源。由于生物计算机的蛋白质分子具有自我组合的能力，从而使生物计算机能发挥生物本身的调节机能，自动修复芯片上发生的故障，更易于模拟人类大脑的功能。现今科学家已研制出了许多生物计算机的主要部件——生物芯片。

（3）量子计算机

量子计算机是一种全新的基于量子理论的计算机，遵循量子力学规律进行高速数学和逻辑运算、存储及处理量子信息的物理装置。不像传统的电子计算机那样只能处于 0 或 1 的二进制状态，量子计算机应用的是量子比特，运算对象是量子比特序列，可以同时处在多个状态。同时，量子计算机能够实现量子并行计算，其运算速度可能比目前的个人计算快 10 亿倍。量子计算主要应用于复杂的大规模数据处理与计算难题，以及基于量子加密的网络安全服务。基于自身在计算方面的优势，在金融、医药、人工智能等领域，量子计算都有着广阔的市场。

（4）光子计算机

光子计算机是以光子代替现代半导体芯片中电子作为传递信息的载体，以光互连代替导线互连，以光运算代替电运算，并由光导纤维与各种光学元件等构成集成光路，进而完成数据的运算、传输和存储。在光子计算机中，用不同的波长、频率、偏振态及相位的光代表各种数据，可以对复杂度高、计算量大的任务实现快速的并行处理。由于光子比电子速度快，光子计算机的运行速度可高达一万亿次每秒，将使运算速度在目前基础上呈指数上升。它的存储容量是现代计算机的几万倍，还可以对语言、图形和手势进行识别与合成。

目前，许多国家都投入巨资进行光子计算机的研究。随着现代光学与计算机技术、微电子技术相结合，在不久的将来，光子计算机将成为人类普遍的工具。

1.2.2　计算机的特点、应用和分类

1. 计算机的特点

计算机作为一种智能化工具，具有许多独有的特点，其中最重要的是高速度、超记忆、善判断、可交互。

（1）具有高速运算能力

运算速度快是计算机的一个最主要的特点。以前一些依靠人工运算要花费很长时间才能解决的问题，用计算机在很短的时间内就可以得出结果，从而解决一些过去无法解决的问题。计算速度快也使实时控制和数据分析非常方便、快捷，如导弹、卫星发射、复杂化工产品生产过程控制等操作都可以通过计算机来完成。

（2）具有高精度计算能力

计算机内部采用二进制进行运算，并且可通过增加表示数字位数和先进的计算方法来提高精度，以达到人们所要求的任何计算精度，这是其他计算工具所望尘莫及的。例如，经过1500多年无数科学家的努力，π值的精度只达到了小数点后的几百位，1950年科学家使用ENICA计算出π的2037个小数位。目前，计算机的计算精度可以达到几十万亿位。在许多对计算精度要求非常高的科学计算领域，计算机的作用无法估量。例如，洲际导弹的发射、“神舟”飞船返航，其飞行的距离成千上万公里，如果计算稍有偏差，都会导致落地点与目标点相去甚远。

（3）具有超强记忆能力

计算机具有超强的记忆能力，通过它大容量的存储装置，能够保存大量的程序和文字、声音、图形、图像等数据，过去无法做到的大量处理工作现在都可由计算机来实现。例如，卫星图像处理、情报检索、数据挖掘等数据处理量巨大的工作，如果没有计算机那将是无法想象的。

（4）具有逻辑判断能力

计算机不仅可以进行数值运算，还可以进行逻辑运算，实现推理和判断。根据判断的结果可以确定下一步如何做，从而使得计算机能够模仿人的某些智能活动，巧妙地完成各种任务，所以人们把计算机也称为电脑。

（5）具有自动控制及人机交互能力

计算机是一个自动化的电子装置，人们只要将预先编制好的程序存放在计算机内部，计算机就能够在程序的控制下按步骤自动地执行程序中的指令，其工作过程中不需要人工干预，但一旦有人为干预，计算机也会及时响应，实现人机交互。利用计算机的这个特点，不仅可以让计算机去完成一些重复性的工作，也可以让计算机控制机器深入到人类躯体、有毒有害的作业场所等，完成人类难以胜任的工作。

（6）通用性强

计算机适用于各种不同的领域，虽然解决问题的计算方法不同，但是基本操作和运算是相同的。人们不需要了解计算机的内部结构和工作原理，只需要给计算机添加上一些必要的软、硬件配置，它就可以完成不同的工作。

2. 计算机的应用

计算机问世之初，其主要应用领域是数值计算。但随着计算机技术的迅猛发展，它的应用范围在不断扩大，被广泛应用于人类社会生产和生活的各个领域。

（1）科学计算

计算机是应科学计算的需要而诞生的，是计算机的最早、也是最基本的应用领域。科学计算也称为数值计算，是使用计算机来解决科学研究和工程技术中所提出的复杂的数学及数值计算问题。目前，科学计算仍然是计算机应用的一个重要领域，主要用在一些包含大量、复杂的数值计算工作中，如高能物理、火箭运行轨迹的计算、天气预报、大型工程计算、航天技术、地震预测等领域。利用计算机的运算速度高、存储容量大和连续运算的能力，可以解决人工无法完成的各种科学计算问题。

（2）信息管理

信息管理是目前计算机应用最广泛的一个领域。据统计，80%以上的计算机主要应用于信息管理，成为计算机应用的主导方向。信息管理主要是指对大量的数据（如文字、图形、图像、声音等）进行采集、存储、加工、分类、排序、检索和发布等一系列工作，是现代化管理的基础，被广泛应用于企业管理、物资管理、电影电视动画设计、会计电算化、信息情报检索等各行各业。

（3）过程控制

过程控制也称为实时控制，是利用计算机实时采集数据、分析数据，按最优值迅速地对控制对象进行自动调节或自动控制，是生产自动化的重要技术和手段。它不仅通过连续监控提高生产的自动化水平、时效性和安全性，同时也提高了产品的质量、降低了成本、改善劳动条件、提高产量及合格率。因此，计算机过程控制已在机械、石油、电力、冶金、化工等部门得到广泛的应用。

（4）计算机辅助系统

计算机辅助系统指用计算机辅助人们完成某个或某类任务，如计算机辅助设计（CAD）、计算机辅助测试（CAT）、计算机辅助制造（CAM）和计算机辅助教学（CAI）等。

计算机辅助设计（Computer Aided Design，CAD）是指利用计算机系统辅助设计人员进行工程或产品设计，展现新开发商品的外形、结构、色彩、质感等最佳设计效果的一种技术。CAD已在建筑设计、电子和电气、科学研究、机械设计、飞机设计、船舶设计、机器人等各个领域得到广泛应用。采用计算机辅助设计，不仅可以缩短设计时间，提高工作效率，更重要的是提高了设计质量。

计算机辅助测试（Computer Aided Test，CAT）是指利用计算机协助进行测试的一种方法。计算机辅助测试可以用在不同的领域。在教学领域，可以使用计算机对学生的学习效果进行测试和学习能力估量，一般分为脱机测试和联机测试两种方法。在软件测试领域，可以使用计算机来进行软件的测试，提高测试效率。

计算机辅助制造（Computer Aided Manufacturing，CAM）是利用计算机系统进行产品的加工控制过程，在机械制造业中，利用电子数字计算机通过各种数值控制机床和设备，自动完成离散产品的加工、装配 、检测和包装等制造过程。计算机集成制造系统就是将CAD和CAM技术集成，从而实现设计产品生产的自动化。有些国家已经把CAD和CAM、CAT及计算机辅助工程（Computer Aided Engineering，CAE）组成一个集成系统，使设计、制造、测试和管理有机地结合成一个整体，形成高度的生产自动化系统，即自动化生产线和“无人工厂”。

（5）现代教育

在教育领域，计算机已成为最主要的现代教育手段，被广泛应用于各种教育教学过程中。

计算机辅助教学（Computer Aided Instruction，CAI）是在计算机辅助下进行的交互授课、练习、测试等各种教学活动。比如，教学课件可以用PowerPoint制作，课堂测试可以使用APP软件等。CAI不仅能减轻教师的负担，还能使教学内容生动、形象，能够动态演示实验原理或操作过程，激发学生的学习兴趣和学习的主动性，提高教学质量。

计算机模拟：在教学过程中，通过计算机可以模拟比较抽象不易实现的学习和训练内容，比如，使用飞行模拟器训练飞行员、汽车驾驶模拟器训练汽车驾驶员等。

多媒体教室：多媒体教室的功能主要是利用教室内配备的多媒体计算机、大屏幕、投影等设备，向学生呈现文字、图形、图像、动画、声音等多媒体信息，通过现代化的教学手段，为学生呈现生动形象的教学信息，以更好的辅助教师进行课堂教学。

网络远程教学（又称远程教育）：是学生与教师、学生与教育组织之间主要采取多种媒体方式进行系统教学的学习模式。远程教育是以现代信息技术为依托，把课程音频、视频（直播或录像）以实时或批量的方式地传送到校园外的任何地方，使学习不再受时间、空间的限制。

（6）人工智能

人工智能（Artificial Intelligence，AI）是指计算机模拟、延伸和扩展人类某些智力，比如感知、判断、学习、理解、问题的求解、图像识别等行为的理论、方法、技术和应用系统的一门新的技术科学。人工智能是计算机应用的一个新的领域，主要目的是用计算机模拟人的智力活动，主要表现为机器人、专家系统、模式识别、智能检索等应用。比如，我国已成功开发一些中医专家诊断系统，可以模拟名医给患者诊病开方；中国围棋九段棋手柯洁与人工智能围棋程序“阿尔法围棋”（AlphaGo）的人机对弈等。

（7）电子商务

到目前为止，电子商务在不同国家及地区或不同领域都有着不同的定义。加拿大电子商务协会认为，电子商务是通过数字通信进行商品和服务的买卖及资金的转账，它还包括公司间和公司内利用电子邮件（E-mail）、电子数据交换（EDI）、文件传输、传真、电视会议、远程计算机联网所能实现的全部功能（如市场营销、金融结算、销售以及商务谈判）。联合国经济合作和发展组织（OECD）指出，电子商务是发生在开放网络上的包含企业之间、企业和消费者之间的商业交易。联合国国际贸易程序简化工作组对电子商务的定义是，采用电子形式开展商务活动，它包括在供应商、客户、政府及其他参与方之间通过任何电子工具，如EDI、Web技术、电子邮件等共享非结构化商务信息，并管理和完成在商务活动、管理活动和消费活动中的各种交易。但究其关键，电子商务即依靠电子设备和网络技术进行的商业模式。

随着电子商务的高速发展，它不仅包括购物这一主要内涵，还包括物流配送、电子货币交换、供应链管理、电子交易市场、网络营销、电子数据交换（EDI）、在线事务处理、存货管理和自动数据收集系统等。在此过程中，要用到互联网、外联网、数据库、电子邮件、电子目录和移动电话等信息技术。

电子商务具有普遍性、方便性、整体性、安全性、协调性等基本特征。它重新定义了传统的流通模式，将传统的商务流程电子化、数字化，减少人力、物力、中间环节，降低了成本，突破了时间和空间的限制，使得交易活动可以在任何时间、任何地点进行，从而大大提高了效率。同时，使生产者和消费者的直接交易成为可能，在一定程度上改变了整个社会经济运行的方式，为各种社会经济要素的重新组合提供了更多的可能，这将影响到社会的经济布局和结构。

3. 计算机的分类

在时间轴上，“分代”代表了计算机纵向的发展，而“分类”可用来说明计算机横向的发展。计算机的分类有很多种方法，主要从以下几个方面进行划分。

（1）按性能分类

目前，国内外计算机界以及各类教科书中，大都是采用国际上沿用的分类方法，即根据美国电气和电子工程师协会（IEEE）的一个委员会于 1989 年 11 月提出的标准来划分的。按此标准，将计算机划分为巨型机、大型主机、小型机、工作站和个人计算机 5 类。

① 巨型机

巨型机也称为超级计算机，在所有计算机类型中是体积最大、价格最贵、功能最强、浮点运算速度最快的计算机。目前只有少数几个国家或地区的少数几个公司能够生产巨型机，如美国的 IBM 公司、克雷公司，日本的富士通公司、日立公司。我们国家研制的天河二号 10 亿次机、神威·太湖之光也属于巨型机。

现代的巨型计算机多用于战略武器（如核武器和反导弹武器）的设计、航天航空飞行器设计、国民经济的预测和决策、石油勘探、中长期大范围天气预报、卫星图像处理、情报分析和各种科学研究方面，是强有力的模拟和计算工具，对国民经济和国防建设具有特别重要的价值。超级计算机不仅代表了一个国家在信息数据领域的综合实力，甚至还可以影响到国家在世界科学技术上的地位。近几年，随着全球信息化进程加快，超级计算机的重要性也越来越明显。

中国在超级计算机方面开发和技术水平已跃升到国际先进水平。1983 年 12 月 22 日，中国第一台每秒运算速度达 1 亿次以上的“银河”计算机在长沙研制成功，使中国成为继美国、日本之后第三个能独立设计和研制超级计算机的国家。2013 年 6 月 17 日，中国国防科学技术大学研制的“天河二号”以每秒 33.86 千万亿次的运算速度，成为全球最快的超级计算机。2019 年 11 月 1 日，世界超级计算机 500 强榜单报告中，中国神威·太湖之光（见图 1-6）以每秒 9.3 亿亿次的浮点运算速度位居第三名。

② 大型主机

大型主机包括常说的大、中型计算机，其拥有很快的运算速度和很大存储能量。主要用于大型企业，商业管理或大型数据库管理系统中，如银行、保险公司和电信商业管理，也可以用作大型计算机网络中的主机。随着计算机与网络的不断发展，许多的大型主机正在被高档的计算机群所取代。

图 1-6　中国“神威·太湖之光”超级计算机

③ 小型机

相比较大型主机而言，小型机结构简单，体积小，可靠性高，成本较低，能够支持十几个用户同时操作，不需要经长期培训即可维护和使用，这对广大中小企业具有更大的吸引力。

④ 工作站

工作站是介于个人计算机与小型机之间的一种高端的通用微型计算机，其运算速度比个人计算机快，且有较强的联网功能。它可以为单用户使用提供更强大的性能，尤其是图形处理和任务并行方面。工作站通常配有高分辨率的大屏、多屏显示器及容量很大的内存储器和外部存储器。主要用于特殊的专业领域，如科学和工程计算、软件开发、计算机辅助分析、计算机辅助制造、工程设计和应用、图形和图像处理、过程控制和信息管理等。

它与网络系统中的“工作站”在用词上相同，而含义不同。因为网络上“工作站”这个词常被用于泛指联网用户的结点，以区别于网络服务器。网络上的工作站常常只是一般的 PC 机。

⑤ 个人计算机（Personal Computer，PC）

个人计算机又称微机，是指一种大小、价格和性能适用于个人使用的多用途计算机。这个1971年出现的新机种，以其设计先进（总是率先采用高性能微处理器）、软件丰富、功能齐全、价格便宜等优势而拥有广大的用户，因而大大推动了计算机的普及应用。PC机的主流是IBM公司在1981年推出的PC机系列及其众多的兼容机，另外Apple公司的Macintosh系列机在教育、美术设计等领域也有广泛的应用。台式机、笔记本式计算机、小型笔记本式计算机和平板电脑（如iPad）以及超级本等都属于个人计算机。

平板电脑又称便携式计算机（Tablet Personal Computer，Tablet PC），是一种小型、方便携带的个人计算机，可以随时转移它的使用场所，比台式机更具移动灵活性。它以触摸屏（也称为数位板技术）作为基本的输入设备，允许用户通过触控笔或数字笔来进行作业，而不是传统的键盘或鼠标。用户可以通过内建的手写识别、屏幕上的软键盘、语音识别或者一个真正的键盘（如果该机型配备的话）实现输入。

苹果iPad发布于2010年1月27日，在美国旧金山欧巴布也那艺术中心（美国芳草地艺术中心）所举行的苹果公司发布会上，在全世界掀起了平板电脑热潮。平板电脑对传统PC产业，甚至是整个3C产业带来了革命性的影响。同时，随着平板电脑热度的升温，不同行业的厂商，如消费电子、PC、通信、软件等厂商都纷纷加入到平板电脑产业中来，咨询机构也乐观预测整个平板电脑产业。一时间，从上游到终端，从操作系统到软件应用，一条平板电脑产业生态链俨然形成，并得到了快速发展。随着平板电脑的快速发展，平板电脑在PC产业的地位将愈发重要，其在PC产业的占比也必将提升。

（2）按被处理的数据分类

按数据表现形式和被处理的数据类型不同，可以分为数字计算机、模拟计算机和混合计算机。

① 数字计算机

数字计算机是当今世界电子计算机行业中的主流。数字计算机内部处理的是数字信号或符号信号，这些信号以电信号表示，并且是离散的，数字在相邻的两个符号之间不存在第三种符号，经过处理的数据再以数字的形式进行显示或打印，比如工资数据、成绩数据等。由于这种处理信号的差异，使得它的组成结构和性能优于模拟式电子计算机。

② 模拟计算机

模拟计算机问世较早，内部使用电信号的幅值来模拟自然界的实际信号，这些值都是连续的，因而称为模拟量，如电压、电流、温度等都是模拟量。模拟电子计算机处理问题的精度差，所有的处理过程均需模拟电路来实现，电路结构复杂，抗外界干扰能力极差。模拟计算机通常被用来输出绘图或量表。

③ 混合计算机

混合计算机兼顾了数字计算机和模拟计算机的优点，处理的数据既可以是数字值，也可以是模拟量，同样可以输出连续的模拟量或离散的数字值。

（3）按用途分类

按计算机的用途不同，可以分为通用计算机和专用计算机。

① 通用计算机

通用计算机，顾名思义就是可以在各行各业都能够使用的计算机，比如学校、家庭、工厂、医院、公司等场所的用户都能使用的计算机。平时我们购买的品牌机、兼容机都是通用计算机。这类计算机不仅可以满足办公、上网查询资料、休闲娱乐等日常需求，还可以进行科学计算、信息管理、学术研究、工程设计、图形设计等。但与专用计算机相比，其结构复杂、价格昂贵。

② 专用计算机

专用计算机是为适用某一特定应用而设计制造的电子计算机。它一般拥有固定的存储程序，在解决特定问题时，速度快、可靠性高，且结构简单、价格便宜。如飞机的自动驾驶仪、控制轧钢过程的轧钢控制计算机、计算导弹弹道的专用计算机、坦克上的火控系统中专用计算机，都属于专用计算机。

1.3　计算机系统的组成

1.3.1　计算机系统概述

计算机系统是由硬件系统和软件系统两大部分组成的，其示意图如图 1-7 所示。

所谓硬件，泛指看得见的实际的物理设备，是计算机的“躯体”。主要包括运算器、控制器、存储器、输入设备和输出设备五大部分。如果只有硬件的裸机是无法工作的，还需要软件的支持。

所谓软件，是指为解决问题而编制的程序及其文档的总称，是计算机的“灵魂”。主要包括计算机本身运行所需要的系统软件和用户完成任务所需要的应用软件。

计算机是依靠硬件系统和软件系统的协同工作来执行给定任务的。硬件是物质基础，软件是指挥枢纽和灵魂。软件负责管理计算机和帮助用户使用计算机。软件的功能与质量在很大程度上决定了整个计算机的性能。所以，软件和硬件一样，是计算机工作必不可少的组成部分。

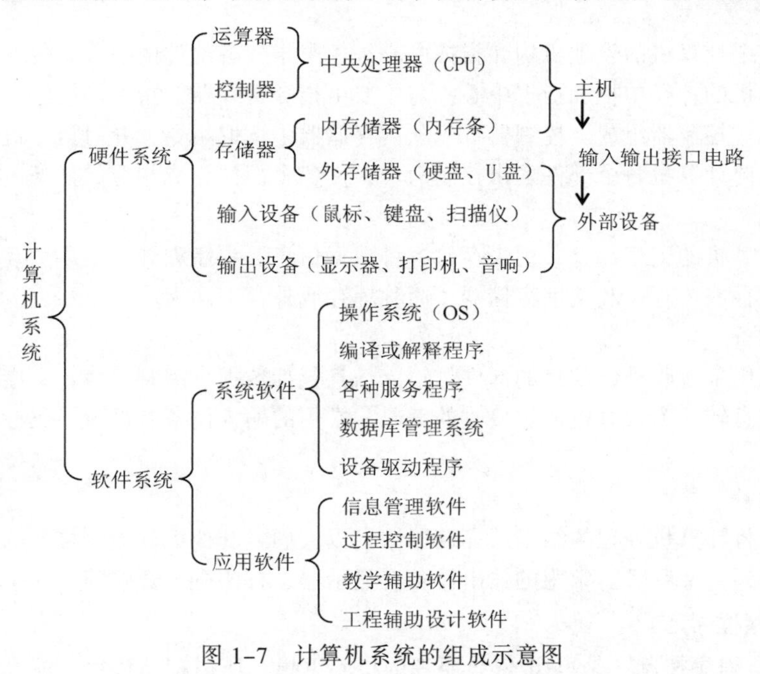

图 1-7　计算机系统的组成示意图

1.3.2 冯·诺依曼计算机的基本组成

1944年，美籍匈牙利科学家冯·诺依曼（J. von Neumann）（见图1-8）与美国宾夕法尼亚大学莫尔电气工程学院的莫克利（J. Mauchly）小组合作，在ENICA的研究基础之上提出了全新的"存储程序、程序控制"计算机基本结构和工作方式的设想，人们也把这个理论称为冯·诺依曼原理。该原理为计算机的诞生和发展奠定了理论基础，开创了程序设计时代。时至今日，尽管电子计算机的软硬件技术都取得了飞速发展，然而其体系结构并没有明显的突破，仍属于冯·诺依曼架构。由于冯·诺依曼对现代计算机技术的突出贡献，因此冯·诺依曼又被称为"计算机之父"。

图1-8 计算机之父冯·诺依曼

冯诺依曼原理基本思想主要包括如下三点：

1. 计算机的基本结构

计算机硬件由运算器、控制器、存储器、输入设备和输出设备五大部件组成，并规定了这五大部件的基本功能。

（1）运算器

运算器（Arithmetic and Logic Unit，ALU）又被称为算术逻辑单元，是用来对信息及数据进行处理和计算，完成计算机中最常见的算术运算和逻辑运算。硬件结构一部分是算术逻辑运算部件；另一部分是寄存器组。

算术逻辑运算部件是一种功能较强的组合逻辑电路，是运算器的核心部件。主要用于完成二进制信息的定点算术运算、逻辑运算和各种移位操作。算术运算主要包括定点加、减、乘、除运算。逻辑运算主要有逻辑与、逻辑或、逻辑异或和逻辑非操作。移位操作主要完成逻辑左移和右移、算术左移和右移及其他一些移位操作。

寄存器组主要用来保存参加运算的操作数和运算的结果。

（2）控制器

控制器是整个计算机的管理机构和指挥中心，用来指挥各部件的操作，使各部分协调一致地工作，是计算机的神经中枢和指挥中心。它主要由指令寄存器、指令译码器、程序计数器、时序产生器和操作控制器组成。控制器首先从内存储器中读取指令，并对指令进行分析，然后根据指令的要求向计算机各个部件发出控制命令，使各个部件完成相应的任务。

（3）存储器

存储器是计算机的记忆部件，用来存储各种数据信息、程序和计算结果。存储器可分为主存储器（简称主存或内存）和辅助存储器（简称辅存或外存）两大类。

（4）输入设备

输入设备是用来接收外部信息的部件，输入信息包括数据、字符、声音、图片等，通过输入设备将这些信息转换为计算机能够接收的编码。常用的输入设备有键盘、鼠标、扫描仪、麦克风等。

（5）输出设备

输出设备是将计算机处理的结果从存储器中，以人们或其他机器能够接受的形式输出，如声音、图片、视频、文字等。常用的输出设备有显示器、打印机、音响等。

2. 采用存储程序方式

"存储程序、程序控制"是冯·诺依曼原理的核心思想。所谓存储程序，就是将程序（数据和指令序列）以二进制的形式按一定顺序预先存放在主存储器中，计算机在工作时，会自动高速地从存储器中依次取出指令，并按照程序中预先定义好的顺序完成复杂的运算。整个执行过程都是在控制器的控制下自动完成的。

3. 采用二进制表示数据和信息

在计算机里，所有的程序和数据都是采用二进制（0、1）表示。采用二进制便于计算机硬件实现数值的表示和计算，且计算方式简单，提高运算的可靠性和准确性。

根据冯·诺依曼提出的原理制造的计算机被称为冯·诺依曼结构计算机，如图 1-9 所示。现代计算机虽然结构更加复杂，计算能力更加强大，但仍然是基于这一原理设计的，也是冯诺依曼机。

图 1-9　冯·诺依曼结构计算机

1.3.3 计算机的工作原理

1. 指令和程序

（1）指令

计算机指令是计算机执行某种操作的命令，最低级的指令由一串 0 和 1 二进制数码组成，又称机器指令。一个指令规定了计算机执行的一个操作。人们用指令表达自己的意图，并交给控制器。控制器根据指令来指挥计算机工作。

计算机指令系统是指一台计算机所能执行的各种不同指令的集合，也被称为计算机的指令集合。每一台计算机均有自己特定的指令系统，其指令内容和格式有所不同。通常情况下，计算机都是通过执行多条指令，完成多种不同的操作。计算机指令系统的不同很大程度上决定了计算机的性能和处理能力。

（2）程序

程序就是人们为了解决一个实际问题而编制的一系列的指令，即一个指令序列。设计和书写程序的过程就是程序设计。执行程序的过程就是计算机的工作过程。

计算机可以直接识别和执行的指令都是基于机器语言，由机器指令构成的程序称为目标程序。也可以用汇编语言编写程序，汇编语言实质就是表示机器语言的一组助记符号，用该语言编写的程序需要用汇编程序将其翻译成目标程序。人们通常用高级程序设计语言编写程序，如 C 语言、Java 语言、C++、C#、Python 等，这些程序需要通过编译程序或者解释执行程序翻译成机器语言才能被计算机执行。

2. 指令和程序在计算机中的执行过程

“存储程序、程序控制”计算机工作原理中，指令和程序的执行过程如下：先将相关程序与数据信息通过输入设备送到存储器。计算机在执行程序时，先从内存中提取第一条指令，然后由控制器完成译码，根据指令的要求从存储器中取出数据，并进行指定的运算和逻辑操作等加工，然后再将计算的结果按指令指定的地址送到内存中去。接下来，再取出第二条指令，在控制器的指挥下完成规定操作。如此反复循环进行，直至程序结束指令才停止执行。这一原理确定了计算机的基本组成和工作方式，如图 1-10 所示。

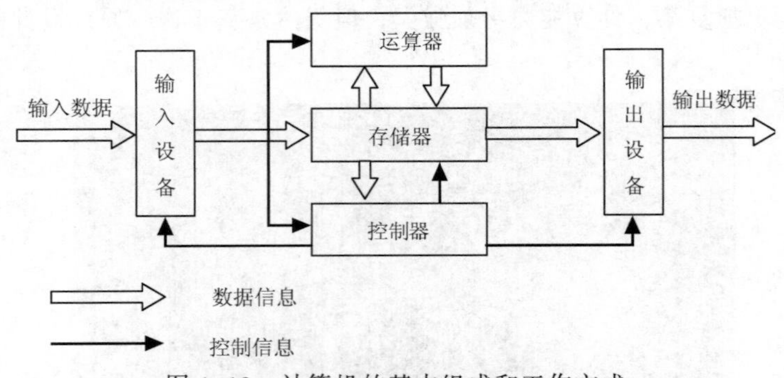

图 1-10　计算机的基本组成和工作方式

在计算机中，有两种信息流，一种是数据信息流，即各种程序、原始数据和中间结果等，这些数据通过输入设备输入到运算器，再存放在存储器中。在运算处理过程中，运算器从存储器读入数据并进行计算，计算的中间结果存入存储器中，或由运算器经输出设备输出；另一种是控制信息流，用户给计算机的各种指令（即程序），也以数据的形式由存储器送入控制器，由控制器经过解释和编译后变为各种控制信号。整个过程由控制器控制完成，控制输入装置的启动或停止，控制运算器按规定次序进行各种运算和处理，控制存储器的读或写，控制输出设备输出结果等。

1.3.4 微型计算机硬件系统

微型计算机的硬件系统依旧遵循冯·诺依曼原理，主要由主机、辅助存储器、输入设备和输出设备构成，各部分通过输入/输出接口电路和总线连接，实现数据信息交换。

1. 主机

主机是指微型计算机除去输入/输出设备以外的主要机体部分。通常包括 CPU、内存储器、主板、输入/输出接口和总线等。也是用于放置主板及其他主要部件的控制箱体。

（1）CPU

中央处理器（Central Processing Unit，CPU）也被称为微处理器，是电子计算机的核心部件，主要包括控制器、运算器两大部件，如图 1-11 所示。此外，还包括高速缓冲存储器以及连接这些部件的数据总线和控制总线。CPU 的功能主要是编译、执行指令，以及处理计算机软件中的数据，并对所有硬件资源进行控制和调配。

图 1-11　中央处理器

高速缓冲存储器（Cache）是为解决 CPU 和内存之间速度不匹配而引入的高速度、小容量的特殊存储器，其速度接近于 CPU 的速度，由静态存储芯片（Static Random Access Memory，SRAM）组成。系统按照一定的方式对 CPU 访问的内存数据进行统计，将经常被 CPU 访问的数据存储到 Cache 中，当 CPU 需要访问这些数据时，直接从 Cache 中进行读取，而不需要从内存中读取，从而大大提高了读取的速度。

随着 CPU 的速度越来越快，高速缓存也越来越重要，所以广大用户已把 Cache 作为评价和选购个人计算机系统的一个重要指标。Cache 有 1 级，2 级和 3 级 Cache，甚至还有 4 级，但并不常见。每一级 Cache 都比它的前一级的速度慢、容量大。Cache 最重要的性能指标是命中率，是指 CPU 在 Cache 中找到的有用数据占数据总量的比率。

CPU 的性能指标主要有：

① 主频

主频是指 CPU 的时钟频率，简单说就是 CPU 的工作频率，单位是 MHz（兆赫兹）。通常情况下，时钟主频越高，CPU 处理数据的速度相对也会越快。但由于不同 CPU 的内部结构不尽相同，主频只是 CPU 性能的一个方面，并不能直接说明主频的速度就是 CPU 运行速度的直接反映形式。

② 字长

字长是指 CPU 在单位时间内一次处理的二进制数的位数，是表示运算器性能的主要技术指标。通常情况下，CPU 的字长越长，运算速度就越快，运算精度就越高，CPU 的性能也就越高。处理字长为 8 位数据的 CPU 被称为 8 位 CPU，同理，处理字长为 32 位数据的 CPU 就是 32 位 CPU。目前，CPU 的位数一般为 32 位或 64 位。近年来，64 位处理器的计算机所占用的比例更多一些，因为 64 位的计算机的运行速度更快。

③ 缓存

缓存是 CPU 的重要指标之一，缓存的结构和大小对 CPU 速度的影响非常大。当 CPU 要读取数据时，首先是从缓存中进行查找，同时将该数据所在的数据块调入缓存中，可以使得之后对整块数据的重复读取都从缓存中进行，而不必再调用内存。因此，增大缓存的容量，可以大幅度提升 CPU 内部读取数据的命中率，以此提升系统性能。现在 CPU 的缓存分一级缓存（L1）、二级缓存（L2）、三级缓存（L3）和四级缓存（L4）。目前，高速缓存作为 CPU 不可或缺的主要部分，已经成为性能提升的考虑因素之一，缓存的级数还将增加，容量也会不断提高。

（2）内存储器

内存储器又被称为主存储器，简称主存或内存，是 CPU 可以直接访问的存储器，用来存放当前正在处理的程序及其所需要的数据。内存包括只读存储器（ROM）和随机存储器（RAM）两部分。

① 只读存储器

只读存储器（Read Only Memory，ROM）中所存的数据是计算机运行所必要的程序，一般是装入整机前事先写好的。在计算机工作过程中只能读出，而不能加以改写。ROM 所存的数据不会因为断电而丢失，如计算机启动用的 BIOS 芯片。为便于使用和大批量生产，进一步发展了可编程只读存储器（PROM）、可擦可编程序只读存储器（EPROM）和带电可擦可编程只读存储器（EEPROM）。

② 随机存储器

随机存储器（Random Access Memory，RAM）是与 CPU 直接进行数据交换的内存储器，通常作为操作系统或其他正在运行中的程序的运行空间。计算机在工作时，可以随时从内存条的任何一个指定的地址写入（存入）或读出（取出）信息。RAM 与 ROM 的最大区别是数据的易失性，即一旦断电所存储的数据就会丢失，所以需要将结果数据存放到外存储器中永久存放。

RAM 通常是以内存条的形式组装在主板上。如图 1-12 所示就是一个内存条。一般在计算机主板都至少有两个内存插槽，内存条可以从内存插槽上随意拆装。如果用户想要增加内存，只需把同种型号的内存条插到空闲插槽即可。

目前，市场主流的内存条是 DDR SDRAM（Double Data Rate SDRAM），既双倍速率同步动态随机存储器，它先后经历了 DDR、DDR2、DDR3 和 DDR4 四个时代。2012 年，开启了 DDR4 时代，起步频率降至 1.2 V，而频率提升至 2133 MHz。2013 年，进一步将电压降至 1.0 V，频率则实现 2667 MHz，数据可靠性进一步提升，更节能。

图 1-12　内存条

内存条的性能指标主要有：

① 存储容量

存储容量是指一根内存条可以容纳的二进制信息量，其单位为字节（Byte）。内存储器的容量大小反映了计算机即时存储信息的能力。一般而言，内存容量越大，能够处理的数据量就越大，越有利于系统的运行。内存条的存储容量有 64 MB、128 MB、256 MB、512 MB、1 GB 等。目前，满足一般工作需要常用的内存条是 2 G、4 GB、8 GB 等。

② 存取周期

存储周期，即连续两次独立的存取操作之间所需的最短时间，其单位为纳秒（ns）。数值越小，存取速度越快，价格也越高。半导体存储器的存取周期一般为 6 ~ 10ns。在选配内存时，应尽量挑选与 CPU 的时钟主频相匹配的内存条，这样更有利于最大限度地发挥内存条的效率。

③ 存储器的可靠性

存储器的可靠性用平均故障间隔时间来衡量，可以理解为两次故障之间的平均时间间隔。

（3）主板

主板，又称主机板或母板，它一般是安装在机箱底部的一块矩形电路板，是计算机最基本的也是最重要的部件之一，如图 1-13 所示。主板是主机里其他部件的载体，采用开放式结构。上面安装了组成计算机的主要电路系统，一般有 CPU 插槽/插座、时钟和 CMOS 主板、BIOS 芯片、I/O 控制芯片、高速缓存等元件。除此以外，主板上还有 6 ~ 15 个扩展插槽，用来插接计算机外围设备的控制卡（适配器）。用户可以通过更换这些插卡，局部升级计算机的相应子系统，使在配置机型方面有更大的灵活性。

主板对计算机性能的影响是很大的。主板好比一座建筑物的地基，其质量决定了建筑物坚固耐用与否；主板又好比高架桥，其好坏关系着交通的畅通度与流速。

影响主板性能指标的主要有：

① 芯片组

主板芯片组是主板的核心组成部分，不仅要支持 CPU 的工作而且要控制协调整个系统的正常运行。芯片组性能的优劣，不仅决定了主板的功能，还影响到整个

图 1-13　主板

计算机系统性能的发挥。系统的芯片组不像 CPU、内存等其他部件一样可以进行简单的升级，芯片组型号一旦确定，整个系统的定型和选件变化范围也就随之确定，即芯片组决定了计算机系统中各个部件的选型。主流芯片组主要分为支持 Intel 分司的 CPU 芯片组和支持 AMD 公司的 CPU 芯片组两种。

② 主板 CPU 插座

主板上的 CPU 插座主要有 Socket478、LGA775 等，引脚数越多，表示主板所支持的 CPU 性能越好。CPU 需要通过某个接口与主板连接才能进行工作。CPU 经过这么多年的发展，采用的接口方式有引脚式、卡式、触点式、针脚式等。而 CPU 的接口都是针脚式接口，对应到主板上就有相应的插槽类型。CPU 接口类型不同，在插孔数、体积、形状都有变化，所以不能互相接插。

③ 是否集成显卡

一般情况下，相同配置的机器集成显卡的性能不如相同档次的独立显卡，但集成显卡的兼容性和稳定性较好。

④ 支持最高的前端总线

前端总线是处理器与主板北桥芯片或内存控制集线器之间的数据通道，其频率高低直接影响 CPU 访问内存的速度。

⑤ 支持最高的内存容量和频率

支持的内存容量和频率越高，计算机性能越好。

（4）输入/输出接口

输入/输出接口，简称 I/O 接口是外部设备与 CPU 进行数据、信息交换的连接电路，即通常所说的适配器、适配卡或接口卡。主机与外界的信息交换是通过 I/O 设备进行的，而 I/O 设备都是由机械的或机电装置组合而成，比如键盘、鼠标、显示器、打印机、扫描仪等，相对于高速的 CPU 和内存来说，它们的速度要慢得多。另外，不同外部设备的数据格式和信号形式也各不相同。因此，外部设备不能直接与 CPU 相连，它们之间需要通过相应的电路来完成速度匹配和信号转换，使外部设备与计算机系统成为一体，以实现某些控制功能，这就是输入/输出接口的作用。

I/O 接口一般都被做成电路卡，所以通常称它们为适配卡，如硬盘驱动器适配卡、并行打印机适配卡、串行通信适配卡、显示适配卡、网卡等。

（5）总线

一台完整的计算机，需要将微处理器与一定数量的部件和不同功能的外围设备连接构成一个整体，而将它们连接在一起就需要一些线路。但如果每个部件和每一个外围设备都分别用各自的线路与 CPU 直接连接，那么线路不仅错综复杂，还很难实现。为了简化硬件电路设计和系统结构，常通过一组线路和相应的接口电路（I/O 接口）与各部件和外设连接，这组共用的连接线路被称为总线（Bus），即计算机各系统部件之间传送信息的公共通道。主机的各个部件通过总线相连接，外部设备通过相应的接口电路再与总线相连接，从而形成了计算机硬件系统。按照计算机所传输的信息种类不同，计算机的总线可以划分为数据总线、地址总线和控制总线，分别用来传输数据信息、数据地址信息和控制信号。

2. 外存储器

外存储器又称辅助存储器，简称外存。与内存相比，外存的读取速度慢，存储容量大，价格便宜，而且断电后数据不会丢失，常作为内存的后援存储器，存放暂时不被 CPU 处理的数据。外存不能直接与 CPU 或外部设备进行数据信息交换，只能与内存交换数据。常用的外存储器有硬盘、光盘、U 盘、移动硬盘等。

（1）硬盘

硬盘（Hard Disk Drive，HDD），全名温彻斯特式硬盘，是由一个或者多个铝制或者玻璃制的碟片组成的，这些碟片外覆盖有铁磁性材料，被永久性地密封固定在硬盘驱动器中，如图 1-14 所示。硬盘是计算机中最重要的外存储器，可以存放大量数据。绝大多数硬盘都是固定硬盘。

硬盘的性能指标有：

① 容量

容量是硬盘最主要的参数，容量越大越好，目前微型计算机的硬盘容量大都可以达到几百 G 字节，有的可以达到 10T。硬盘的容量指标还包括硬盘的单碟容量。一张盘片有正、反两个存储面，两个存储面的容量之和就是硬盘的单碟容量，单碟容量越大，单位成本越低，平均访问时间也越短。

图 1-14　硬盘

② 转速

转速（Rotational Speed）是硬盘内电机主轴的旋转速度，也就是硬盘盘片在一分钟内所能完成的最大转数，以每分钟多少转来表示，单位为转/每分钟（Revolutions Per Minute，RPM）。转速的快慢是标志硬盘档次的重要参数之一，它是决定硬盘内部传输率的关键因素之一，在很大程度上直接影响到硬盘的速度。硬盘的转速越快，硬盘寻找文件的速度也就越快，相对的硬盘的传输速度也就得到了提高。

③ 平均访问时间

平均访问时间是指磁头从起始位置到达目标磁道位置，并且从目标磁道上找到要读写的数据扇区所需的时间。

④ 传输速率

传输速率指硬盘读写数据的速度，单位为兆字节每秒（MB/s），硬盘的传输速率取决于硬盘的接口，常用的接口有 IDE 接口和 SATA 接口，SATA 接口传输速率普遍较高，因此现在的硬盘大多采用 SATA 接口。

⑤ 缓存

缓存是硬盘控制器上的一块内存芯片，具有极快的存取速度，它是硬盘内部存储和外界接口之间的缓冲器。缓存的大小与速度是直接关系到硬盘的传输速度的重要因素，能够大幅度地提高硬盘整体性能。一般缓存较大的硬盘在性能上会有更突出的表现。

（2）光盘

光盘不同于完全磁性载体，是近代发展起来的以光信息作为存储载体的存储介质，利用激光原理进行读、写的设备，是迅速发展的一种辅助存储器，如图 1-15 所示。光盘可以存放各种文字、声音、图形、图像和动画等多媒体数字信息。光盘可以分为两类：不可擦写光盘，如 CD-ROM、DVD-ROM 等；可擦写光盘，如 CD-RW、DVD-RAM 等。光盘需要配合光盘驱动器才能进行读取，如图 1-16 所示。

图 1-15　光盘

图 1-16　光盘驱动器

（3）移动硬盘

移动硬盘是一种小巧、便于携带的硬盘存储器，可以以较高的速度与系统进行数据传输，主要采用 USB 或 IEEE1394 接口，如图 1-17 所示。移动硬盘具有容量大、速度快、体积小、质量小、兼容性好、即插即用、安全可靠的优点。

（4）闪存盘

闪存盘，即通常所说的 U 盘，是一种无需物理驱动器的微型高容量小型便携式存储产品，它采用的存储介质为闪存，如图 1-18 所示。闪存盘不需要额外的驱动器，将驱动器及存储介质合二为一，只要接上电脑上的 USB 接口就可独立地存储读写数据。闪存盘体积小，重量极轻，可靠性高，存储方便，价格便宜，特别适合随身携带，越来越受到用户的青睐。

图 1-17　移动硬盘

图 1-18　U 盘

3. 输入设备

输入设备（Input Equipment）是用来向计算机内输入数据和信息的，将各种信息转换成计算机能够识别的二进制数据。常用的输入设备有鼠标、键盘、扫描仪、麦克风、条形码阅读器、手写输入设备等，通过这些设备，可以向计算机中输入文字、图片、声音、视频等信息。下面介绍一些常用的输入设备。

（1）键盘

键盘是最常用也是最主要的输入设备，包括数字键、字母键、功能键、控制键等。通过键盘可以将英文字母、数字、标点符号等输入到计算机中，从而向计算机发出命令、输入数据等。

按照工作原理不同，键盘可以分为机械键盘（按轴承分为红轴、青轴、茶轴、黑轴等）、塑料薄膜式键盘、导电橡胶式键盘、无接点静电电容键盘；按照键盘的外形分为标准键盘和人体工程学键盘，如图 1-19 所示；键盘按键数不同，出现过 83 键、87 键、93 键、96 键、101 键、102 键、104 键、107 键等。

在选购键盘时，要考虑键盘的触感、外观、做工、键位布局、噪声和键位冲突等问题。

（2）鼠标

鼠标的全称是显示系统纵横位置指示器，因外形酷似老鼠而得名“鼠标”，英文名为“Mouse”，如图 1-20 所示。通过鼠标来代替键盘繁琐的指令，可以使计算机的操作更加简便。

图 1-19 人体工程学键盘

图 1-20 鼠标

鼠标按键数分类可以分为传统双键鼠标、三键鼠标和新型的多键鼠标；按工作原理不同可以分为机械式和光电式两大类；按接口分类可以分为串行鼠标、PS/2 鼠标、总线鼠标和 USB 鼠标四类；按使用形式不同可以分为有线鼠标和无线鼠标。现在用得比较多的是 USB 口的光电式鼠标。

（3）扫描仪

扫描仪是利用光电技术和数字处理技术，将图形、图像、照片、文本等信息以扫描方式转换为数字信号输入到计算机的装置，如图 1-21 所示。

扫描仪通常是被用于计算机外部的仪器设备,通过捕获图像并将之转换成计算机可以显示、编辑、存储和输出的图像的数字化输入设备。照片、图纸、文本页面、美术图画、照相底片，以及纺织品、标牌面板、印制板样品等三维对象都可作为扫描对象，扫描仪通过提取这些对象的原始线条、图形、文字、照片和平面实物，将其转换成可以编辑及加入文件的信息。扫描仪属于计算机辅助设计（CAD）中的输入系统，广泛应用在标牌面板、印制板等。

（4）其他输入设备

① 麦克风：是将声音信号转换为电信号的能量转换器件。麦克风根据其换能原理可划分为电动麦克风和电容麦克风两种。大多数麦克风都是驻极体电容器麦克风。

② 条形码阅读器：又称条码扫描器、条码扫描枪，它是一种能够识别条形码、读取条码信息的阅读设备，利用光学原理，把条形码的不同宽窄的黑白条纹解码后通过数据线或者采用无线的方式传输到计算机或者其他设备。其广泛应用于超市、物流快递、图书馆等场所用于扫描商品、单据的条码。

③ 手写输入设备：电磁感应手写板、压感式手写板、触摸屏、触控板、超声波笔等都是手写输入设备。比如，手写板（见图 1-22）一般是使用一只专门的笔，或者手指在特定的区域内书写文字。手写板通过各种方法将笔或者手指走过的轨迹记录下来，然后识别为文字。可用于电路设计、CAD 设计、图形设计、自由绘画以及文本和数据的输入等。

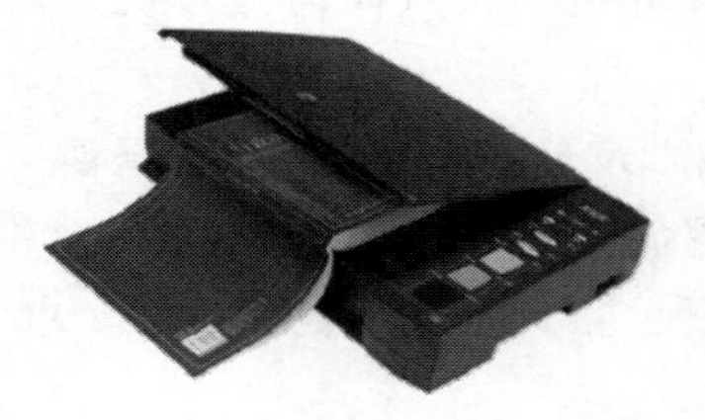

图 1-21 扫描仪

图 1-22 手写板

4. 输出设备

输出设备（Output Equipment）将计算机的处理结果（二进制数据信息）转换为人类熟悉的文字、图片、声音、视频等形式输出。常用的输出设备有显示器、打印机、音响、绘图仪等。

（1）显示器

显示器通常也被称为监视器，是微型计算机必不可少的输出设备。按显示器件不同可以分为阴极射线管显示器（CRT）（见图 1–23）、液晶显示器（LCD）（见图 1–24）、等离子显示器（PDP）。

图 1–23　阴极射线管显示器

不同类型的显示器应配备相应的显示卡。显卡是主机与显示器连接的“桥梁”，是连接显示器和主板的适配卡，作用是控制显示器的显示方式。显卡分为集成显卡、独立显卡和核心显卡，如图 1–25 所示为独立显卡。

图 1–24　液晶显示器

图 1–25　独立显卡

目前，购置电脑一般都选择液晶显示器，其性能指标主要有：

① 屏幕尺寸

屏幕尺寸指屏幕的大小，是矩形液晶显示器屏幕对角线的长度，单位为英寸。常见的规格有 14 英寸、15 英寸、17 英寸、19 英寸、21 英寸等。

② 显示分辨率

屏幕上图像的分辨率或者说清晰度取决于显示图像的点的大小，这些点被称为像素（pixel）。显示分辨率=水平显示的像素数×垂直的扫描线，像素的直径越小，相同的显示面积中像素越多，分辨率越高，图像越清晰，性能越好。常见的分辨率有 1024 × 768，1280 × 1024，1440 × 900 等。

③ 刷新频率

刷新频率是指图像在显示器上更新的速度，也就是图像每秒在屏幕上出现的帧数，单位为 Hz（赫兹）。刷新频率越高，屏幕上图像的闪烁感就越小，图像越稳定，视觉效果也越好。一般刷新频率在 75Hz 以上时，人眼对影像的闪烁才不易察觉。

④ 点距

点距是指屏幕上相邻两个同色像素点之间的距离。点距不同于分辨率，不能用软件来更改。在任何相同分辨率下，点距越小，图像就越清晰。目前的点距主要有 0.39 mm，0.31 mm，0.28 mm，0.26 mm，0.24 mm，0.22 mm 等几种规格，最小的可达 0.20 mm。

（2）打印机

打印机是计算机的另一个重要输出设备，用于将计算机处理结果或中间结果以人类所能识别的数字、文字、符号和图形等，依照规定的格式打印在相关介质上。打印机正向轻、薄、短、小、低功耗、高速度和智能化方向发展。目前，常用的打印机有针式打印机、喷墨打印机和激光打印机。

① 针式打印机

针式打印机曾在打印机历史的很长一段时间内占有着重要地位，如图 1–26 所示。针式打印机之所以在很长的一段时间内流行不衰，这与其极低的打印成本和较好的使用性，以及单据打印的特殊用途是分不开的。针式打印机通过打印头中的24根针击打复写纸，从而形成字体。在打印过程中，用户可以根据需求来选择2联、3联、4联，甚至6联的多联纸张。只有针式打印机能够快速完成多联纸的一次性打印。但由于它打印速度慢、工作噪声大、打印效果较差，无法适应高质量、高速度的商用打印需要，所以目前只有在银行、超市等用于票单打印的地方还可以看见它的踪迹。

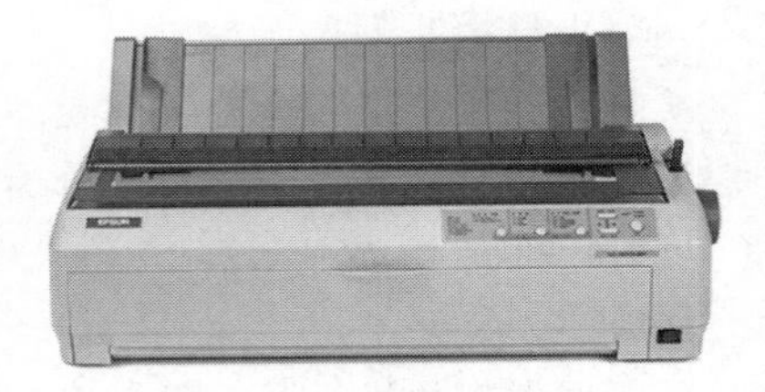

图 1-26　针式打印机

② 喷墨打印机

喷墨打印机是应用最广泛的打印机，如图 1-27 所示，其基本原理是带电的喷墨雾点经过电极偏转后，直接在纸上形成所需字形。其优点是组成字符和图像的印点比针式点阵打印机小得多，因而字符点的分辨率高，印字质量高且清晰，可灵活方便地改变字符尺寸和字体。此外喷墨打印机还具有更为灵活的纸张处理能力，在打印介质的选择上，喷墨打印机既可以打印信封、信纸等普通介质，还可以打印各种胶片、照片纸、光盘封面、卷纸、T 恤转印纸等特殊介质。

喷墨打印机采用技术主要有两种：连续式喷墨技术与随机式喷墨技术。早期的喷墨打印机以及当前大幅面的喷墨打印机都是采用连续式喷墨技术，而当前市面流行的喷墨打印机都普遍采用随机喷墨技术。随机式喷墨系统中墨水只在打印需要时才喷射，所以又称按需式。

③ 激光打印机

激光打印机则是高科技发展的一种新产物，如图 1-28 所示，其基本工作原理是由计算机传来的二进制数据信息，通过视频控制器转换成视频信号，再由视频接口/控制系统把视频信号转换为激光驱动信号，然后由激光扫描系统产生载有字符信息的激光束，最后是由电子照相系统使激光束成像并转印到纸上，分为黑白和彩色两种机型。与其他打印设备相比，激光打印机有打印速度快、成像质量高等优点，但使用成本相对高昂。虽然激光打印机的价格要比喷墨打印机昂贵的多，但从单页的打印成本上讲，激光打印机则要便宜很多。目前，低端黑白激光打印机的价格已经降到了几百元，达到了普通用户可以接受的水平，而彩色激光打印机的价位一般都在2000元左右。

图 1-27　喷墨打印机

图 1-28　激光打印机

1.3.5 计算机软件系统

计算机软件也称软件，是指计算机系统中的程序及其数据，以及用于开发、使用和维护的有关文档的集合。程序是计算任务的处理对象和对处理规则的描述；文档是为了便于了解程序所需的阐明性资料。软件是用户与硬件之间的接口界面，用户主要是通过软件与计算机进行交流。

软件系统可以分为系统软件和应用软件两大类。

1. 系统软件

系统软件是指控制和协调计算机系统中的硬件设备和软件资源的程序。其主要功能是调度、监控和维护计算机系统，使计算机系统中各种独立的硬件可以协调一致的工作。系统软件使得用户和其他软件将计算机当作一个整体，无需了解底层每个硬件的细节就可以使用计算机或开发程序。

一般来讲，系统软件包括操作系统和一系列基本的工具，比如编译器、数据库管理、存储器格式化、文件系统管理、用户身份验证、驱动管理、网络连接等方面的工具。

（1）操作系统

操作系统（Operating System，OS）是管理计算机全部硬件与软件资源的大型程序，是计算机系统的核心与基石，其他软件或程序只有在操作系统的支持下才能运行。

操作系统是计算机系统的控制和管理中心，从资源角度来看，它具有处理器管理、存储器管理、设备管理、文件管理等功能。同时，操作系统也是计算机裸机与应用程序及用户之间的桥梁，为用户提供一个与系统交互的操作界面。

常用的操作系统有 DOS、Windows、UNIX、Linux 和 Netware 等。

（2）程序设计语言

通常，人们把人类与计算机进行交流的语言称为程序设计语言。

① 机器语言

机器语言是用二进制代码表示的计算机能直接识别和执行的机器指令的集合，是最低级的语言，可以被机器直接执行，速度快，占用资源少。

不同类别的计算机都有各自的机器语言，即指令系统。某一类计算机的指令系统不一定能能够被其他类别的计算机识别，因此代码可移植性和通用性差。另外，使用二进制代码编程不仅可读性差、效率低、易出错、工作量大，而且不便于后期维护和修改，编程人员还需要深入了解计算机的硬件结构。因此，机器语言不容易掌握和使用。

② 汇编语言

汇编语言是用一些容易理解和记忆的符号指令来代替一个特定的机器语言指令，比如，用“ADD”表示数字逻辑上的加法，“SUB”表示数字逻辑上的减法，“MOV”表示数据传送指令等等。通过这种方法，人们对程序的阅读、程序功能的理解，以及对现有程序的修复和运营维护都变得更加简单方便。

汇编语言只是将机器语言做了表示方法的改进，所以并没有从根本上解决机器语言推广性和移植性差的缺点，但由于汇编语言保持了机器语言优秀的执行效率，结合其自身的可阅读性和简便性，使其依然是目前常用的编程语言之一。汇编语言通常被应用于底层、硬件操作和高要求的程序优化的场合。汇编语言与机器语言一样，都与计算机硬件密切相关，所以被称为“面向机器的语言”。

③ 高级语言

在汇编语言出现之后，人们发现了限制程序推广的关键因素是程序的可移植性，需要设计一个能够不依赖于计算机硬件，能够在不同机器上运行的程序，这样可以避免去重复编程，提高效率。同时，这种语言还要接近于人的自然语言或数学语言。在20世纪50年代中期，诞生了高级编程语言。

高级语言是“面向用户的语言”，较接近于人类的自然语言或数学公式，基本脱离了机器的硬件系统。其优点是表达能力强，功能多，编程效率高，上手速度快，自动化程度高，因而在大部分软件开发中，使用者都采用高级语言编程。使用高级语言编写的程序称为源程序。

（3）语言处理程序

计算机只能直接识别和执行机器语言，因此要在计算机上运行汇编语言或高级语言程序就必须配备程序语言翻译程序。翻译程序本身是一组程序，不同的高级语言都有相应的翻译程序。

语言处理程序是将用程序设计语言编写的源程序转换成机器语言的形式，以便计算机能够运行，这一转换是由翻译程序来完成的。翻译程序除了要完成语言间的转换外，还要进行语法、语义等方面的检查，翻译程序统称为语言处理程序，共有三种：汇编程序、编译程序和解释程序。语言处理程序有汇编语言汇编器，C语言编译、连接器等。

（4）数据库系统

在信息社会里，人们每天面临着来自社会、网络、生产活动等产生的大量信息，单靠人工无法对这些信息进行有效的管理，而计算机凭借其高速度、大容量、高精度等特点可以对信息进行搜集、存储、处理和使用，数据库系统就是在这种需求背景下应运而生和不断发展起来的。

数据库系统（Data Base System，DBS）是一种操纵和管理数据库的大型软件，用于建立、使用和维护数据库，能够有组织地、动态地存储大量数据，可为多种应用共享，使人们能方便、高效地使用这些数据。比如，Oracle、DB2、MySQL、SQL Server、Access和Sybase都是数据库系统。

数据库系统主要由数据库（DB）、数据库管理系统（DBMS）以及相应的应用程序组成。数据库系统不但能够存放大量的数据，更重要的是能迅速、自动地对数据进行检索、修改、统计、排序、合并等操作，以得到所需的信息。这一点是传统的文件柜无法做到的。

数据库系统的出现是计算机应用的一个里程碑，它使得计算机应用从以科学计算为主转向以数据处理为主，使得普通用户能够方便地将日常数据存入计算机并在需要的时候快速访问它们，从而使计算机得以在各行各业乃至家庭普遍使用。因此，数据库技术也成了计算机技术中发展最快、应用最广的一个分支，数据库成为了计算机应用开发中必不可少的部分。

（5）各种服务性程序如诊断程序、排错程序、练习程序等

服务性程序也是系统软件的一部分，主要是提供一些常用的服务功能并支持其他软件开发而编制的一类程序，可以帮助用户使用与维护计算机，主要有工具软件、编辑程序、软件调试程序以及诊断程序等。

① 工具软件

工具软件是一些用于帮助用户使用计算机和开发软件的软件，如杀毒软件、数据压缩软件、备份软件、软件测试工具、结构化流程图绘图程序等。

② 编辑程序

编辑程序可为用户提供良好的编辑环境。在这个环境中，用户可以使用简单的命令或菜单

即可方便地进行程序文档或数据文档的建立、修改和生成。常用的编辑程序有 DOS 环境下的 EDIT、DLIN；Windows 环境下的记事本程序及专用的集成环境，如 Visual Basic、Visual C ++等。

③ 连接装配程序

一个大型软件通常是由多个功能模块构成，分别由不同的人员编译后，再将各自生成的目标模块通过连接装配程序与相应高级语言函数库等连接在一起，生成一个可执行文件（程序）才能运行。

④ 纠错程序

纠错程序又称 DEBUG，其功能是帮助用户检查程序中的错误，以便修正。当然，使用纠错程序，需要有机器语言和汇编语言方面的训练。

⑤ 诊断程序

诊断程序主要用来帮助用户维修计算机硬件，可以自动检测计算机内存、软盘、硬盘以及硬件故障，又可用于对程序错误进行定位。

2. 应用软件

（1）通用软件

这类软件通常是为解决某一类问题而设计的，而这类问题是很多人都要遇到过的，包括文字处理软件、报表处理软件、地理信息软件、网络软件、游戏软件、企业管理软件、多媒体应用软件、辅助设计与辅助制造（CAD/CAM）软件和信息安全软件等其他通用软件。

（2）专用软件

在市场上可以买到通用软件，但有些具有特殊功能和需求的软件是无法买到的。比如，能自动控制车床的程序，同时也能将各种事务性工作集成起来统一管理；仅适用于个别单位会计业务的会计软件；为解决现代科学技术各领域中所提出的数学问题的数学软件，等等。当然开发出来的这种软件也只能专用于这种情况。

1.4 计算机中的数制和编码

通过计算机，人们可以获得和处理各式各样的数据信息，比如文字、声音、视频、图片等等，而这些精彩纷呈的信息在计算机中是如何存放的呢？无论是数值信息还是非数值信息（字符、文字、图形、声音等），在计算机中都是采用二进制进行存储和处理的。本节主要介绍一下计算机中的常用数制、数制之间的转换以及常用的编码。

1.4.1 计算机的数制

数制就是表示数的方法，指用一组固定的符号和统一的规则来表示数值。在计数的过程中采用进位的方法被称为进位计数制。在日常生活中，我们最常用到的就是十进制，其实，除了十进制数制以外，还有很多进位计数制，比如，以 12 个月计为一年的十二进制；以 60 分钟计为 1 小时的六十进制；以 24 小时计为 1 天的二十四进制；计算机中的二进制，等等。

为什么计算机中要采用二进制，而不采用人类在实际生活中使用的十进制呢？主要有以下原因：

（1）二进制只包含 0 和 1 两个数值，计算机中的电子组件一般都只有两种稳定的工作状态，用高、低两个电位表示“1”和“0”在物理上是最容易实现。

（2）两个二进制数的和、积运算组合各有三种，运算规则简单，有利于简化计算机内部结构，提高运算速度。

（3）二进制只有两个数码，正好与逻辑代数中的“真”和“假”相吻合。

（4）二进制与十进制数易于互相转换。

（5）用二进制表示数据具有的抗干扰能力强，可靠性高。

这样，输入计算机的十进制会被转换成二进制进行计算，计算后所得的结果由操作系统再次转换成十进制输出。

1. 数制的基本概念

对于任意的进位计数制 R 都包括数码、基数、位权 3 个要素。

（1）数码

数码是数制中用来表示基本数值大小的不同数字符号。例如，十进制有 10 个数码：0、1、2、3、4、5、6、7、8、9；二进制有两个数码：0、1；八进制有 8 个数码：0、1、2、3、4、5、6、7；十六进制有 16 个数码：0、1、2、3、4、5、6、7、8、9、A、B、C、D、E、F。

（2）基数

基数表示任何一个进位计数制中所包含的数码的个数，用 R 表示。例如：

十进制：10 个记数符号，0、1、2、3、4、5、6、7、8、9，基数为 $R=10$。

二进制：2 个记数符号，0 和 1，基数为 $R=2$。

（3）位权

位权表示数制中每一位上的数码所代表的实际值的大小。数字的大小除了与其本身的大小有关外，还与其所处的位置有关，即一个数的每个位置的基准值就被称为位权，用 R^i 表示。例如，十进制的千分位的位权是 1000（10^3），百分位的位权是 100（10^2），十分位的位权是 10（10^1），个位的位权是 1（10^0）；二进制数 1111，从左向右的位权值分别是，第一个 1 的位权是 8（2^3），第二个 1 的位权是 4（2^2），第三个 1 的位权是 2（2^1），第四个 1 的位权是 1（2^0）。

（4）按位权展开求和

任何一个数 R 都可以表示成数码本身的值与其所在位置的位权的乘积之和。例如：

十进制：$(349.48)_{10}=3\times10^2+4\times10^1+9\times10^0+4\times10^{-1}+8\times10^{-2}$

二进制：$(100101.01)_2=1\times2^5+0\times2^4+0\times2^3+1\times2^2+0\times2^1+1\times2^0+0\times2^{-1}+1\times2^{-2}$

由此，可得数 R 按位权展开求和的通式为：

$$N = D_{m-1}R^{m-1}+\cdots+D_1R^1+D_0R^0+D_{-1}R^{-1}+\cdots+D_{-n}R^{-n}$$

（N 代表任意一个数值；D 代表每一位上的数码；R 代表位权；m 代表整数位数；n 代表小数位数）

2. 常用的进位计数制

在生产实践和日常生活中有很多种表示数的方法，下面对常见的十进制数、二进制数、八进制数、十六进制数进行详细的介绍。

（1）十进制

十进制数（decimal）基数是 10，包括十个数码：0、1、2、3、4、5、6、7、8、9，逢十进

一，表示方法为：(234.56)$_{10}$或 234.56D，也可直接写成 234.56。

按位权展开为：(234.56)$_{10}$$=2\times10^2+3\times10^1+4\times10^0+5\times10^{-1}+6\times10^{-2}$

（2）二进制

二进制数（binary）基数是 2，包括两个数码：0、1，逢二进一，表示方法为：(110.01)$_2$或 110.01B。

按位权展开为：(110.01)$_2$$=1\times2^2+1\times2^1+0\times2^0+0\times2^{-1}+1\times2^{-2}$

（3）八进制

八进制数（octal）基数是 8，包括八个数码：0、1、2、3、4、5、6、7，逢八进一，表示方法为：(437.26)$_8$或 437.26 O。

按位权展开为：(437.26)$_8$$=4\times8^2+3\times8^1+7\times8^0+2\times8^{-1}+6\times8^{-2}$

（4）十六进制

十六进制数（hexadecimal）基数是 16，包括十六个数码：0、1、2、3、4、5、6、7、8、9、A、B、C、D、E、F（其中 A～F 对应十进制的 10～15），逢十六进一，表示方法为：(A3201.24)$_{16}$或 A3201.24H。

按位权展开为：(A3201.24)$_{16}$$=10\times16^4+3\times16^3+2\times16^2+0\times16^1+1\times16^0+2\times16^{-1}+4\times16^{-2}$

1.4.2 各数制之间的转换

人们日常生活中采用的是十进制，而计算机中采用的是二进制，而一个数如果用二进制表示的话会比较长，且容易出错。因此，在计算机中除了二进制外，为了便于书写，还常常用到八进制和十六进制。这些进制之间存在有一定的联系，即各进制之间可以相互进行转换。了解不同进制数之间的转换是必要的。

1. *R* 进制数（二进制、八进制、十六进制）转换为十进制

计算方法是按位权展开求和，即将每位数码乘以相应的权值并累加。

【例 1.1】将二进制数 (110.11)$_2$转换成十进制数。

【解】(110.01)$_2$$=1\times2^2+1\times2^1+0\times2^0+0\times2^{-1}+1\times2^{-2}=4+2+0+0+0.25=6.25$

【例 1.2】将八进制数 (437.2)$_8$转换成十进制数。

【解】(437.2)$_8$$=4\times8^2+3\times8^1+7\times8^0+2\times8^{-1}=256+24+7+0.25=287.25$

【例 1.3】将十六进制数 (A41.5)$_{16}$转换成十进制数。

【解】(A41.5)$_{16}$$=10\times16^2+4\times16^1+1\times16^0+5\times16^{-1}=2560+64+1+0.3125=2625.3125$

2. 十进制转换为 *R* 进制数（二进制、八进制、十六进制）

通常，一个十进制数包括了整数部分和小数部分。而整数部分和小数部分在转换为 R 进制数时分别遵守不同的转换规则。下面以一个十进制小数转换成 2 进制数为例，分别介绍整数和小数部分的转换方法。

（1）整数部分

采用"除以 *R* 取余法"。具体方法是：用十进制数的整数部分除以 2，然后将余数取出，作为 2 进制的数码，用所得的商继续除以 2，直到商为 0 为止。每次所得的余数即为二进制整数部分的各个数码，最先求得的余数为最低位，最后求得的余数为最高位，口诀为"除 R 取余倒读"（倒读是自下而上读）。

（2）小数部分

采用“乘以 R 取整法”。具体方法是：用十进制数的小数部分乘以 2，然后将所得的积的整数部分取出，作为 2 进制的数码，用所得的积的小数部分继续乘以 2，直到积为 0 或达到有效精度为止。最先求得的整数为最高位（最靠近小数点），最后求得的整数为最低位，口诀为“乘 R 取整正读”（正读是自上而下读）。

【例 1.4】将（59.342）$_{10}$转换成二进制数（取 4 位小数）。

【解】先求整数部分：

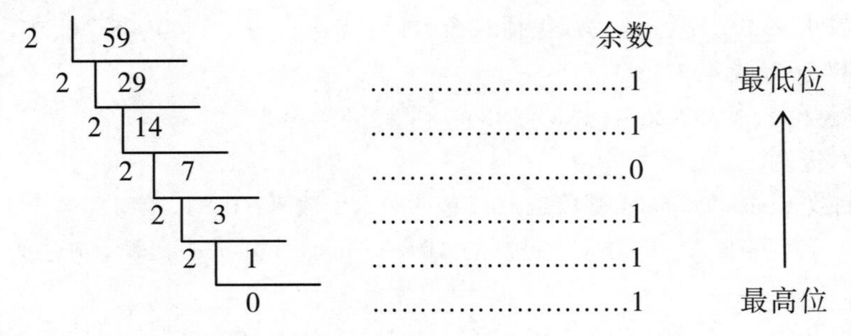

所以（59）$_{10}$=（111011）$_2$

再求小数部分：

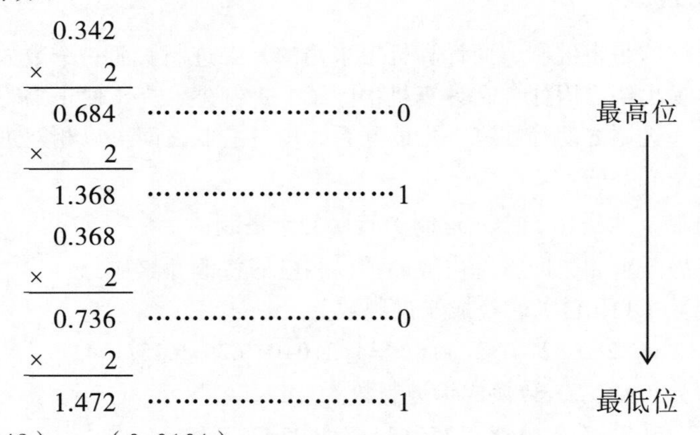

所以（0.342）$_{10}$ = （0.0101）$_2$

由此可得：（59.342）$_{10}$=（111011.0101）$_2$

提示

（1）小数部分每次乘 2 后，取得的整数部分可能是 0 或 1。如果整数部分是 0，也应将其取出作为一位二进制数码。

（2）并不是每一个十进制小数都能完全精确地转换成二进制小数，也就是说，不能用有限个二进制数字来精确地表示一个十进制小数。如果无法转换为精确小数，就根据精度要求截取到某一位小数即可。所以，将一个十进制小数转换成二进制小数通常只能得到近似表示。

【例 1.5】将（159.67）$_{10}$转换成八进制数（取 4 位小数）。

【解】先求整数部分：

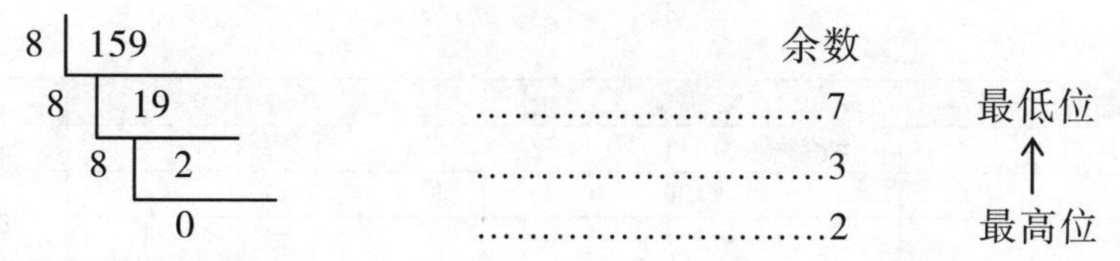

所以 $(159)_{10}=(237)_8$

再求小数部分：

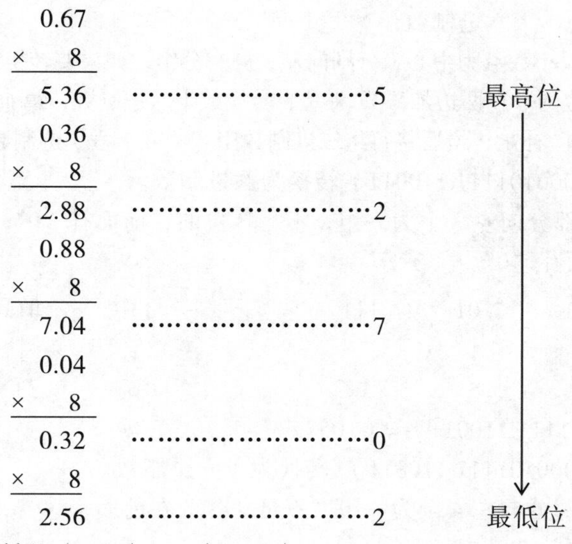

所以 $(0.67)_{10}=(0.527)_8$

由此可得：$(159.67)_{10}=(237.527)_8$

通过以上例题可以看出，对于一个十进制小数转换成任意的 *R* 进制数，需要将整数部分和小数部分分别转换，然后将两部分所得结果用小数点连起来即可。

3. 二进制与八进制、十六进制的转换

用二进制编码存在这样的规律：*n* 位二进制最多可以表示 2^n 种状态。因为，$2^3=8$，$2^4=16$，所以 3 位二进制数对应 1 位八进制数，4 位二进制数对应 1 位十六进制数。二进制数转换为八进制、十六进制数比转换为十进制数容易得多。因此，常用八进制、十六进制数来表示二进制数。表 1-1 列出了它们之间的对应关系。

表 1-1　十进制、二进制、八进制和十六进制数之间的对应关系

十进制	二进制	八进制	十六进制
0	000	0	0
1	001	1	1
2	010	2	2
3	011	3	3
4	100	4	4
5	101	5	5
6	110	6	6
7	111	7	7
8	1000	10	8
9	1001	11	9
10	1010	12	A

续表

十进制	二进制	八进制	十六进制
11	1011	13	B
12	1100	14	C
13	1101	15	D
14	1110	16	E
15	1111	17	F

（1）二进制转换为八进制、十六进制数

转换方法为：将二进制数以小数点为中心，分别向左、向右分组，如果要转换成八进制数，每 3 位二进制为一组，一组不足 3 位的数在两边加“0”补足；转换成十六进制数，每 4 位二进制为一组，一组不足 4 位的数在两边加“0”补足，最后将每组二进制数用八（或十六）进制数代替即可。

【例 1.6】将二进制数（1000101111.110011）$_2$转换为八进制数。

【解】将二进制数的整数部分向左 3 个为一组，不足 3 位的在前面补“0”；小数部分向右 3 个为一组，不足 3 位的在后面补“0”。

001　000　101　111　.　110　011

↓　↓　↓　↓　　↓　↓

1　0　5　7　　6　3

所以（1000101111.110011）$_2$ =（1057.63）$_8$

【例 1.7】将二进制数（1000101111.110011）$_2$转换为十六进制数。

【解】将二进制数的整数部分向左 4 个为一组，不足 4 位的在前面补“0”；小数部分向右 4 个为一组，不足 4 位的在后面补“0”。

0010　0010　1111　.　1100　1100

↓　↓　↓　　↓　↓

2　2　F　　C　C

所以（1000101111.11001100）$_2$ =（22F.CC）$_{16}$

（2）八进制、十六进制转换为二进制数

转换方法为：将每一位八（或十六）进制数用等值的 3（或 4）位二进制数代替即可。

【例 1.8】将八进制数（1605.42）$_8$转换为二进制数。

【解】

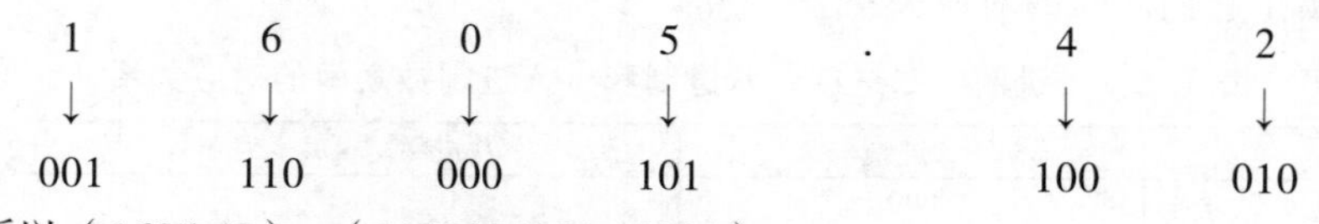

所以（1605.42）$_8$ =（1110000101.10001）$_2$

【例 1.9】将十六进制数（53C.F8）$_{16}$转换为二进制数。

【解】

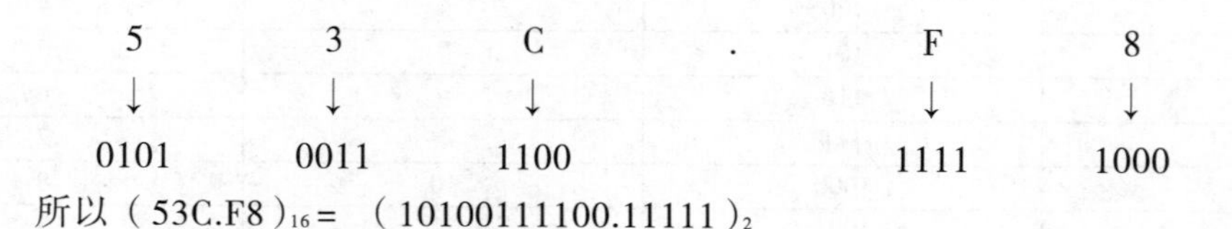

所以（53C.F8）$_{16}$ =（10100111100.11111）$_2$

1.4.3　信息的存储单位

在计算机中，任何一个数据信息都是以二进制形式进行存储的。计算机内存是由成千上万个小的电子线路组成，每一个能代表“0”和“1”的电子线路能存储一位二进制数，若干个这样的电子线路就能存储若干位二进制数。下面介绍一下信息的存储单位。

1. 位

位（bit）是计算机中的构成存储器的最小单位，每一个二进制代码“0”和“1”都称为一位，记为 bit。

2. 字节

字节（Byte）是计算机中存储容量的基本单位，通常每八位二进制位组成一个字节，记为 B。计算机的存储器（内存或外存）是以字节作为存储单位的。容量的存储单位一般用 KB、MB、GB、TB 来表示，它们之间的换算关系如下：

B	（字节）	1B=8bit
KB	（千字节）	1KB=1024B
MB	（兆字节）	1MB=1024KB
GB	（吉字节）	1GB=1024MB
TB	（太字节）	1TB=1024GB

3. 字

字（word）是位的组合，在计算机中作为一个独立的信息单位被存取、传送和处理，又称为计算机字。其含义取决于机器的类型、字长以及使用者的要求。一个字由若干字节组成，每个字中二进制位数的长度，称为字长。常见的有 8 位、16 位、32 位、64 位等，机器的功能设计决定了机器的字长。

4. 机器字长

机器字长是存储器性能的一个重要指标，一般是指参加运算的寄存器所含有的二进制数的位数，它代表了机器的精度。不同的计算机系统的字长不同，但字长一般都是字节的整数倍。一般大型机用于数值计算，为保证足够的精度，需要较长的字节，如 32 位、64 位等。而小型机、个人计算机一般字长为 16 位、32 位等。字长越长，存放数值的范围越大，精度越高。

5. 地址

地址（address）是计算机为了便于存取，为每个存储单元设定的唯一的编号，就好像是我们的门牌号一样，通过地址可以找到所需的存储单元，取出或存入信息。在计算机内，地址也是用二进制数表示，是一个无符号整数。为了书写方便和编程需要，在源程序中常用十六进制数或符号来表示一个存储单元的地址。

1.4.4　数值数据的编码

1. 机器数

计算机内部只有“0”和“1”两种形式，所以数的正、负号，也必须用“0”和“1”表示。通常把这个符号放在二进制数的最高位，称为符号位，用“0”表示正，“1”表示负，称为数符，其余位表示数值。把符号数值化以后，就能将它用于机器中。我们把一个数在机器内的表示形式称为机器数。把直接用正号“+”和负号“-”来表示其正负的二进制数称为符号数的真值。例如，“01001”和“11001”是两个机器数，而它们的真值分别为“+1001”和“-1001”。

机器数的表示范围受字长和数据类型的限制，字长和数据类型决定了机器数能表示的数值范围。例如，表示一个整数，字长为8位，最高位为符号位，则最大的正数为0111111，即最大值为127，若数值超出127，就要“溢出”。

2. 数的定点和浮点表示

在计算机中，数值型数据有两种表示方法，一种是定点数，另一种是浮点数。

（1）定点数的表示法

定点数就是指在计算机中所有数的小数点位置固定不变，分为定点小数和定点整数。

定点小数把小数点固定在最高位的左边，小数点前边再设一位符号位，因此，它只能表示小于1的纯小数；定点整数将小数点固定在最低数据位的右边，因此，整数所表示的数据的最小单位为1，表示的也只是纯整数。由此可见，定点数的表示范围很小。

（2）浮点数的表示法

浮点表示法对应于科学（指数）记数法，用以近似表示任意某个实数。具体地说，这个实数由一个整数或定点数（即尾数）乘以基数 R（计算机中通常是2）的整数次幂得到，这种表示方法类似于基数为10的科学记数法。

例如，二进制数1010.011B可表示为：

$$1010.011=1.010011\times2^{3}=0.1010011\times2^{4}=10100.11\times2^{-1}$$

实数的范围和精度分别用阶码和尾数来表示，其存储格式如图1-29所示。

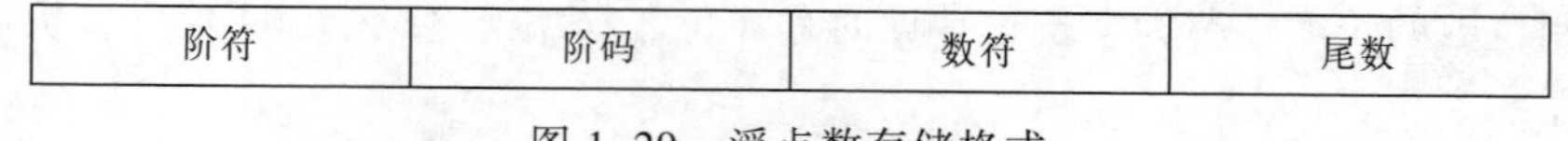

阶符	阶码	数符	尾数

图1-29　浮点数存储格式

其中：

① 阶码是指数，在机器中表示一个浮点数时需要给出指数，这个指数用整数形式表示，这个整数称为阶码，用来指示尾数中的小数点应当向左或向右移动的位数。阶码的位数随数值的表示范围而定。

② 尾数是纯小数，表示数值的有效数字，其本身的小数点约定在数符和尾数之间。尾数的位数依据数的精度要求而定。

③ 阶符和数符各占一位，分别表示阶码和尾数的符号。

1.4.5 字符的编码

现代计算机不仅处理数值领域的问题，而且处理大量非数值领域的问题，如字母、数字、符号及控制符号。这些符号在计算机中也是用二进制表示，用于表示字符的二进制编码称为字符编码。目前，常用的编码有EBCDIC(extended binary coded decimal interchange code)码和ASCII(american standard code for information interchange)码。

1. ASCII码

ASCII码，即美国标准信息交换码，是目前国际上最为流行的字符信息编码方案。它包括

10 个十进制数码（0～9），大小写英文字母以及 12 个专用符号（如$、%、+、=）等 95 种可打印字符，还包括 33 种控制字符（如回车、删除等）。一个字符的 ASCII 码通常占一个字节，用七位二进制数编码组成，所以，ASCII 码最多可表示 128 个不同的符号。七位 ASCII 码字符编码表见表 1-2。

表 1-2　ASCII 码字符编码表

低位 \ 高位	000	001	010	011	100	101	110	111
0000	NUL	DEL	SP	0	@	P	`	p
0001	SOH	DC1	!	1	A	Q	a	q
0010	STX	DC2	"	2	B	R	b	r
0011	ETX	DC3	#	3	C	S	c	s
0100	EOT	DC4	$	4	D	T	d	t
0101	ENQ	NAK	%	5	E	U	e	u
0110	ACK	SYN	&	6	F	V	f	v
0111	DEL	ETB	'	7	G	W	g	w
1000	BS	CAN	(	8	H	X	h	x
1001	HT	EM	)	9	I	Y	i	y
1010	LF	SUB	*	:	J	Z	j	z
1011	VT	ESC	+	;	K	[	k	{
1100	FF	FS	,	<	L	\	l	|
1101	CR	GS	_	=	M	]	m	}
1110	SO	RS	.	>	N	^	n	~
1111	SI	US	/	?	O	–	o	DEL

ASCII 码字符编码表具有如下特点：

（1）ASCII 码字符编码表中的每个字符的二进制编码为 7 位，因此一共有 2^7=128 种不同字符的编码。通常一个 ASCIL 码占用一个字节（即 8 bit），其最高位为“0”。例如，“Red”的 ASCII 码编码见表 1-3。

表 1-3　“Red”的 ASCII 码编码

R	e	d
1010010	1100101	1100100

（2）ASCII 码字符编码表中包括了 33 种控制码，二进制码值为 0000000～0011111 和 1111111（即 NUL～US 和 DEL）称为控制字符，位于表的左边两列和右下角位置上。控制字符主要用于打印或显示时的格式控制；对外部设备的操作控制；进行信息分隔；在数据通信时进行传输控制等用途，其功能解释见表 1-4。

表 1-4　控制码

字符	解释	字符	解释	字符	解释
NUL	空字符	VT	垂直制表符	SYN	同步空闲
SOH	标题开始	FF	换页键	ETB	结束传输块
STX	正文开始	CR	回车键	CAN	取消
ETX	正文结束	SO	移出	EM	媒介结束
EOT	传输结束	SI	移入	SUB	代替减
ENQ	请求	DLE	数据链路转义	ESC	换码(溢出)
ACK	应答	DC1	设备控制 1	FS	文件分隔符
BEL	响铃	DC2	设备控制 2	GS	分组符

续表

字符	解释	字符	解释	字符	解释
BS	退格	DC3	设备控制 3	RS	记录分隔符
HT	水平制表符	DC4	设备控制 4	US	单元分隔符
LF	换行键	NAK	拒绝接收	DEL	删除

（3）ASCII 码字符编码表中包括了 95 个普通字符，称为图形字符，为可打印或可显示字符，包括 52 个英文大小写字母，10 个数字 0～9 和 33 个其他标点符号、运算符号。数字字符、大写字母字符、小写字母字符的 ASCII 码值是按照从小到大 0～9、A～Z、a～z 的顺序排列的，且小写字母比大写字母的码值大 32。

例如：

“A”字母字符的编码是 1000001，对应的十进制数是 65，对应的十六进制是 41H；

“B”字母字符的编码是 1000010，对应的十进制数是 66，对应的十六进制是 42H；

“a”字母字符的编码是 1100001，对应的十进制数是 97，对应的十六进制是 61H；

“0”数字字符的编码是 0110000，对应的十进制数是 48，对应的十六进制是 30H；

“SP”空格字符的编码是 0100000，对应的十进制数是 32，对应的十六进制是 20H。

2. BCD 码

BCD（Binary Coded Decimal）码是二进制编码的十进制数，有 4 位 BCD 码、6 位 BCD 码和扩展的 BCD 码三种。

（1）8421 码

8421 码又称为 BCD 码，是十进制代码中最常用的一种。8421 码用 4 位二进制数表示一个十进制数字，每一位二值代码的“1”都代表一个固定数值。将每位“1”所代表的二进制数加起来就可以得到它所代表的十进制数字。因为代码中从左至右的每一位“1”位权依次为 8、4、2、1，它只能表示十进制数的 0～9 十个字符（0000～1001）。为了能对一个多位十进制数进行编码，需要有与十进制数的位数一样多的 4 位组。

（2）扩展 BCD 码

由于 8421 码只能表示 10 个十进制数，所以在原来 4 位 BCD 码的基础上又产生了 6 位 BCD 码。它能表示 64 个字符，其中包括 10 个十进制数、26 个英文字母和 28 个特殊字符。

但在某些场合，还需要区分英文字母的大小写，这就提出了扩展 BCD 码，即 EBCDIC（Extended Binary Coded Decimal Interchange Code）码，是美国 IBM 公司在它的各类机器上广泛使用的一种信息代码，是字母或数字字符的二进制编码。一个字符的 EBCDIC 码占用一个字符，用八位二进制码表示信息，最多可以表示出 256 个不同代码。EBCDIC 码是常用的编码之一，IBM 及 UNIVAC 计算机均采用这种编码。

3. Unicode 编码

扩展的 ASCII 码可以提供 256 个字符，但是并不足以表示世界各地的文字编码。Unicode 就是为了解决传统的字符编码方案的局限而产生的，它能够为每种语言中的每个字符都设定统一且唯一的二进制编码，从而满足了跨语言、跨平台进行文本转换、处理的要求。

Unicode 是一种 16 位的编码，能够表示 65000 多个字符或符号。目前，世界上的各种语言一般所使用的字母或符号都在 3400 个左右，所以 Unicode 编码可以用于任何一种语言。Unicode

编码与现在流行的 ASCII 码完全兼容，二者的前 256 个符号是一样的。Unicode 编码共有三种具体实现，分别为 utf-8，utf-16，utf-32，其中 utf-8 占用 1 到 4 个字节，utf-16 占用 2 或 4 个字节，utf-32 占用 4 个字节。目前，Unicode 码在全球范围的信息交换领域均有广泛的应用，已经在 Windows NT 0S/2、Office 等软件中使用。

1.4.6 汉字的编码

计算机发展之初，只能处理英文字母、数字和符号，不能处理汉字，这就大大影响了计算机在我国的普及和发展。因此，20 世纪 80 年代初，人们开始了利用计算机对汉字信息进行存储、传输、加工等的研究，逐渐形成了汉字信息处理系统。

汉字编码进入计算机有许多困难，其原因主要有三点：

（1）数量庞大。一般认为，汉字总数已超过 6 万个（包括简化字）。虽有研究者主张规定 3000 多或 4000 字作为当代通用汉字，但仍比处理由二三十个字母组成的拼音文字要困难得多。

（2）字形复杂。有古体今体，繁体简体，正体异体，而且笔画相差悬殊，少的一笔，多的达 36 笔，简化后平均为 9.8 笔。

（3）存在大量一音多字和一字多音的现象。汉语音节 416 个，分声调后为 1295 个（根据《现代汉语词典》统计，轻声 39 个未计）。以 1 万个汉字计算，每个不带调的音节平均超过 24 个汉字，每个带调音节平均超过 7.7 个汉字。有的同音同调字多达 66 个，同时一字多音现象也很普遍。

目前，汉字进入计算机的三种途径分别为：

（1）机器自动识别汉字。计算机通过“视觉”装置（光学字符阅读器或其他），用光电扫描等方法识别汉字。

（2）通过语音识别输入。计算机利用人们给它配备的“听觉器官”，自动辨别汉语语音要素，从不同的音节中找出不同的汉字，或从相同音节中判断出不同汉字。

（3）通过汉字编码输入。根据一定的编码方法，由人借助输入设备将汉字输入计算机。

在现阶段，通过汉字编码方法使汉字进入计算机是比较常用的途径。

计算机中汉字的表示也是用二进制编码，同样是人为编码的。根据应用目的的不同，汉字编码分为外码、交换码、机内码和字形码等。汉字编码在计算机中的实现过程如图 1-30 所示。

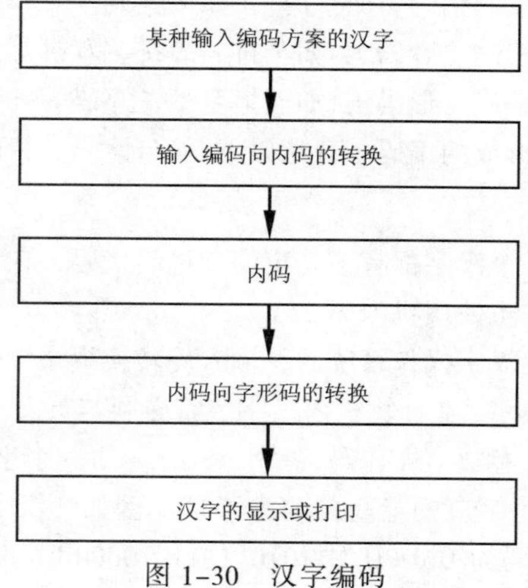

图 1-30　汉字编码

1. 交换码（国标码）

计算机内部处理的信息，都是用二进制代码表示的，汉字也不例外。而二进制代码使用起来是不方便的，于是需要采用信息交换码。中国标准总局 1981 年制定了中华人民共和国国家标准 GB 2312—1980《信息交换用汉字编码字符集（基本集）》，即国标码。

（1）每个汉字使用 2 个字节

由于一个字节只可以表示 2^8=256 种编码，显然一个字节不够表示汉字的国标码，所以必须用两个字节来表示一个国标码。

（2）常用汉字及其分级

国标码一共规定了汉字信息处理时所用到的 7445 个字符编码，其中包括：6763 个汉字代码和 682 个非汉字图形符号（如序号数字、罗马数字、英文字母、日文假名、俄文字母、汉语注音等）。汉字代码中又包括一级常用字 3755 个，二级次常用字 3008 个。一级常用汉字按汉语拼音字母顺序排列，二级次常用字按偏旁部首排列，部首依笔画多少排序。

（3）区位码

区位码是国标码的另一种表现形式，把国标码 GB 2312—1980 中的汉字、图形符号组成一个 94×94 的方阵，分为 94 个“区”，每区包含 94 个“位”，其中“区”的序号由 01 至 94，“位”的序号也是从 01 至 94。94 个区中位置总数=94×94=8836 个，其中 7445 个汉字和图形字符中的每一个占一个位置后，还剩下 1391 个空位，这 1391 个位置空下来保留备用。国标码并不等于区位码，它是由区位码稍作转换得到的。

2. 外码（输入码）

无论是区位码或国标码都不利于输入汉字，为方便汉字的输入而制定的汉字编码，称为汉字输入码，汉字输入码属于外码。输入码是用来将汉字输入到计算机中的一组键盘符号。常用的输入码有拼音码、五笔字型码、自然码、表形码、认知码、区位码和电报码等，一种好的编码应有编码规则简单、易学好记、操作方便、重码率低、输入速度快等优点，每个人可根据自己的需要进行选择。输入码在计算机中必须转换成机内码，才能进行存储和处理。

不同的输入方法，形成了不同的汉字外码。常见的输入法有以下几类：

① 按汉字的排列顺序形成的编码（流水码）：如区位码。

② 按汉字的读音形成的编码（音码）：如全拼、简拼、双拼等。

③ 按汉字的字形形成的编码（形码）：如五笔字型、郑码等。

④ 按汉字的音、形结合形成的编码（音形码）：如自然码、智能 ABC。

3. 机内码

根据国标码的规定，每一个汉字都有了确定的二进制代码，在计算机内部汉字代码都用机内码，在磁盘上记录汉字代码也使用机内码。

输入码被接收以后，就由汉字操作系统的“输入码转换模块”转换为机内码，每个汉字的机内码用 2 个字节的二进制表示，在计算机内汉字字符必须与英文字符区别开，以免造成混乱。英文的机内码是用一个字节来存放 ASCII 码，一个 ASCII 码占一个字节的低 7 位，最高位是“0”，为了区别，汉字机内码中两个字节的最高位均为“1”。例如，汉字“中”的国标码为 5650H（0101011001010000B），机内码为 D6D0H（1101011011010000B）。

4. 汉字的字形码

字形码是汉字的输出码，输出汉字时都采用图形方式，无论汉字的笔画多少，每个汉字都可以写在同样大小的方块中。点阵码是一种用点阵表示汉字字形的编码，它把汉字按字形排列成点阵，常用的点阵有 16×16、24×24、32×32 或更高。

点阵码汉字字形通常分为通用型和精密型两类。通用型汉字字形点阵分成 3 种：

① 简易型，16×16 点阵。

② 普通型，24×24 点阵。

③ 提高型，32×32 点阵。

精密型汉字字形用于常规的印刷排版，由于信息量较大（字形点阵一般在 96×96 点阵以上），通常都采用信息压缩存储技术。

比如，16×16 点阵就是将每个汉字用 16 行，每行 16 个点表示，一个点需要 1 位二进制代码，16 个点需用 16 位二进制代码（即 2 个字节），共 16 行，所以需要 16 行×2 字节/行=32 字节，即 16×16 点阵表示一个汉字，字形码需用 32 字节。而 24×24 点阵的汉字要占用 24×24/8=72 个字节；32×32 点阵的字形码需要 32×32/8=128 个字节，即：

字节数=点阵行数×点阵列数/8。

显然，点阵中行、列数划分越多，字形的质量越好，锯齿现象也就越轻微，但存储汉字字形码所占用的存储空间也就越大。

通常是用 16×16 点阵来显示汉字，如图 1-31 所示，是“中”字的 16×16 点阵字模，其对应的位代码如图 1-32 所示。点阵规模越大，每个汉字存储的字节数就越多，字库也就越庞大，字形分辨率越好，字形也越美观。

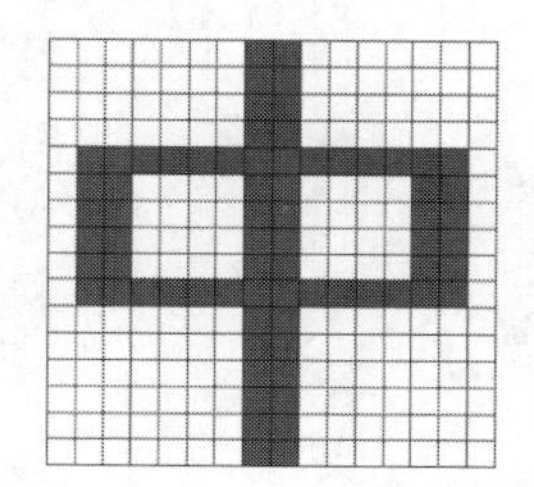

图 1-31　“中”字的 16×16 点阵字形示意图

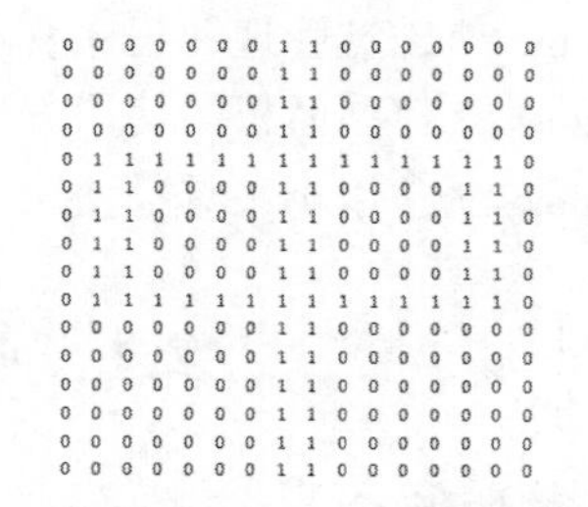

图 1-32　“中”字的位代码

对每一个汉字，都要有对应的字的模型，简称字模，存储在计算机内。字模的集合就构成了字模库，简称字库。比如宋体字库、仿宋体字库、黑体字库、楷体字库和繁体字库等。汉字输出时，需要先根据内码找到字库中对应的字模，再根据字模输出汉字。

汉字的点阵字形的缺点是放大后会出现锯齿现象，很不美观。中文 Windows 中广泛采用了 TrueType 类型的字形码，它采用了一种计算机轮廓字体（曲线描边字）类型标准的字形码，可以实现无限放大而不产生锯齿现象，这种类型字体文件的扩展名是.ttf，类型代码是 tfil。

5. 汉字地址码

汉字地址码是指汉字库（这里主要指字形的点阵式字模库）中存储汉字字形信息的逻辑地址码。汉字库中，字形信息都是按一定顺序（大多数按国标码中汉字的排列顺序）连续存放在存储介质中，所以汉字地址码也大多是连续有序的，而且与汉字内码间有着简单的对应关系，以简化汉字内码到汉字地址码的转换。

第2章

Windows 7 操作系统基础

在计算机中，操作系统是最基本也是最为重要的基础性系统软件，用于协调和控制计算机软、硬件协调一致的工作，是计算机资源的组织者和管理者。Windows 操作系统是 Microsoft 公司开发的一套图形用户界面的操作系统，该系统旨在让人们的日常计算机操作更加简单和快捷，为人们提供高效易行的工作环境。

本章首先介绍了操作系统的基本概念和功能，然后详细介绍 Windows 7 操作系统的基本知识和使用方法。

本章学习目标

- 理解操作系统的基本概念，了解操作系统的功能和种类。
- 掌握 Windows 7 的主要特点、基本操作和使用方法。
- 掌握 Windows 7 的文件及文件夹管理的操作。
- 掌握 Windows 7 磁盘管理和程序管理。
- 掌握 Windows 7 控制面板的使用方法。
- 了解 Windows 7 常用小工具的使用方法。

2.1 操作系统概述

2.1.1 操作系统的概念

操作系统（Operating System，OS）是管理计算机硬件与软件资源的计算机程序，同时也是计算机系统的内核与基石。操作系统需要处理如管理与配置内存、决定系统资源供需的优先次序、控制输入设备与输出设备、操作网络与管理文件系统等基本事务。有人把操作系统比作计算机的"总管家"，它管理、分配和调度所有计算机的硬件和软件，使它们能够统一、协调地运行，以满足用户实际操作的需求，也提供一个让用户与系统交互的操作界面。

在计算机中，操作系统是其最基本也是最为重要的基础性系统软件。从计算机用户的角度来说，计算机操作系统体现在其提供的各项服务，给用户提供一个使用计算机的良好界面，使用户无须了解太多计算机硬件和系统软件的细节，就能方便、灵活地使用计算机；从系统管理人员的角度来看，操作系统是为了合理地组织计算机工作流程，管理和分配计算机系统的硬件及软件资源，使之能为多个用户所共享。

图 2-1 为操作系统与计算机软、硬件的层次关系。

由此可见，操作系统实际上是一个计算机系统中硬、软件资源的总指挥部。操作系统的性能高低，决定了整个计算机的潜在硬件性能能否发挥出来。操作系统是系统软件中最基本、最重要的部分。

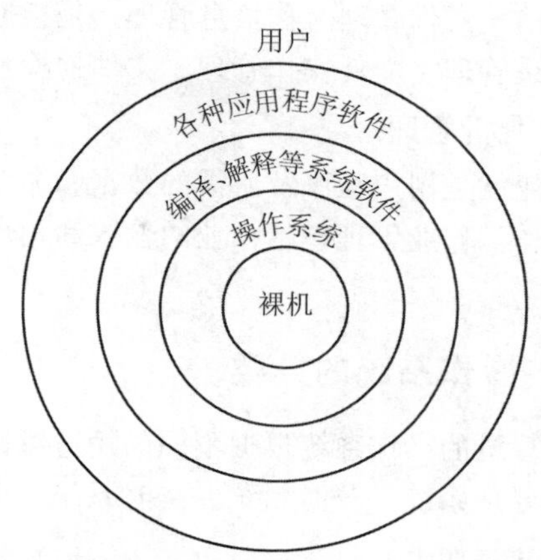

图 2-1 操作系统与计算机软、硬件的层次关系

2.1.2 操作系统的功能

计算的操作系统对于计算机可以说是十分重要的，从使用者角度来说，通过操作系统可以对计算机系统的各项资源板块开展调度工作，其中包括软硬件设备、数据信息等，运用计算机操作系统可以减少人工资源分配的工作强度，使用者对于计算的操作干预程度减少，计算机的智能化工作效率就可以得到很大的提升。其次在资源管理方面，如果由多个用户共同来管理一个计算机系统，那么可能就会有冲突矛盾存在于两个使用者的信息共享当中。为了更加合理的分配计算机的各个资源板块，协调计算机系统的各个组成部分，就需要充分发挥计算机操作系统的职能，对各个资源板块的使用效率和使用程度进行一个最优的调整，使得各个用户的需求都能够得到满足。最后，操作系统在计算机程序的辅助下，可以抽象处理计算系统资源提供的各项基础职能，以可视化的手段来向使用者展示操作系统功能，减低计算机的使用难度。

操作系统主要包括以下几个方面的功能：

1. 进程管理

进程是具有一定独立功能的程序关于某个数据集合上的一次运行活动，是系统进行资源分配和调度的一个独立单位。程序和进程是不同的，程序是指令的集合，是静态的；进程则是指令的执行，是动态的。

进程管理是对处理器执行“时间”的管理，即如何将 CPU 真正合理地分配给每个任务。在单用户单任务的情况下，处理器仅为一个用户的一个任务所独占，进程管理的工作十分简单。但在多道程序或多用户的情况下，进程管理就比较复杂，包括进程的组织、进程的状态、进程的控制、进程的调度和进程的通信等控制管理功能。

2. 存储管理

存储管理是对存储“空间”的管理，主要指对主存的存储分配、存储共享、存储保护、存储扩张管理，保证各作业占用的存储空间不发生矛盾，并使各作业在自己所属存储区中不互相干扰。存储管理作为操作系统中用户与主存储器之间的接口，方便用户对主存储空间进行合理利用。

3. 设备管理

设备管理是对硬件设备的管理，其中包括对输入输出设备的分配、设备处理、缓冲管理、设备传输控制、设备独立性、故障处理等。当用户使用外部设备时，必须提出要求，待操作系统进行统一分配后方可使用。

4. 文件管理

文件是指一个具有符号名的一组相关信息的有序集合，计算机是以文件的形式来存放程序和数据的。文件管理又称信息管理，是指操作系统对信息资源的管理，包括文件存储空间的管理、目录管理、文件操作管理、文件的检索和文件保护等。

5. 作业管理

作业就是用户程序及所需的数据和命令的集合，即每个用户请求计算机系统完成的一个独立的操作。作业管理包括作业的输入和输出、作业的组织、作业的状况管理、作业的调度与控制等。

2.1.3 操作系统的分类

计算机的操作系统根据不同的用途可以分为不同的种类，从功能角度分析，分为单任务系统、批处理系统、分时系统、实时系统、网络操作系统等。下面将几种操作系统的主要功能及其特点介绍如下。

1. 单任务操作系统

单任务操作系统是指计算机系统在同一时刻只能执行一个作业，一个用户独自享用系统的全部硬件和软件资源。常用的单用户单任务操作系统有 MS-DOS、PC-DOS、CP/M 等，这类操作系统通常用在微型计算机系统中。

2. 批处理操作系统

批处理操作系统出现在 20 世纪 70 年代，主要运行于大、中型计算机上。批处理操作系统允许用户一次运行多个程序或作业，又被称为多任务操作系统。比如，用户可以在运行程序的同时进行另一文档的编辑工作。批处理系统能够充分利用各类硬件资源，提高资源的利用率和系统的吞吐量。

3. 分时操作系统

分时操作系统是利用分时技术的一种联机的多用户交互式操作系统，允许多个用户同时使用同一台计算机的资源。在这台计算机上连接几台甚至几十台终端机，终端机可以没有自己的 CPU 与内存，只有键盘与显示器。系统将这台计算机的 CPU 运行时间分成很短的时间片，按时间片轮流把处理机分配给各联机作业使用。每个用户都通过各自的终端机使用这台计算机的资源，计算机按固定的时间片轮流为各个终端服务。由于计算机的处理速度很快，用户感觉不到等待时间，似乎这台计算机专为自己服务一样。UNIX 操作系统就是典型的多用户多任务分时操作系统，这类操作系统通常用在大、中、小型计算机或工作站中。

4. 实时操作系统

实时操作系统是指当外界事件或数据产生时，能够接受并以足够快的速度予以处理，其处理的结果又能在规定的时间之内来控制生产过程或对处理系统做出快速响应，调度一切可利用的资源完成实时任务，并控制所有实时任务协调一致运行的操作系统。

实时控制系统实质上是过程控制系统，如通过计算机对飞行器、导弹发射等过程的自动控制，计算机应及时将测量系统测得的数据进行加工，并输出结果，对目标进行跟踪或者向操作人员显示运行情况。实时操作系统首先考虑的是系统的实时性和可靠性。实时处理系统主要指对信息进行及时的处理，如利用计算机预订机票、车票或船票等。

5. 网络操作系统

网络操作系统是一种在通常操作系统功能的基础上，提供计算机网络管理、网络通信和网络资源的共享功能的系统。它保证网络中信息传输的准确性、安全性和保密性，提高系统资源的利用率和可靠性。常用的网络操作系统有 Netware、Windows NT Server、Windows 2003 等，这类操作系统通常用在计算机网络系统中的服务器上。

2.1.4 常用的操作系统

1. MS-DOS 操作系统

DOS 是 Disk Operation System（磁盘操作系统）的简称，是 1979 年由微软公司为 IBM 个人计算机开发的 MS-DOS 操作系统，它是一个单用户单任务的操作系统，直接操纵管理硬盘的文件。在 DOS 环境下，开机后面对的不是桌面和图标，而是黑底白色文字的界面。它在 1981 年到 1995 年及其后的一段时间内占据操作系统的统治地位，直到微软推出 Windows 95 之后，宣布 MS-DOS 不再单独发布新版本。到 20 世纪 90 年代后期，随着 Windows 系统的不断完善，DOS 系统被逐步取代。

2. Windows 操作系统

Windows 系统是 Microsoft 公司从 1983 年开始研制的单用户多任务的图形用户界面操作系统。1985 年，第一个版本的 Windows 1.0 问世，随后对 Windows 操作系统不断改进和完善。1995 年 Windows 95 问世，该系统成了一个独立的 32 位操作系统，使得应用软件都具有一致的窗口界面和操作方式，并且能够在同一个时间内处理多个任务，从而提高了应用程序的响应能力。继 Windows 95 之后，微软公司又陆续推出了 Windows 98、Windows 2000、Windows XP、Windows 7、Windows 8、Windows Vista，以及 Windows 10。Windows 已成为目前最流行的一款操作系统。

3. UNIX 操作系统

UNIX 是多用户多任务的分时操作系统，是各种计算机上全系列通用的操作系统。它的发展不仅大大推动了计算机系统及软件技术的发展，从某种意义上说，UNIX 的发展对推动整个社会的进步也起了重要的作用。该操作系统的主要特点包括：它是分时的多用户多任务操作系统；具有很好的可移植性，几乎所有的硬件平台都有其对应的 UNIX；具有可靠性、抗毁性、一致性等。UNIX 作为一种开发平台和台式操作系统获得了广泛使用，目前主要用于工程应用和科学计算等领域。

4. Linux 操作系统

Linux 是一种可以运行在 PC 机上的免费的 UNIX 操作系统。它是由芬兰赫尔辛基大学二年级的学生 Linus Torvalds，在吸收了 AndrewS.Tanenbaum 教授编写的 MINIX 操作系统的精华基础之上，编写的操作系统，版本为 Linux0.01，是 Linux 时代开始的标志。Linus Torvalds 把 Linux 的源程序在 Internet 上公开，世界各地的编程爱好者自发组织起来对 Linux 进行改进和编写。因此，Linux 被认为是开放代码的操作系统。今天，Linux 已发展成一个功能强大的操作系统。Linux 有着广泛的用途，包括网络、软件开发，搭建用户平台等，被认为是一种高性能、低开支的操作系统。目前，比较流行的版本有 Red Hat Linux、Turbo Linux，我国自行开发的有红旗 Linux、蓝点 Linux 等。

5. 嵌入式操作系统

嵌入式操作系统（Embedded Operating System，EOS）是指用于嵌入式系统的操作系统。嵌入式操作系统是一种用途广泛的系统软件，通常包括与硬件相关的底层驱动软件、系统内核、设备驱动接口、通信协议、图形界面、标准化浏览器等。嵌入式操作系统负责嵌入式系统的全部软、硬件资源的分配、任务调度，控制、协调并发活动。它必须体现其所在系统的特征，能够通过装卸某些模块来达到系统所要求的功能。目前，在嵌入式领域广泛使用的操作系统有：嵌入式 Linux、Windows Embedded、VxWorks 等，以及应用在智能手机和平板电脑的 Android、iOS 等。

6. 平板计算机操作系统

2010 年，苹果 iPad 在全世界掀起了平板电脑热潮。2010 年平板电脑关键词搜索量增长率达到了 1328%，平板电脑对传统 PC 产业带来了革命性的影响。同时，随着平板电脑热度的升温，平板式计算机在 PC 产业中的地位愈发重要。目前，平板电脑使用的操作系统主要有 iOS、Android、Windows phone 8。

iOS 是由苹果公司为旗下产品开发的操作系统，随着 iPad 上市，它也一举被视为最适合平板电脑的操作系统。苹果公司最早于 2007 年 1 月 9 日的 Macworld 大会上公布这个系统，最初是设计给 iPhone 使用的，后来陆续套用到 iPod touch、iPad 上。iOS 与苹果的 macOS 操作系统一样，属于类 UNIX 的商业操作系统。

Android（安卓）是 Google 于 2007 年底发布的基于 Linux 平台的开源手机操作系统，主要使用于移动设备，如智能手机和平板电脑。2007 年 11 月，Google 与 84 家硬件制造商、软件开发商及电信营运商组建开放手机联盟，共同研发改良 Android 系统。随后，Google 以免费开源许可证的授权方式，发布了 Android 的源代码，并允许智能手机生产商搭架系统。Android 系统作为一个非常开放的系统，它不但能实现用户最常用的笔记本式计算机的功能，而且能够实现像手机一样的各种具有特定指向性的操作，同时，它也是专门针对移动设备而研发的操作系统，在系统资源消耗、人机交互设计上都有着优势，是集传统与超前各类优势于一身的操作系统。目前，Android 系统逐渐扩展到平板电脑及其他领域上，如电视、智能手表、游戏机、数码相机等。

Windows Phone 8 是微软公司 2012 年 6 月 22 日发布的一款手机操作系统，是 Windows Phone 系统的第三个大型版本。Windows Phone 用户数量虽然不及 iOS 和 Android 用户，但它曾经也是世界第三大手机操作系统。然而目前，微软已正式终结了对 Windows Phone 8.1 系统的支持，这意味着 Windows Phone 8.1 用户再也不会收到更新。Windows 10 Mobile 是美国微软公司正在研发的新一代操作系统，将作为 Windows 10 的基础，带来统一的微软应用商店，包括桌面 PC、平板电脑、智能手机，甚至是服务器都会使用相同的应用商店。

2.1.5 Window 7 操作系统简介

Windows 7 是微软公司于 2009 年 10 月 22 日推出的一个计算机操作系统，供个人、家庭及商业使用，一般安装于桌上计算机、笔记本计算机、平板电脑、多媒体中心等设备上，它曾是市场占有率最高的操作系统之一。Windows 7 具有互联网搜索、应用文本搜索、Aero 玻璃特效、多点触控、数据保护、远程桌面、计算器、Windows 防火墙等服务功能。

Windows7 拥有包括 Windows 7 Starter（初级版）、Windows 7 Home Basic（家庭普通版）、Windows 7 Home Premium（家庭高级版）、Windows 7 Professional（专业版）、Windows 7 Ultimate（旗舰版）等多个版本。相比 Windows 之前的版本，Windows 7 具有以下典型特点：

（1）快速。Windows 7 大幅缩减了 Windows 的启动时间，据实测，在 2008 年的中低端配置下运行，系统加载时间一般不超过 20 秒，这与 Windows Vista 的 40 余秒相比，是一个很大的进步。

（2）简单。Windows 7 使搜索和使用信息更加简单，它包括本地、网络和互联网的搜索功能，直观的用户体验更加高级，还可以整合自动化应用程序提交和交叉程序数据透明性。

（3）安全。Windows 7 包括改进了的安全和功能合法性，还会把数据保护和管理扩展到外围设备。Windows 7 改进了基于角色的计算方案和用户账户管理，在数据保护和坚固协作的固有冲突之间搭建沟通桥梁，同时也开启了企业级的数据保护和权限许可。

（4）效率。Windows 7 中，系统集成的搜索功能非常的强大，只要用户打开开始菜单并输入搜索内容，无论要查找应用程序还是文本文档等，搜索功能都能自动运行，给用户的操作带来极大的便利。

（5）特效。Windows 7 的视觉效果更华丽，有碰撞效果、水滴效果，还有丰富的桌面小工具。但是，其资源消耗却是目前所有版本的 Windows 操作系统中最低的。Windows 7 不仅执行效率高，还可以大幅增加笔记本的电池续航能力。

2.2 Windows 7 基本操作

2.2.1 鼠标和键盘的使用方法

鼠标和键盘是计算机重要的输入设备，在使用计算机过程中，很多操作都涉及鼠标和键盘的使用。因此，在介绍 Windows7 基本操作之前，首先介绍鼠标和键盘的使用方法。

1. 鼠标的使用方法

（1）鼠标的基本功能

- 指向并选择屏幕上出现的对象。
- 通过拖放，实现移动或复制数据、文件。
- 执行程序和快捷方式，或者打开文件。
- 通过拖动移动滚动条。

（2）鼠标指针形状

当鼠标激活时，鼠标指针在屏幕上显示为光标图案。当鼠标指针在不同对象上移动时，鼠标形状也会随之变化，以表示不同的功能。

例如：当鼠标指针形状为 时，是“正常选择”状态；当处于文档编辑状态时，鼠标指针为 I 形状；当计算机正在处理命令时，鼠标指针为 形状，表示系统“忙”；当鼠标指向网页上的链接时，鼠标指针为 形状。此外，用户也可自定义鼠标形状。有关其他鼠标指针形状的定义和设置参见本章 2.6.6 小节。

（3）鼠标的操作类型

- 指向：移动鼠标，使其指针移到操作对象上。
- 左键单击：简称“单击”，是指将鼠标移动到指定位置后，快速地按下并释放左键，通常用于选定某一对象。
- 左键双击：简称“双击”，是指连续两次快速按下并释放鼠标左键，通常用于打开一个对象或启动一个应用程序。

- 右键单击：简称“右击”，是指将鼠标移动到指定位置后，快速按下并释放鼠标右键，一般是打开一个与操作相关的快捷菜单。
- 鼠标拖动：是指按住鼠标左键后不放而移动鼠标，一般用于选择多个操作对象、移动或复制对象、调整窗口大小、移动窗口位置等。
- 鼠标滚轮：在应用程序窗口中，通过向上或向下滚动鼠标滚轮，可以使活动滚动条垂直滚动，实现页面的上下移动，也可以切换窗口的选项卡，等等。

2. 键盘的使用方法

键盘是计算机最常用也是最主要的输入设备，被广泛应用于计算机和各种终端设备上。通过键盘可以将英文字母、数字、标点符号、控制符等输入到计算机中，从而向计算机输入数据或发出操作命令，指挥计算机的工作。

一般情况下，键盘可以分为五个区域：功能键区、主键盘区、控制键区、数字键区和状态指示区，如图 2-2 所示。

图 2-2　键盘的五个分区

键盘上的主要键及其功能介绍见表 2-1、表 2-2 和表 2-3。

表 2-1　常用操作键的使用方法

键	名　称	功　能
↵（Enter）	回车键	确定有效或结束逻辑行
←（Backspace）	退格键	按一次则删除光标左侧的一个字符
Shift	换档键	按住此键不放，再按双字符键，则输入双字符键上边的字符。对字母键，可用于大写字母和小写字母的转换
Caps Lock	大写字母锁定键	按下此键后键盘右上角的 Caps Lock 指示灯亮，输入字母为大写
Num Lock	小键盘数字锁定键	控制小键盘的数字/编辑键之间的切换，按下此键后 Num Lock 灯亮，表示数字键盘有效，否则编辑键有效
Print Screen	截图键	按一下该键，就可以将整个屏幕截图复制到剪贴板中
Space	空格键	用于输入空字符

表 2-2　常用编辑键的使用方法

键	名　称	功　能
↑	向上	按一次光标上移一行
←	向左	按一次光标左移一个字符

续表

键	名　　称	功　　能
↓	向左	按一次光标下移一行
→	向右	按一次光标右移一个字符
Home	移到行首	按一次光标移到行首
End	移到行尾	按一次光标移到行尾
Page Up	向上翻页键	按一次光标上移一屏
Page Down	向下翻页键	按一次光标下移一屏
Insert	插入/改写状态转换键	插入状态下，输入的字符插入到光标所在的位置； 改写状态下，输入的字符覆盖光标之后字符
Delete	删除键	按一次则删除光标右侧的一个字符
Ctrl+Home	组合键	光标移至文档的开始
Ctrl+End	组合键	光标移至文档的尾部

表 2-3　常用控制键的使用方法

键	名　　称	功　　能
Ctrl	控制键	与其他键组合使用完成某种功能
Alt	交替换档键	与其他键组合使用完成某种功能
Tab	制表键	按一次光标右移八个字符位置
Esc	取消键	按下该键，则取消当前进行的操作
Ctrl+Alt+Del	热启动组合键	打开“Windows 安全”的界面，在该界面上有“锁定计算机”“注销”“关机”“任务管理器”等选项

2.2.2　Windows 7 的启动和退出

1. 开关机顺序

开机操作：由于计算机在刚加电和断电的瞬间会有较大的电冲击，因此，在开机时应该先接通外部设备（如打印机、显示器）的电源，然后再给主机加电。

关机操作：关机时则相反，应该先关主机，再关闭外部设备的电源。具体步骤是：先关闭所有的运行程序，然后点“关闭”命令，等待计算机关闭后（显示器完全黑屏）再关闭显示器的电源开关。

如果出现死机，应先尝试从操作系统通过“重新启动”命令设法“软启动”，如果蓝屏显现，可以“硬启动”，按机箱面板上的复位键（小键），实在不行再“硬关机”（按电源开关数秒钟）。

2. Windows 7 的启动

计算机开始启动后，Windows 7 操作系统被载入计算机内存，并开始检测、控制和管理计算机的各种设备，然后进入登录界面。如果没有设置用户密码，则直接进入 Windows 系统。如果设置了密码，输入了用户名和密码后，单击密码旁边的按钮，进入 Windows7 操作系统，完成启动。

3. Windows 7 的退出

（1）关闭计算机

☞操作方法是：

首先，应当保存并关闭当前运行的所有程序和文档，然后单击“开始”菜单按钮，如

图 2-3 所示，打开“开始”菜单，单击“关机”按钮。计算机会关闭所有打开的程序以及 Windows 的后台服务，接着系统向主板和电源发出切断电源的信号，最后完全关闭计算机。

（2）其他关机项

若要执行关机相关的其他命令，单击“关机”按钮右侧的箭头，在弹出的菜单中会列出其他的关机项，如图 2-4 所示。用户可以选择其中的某个命令，以执行相关操作。各命令含义如下：

图 2-3 “开始”菜单

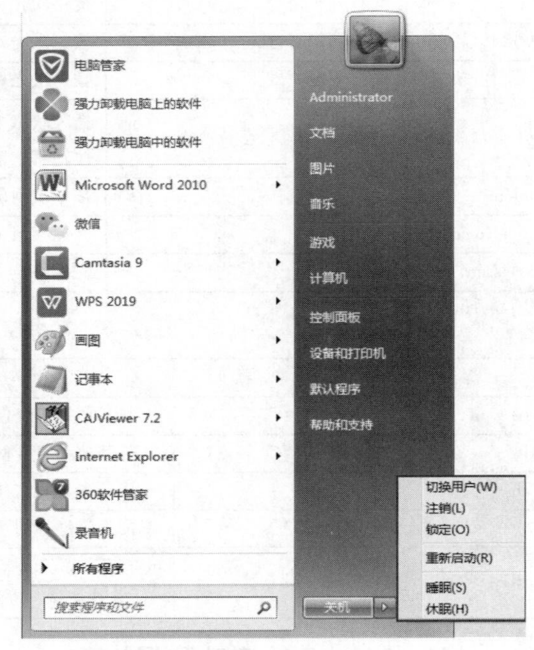

图 2-4 “关机”按钮

① 切换用户

如果计算机上存在多个用户账户，使用“切换用户”命令可以不退出和关闭当前用户程序，并将当前用户的操作依旧保留在计算机中，然后返回登录界面选择其他账户登录。如果需要再次切换回之前的用户账户，之前的程序仍然可以继续执行。

② 注销

与切换用户命令相似，也是返回登录界面选择其他用户账户登录，不同的是，从 Windows 注销后，当前用户正在使用的所有程序都会关闭，但计算机不关闭。注销又不同于关机，只是清空当前用户的缓存空间和注册表信息。

③ 锁定

执行锁定命令后，会保留当前用户运行的程序，重新进入 Windows 登录界面。如果要再次进入系统，必须输入用户密码（如果已设定密码）。该命令适合于在用户离开期间，保证计算机的信息安全。此外，选择了“锁定”后，系统只给内存供电，其他所有设备都会被切断电源，所有数据仍然可以保存在内存中，当从锁定状态转为正常状态后，系统会根据上一次的保存“状态”继续运行。由于锁定过程中仅向内存供电，所以耗电量很小，笔记本式计算机可以维持一周左右的“锁定”状态。因此，对于经常使用的笔记本式计算机可以直接“锁定”计算机，这样可以大大节省再次开机所需的时间。

④ 重新启动

在开机状态下，通过软件对计算机执行重新启动操作，又被称为热启动。执行该命令后计算机关闭当前所有程序进行重启。在系统出现故障或死机现象时，可以通过“重新启动”命令重新启动计算机，避免对计算机硬件、软件造成损坏。

⑤ 睡眠

“睡眠”是一种节能状态。当计算机处于睡眠状态时，内存数据将被保存到硬盘上，然后切断除内存以外的所有设备的供电。如果内存一直未被断电，那么下次启动计算机时就和“锁定”后启动一样了，速度很快，但如果下次启动前内存不幸断电了，则在下次启动时需要将硬盘中保存的内存数据载入内存，速度也自然就慢了。所以，可以将“睡眠”看作是“锁定”的保险模式。

⑥ 休眠

“休眠”是一种主要为笔记本计算机设计的电源节能状态。休眠将打开的文档和程序保存到硬盘中，然后关闭计算机。在 Windows 使用的所有节能状态中，休眠使用的电量最少。对于笔记本计算机，如果已经知道将有很长一段时间不使用它，则应使用休眠模式。

提示

（1）如果通过单击“关闭”命令关闭了计算机，意味着计算机主机已经被关闭，再次按下电源按钮会重新启动计算机。

（2）计算机在“睡眠”或“休眠”状态时，若要唤醒计算机，在大多数计算机上，可以通过按计算机电源按钮恢复工作状态。但是，并不是所有的计算机都一样，有的可以通过按键盘上的任意键、单击鼠标按钮或打开便携式计算机的盖子来唤醒计算机。因为不必等待 Windows 启动，所以在数秒内即可唤醒计算机，以恢复先前的工作状态。

2.2.3 Windows 7 的桌面

正常启动 Windows 7 系统后，看到的第一个界面就是桌面。桌面是 Windows 的主屏幕区域，是用户工作的平台。下面具体介绍一下桌面上的主要对象。

1. 图标

图标是一个小的图片或对象，代表一个文件、程序、文档或网页等，实际上是一些用以快速打开相应项目的快捷方式。用户双击图标就可以快速执行命令和打开程序文件。

桌面上显示了一系列常用的程序图标。一些图标是系统本身具有的，如“计算机”、“网络”、“控制面板”、“回收站”和“Internet Explorer”等。Windows 操作系统安装完毕后，首次启动时，将在桌面上至少可以看到一个“回收站”图标。还有一些图标是在安装软件时自动添加的，如 QQ 图标、杀毒软件图标等，另外也可以自己添加图标到桌面上。

系统图标主要包括：

（1）计算机：“计算机”图标是用户使用和管理计算机的重要工具，通过该图标，用户可以管理磁盘、文件、文件夹等内容。

（2）回收站：是磁盘上的一个特殊文件夹。用户在执行删除文件和文件夹操作后，并不将它们从磁盘上删除，而是暂时存放在“回收站”中。放入回收站的文件还可以将其还原。用户也可以通过“清空回收站”彻底删除文件和文件夹。

（3）控制面板：是 Windows 图形用户界面一部分，可通过开始菜单访问。主要用于查看并操作基本的系统设置，比如添加/删除软件、设置用户帐户、更改辅助功能选项等。

（4）Internet Explorer 图标：通过该图标，用户可以快速地启动 Internet Explorer 浏览器，访问因特网资源。

（5）网络图标：通过该图标可以查看网络连接、新建网络连接、更改网络设置、查看组内计算机、添加无线设备、添加打印机等。

> 提示
>
> 在 Windows 7 中，这些桌面图标，除了“回收站”图标以外，其他的桌面图标都可以删除。

2. 任务栏

任务栏是指位于桌面底部的水平长条，显示正在运行的程序。Windows 7 的任务栏十分美观，半透明的效果及不同的配色方案，使其与各式桌面背景都可以配合得天衣无缝，而“开始”菜单也更换为晶莹剔透的 Windows 徽标圆球。

任务栏的组成部分从左到右依次是“开始”按钮、程序按钮区、语言栏、通知区和“显示桌面”按钮，如图 2-5 所示。

图 2-5　Windows 7 任务栏

（1）任务栏的组成

① “开始”按钮

“开始”按钮是 Windows 7 系统操作的一个关键元件，通过单击“开始”按钮可以打开“开始菜单”。开始菜单是 Windows 7 系统的基本部分，是操作系统的中央控制区域，从中几乎可以找到系统的所有安装程序和功能设置选项。

② 程序按钮区

程序按钮区位于任务栏的中间部分，包括快速启动程序图标和活动程序图标。快速启动程序图标和活动程序图标可以互相转换。

- 快速启动程序图标：被固定地显示在任务栏程序按钮区。用户可以将一些常用的程序快捷方式放置在该区域中，需要启动该程序时，直接单击该图标即可。如果想要取消该图标的固定，在快速启动程序图标上右击，选择“将此程序从任务栏解锁”命令即可。如果再次打开该程序就会显示为活动程序图标。
- 活动程序图标：只有在打开该程序时，其图标才会出现在任务栏程序按钮区。如果希望将该程序的图标作为快速启动图标固定在任务栏上，则在已打开的活动程序图标上右击，选择“将此程序锁定到任务栏”命令即可。

默认状态下，Windows 7 会将相同类型的活动任务按钮分组。例如，在打开了多个文件夹窗口时，只会在任务栏中显示一个活动任务按钮，只需将鼠标移动到任务栏上的活动任务按钮上稍作停留，就可以看到各个程序窗口的缩略图，单击相应窗口即可完成窗口切换，如图 2-6 所示。

③ 语言栏

语言栏中包括了系统安装的各种输入法，通过单击语言栏可以进行各种输入法的切换。

④ 通知区域

默认情况下，通知区域位于任务栏的最右侧，通知区域的图标提供各种信息，包括计算机软、硬件的重要信息，程序进度，新设备的检测等。

在通知区域，有些程序的图标直接出现在任务栏上，比如电源、网络连接等。有些程序的图标被隐藏，查看时需要单击通知区域的按钮，如图 2-7 所示。这样对于一些即时通信软件的信息不便于用户及时查看，比如，QQ 或微信消息。为此，Windows 7 提供了设置自定义通知区域“图标”和“通知”的途径。

图 2-6　任务栏的“程序按钮区”

图 2-7　“通知区域”按钮

☞操作方法是：

单击通知区域按钮，选择“自定义”命令，打开设置“通知区域图标”窗口，如图 2-8 所示。在该对话框中，可以将要显示的图标设置为“显示图标和通知”，将不需要显示的其他程序选择为“仅显示通知”或“隐藏图标和通知”。

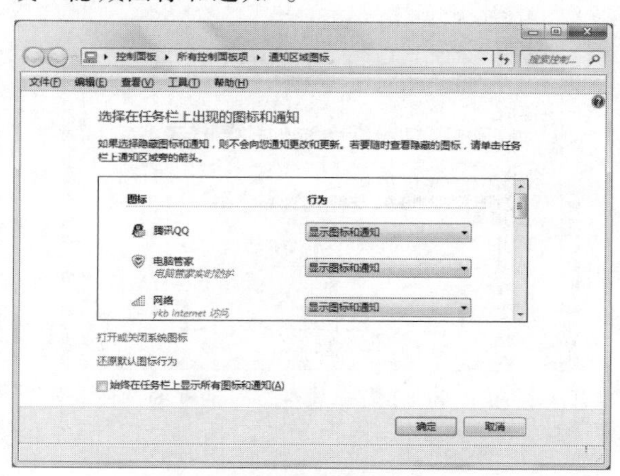

图 2-8　“通知区域图标”窗口

⑤ “显示桌面”按钮

在任务栏的最右侧是“显示桌面”按钮，将光标移至该按钮时，所有窗口会透明化，可以快捷预览桌面信息。如果单击该按钮，则可以快速切换到桌面。

（2）定制任务栏

任务栏的位置、大小和锁定状态都是系统默认的，用户可以根据自己的需要进行自定义设置。

☞操作方法是：

右击“开始”按钮或者任务栏的空白位置，在弹出的快捷菜单中选择“属性”命令，打开

“任务栏和「开始」菜单属性”对话框，在“任务栏”选项卡中设置任务栏的显示内容和方式，如图 2-9 所示。其中主要包括的设置选项如下。

① 锁定任务栏：选中“锁定任务栏”复选框后，任务栏就被锁定在桌面的当前位置，同时任务栏位置和尺寸大小均不能改变；如果取消该选项，用户可以拖动任务栏至桌面的顶部、底部、左侧或右侧，也可通过拖动任务栏的边框线来改变任务栏的高度。

② 自动隐藏任务栏：选择该复选框后，系统会将任务栏隐藏起来的，只有将鼠标移动到任务栏位置时，任务栏才显示。鼠标指针一旦离开任务栏，任务栏就又被隐藏起来。

③ 使用小图标：选择该选项后，任务栏上的程序图标都会以小图标的样式出现。

④ 屏幕上的任务栏位置：任务栏默认显示在桌面的底部，通过该选项可以将任务栏显示在桌面的顶部、左侧或右侧。

⑤ 任务栏按钮：为了有效地利用任务栏空间，可以选择“始终合并、隐藏标签”将同一程序的不同窗口显示成一组，只占用一个任务按钮的位置；也可以选择“当任务栏被占满时合并”或“从不合并”选项，使每个程序或文档以单独的任务按钮在任务栏上显示。

⑥ 通知区域“自定义”命令：可以打开如图 2-8 所示的“通知区域图标”窗口。

⑦ 使用“Aero Peek”预览桌面：选择该选项后，当鼠标移至任务栏右侧的“显示桌面”按钮时，所有打开的窗口都会透明化；否则，鼠标移至“显示桌面”按钮后窗口不会有任何变化。

图 2-9 “任务栏和「开始」菜单属性”对话框的“任务栏”选项卡

3. “开始”菜单

单击任务栏左侧的“开始”按钮或者按下键盘上的 Windows 徽标键，即可打开“开始”菜单。“开始”菜单作为操作系统图形用户界面的基本部分，是打开计算机程序、文件夹和进行系统设置的主门户，是操作系统的中央控制区域。

（1）开始菜单的组成

“开始”菜单主要分为以下三个基本部分：

① 计算机程序的列表

计算机程序的短列表位于“开始”菜单左边的窗格中，显示最近使用频率比较多的计算机程序的短列表。若要打开某个程序，单击该程序即可。

如果想要看到所有的程序，单击“所有程序”会在左边窗格立即按字母排序显示程序的长列表（见图 2-10）。在程序列表的下方是程序文件夹列表，包含了更多程序。单击某个文件夹列表项，会打开该文件夹下的程序项目，在展开文件夹的状态下再次单击该文件夹则会关闭文件夹。将指针移动到“所有程序”中的某程序上时，会出现一个包含了对该程序描述的提示框。单击程序列表或文件夹中的某个程序，即可以运行该应用程序。如果要返回到“开始”菜单的初始状态，可单击菜单底部的“返回”按钮。

通过右击“开始”菜单中的某个程序可以实现以下操作（见图 2-11）。

- 锁定到任务栏：可以将所选程序作为快速启动程序图标锁定到任务栏。
- 附到「开始」菜单：通过该命令，可以将一些经常使用的程序固定在“开始”菜单顶端区域。
- 从列表中删除：对于一些偶尔运行一次的程序，如果不希望它留在“开始”菜单的列表中，此时选择“从列表中删除”命令，就可以将所选应用程序从“开始”菜单的列表中删除。

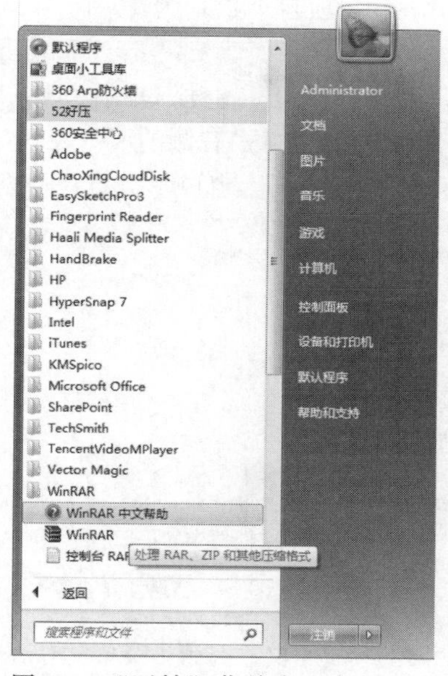

图 2-10“开始”菜单中程序长列表

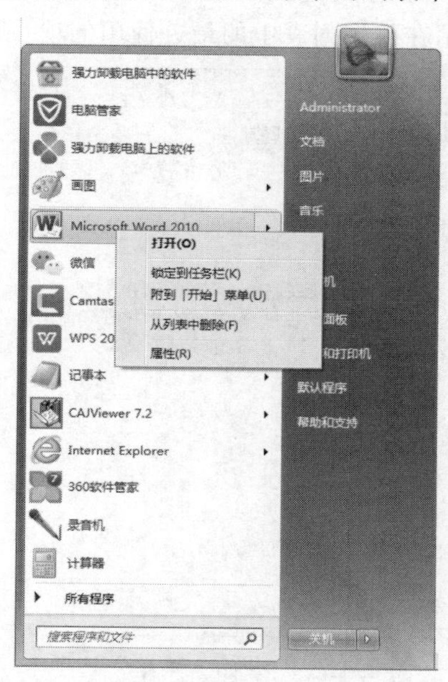

图 2-11　“开始”菜单中对程序的操作

② 搜索框

搜索框位于左边窗格的底部，通过输入搜索项可以在计算机上查找程序和文件，是查找项目的最便捷的方法之一。通过搜索框可遍历计算机中的程序以及文件和文件夹。用户只需在搜索框中输入搜索项，其搜索结果就会显示在“开始”菜单的左边窗格的搜索框之上，单击任何一个搜索结果就可以将其打开。比如，在输入框中输入“excel”，会搜索出 Microsoft Excel 应用程序以及所有文件名中的包含 excel（不区分大小写）的文件或文件夹。

③ 右边窗格

“开始”菜单的右边窗格中包含用户经常使用的部分 Windows 链接，从上到下分别是个人文件夹、文档、图片、音乐、计算机、控制面板、设备和打印机、默认程序、帮助和支持。提供了对常用文件夹、文件、设置和功能的访问。

④ “关机”按钮

单击“关机”按钮可以关闭计算机。单击“关机”按钮右侧的箭头可显示带有其他选项的菜单，进行“切换用户”“注销”“锁定”“重新启动”“睡眠”及“休眠”的操作。

（2）定制“开始”菜单

同任务栏一样，用户也可以对“开始”菜单进行一些自定义的设置，从而更方便、灵活地使用 Windows 7 系统。定制“开始”菜单也需要通过“任务栏和「开始」菜单属性”对话框来完成。

☞操作方法是：

右击“开始”按钮或右击任务栏空白处，在弹出的快捷菜单中选择“属性”命令，打开“任务栏和「开始」菜单属性”对话框，在对话框中选择“「开始」菜单”选项卡，就可以进行“开始”菜单的相关设置，如图 2-12 所示。

①“自定义”按钮：在“「开始」菜单”选项卡中单击“自定义”按钮，弹出“自定义「开始」菜单”对话框，如图 2-13 所示，在对话框中可以对“开始”菜单做进一步的设置。在“「开始」菜单大小”选项组中，可以设置“开始”菜单中“要显示的最近打开过的程序的数目”和“要显示在跳转列表中的最近使用的项目数”。默认的程序个数和项目个数均为 10 个。

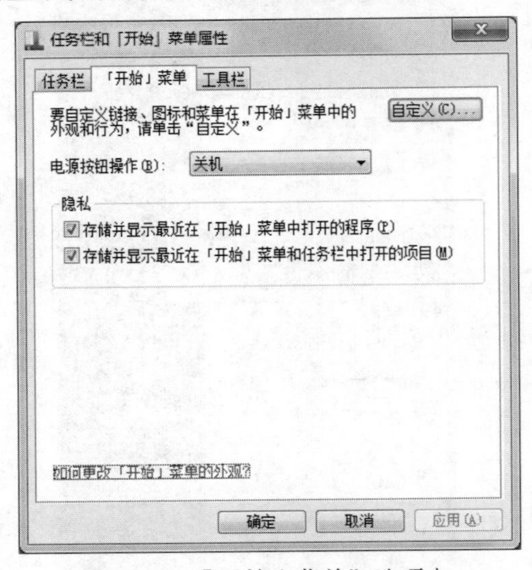

图 2-12 “「开始」菜单”选项卡

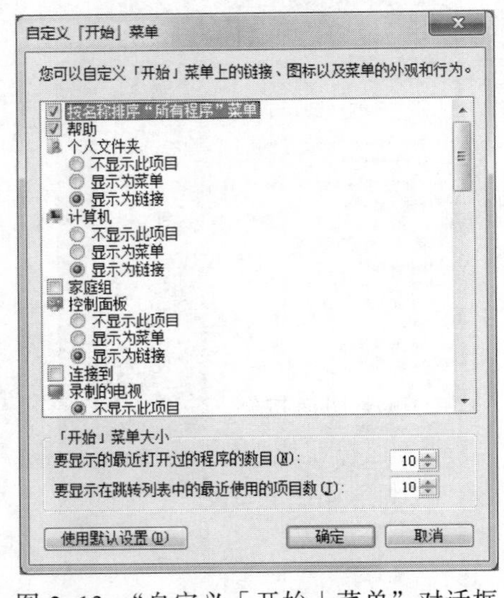

图 2-13 “自定义「开始」菜单”对话框

② 电源按钮操作：该按钮默认是“关机”，用户也可以根据自己的需要或习惯更改为“睡眠”“休眠”或“注销”等选项。

③“隐私”选项组：如果用户不希望在“开始”菜单中显示最近运行的程序和文件列表以保护自己的隐私，可以在“隐私”选项组中取消选择“存储并显示最近在「开始」菜单中打开的程序”和“存储并显示最近在「开始」菜单和任务中打开的项目”两个选项。

4. **语言栏**

语言栏位于通知区域的左侧。系统安装完后，就已经安装了包括美式键盘（英文输入法）、微软拼音—新体验 2010、微软拼音—简捷 2010、微软拼音 ABC 输入风格等输入法。除此以外，用户还可以根据需要安装其他输入法，并进行输入法的添加、删除或设置。

☞操作步骤如下：

① 在输入法图标位置右击，单击“设置”命令，打开“文本服务和输入语言”对话框，如图 2-14 所示。

② 在该对话框中，选择某个输入法，对该输入法进行删除、属性、位置的上下移动等设置。

③ 也可以单击“添加”按钮，打开“添加输入语言”对话框，如图 2-15 所示。

④ 在输入法列表中选择要添加的输入法复选框，然后单击“确定”即可将该输入法添加到任务栏的输入法列表上。

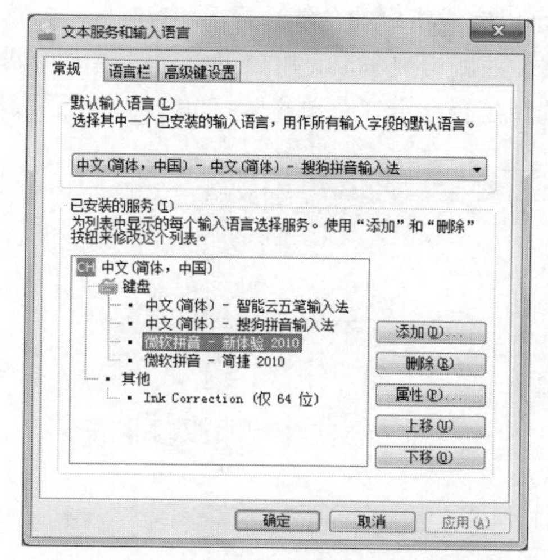

图 2-14 “文本服务和输入语言”对话框

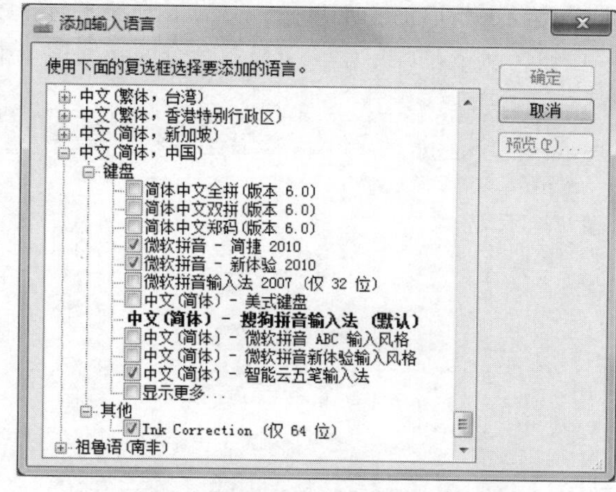

图 2-15 “添加输入语言”对话框

在语言栏上单击键盘按钮，在打开的菜单中选择一种输入法，比如“微软拼音—新体验 2010”输入法，这时在语言栏显示该输入法状态条。

在状态条中，各常用功能按钮的含义如下。

- 中/英文切换按钮：表示当前输入状态为中文输入，表示当前输入状态为英文输入。单击该按钮或按【Shift】键可进行中/英文输入状态的切换。
- 全/半角切换按钮：表示半角输入状态，表示全角输入状态，单击该按钮或按【Shift+Space】快捷键可进行全/半角的切换。
- 中/英文标点切换按钮：表示中文标点输入状态，表示英文标点输入状态。单击该按钮或按【Ctrl+ .】快捷键可以进行中英文标点的切换。
- 软键盘开/关按钮：单击按钮可以打开或关闭软键盘。

此外，对于语言栏中的添加的多种输入法，可以通过【Ctrl+Shift】快捷键进行多种输入法之间的切换。

2.2.4 Windows 7 的窗口

Windows 7 的窗口是指在运行一个程序或打开一个文档时，系统在桌面上划分出来的一块矩形区域，用来显示相应的程序或文档。采用窗口形式显示计算机操作界面，是一种常见的图形用户界面。在窗口中包含了很多界面元素，这些元素根据其功能被赋予了不同的名字，比如标题栏、菜单栏、状态栏、菜单等。用户也可以对窗口进行打开、关闭、改变大小等操作。

1. 窗口

（1）窗口的组成

Windows 7 的窗口虽然内容各不相同，但具有很多共同点，通常都包括了标题栏、菜单栏、工具栏、状态栏、滚动条、最小化按钮、最大化/还原按钮和关闭按钮等。下面以图 2-16 所示的 Windows 7 窗口为例来介绍一下窗口的组成。

① 标题栏：位于窗口的顶部，显示窗口或当前处理的文档名称。

② 最小化、最大化和关闭按钮：通过这些按钮分别对窗口进行隐藏、放大和关闭操作。

③ 菜单栏：包含一系列命令，用户单击这些命令可以完成指定的功能。目前，Windows 7 操作系统已经逐步取消了菜单栏，但为了兼容之前的版本和照顾用户习惯，用户可以通过单击“组织”按钮，从下拉菜单中“布局”命令的级联菜单中选择是否显示“菜单栏”，如图 2-17 所示。

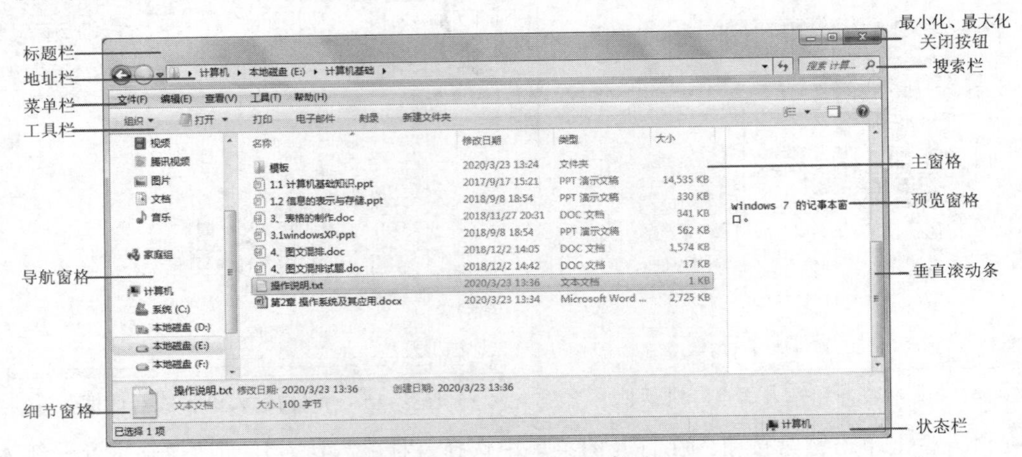

图 2-16 Windows 7 窗口

④ 主窗格：是中间最大的一块区域，在此显示程序、文件夹或文件的相关信息。此窗格也是进行程序、文件夹或文件操作的平台。

⑤ 滚动条：当窗格中的内容超过了窗格显示的范围，就会出现滚动条。滚动条分为垂直滚动条和水平滚动条。单击垂直滚动条的上下箭头按钮（水平滚动条的左右箭头按钮）可以移动窗格中的内容，或者拖动滚动条上的移动滑块也可以快速移动窗格中的内容。

⑥ 边框和角：用鼠标指针拖动边框和角可以改变窗口的大小。

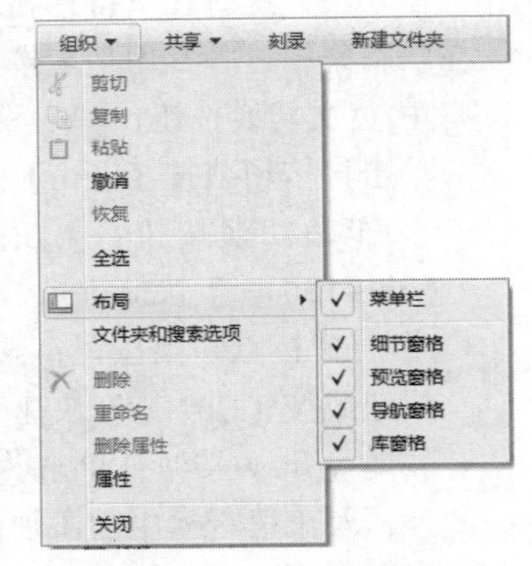

图 2-17 窗口“布局”级联菜单

（2）窗口的操作

① 最小化窗口操作

单击标题栏右侧的“最小化”按钮，可以使窗口隐藏，缩小至任务栏上显示为按钮。

② 最大化/还原窗口操作

单击“最大化”按钮或者使用鼠标双击标题栏，可以使当前窗口扩大至充满整个屏幕，此时，“最大化”按钮变为“还原”按钮。单击“还原”按钮或者使用鼠标双击标题栏，可以使窗口还原至最大化之前的大小。

③ 关闭窗口操作

单击“关闭”按钮或者按【Alt+F4】快捷键可以将当前窗口关闭。

④ 移动窗口

窗口不是最大化状态下，用鼠标指向标题栏，然后按住鼠标左键拖动鼠标，即可将窗口移动到指定位置。

⑤ 改变窗口大小

将鼠标指针移动到窗口边框或角，当鼠标指针变成双向箭头指针后，按下鼠标左键拖动鼠标即可改变窗口的大小。

⑥ 切换窗口

当同时打开多个窗口时，只有一个窗口会处于激活状态，可以与用户进行信息交流，这个窗口被称为活动窗口，其程序处于前台运行状态；而其他被打开的窗口被称为“非活动窗口”，任务栏上会有相应的按钮与之相对应，其程序在后台运行。

如果要激活某个窗口，单击需要激活的窗口的任意位置，或者在任务栏上单击该窗口对应的任务按钮，或者单击该窗口的标题栏均可切换到相应的窗口。此外，用户也可以使用快捷键切换应用程序窗口，其快捷键如下所示：

【Alt+Tab】键：按住【Alt】键不放的同时打开窗口图标列表对话框，通过反复按【Tab】键选择激活图标对应的窗口。

【Alt+Esc】键：按住【Alt】键不放，反复按【Esc】键依次激活应用程序窗口。

【Ctrl+F6】键：按住【Ctrl】键不放，反复按【F6】键依次激活文档窗口。

⑦ 排列窗口

当同时打开多个窗口时，对窗口进行合理的排列可以极大地方便操作，提升工作效率。Windows7 提供了排列窗口的命令，可使窗口在桌面上有序排列。

☞操作方法是：

右击任务栏空白处，在弹出的菜单中可以看到三种窗口排列方式，分别是“层叠窗口”“堆叠显示窗口”和“并排显示窗口”，选择其中的一种窗口排列方式，即可使窗口按照该命令进行排列。

- 层叠窗口：将窗口一个叠一个地排列，可以看到每个窗口的标题栏，但只有最上面的窗口内容可见。
- 堆叠显示窗口：将窗口按照横向两个，纵向平均分布的方式堆叠排列起来。
- 并排显示窗口：将窗口按照纵向两个，横向平均分布的方式并排排列起来。

提示

掌握以下操作，可以更加快捷地对窗口进行操作：

（1）将鼠标指针在任务栏的窗口预览缩略图上悬停几秒钟，此时只有与该缩略图对应的窗口依然可见，其他所有窗口均会变为透明。

（2）将窗口拖曳至屏幕的边缘，可快速将窗口对齐至该边缘。将窗口向屏幕左侧或右侧拖动，可在屏幕的左半部分或右半部分最大化；拖曳窗口至屏幕顶部可以最大化窗口；拖动标题栏将窗口从顶部拉离可还原窗口。

（3）在窗口标题栏处按住鼠标左键进行晃动，除了显示当前窗口外，其他窗口均被最小化，从而起到清理桌面的作用。

2. 对话框

对话框是一种特殊的窗口，一般用于提出问题，供用户通过选择选项来执行任务，或者给出提示信息。与常规窗口不同，多数对话框无法最大化、最小化或调整大小，但可以被移动。

对话框的界面元素一般由标题栏、选项卡、单选框、复选框、滚动列表框等组成。下面就图 2-18 所示的“字体”对话框来对界面元素进行介绍。

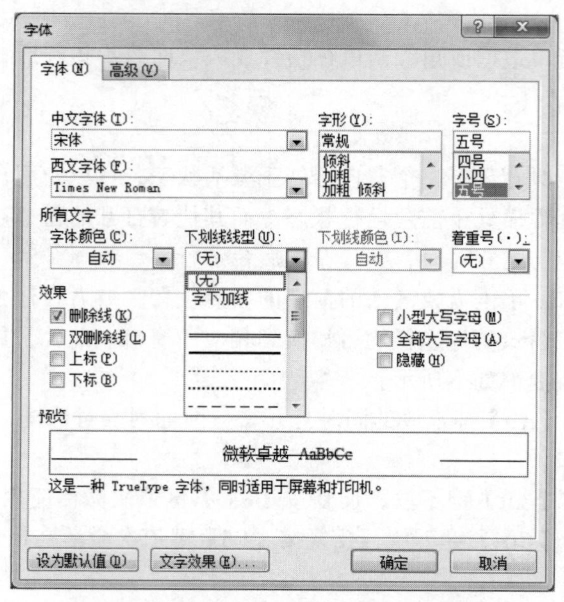

图 2-18 “字体”对话框

① 选项卡

单击相应的标签即可在不同的选项卡中进行切换，在每个选项卡中可以进行相关的设置，比如“字体”对话框中包括“字体”“高级”两个选项卡。

② 文本框

文本框是用来接收用户的输入信息的，单击文本框激活编辑框后会显示编辑光标，用户可以在里面输入需要的文字信息或者相关参数。

③ 单选按钮

单选按钮是左侧带有圆形的一组选项，用户必须在两个或多个选项中选择一个选项，且只能选择一个选项。被选中的选项，其前面的空心圆变为实心圆。

④ 复选框

复选框是左侧带有一个方形的选项。与单选框不同的是，复选框允许在一组选项中选择一个或者多个项目，单击空的复选框即可选择该项目，被选中的项目方框内会显示“√”标记，比如“效果”选项组中的“删除线”复选框。

⑤ 下拉列表框

下拉列表框的右侧会有一个指向下的箭头，单击该列表框会打开一个下拉列表，用户可从中选择需要的选项，选择完成后，下拉列表会收起，在列表框中会显示所选中的选项，比如在“下划线线型”的下拉列表框中可以选择不同的线型。

⑥ 滚动列表框

滚动列表框中列出多个列表项，这些选项被称为条目。如果条目过多显示不下，右侧会出现滚动条，可以通过移动滚动条查看所有条目，比如在“字形”列表框中可以选择不同的字形。

⑦ 数字微调框

数字微调框中可以直接输入数字，也可以单击右侧的微调按钮 0.74 厘 改变数字框中的数字参数。

⑧ 命令按钮

单击命令按钮可以执行一个命令，比如“确定”按钮用于保存设置，退出当前对话框。如果命令按钮上带有省略号，则还可以打开一个新的对话框，比如“文字效果(E)...”按钮，单击该按钮可以打开“设置文本效果格式”对话框。

⑨ 滑块

通过拖动滑块，可沿着值范围调整设置。

2.2.5　Windows 7 的菜单

在 Windows 7 系统中，菜单是一个应用程序命令的集合，它以结构化的方式组织操作命令，通过逐级布局，使得复杂的系统功能变得条理清晰。用户只需在菜单中选择需要的菜单命令，即可完成相应的操作。

在 Windows 7 中，主要包括以下几种菜单：

① “开始”菜单

“开始”菜单包含了可使用的大部分程序和最近访问过的文档，在之前的章节已经详细介绍。

② 控制菜单

右击窗口的标题栏可以打开“控制菜单”，用于对窗口本身进行控制和操作。

③ 右键快捷菜单

右键快捷菜单是用鼠标右击某对象时，在鼠标所在位置弹出的菜单，该菜单中是一些与当前操作或者选中的对象密切相关的命令。由于在 Windows 7 操作系统中逐渐取消了“菜单栏”，所以快捷菜单便成为用户可以使用的一种快捷有效的命令选择方法。

④ 菜单栏或工具栏级联菜单

大多数应用程序都包含了几十个甚至几百个菜单命令，这些菜单命令一般出现在菜单栏中。单击菜单栏中某一个菜单选项时，就会在这个菜单选项下方出现一个菜单，这种菜单被称为下拉式菜单，如图 2-19 所示。有些菜单项还可以打开下一级菜单，这样的菜单被称为“子菜单”或“级联菜单”，如图 2-20 所示。

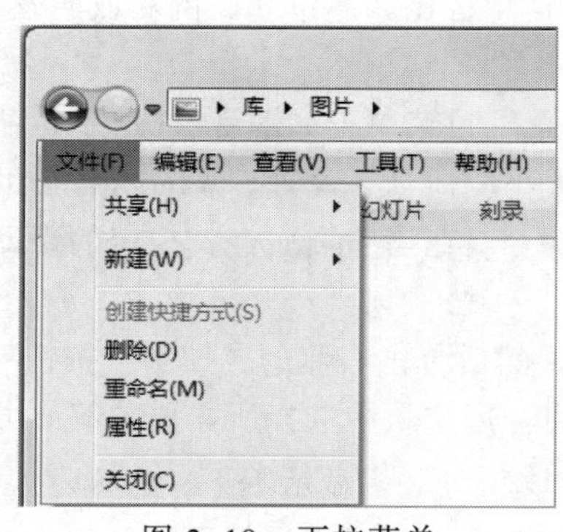

图 2-19　下拉菜单

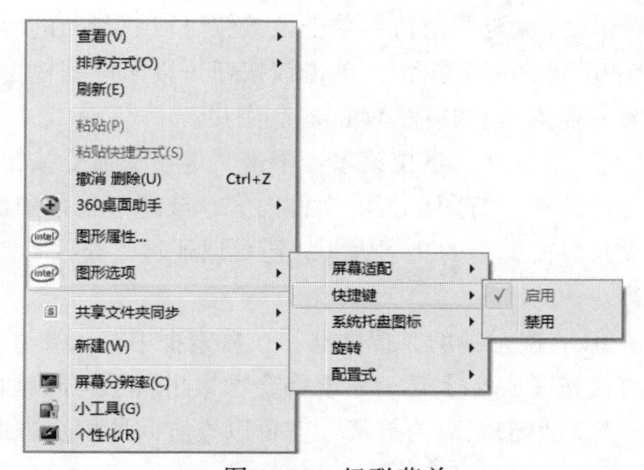

图 2-20　级联菜单

在 Windows 7 中，为了方便用户操作时快速识别不同类型菜单的含义，系统在一些菜单项的前面和后面增加了一些预定的标记，不同标记所代表的含义如表 2-4 所示。

表 2-4　菜单项中的附加标记及含义

菜单标记	含　义
黑色字符	正常的菜单项，表示可以选择执行
灰色字符	无效的菜单项，表示当前命令不能使用
后带字母	按下【Alt】键加上菜单名称后面带下划线的字母，就会打开该菜单项所对应的菜单
快捷键	直接按下对应的快捷键就可以执行对应的菜单命令，比如复制命令后面的【Ctrl+C】即为快捷键
后带“...”	选择此菜单项时，会打开一个对话框，输入信息或进行设置后才能执行命令
后带“▶”	表示该菜单项有级联菜单，当鼠标指针指向它时，会自动弹出子菜单
组合键	在菜单命令的后面有带有括号的单个字符，打开菜单后按下【Shift+】该字母键即可执行相应命令
前带“●”	该选项标记，用于切换选择程序的不同状态，选中该选项后前面会带有此标记
前带“√”	该选项标记可在打开或关闭程序两种状态之间进行切换，当菜单项前有此标记时，表示该命令有效，再次单击该命令即变为无效

2.2.6 Windows 7 的帮助系统

在使用 Windows 7 操作系统时，我们可能会遇到一些计算机故障或疑难问题，此时，可以通过 Windows 7 内置的帮助系统来寻求解决方法。“Windows 帮助和支持”是一个方便快捷、信息全面的帮助系统，用户通过该帮助系统可以快速地获取所遇到的疑难问题的解决方法。下面介绍如何通过该帮助系统获取帮助。

☞操作方法是：

单击“开始”菜单右侧的“帮助和支持”命令，或者直接按【F1】键，打开“Windows 帮助和支持”窗口，如图 2-21 所示。该窗口中主要包括以下一些元素。

① “后退”按钮：单击该按钮可以返回到该窗口的上一个页面。

② “前进”按钮：单击该按钮可以跳转到该窗口的下一个页面。

③ “帮助和支持主页”按钮：单击该按钮返回到“Windows 帮助和支持”的主页。

④ “打印”按钮：单击该按钮可以打印当前页面中的帮助内容。

⑤ “浏览”按钮：单击该按钮可以使帮助的内容以目录的形式显示。

⑥ “询问”按钮：单击该按钮可以了解其他支持选项的信息，比如通过互联网获取朋友、请教专业人士和其他 Windows 用户。

⑦ “选项”下拉菜单：单击“选项”命令按钮会打开一个下拉菜单，如图 2-22 所示，从中可以选择“打印”帮助文件内容；或通过菜单中的“文本大小”命令，设置“Windows 帮助和支持”窗口中的文字大小；还可以通过“查找（在本页）”命令，在当前页面查找指定的帮助内容。

⑧ “搜索帮助”搜索框：在搜索框中输入要查找的问题，然后单击右侧的“搜索”按钮 或直接按【Enter】键，系统将会检索出若干与问题相关的信息。用户从中选择所需要的解决方法，然后单击相应的链接，就可以查看问题解决方案的详细内容。

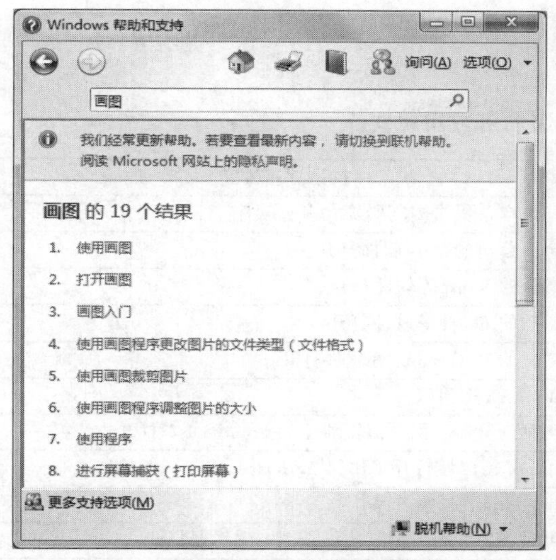

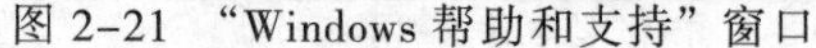

图 2-21　“Windows 帮助和支持”窗口

图 2-22　“Windows 帮助和支持”窗口的“选项”按钮

2.3　文件和文件夹管理

Windows 7 具有强大的文件组织和管理功能，用户通过这些功能，可以轻松、方便地对自己的文件进行控制和管理。本节就来学习一下文件的相关概念和基本管理方法。

2.3.1　文件管理的基本概念

1. 文件

文件是计算机中一个非常重要的概念。计算机中的数据信息都是以二进制来存放的，而这些二进制数据都是以文件的形式进行组织并存储到介质上的。可以说，文件是计算机存储和管理信息的基本单位。比如程序、文档、图片、声音、视频等信息，都是以文件的形式存放的。

为了方便对文件进行识别和存取，每个文件都必须设有文件名。文件名有包括了文件名称和扩展名两部分，两者之间使用分隔符“.”进行分隔，即：主文件名.扩展名。其中，扩展名是用于对文件类型进行标记，不同的文件类型有不同的扩展名，一般包含 1～4 个字符。文件名的长度最多可以达到 255 个字符。

在计算机上，文件是用图标表示的。这样便于通过查看其图标来识别文件类型。下面是一些常见文件图标，如图 2-23 所示。

（a）文本文件

（b）Word 文件

（c）Excel 文件

（d）PowerPoint 文件

（e）PDF 文件

（f）压缩文件

图 2-23　常见程序文件图标

2. 文件类型

文件包括了不同的数据信息，比如声音、文字、图片、视频等，这些信息的不同存储方式决定了文件的类型。而文件扩展名又称文件的后缀名，就是操作系统用来标记文件类型的一种机制。通常情况下，文件是包含扩展名的，这样在打开文件时，系统就会自动用设置好的程序（如果有）去尝试打开；如果文件没有扩展名，就需要用户选择相应的程序去打开它。

认识一些常用的文件扩展名，便于对文件进行管理和操作。下面介绍几种常用的文件扩展名，如表 2-5 所示。

表 2-5 常见文件扩展名及打开或编辑软件

扩展名	说明	打开\编辑方式
txt	文本文档（纯文本文件）	记事本，网络浏览器等大多数软件
wps	Wps 文字编辑系统文档	金山公司的 Wps 软件打开
doc 或 docx	Word 文档	微软的 Word 等软件打开
xls 或 xlsx	Excel 电子表格	微软的 Excel 等软件打开
ppt 或 pptx	Powerpoint 演示文稿	微软的 Powerpoint 等软件打开
rar	WinRAR 压缩文件	WinRAR 等打开
htm 或 html	网络页面文件	网页浏览器、网页编辑器（如 FrontPage）打开
pdf	可移植文档格式	用 pdf 阅读器打开（比如 Acrobat）
exe	可执行文件、可执行应用程序	Windows 视窗操作系统
jpg	普通图形文件	可以用各种图形浏览软件、图形编辑器打开
png	便携式网络图形、可透明图片	可以用各种图形浏览软件、图形编辑器打开
bmp	位图文件	可以用各种图形浏览软件、图形编辑器打开
swf	Adobe FLASH 影片	Adobe FLASH Player 或各种影音播放软件
fla	swf 的源文件	Adobe FLASH 打开

3. 文件属性

文件属性可以标记文件的一些特性信息，包括了文件的创建时间、文件的大小、创建时间、文件作者等。通过这些信息可以帮助用户了解文件的属性。

（1）时间属性

① 文件的创建时间：该属性记录了文件在当前目录路径位置的创建时间。

② 文件的修改时间：该属性记录了文件最近一次被修改的时间。

③ 文件的访问时间：文件会经常被访问，该属性记录了最近一次打开该文档的时间。

④ 最后一次保存日期：文件被修改后，最近一次执行保存的日期。

⑤ 总编辑时间：该属性记录了文档最近一次打开后编辑的时长。

（2）空间属性

① 文件的位置：文件所在位置，一般包含盘符、文件路径。

② 文件的大小：文件内容实际具有的字节数，它以 Byte 作为衡量单位。

③ 文件所占的磁盘空间：文件实际所占的磁盘空间。文件在磁盘上的所占空间却不是以 Byte 为衡量单位的，它最小的计量单位是“簇”。因此，文件的实际大小与文件所占磁盘空间很多情况下是不同的。

（3）操作属性

① 文件的只读属性：为了防止文件被意外修改，可以将文件设为只读属性。设置了只读属性的文件可以被打开但不能将修改的内容保存下来，除非将文件另存为新的文件。

② 文件的隐藏属性：对于一些重要文件可以将其属性设为隐藏，默认情况下隐藏属性的文件在系统中是不显示的，这样可以防止文件被误删除或破坏等。

③ 文件的存档属性：当建立一个新文件或修改旧文件时，系统会把存档属性赋予这个文件，备份程序就会认为此文件已经“备份过”，可以不用再备份了。当备份程序备份文件时，会取消

存档属性，这时，如果又修改了这个文件，则它又获得了存档属性。因此，备份属性一般意义不大，它表示该文件、文件夹具有备份属性，只是提供给备份程序使用。

4. 文件夹/文件目录

文件夹是用来组织和管理文件的一种数据结构。在 Windows 7 中，为了分门别类的有序存放和管理文件，操作系统把文件存放在若干目录中，这些目录就称为文件夹。使用文件夹最大优点是为文件的共享和保护提供了方便。

文件夹一般采用多层次结构（树状结构），在这种结构中每一个磁盘有一个根目录，它包含若干文件和文件夹。文件夹不但可以包含文件，而且可包含下一级子文件夹。这样的多级文件夹结构既帮助用户将不同类型和功能的文件分类储存，而且方便文件查找，还允许不同文件夹中文件拥有同样的文件名。

用户在磁盘上寻找文件时，所历经的文件夹线路就称为路径，即这个文件在哪个磁盘的哪个文件夹中。对文件位置的描述采用路径的形式，如："E:\计算机基础\Word \练习.doc"，其中指明了"练习.doc"文件的存放位置是在 E 盘的"计算机基础"文件夹下的"Word"文件夹中。

2.3.2 Windows 7 的文件管理

在 Windows 7 中，文件和文件夹的操作和管理都是在"Windows 资源管理器"中进行的。Windows 资源管理器是一个重要的文件管理工具，它的主要作用是浏览文件和文件夹以及进行文件和文件夹的新建、复制、移动和删除等操作。下面介绍"Windows 资源管理器"的具体使用方法。

1. 打开 Windows 资源管理器的窗口

"Windows 资源管理器"的窗口如图 2-24 所示，打开该窗口的方法有三种：

方法一：双击桌面上的"计算机"图标或"网络"图标，即可打开"Windows 资源管理器"窗口。

方法二：右击"开始"按钮，在弹出的快捷菜单中选择"打开 Windows 资源管理器"命令，也可打开"Windows 资源管理器"窗口。

方法三：单击"开始"按钮选择"所有程序"菜单中的"附件"命令，在弹出的级联菜单中选择"Windows 资源管理器"命令。

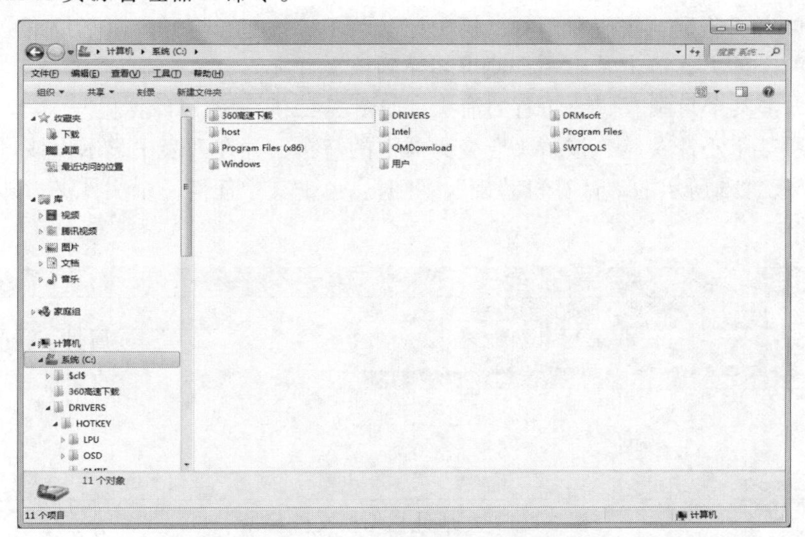

图 2-24　"Windows 资源管理器"窗口

2. 在 Windows 资源管理器窗口查看文件夹和文件

在 Windows 7 中,资源管理器采用树形结构对文件夹进行管理,如图 2-24 所示的左侧窗格。这个树形结构中包括了计算机中的所有资源:“收藏夹”“库”“家庭组”“计算机”和“网络”。在“计算机”中,包括了所有硬盘(如 C 盘、D 盘等)和移动盘上的文件夹和文件。

(1)打开文件夹

最常见的操作就是逐层的打开文件夹,直至在 Windows 资源管理器中找到要进行管理和操作的文件所在的文件夹,然后在主窗口中双击需要操作的文件。例如:按照“E:\计算机基础\Word\练习.doc”路径打开“练习.doc”文档。

☞操作方法是:

在导航窗格中选中“计算机”图标,然后单击需要操作的文件夹所在的盘符(E 盘),此时主窗口中会显示出所有子文件夹和文件,找到“计算机基础”文件夹后双击,然后再双击“Word”文件夹,此时在主窗口中就会显示该文件夹之下的“练习.doc”文档。

(2)导航窗格项目的展开和折叠

导航窗格位于资源管理器的左侧,以树形结构对项目(磁盘或文件夹)进行组织。在有些项目的图标前设置了不同的标志。其中:标记 ▷表明在该项目之下,还有其他子项目(文件夹);单击这些项目前的 ▷标记,该标记会变成◢ 标记,此时该项目下的所有项目(文件夹)就都会展开;再次单击◢标记,已经展开的项目就会重新折叠起来。通过单击项目前面的▷标记,可以在导航窗格中逐级打开文件夹,直至文件夹前面没有任何标志时,表明该文件夹下面不再包含任何文件夹。

(3)地址栏的使用

在对文件或文件夹访问的过程中,Windows 7 资源管理器的地址栏中会逐级显示访问的目录。在图 2-25 所示的地址栏中显示的文件目录是“计算机”“本地磁盘(E:)”“计算机基础”和“excel”。通过地址栏可以快速查看、切换和复制文件的目录。

① 切换访问目录

☞操作方法是:

方法一:单击地址栏左侧的“后退”或“前进”按钮,可以返回到之前的某步操作。

方法二:单击“前进”按钮右侧的“历史记录”下拉按钮,打开一个下拉菜单,其中列出了最近操作过的文件夹,单击其中一个便可切换到该文件夹。

方法三:单击某个目录右侧的向右的箭头,如图 2-25 所示的“计算机”“本地磁盘(E:)”。当用户单击其中某个小箭头时,该箭头会变为向下的箭头,并在列表中显示出该目录下所有文件夹名称,如图 2-25 所示的“计算机基础”。此时,单击其中任何一个文件夹,即可快速切换至该文件夹。

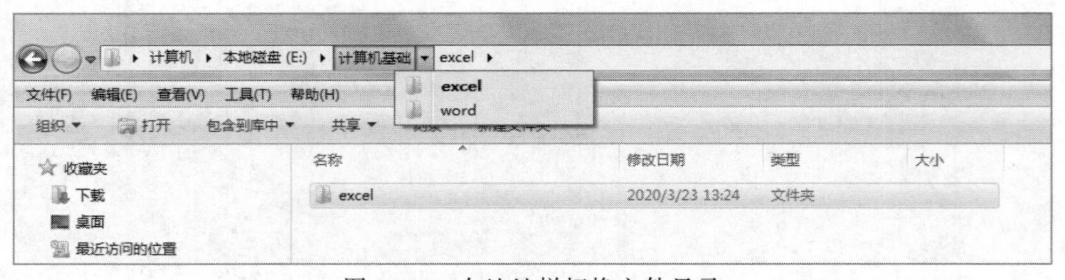

图 2-25 在地址栏切换文件目录

② 复制文件路径

如果用户想要查看和复制当前的文件路径，只需用鼠标单击地址栏的空白处，即可以传统的方式显示文件路径，如图 2-26 所示显示的文件路径是“E:\计算机基础\excel”。此时，就可以通过复制命令将其粘贴到其他位置。

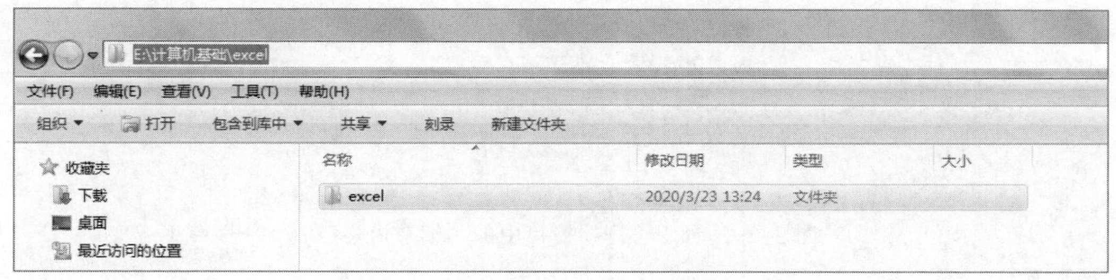

图 2-26　在地址栏查看文件的路径

（4）通过“预览窗格”预览文件内容

在“Windows 资源管理器”的窗口中提供了预览文件的功能。在不打开文件的情况下，用户便可通过预览窗格直接预览文件的内容，这为预览和查找文本、图片和视频等提供了极大的便利。任务窗格可以通过操作被显示或隐藏。

☞操作方法是：

在 Windows 资源管理器的工具栏右侧单击“显示预览窗格”按钮，即可在资源管理器右侧显示预览窗格，此时，该按钮会变成“隐藏预览窗格”，单击该按钮，又可关闭预览窗格，如图 2-27 所示。

图 2-27　显示任务窗格

当“预览窗格”处于显示的状态下，在 Windows7 资源管理器中单击文件，即可在预览窗格中看到选中文件的内容，如图 2-28 所示。

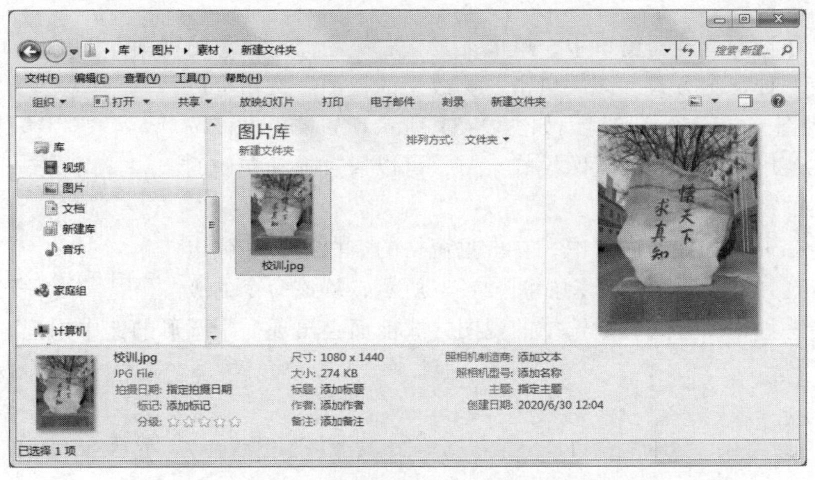

图 2-28　在“预览窗格”中查看选中文件的内容

（5）通过“细节窗格”显示选中对象的详细信息

在“Windows 资源管理器”下方的“细节窗格”中，通常显示的是选中对象的详细信息，包括文件夹或文件的创建时间、修改时间、文件大小和作者等信息，如图 2-29 所示。细节窗格可以通过操作被显示或隐藏。

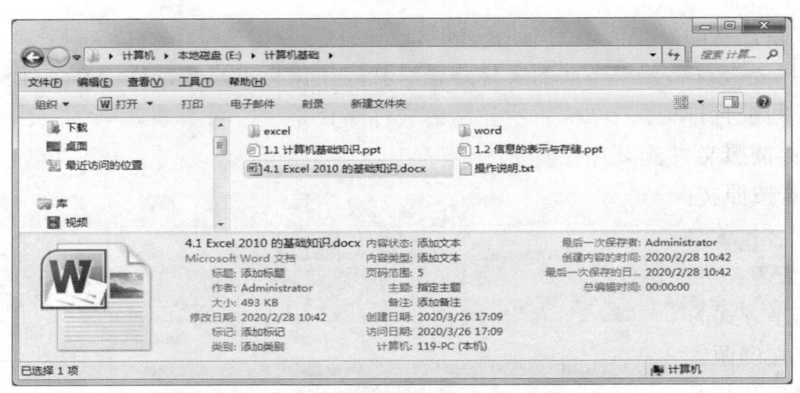

图 2-29　资源管理器窗口中的“细节窗格”

☞操作方法是：

单击工具栏中的“组织”按钮，从下拉菜单中“布局”命令的级联菜单中选择是否显示“细节窗格”。当“细节窗格”处于显示的状态下，在 Windows 资源管理器中选中某个文件、文件夹或其他对象时，所选中对象的详细信息就会显示在“细节窗格”中。

3. 设置文件夹或文件的显示选项

Windows 资源管理器为用户提供了多种文件或文件夹的内容显示方式和排序方式，用户可以根据自己的需要选择合适的方式来显示或排序项目。

（1）文件夹内容的显示方式

Windows 资源管理器提供了包括“超大图标”“大图标”“中等图标”“小图标”“列表”“详细信息”“平铺”“内容”在内的 8 种文件夹内容的视图模式。用户可以根据自己的需要切换成相应的视图方式。

☞操作方法是：

方法一：在资源管理器窗口中，单击工具栏右侧的“更改您的视图”图标，如图 2-30 所示，就会切换一种视图方式。多次单击“更改您的视图”按钮可以实现在 8 个视图方式间轮流切换，如图 2-31 所示。如果单击该按钮旁边的下拉菜单，即可打开视图模式菜单，可以通过拖动左侧的滑块切换不同的视图方式。

图 2-30　更改视图按钮

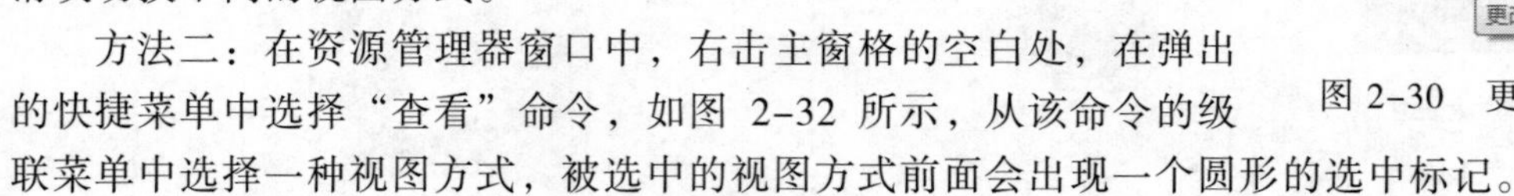

方法二：在资源管理器窗口中，右击主窗格的空白处，在弹出的快捷菜单中选择“查看”命令，如图 2-32 所示，从该命令的级联菜单中选择一种视图方式，被选中的视图方式前面会出现一个圆形的选中标记。

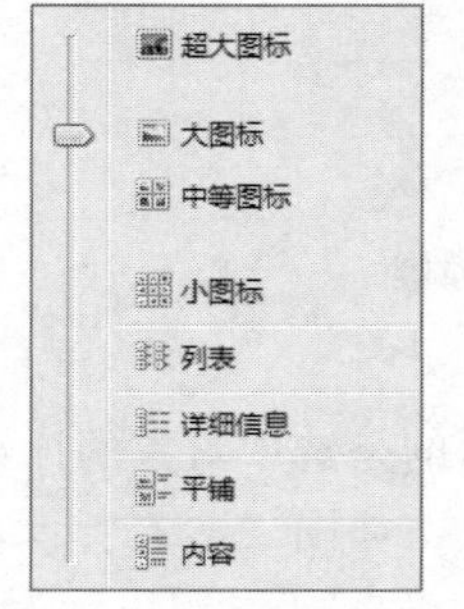

图 2-31 视图模式菜单

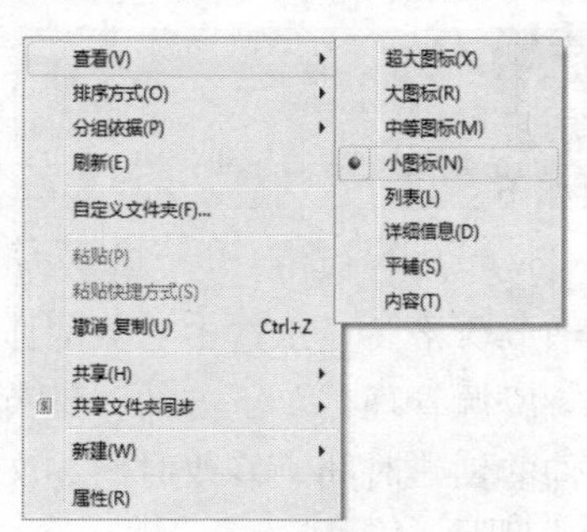

图 2-32 查看方式级联菜单

（2）文件夹内容的排序方式

在 Windows 资源管理器中，为文件提供了 4 种排序方式，分别是按照文件的名称、类型、大小和修改时间进行排序，其具体含义如下：

① 名称：按照文件或文件夹名称的英文字母或数字顺序排列。

② 类型：按照文件的扩展名将同类型的文件排列在一起。

③ 大小：根据文件的大小进行排列。

④ 修改日期：根据建立或修改文件或文件夹的时间进行排列。

☞更改排序方式的方法是：

方法一：在资源管理器窗口中，右击主窗格的空白处，在弹出的快捷菜单中选择“排序方式”命令，然后从打开的级联菜单中选择一种方式来进行排序。还可以通过多次单击同一种视图方式来切换该视图方式下的升序或降序排列。

方法二：如果在“详细信息”视图方式下，单击标题栏下方的“名称”“修改日期”“类型”或“大小”表头，完成某种排列方式下升序或降序的切换。

方法三：右击资源管理器的主窗格，在弹出的快捷菜单中选择“分组依据”级联菜单，然后在“名称”“修改日期”“类型”和“大小”四个分组依据中选择一种，系统就会根据选择的分组依据，进行分组排列显示，使排列效果更加明显。也可以单击某个表头右侧的下拉按钮，从打开的下拉菜单中选择要显示的文件分组范围，如图 2-33 所示。

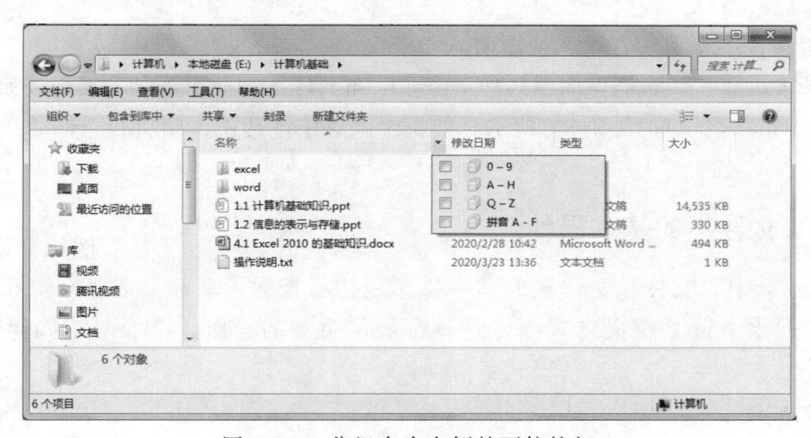

图 2-33　分组表头右侧的下拉按钮

4. 设置文件夹或文件的显示方式

（1）显示隐藏文件

在 Windows 7 默认情况下，资源管理器窗口中是不显示文件属性设置了“隐藏”的文件的。当然，如果需要用户可以将隐藏文件显示出来，但显示出来的文件或文件夹的图标是半透明的。

☞操作步骤如下：

① 在“Windows 资源管理器”窗口中，依次执行“工具”菜单→“文件夹选项”命令，打开“文件夹选项”对话框。

② 在该对话框中选择“查看”选项卡。

③ 在“高级设置”列表框的“隐藏文件和文件夹”中选择“显示隐藏的文件、文件夹和驱动器”单选按钮，如图 2-34 所示，即可将隐藏的文件和文件夹显示出来。如果选中“不显示

隐藏的文件、文件夹和驱动器”单选按钮，则隐藏文件又被隐藏了起来，不再显示。

> **提示**
>
> 对“显示隐藏的文件、文件夹和驱动器”设置是对整个系统而言的，在任何一个文件夹窗口中进行该设置，都会将该设置应用到其他所有文件夹窗口中，即对所有的“隐藏”属性的文件或文件夹均生效。

（2）显示/隐藏文件的扩展名

通常情况下，在文件夹窗口中看到的大部分文件只显示了文件名的信息，而其扩展名并没有显示。这是因为在默认情况下，Windows 7 对于已在注册表中登记的文件，只显示文件名信息，而不显示扩展名。也就是说，Windows 7 是通过文件的图标来区分不同类型的文件的，只有那些未被登记的文件才能在文件夹窗口中显示其扩展名。文件的扩展名可以进行显示和隐藏的操作。

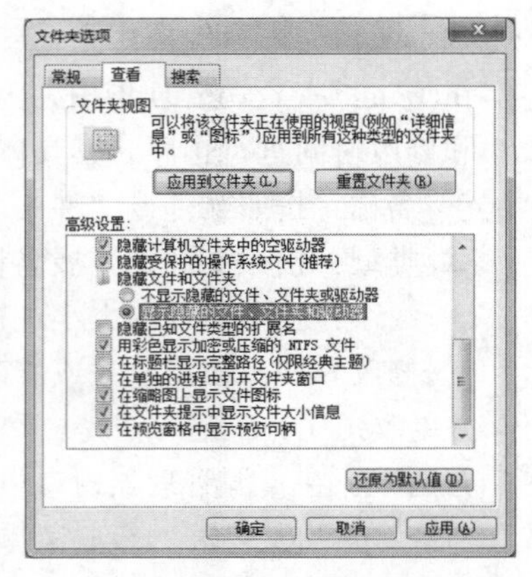

图 2-34 “文件夹选项”对话框

☞操作步骤如下：

① 在“Windows 资源管理器”窗口中，依次执行“工具”→“文件夹选项”命令，打开“文件夹选项”对话框。

② 在该对话框中选择“查看”选项卡。

③ 在“高级设置”列表框中取消选择“隐藏已知文件类型的扩展名”复选按钮，即可显示系统所有文件的扩展名，如图 2-34 所示。如果再次选中该选项，则所有文件的扩展名会再次隐藏。

2.3.3 文件和文件夹的基本操作

在 Windows 7 中，文件和文件夹的基本操作包括了查看、新建、选择、删除、复制、移动、重命名、搜索、建立快捷方式等，是日常最常用到的操作。下面对这些操作进行详细的介绍。

1. 创建文件夹

在创建文件夹之前，首先必须选择要创建该文件夹的位置，可以选择桌面或是某个文件夹。

☞操作方法是：

在需要创建文件夹的位置右击，依次执行“新建”→“文件夹”命令，就会在指定位置出现一个默认名称为“新建文件夹”的文件夹图标 新建文件夹 ，此时文件名处于编辑状态（蓝底白字），输入新的文件夹名称以后，用鼠标单击其他位置或按【Enter】键退出命名状态即可。

2. 为文件或文件夹重命名

用户可以根据需要对于已经存在的文件或文件夹更改名称，可以通过以下方法进入重命名状态，然后在输入新的名字后按【Enter】键完成重命名操作。

☞操作方法是：

方法一：右击要重命名的文件或文件夹，在弹出的快捷菜单中选择“重命名”命令。

方法二：选择要重命名的文件或文件夹，然后按【F2】键。

方法三：选择要重命名的文件或文件夹，然后单击该对象的名字。

方法四：选择要重命名的文件或文件夹，然后依次执行“组织”按钮→“重命名”命令。

提示

在对文件重命名时一定要注意，如果系统不显示文件的扩展名，则重命名时直接更改文件的主文件名即可，比如对于一个名称为“计算机”文本文档，直接改为“计算机基础”即可，如果改为“计算机基础.txt”，那么文件名就会变为“计算机基础.txt.txt”，显然是不正确的。

3. 选择文件或文件夹

在对文件或文件夹执行操作之前，首先必须要选定该对象。针对不同的选择要求，可以分别采用不同的选择方法，主要包括以下几种情况：

（1）选择单个文件或文件夹

☞操作方法是：

方法一：将鼠标在文件夹或文件上单击，即可选择该对象，被选择的对象以反白显示。

方法二：打开要选择文件对象的窗口，在键盘上依次输入要选定的文件对象名称的前几个字母，这样就可以将文件名中包含这几个字母的文件选中。继续按【↓】键就可依次找到其他具备条件的文件对象。

（2）选择多个连续的文件或文件夹

☞操作方法是：

方法一：在窗口空白位置处按下鼠标左键不松开，然后拖动鼠标形成一个矩形的区域，在该区域中的文件对象就会被全部选中。

方法二：先单击要选择文件对象中的第一个对象，然后按住【Shift】键的同时再去单击最后一个文件对象，这样从第一个文件对象到最后一个文件对象中的所有对象均被选中。

（3）选择多个不连续的文件或文件夹

☞操作方法是：

按住【Ctrl】键的同时，单击同一文件夹中不同的文件或文件夹，被单击的对象即可被选中。

（4）选择全部文件或文件夹

☞操作方法是：

方法一：在“Windows 资源管理器”窗口中，打开一个文件夹，按下【Ctrl+A】快捷键就可以将当前文件夹下的所有文件和文件夹选中。

方法二：在“Windows 资源管理器”窗口中，依次执行“编辑”菜单→“全选”命令即可。

（5）取消选择

在“Windows 资源管理器”窗口中，单击主窗格的空白位置处即可取消当前文件或文件夹的选择。

4. 移动和复制文件或文件夹

移动就是将文件或文件夹从一个文件夹中移动到另一个文件夹中，原来的位置不再有这些对象。复制是将选中的文件或文件夹在原来位置上保留源文件的情况下，在指定位置建立源对象的副本。可以通过以下几种方法进行文件或文件夹的移动和复制操作。

（1）利用 Windows 剪贴板操作

剪贴板（clipboard）是内存中的一块区域，也是 Windows 内置的工具，实现各种应用程序之间传递和共享信息。剪贴板是可以随着存放信息的大小而改变容量大小的内存空间，用来临时存放交换信息，但剪贴板只能保留一份数据，当新的数据传入时，旧的数据便会被覆盖。放入剪贴板中的数据信息，在执行“粘贴”操作后就可以将其中的数据信息复制到指定位置。

当执行剪切或复制操作时，其剪切或复制的数据会保存在剪贴板上，只有再次剪贴或复制另外的数据，或停电、退出 Windows、有意地清除时，才可能更新或清除其内容，所以，只要剪切或复制一次，就可以粘贴多次。

“剪切”和“复制”操作的区别在于：“剪切”是将选定的对象移动到剪贴板中，执行完“粘贴”操作后，原来存放的位置中不再保留该信息；而“复制”操作是将选定的对象复制到剪贴板中，原来存放的位置中仍然保留该信息。

☞操作步骤如下：

① 选中要复制或剪切的对象，然后右击对象，在弹出的快捷菜单中选择“剪切”命令，或按【Ctrl + X】快捷键执行剪切操作；或者选择“复制”命令或按【Ctrl + C】快捷键执行复制操作。

② 双击打开接收文件对象的文件夹。

③ 右击打开的文件夹窗口的空白处，在弹出的快捷菜单中选择“粘贴”命令或按【Ctrl + V】快捷键，即可完成移动或复制操作。

（2）鼠标左键操作

☞操作方法是：

选定要移动的文件或文件夹，然后用鼠标左键直接将选择的对象拖动至目标文件夹上方即可。情况不同，该操作可能会有不同的效果，即可能实现“移动”操作或“复制”操作。

提示

（1）如果源文件所在的文件夹和目标文件夹在同一磁盘分区，则完成移动操作（比如从 E 盘的一个文件夹拖放至 E 盘的另一个文件夹），拖动过程中会出现“移动到**”信息；如果不在同一磁盘分区则完成复制操作（比如从 E 盘的一个文件夹拖放至 D 盘的一个文件夹），拖动过程中会出现“复制到**”信息。

（2）为了在不同的磁盘分区之间实现移动对象的操作，可以按住【Shift】键再拖动对象；在同一磁盘分区之间完成复制操作，可以按住【Ctrl】键再拖动对象。

（3）鼠标右键操作

☞操作方法是：

首先选定要移动或复制的文件或文件夹，然后用鼠标右键将选择的对象拖动到目标文件夹上，释放鼠标右键，系统弹出一个快捷菜单，从快捷菜单中选择“移动到当前位置”命令或“复制到当前位置”命令。

（4）“发送到”菜单命令操作

如果需要将文件或者文件夹复制到“文档”文件夹、U 盘、移动硬盘，则可以在选择文件或文件夹后右击，在弹出的快捷菜单中选择“发送到”命令，然后从其子菜单中单击目标位置就可以完成复制操作。

5. 删除文件或文件夹

对于不需要的文件或文件夹，可以将其删除，从而释放一部分的存储空间。可以通过以下方式实现删除操作。

（1）删除文件或文件夹至回收站

☞操作方法是：

右击要删除的文件或文件夹，在弹出的快捷菜单中选择“删除”命令或按【Delete】键，此时会弹出“删除文件夹”或“删除文件”对话框，如图 2-35 所示。确定该文件对象不再需要后，单击“是”按钮，该文件或文件夹（包括文件夹中的文件）即被删除。单击“否”按钮则取消删除操作。

> **提示**
>
> 文件对象被执行上述删除操作后，它们并没有真正从磁盘中删除，而是被临时存储在“回收站”中。“回收站”是硬盘上的一块区域，被删除的对象都被会暂时存放在这里。“回收站”可视为最后的安全屏障，从中可将意外删除的文件或文件夹恢复。

（2）永久删除文件或文件夹

被永久删除的文件或文件夹是真的被物理上删除了，所以在执行该操作时一定要慎重。

☞操作方法是：

方法一：若要将文件或文件夹直接删除而不放入回收站，则单击要彻底删除的文件或文件夹，然后按【Shift+Delete】键，此时会弹出一个对话框，如图 2-36 所示，会再次询问用户是否确认删除，确认删除的话，单击“是”按钮，否则单击“否”按钮取消删除。

方法二：对于已经删除至“回收站”的对象，若要将这些对象从计算机上永久删除，需要从回收站中删除这些文件。打开“回收站”，选中要永久性删除的某个对象，按【Delete】键，然后从打开的对话框中选择“是”按钮；若要删除所有对象，在工具栏上，单击“清空回收站”按钮，然后从“删除多个项目”对话框中单击“是”按钮。

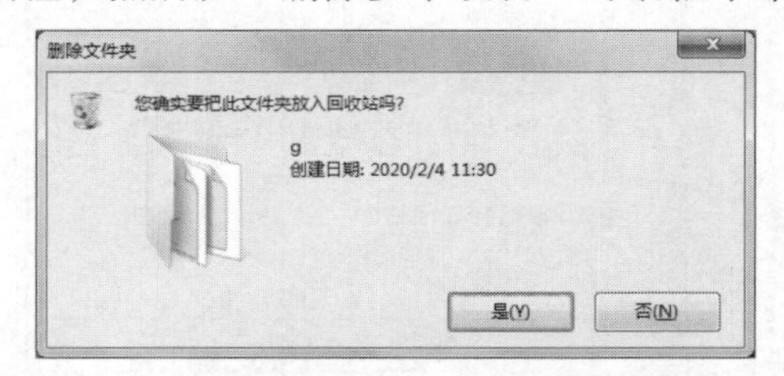

图 2-35 “删除文件夹”对话框删除至回收站

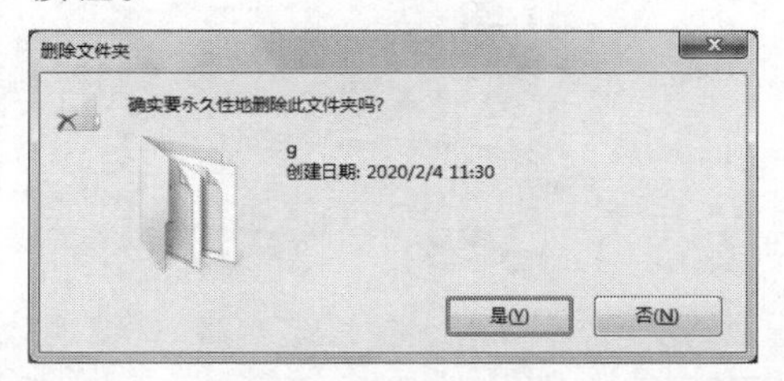

图 2-36 “删除文件夹”对话框永久性删除

6. 恢复删除的文件、文件夹或快捷方式

（1）恢复文件项目

对于误删除的项目，用户可以在“回收站”中将其恢复至原来存放的位置。

☞操作方法是：

双击桌面上的“回收站”图标，打开“回收站”窗口。选择要恢复的对象，然后单击工具栏上的“还原此项目”命令按钮（如果选定多个对象，出现的是“还原选定的项目”；如果选定

一个对象时，出现的是“还原此项目”），或在选择的对象上右击，在弹出的快捷菜单中选择“还原”命令，文件就被恢复到原来的位置。

提示

如果从“回收站”中恢复的对象所在的文件夹已经不存在了，系统会自动重新创建一个和之前文件夹同名的文件夹。

（2）清空回收站

当“回收站”中的文件太多时，会减少硬盘空间，因此应及时清理“回收站”中的内容，将不再需要的文件立即清除，这样可以释放一些磁盘空间。

☞操作方法是：

方法一：如果要清除回收站中的所有内容，在“回收站”窗口中，依次执行“文件”菜单→“清空回收站”命令或单击“工具栏”中的“清空回收站”按钮，如图 2-37 所示，在打开的“删除多个项目”对话框中单击“是”按钮，即可清除回收站中的所有内容。

方法二：在不打开回收站的情况下，在桌面上右击“回收站”图标，在弹出的快捷菜单中选择“清空回收站”命令也可以实现清空回收站的操作。

提示

“回收站”实际上是硬盘上的一块区域，默认大小为磁盘总容量的 10%，用户也可根据自己的需要调整“回收站”的大小。具体方法是：在桌面上右击“回收站”图标，在弹出的快捷菜单中选择“属性”命令，打开“回收站属性”设置对话框，如图 2-38 所示。可以通过“自定义大小”选项中的“最大值”设置回收站所占空间大小。

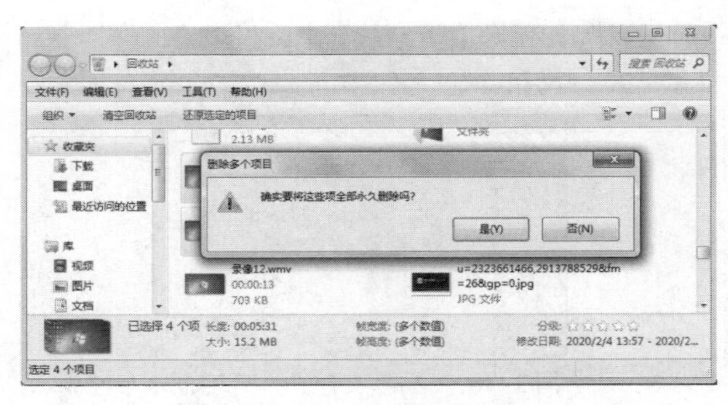

图 2-37 清空回收站

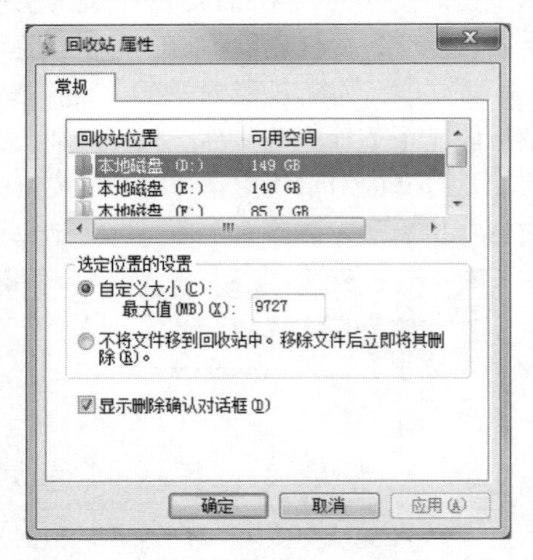

图 2-38 “回收站属性”对话框

7. 设置文件或文件夹属性

在 Windows 7 中，可对文件或文件夹的属性进行设置，主要包括“只读”和“隐藏”两种属性的设置。这两种属性分别代表的含义是：

① “只读”属性是指文件只能读取，不能修改，修改后保存会有相应的提示。

② “隐藏”属性是指文件或文件夹成为隐藏状态，若“文件夹选项”设置了显示隐藏的文

件、文件夹，则隐藏文件可以显示，但图标为半透明状态；若“文件夹选项”设置了不显示隐藏的文件、文件夹，则隐藏的文件或文件夹不显示。

☞操作步骤如下：

右击要设置的文件或文件夹，在弹出的快捷菜单中选择“属性”选项，打开如“word 属性”（根据所选对象不同会显示“**属性”）对话框，如图 2-39 所示，在属性选项中选择“只读”和“隐藏”的复选框，即可完成属性设置。

> **提示**
>
> 通过对文件或文件夹设置“只读”和“隐藏”属性可以相对地提升对象及其内容的安全性，避免被修改和误删除。但如果他人具有修改该对象属性的权限，还可以将“只读”和“隐藏”属性设置取消。所以，并不能绝对保证文件对象的安全性。

8. 撤销刚刚做过的操作

在文件或文件夹执行了移动、复制、删除或重命名操作后，如果改变主意，还可以撤销之前的操作。下面以“重命名”操作为例，介绍“撤销”命令的执行方法。

☞操作方法是：

在刚刚对某项目执行完“重命名”操作后，在当前的窗口中，依次执行“编辑”菜单→“撤销重命名”命令或按【Ctrl+Z】快捷键，即可将被重命名的项目恢复至之前的名字。

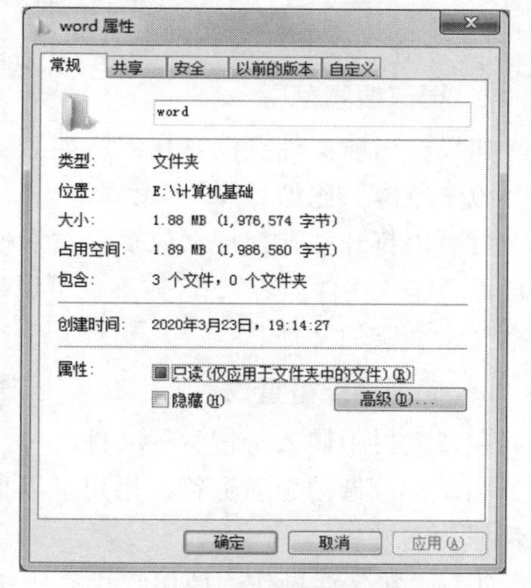

图 2-39 “word 属性”对话框

2.3.4 查找文件

我们平时用到的文件都是放在硬盘中，随着硬盘的容量增大，文件也越来越多，那么查找文件时面对的可能是数百个文件和子文件夹，尤其是不清楚文件的存放位置或文件的确切名称时，查找工作就更加困难。此时，可以借助 Windows 7 系统自带的搜索框来查找文件。

1. 搜索文件

打开任意一个文件夹，在资源管理器窗口的右上角都能看到搜索框。搜索框基于所输入文本筛选当前视图。通过搜索框可以查找图片、音乐、视频、文档、所有文件和文件夹、Windows 帮助信息和 Internet 信息。

☞操作方法是：

设定一个文件夹作为搜索位置，在该文件夹窗口的搜索框中输入要搜索的文字，在主窗格中就会显示该视图中的项目名称中包含搜索文字的所有文件，包括了文件的名称、标记或其他属性，如图 2-40 所示。如果符合条件的项目比较多的话，会在地址栏显示绿色的搜索进度条。

Windows 7 系统的搜索是动态的，从用户在搜索栏中输入第一个字符时起，Windows 7 的搜索工作就已经开始。随着用户不断输入搜索的文字，Windows 7 会不断缩小搜索范围，直至搜索到用户所需的结果，由此大大提高了搜索效率。

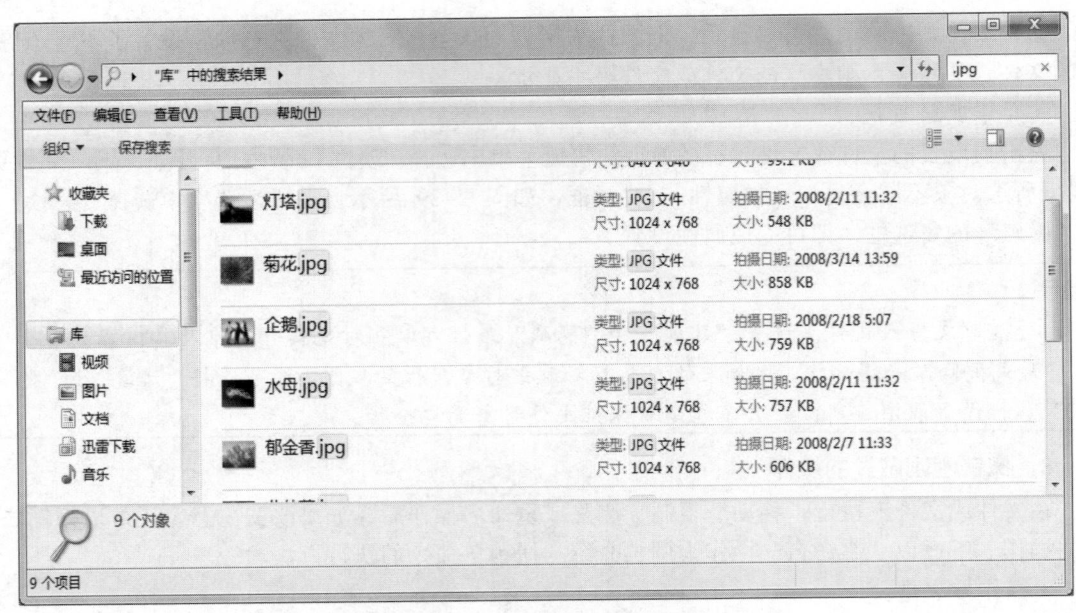

图 2-40 使用"搜索框"查找文件

2. 更改搜索范围

如果在当前文件夹没有找到所需的项目，则可以通过单击搜索结果底部的某一选项来更改整个搜索范围，比如"库""家庭组""计算机""自定义""文件内容"等。其中，选择"自定义"后可以打开"选择搜索位置"对话框，如图 2-41 所示，从中可以选择更多的搜索范围。也可以单击"文件内容"，这样不仅可以查找文件名称满足条件的项目，还会在文件内容中查找包括搜索文字的文件。

3. 使用通配符查找

在搜索栏中输入待搜索的文件时，可以使用通配符（*）和（?）。借助于通配符，用户可以很快找到符合指定特征的文件。

① *：在文件操作中使用它代表任意多个 ASCII 码字符。

② ?：在文件操作中使用它代表任意一个 ASCII 码字符。

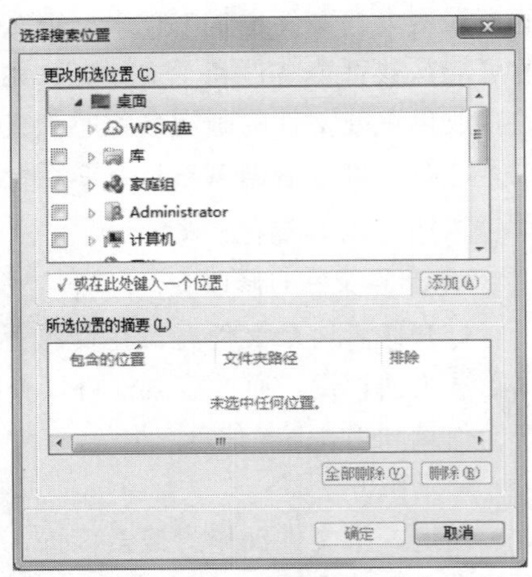

图 2-41 "选择搜索位置"对话框

比如，在搜索文件时输入：*.docx 表示所有扩展名为 docx 的文件；a* .bmp 表示文件名的第一个字符是 a，扩展名是 bmp 的所有文件；a?c?.*表示文件名由 4 个字符组成，其中第 1 和第 3 个字符分别是 a、c，第 2 个和第 4 个为任意字符，扩展名为任意符号的文件；a?c? *. * 则表示了文件名的前 4 个字符中，第 1 和第 3 个字符分别是 a、c，第 2 个和第 4 个为任意字符，扩展名为任意符号的文件（文件名不一定是 4 个字符）。当需要对所有文件进行操作时，可以使用*. *。

4. 使用搜索筛选器

为了缩小搜索的范围，Windows7 的资源管理器搜索框提供了大量的搜索筛选器来限定搜索的范围。单击搜索框，会打开一个下拉列表，列表中列出了之前的搜索记录和搜索筛选器，如图 2-42 所示。

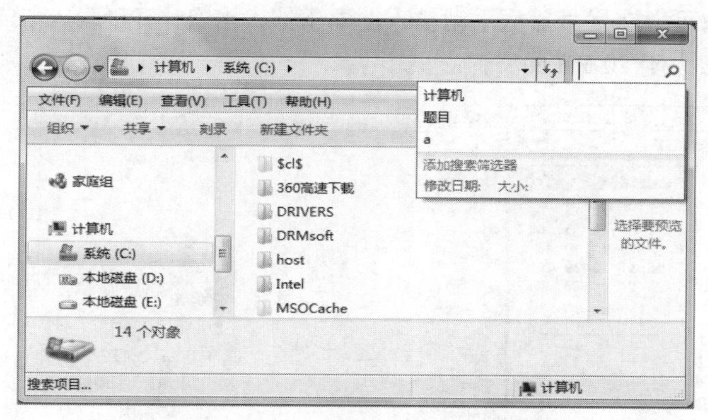

图 2-42 “筛选框”的下拉列表

在“添加搜索筛选器”文字下方的“修改日期”“大小”就是筛选器。除此以外，Windows7 还提供了多种搜索筛选器，包括“作者”“类型”“修改日期”“大小”“名称”“拍摄时间”“标记”“唱片集”“艺术家”“拍摄日期”等。

搜索范围不同，搜索筛选器也不相同，如图 2-42 所示搜索范围是计算机中的磁盘和文件夹，这时可以看到的筛选条件为“修改日期”和“大小”两项。对于 Windows 7 库中的视频、图片、文档和音乐等类型，筛选的条件会丰富得多，比如选择“文档”库，就会看到如图 2-43 所示的包括“作者”“类型”“修改时间”“大小”和“名称”的筛选器。

下面以“修改时间”和“大小”为例，介绍搜索筛选器的使用方法。

（1）修改时间

如果希望根据文件的修改日期来查找文件，可以在图 2-42 所示的筛选器中选择“修改日期”选项，此时会显示与修改日期有关的选项，如图 2-44 所示。选择其中的某项，就可以按照选项限定的日期范围搜索文件。此外，用户也可以通过“选择日期或日期范围”中的日历，确定待搜索项目的修改日期或日期范围。

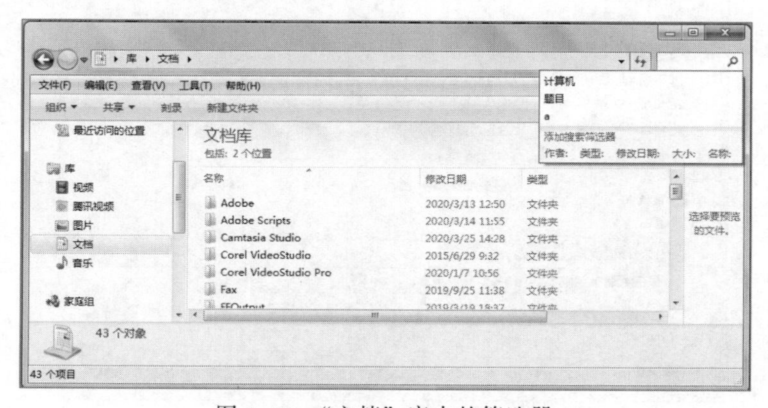

图 2-43 “文档”库中的筛选器

（2）设置大小

如果希望根据文件的大小来查找文件，可以在图 2–42 所示筛选器中选择“大小”，在列表中会出现“空”“微小”“小”“中”“大”“特大”和“巨大”等不同大小范围的选项，如图 2–45 所示。直接选择某个选项就可以按指定的大小范围进行文件的快速搜索。如果列表中的给定条件不符合要求，用户可以在冒号后面手动输入搜索条件，比如，直接输入“>20MB”，系统就会按照输入的条件搜索大于 20 MB 的文件。

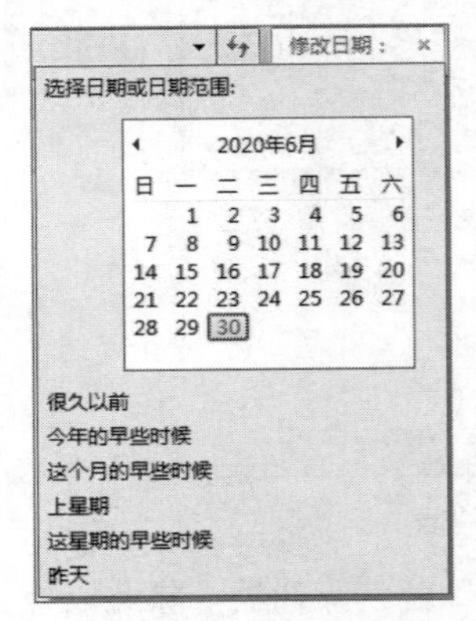

图 2–44　搜索框的“修改日期”筛选器

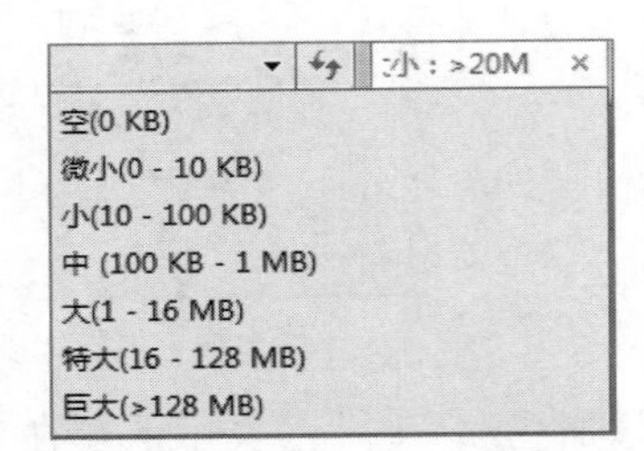

图 2–45　搜索框的“大小”筛选器

5. 保存筛选条件

如果用户经常需要执行同一个指定条件的搜索，就可以将该搜索条件保存起来，便于多次执行。

☞操作方法是：

在执行完一个搜索后，单击工具栏上的“保存搜索”按钮，打开“另存为”对话框（见图 2–46），在该对话框中为该搜索条件进行命名，并指定保存位置（默认将其保存到“收藏夹”下）后，单击“保存”按钮即可。

在执行完保存搜索之后，下一次要执行同样条件的搜索时，只需要在保存位置（收藏夹）下单击之前保存好的搜索，即可按保存的指定条件进行新的搜索。

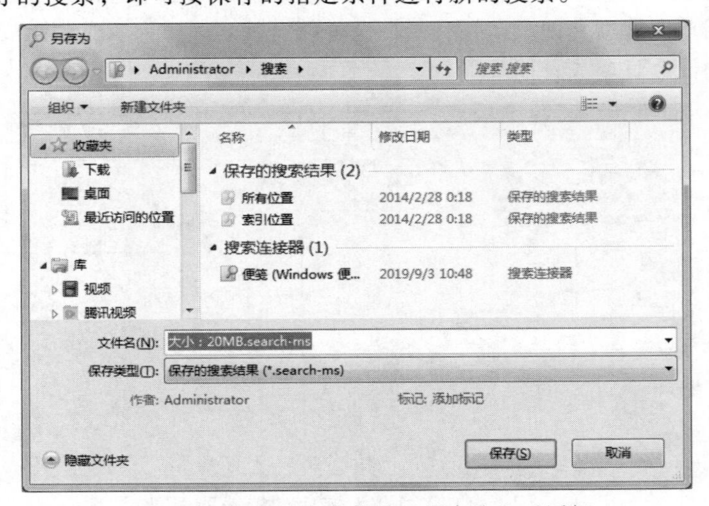

图 2–46　保存搜索条件的“另存为”对话框

2.3.5　Windows 7 库

1. 库的概念

随着文件数量和种类的增多，为了避免文件存储混乱、重复文件多等情况，Windows 7 引入了“库”的概念。库是一个强大的文件管理器，从资源的创建、修改，到管理、沟通和备份还原，都可以在基于库的体系下完成。通过这个功能，用户也可以将越来越多的视频、音频、图片、文档等资料进行统一组织、管理、搜索，使文件管理更方便，大大提高工作效率。

“库”是个文件夹，但与传统的文件夹又有本质的区别。“库”中存放的是分布在硬盘上不同位置的文件的索引，类似于快捷方式，并不是将所有的文件都保存到“库”这个文件夹中。换句话说，“库”里面保存的只是一些文件夹或文件的指向，并没有改变文件的原始路径，这样可以在不改变文件存放位置的情况下进行集中管理，比如，在库中可以同时看到 D 盘和 E 盘上的图片。另外，“库”里面的文件都会随着原始文件夹的变化而自动更新，并且可以以同名的形式存在于文件库中。

在资源管理器窗口的左侧可看到库列表，如图 2-47 所示。

2. 创建库

在 Windows7 中有四个默认库：文档、音乐、图片和视频。

① 文档库：该库主要用于组织和排列字处理文档、电子表格、演示文稿以及其他与文本有关的文件。默认情况下，移动、复制或保存到文档库的文件都存储在“我的文档”文件夹中。

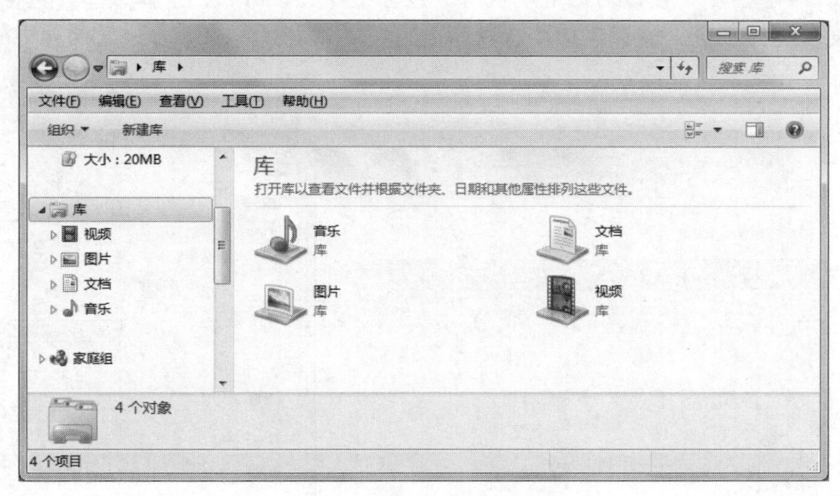

图 2-47　“库”文件夹

② 音乐库：该库主要用于组织和排列数字音乐，如从音频 CD 翻录成从 Internet 下载的歌曲。默认情况下，移动、复制或保存到音乐库的文件都存储在“我的音乐”文件夹中。

③ 图片库：该库主要用于组织和排列数字图片，图片可从照相机、扫描仪或者从其他的电子邮件中获取。默认情况下，移动、复制或保存到图片库的文件都存储在“我的图片”文件夹中。

④ 视频库：该库主要用于组织和排列视频，例如取自数字相机、摄像机的剪辑，或者从 Internet 下载的视频文件。默认情况下，移动、复制或保存到视频库的文件都存储在“我的视频”文件夹中。

除了以上默认的 4 个库以外，用户还可以根据自身需要创建其他库，比如创建一个名为“下载资料”的库。

☞操作方法是：

在资源管理器的左侧窗口中，右击“库”图标，在弹出的快捷菜单中选择“新建”→“库”，如图 2-48 所示；或者选择“库”后，在主窗格中右击空白处，在弹出的快捷菜单中选择“新建”→“库”，即可创建一个新库，然后输入这个库的名称“下载资料”，按【Enter】键即可创建完成。

用户在建立好自己的库以后，就可以随意地将常用的文件拖放在自己的库里。这样便于对常用文件进行管理和查找。由于这是在非系统盘符下生成的快捷链接，所以不会占用系统盘的空间，不会影响系统的运行速度。

3. 在库中包含/删除文件夹

库可以收集不同文件夹中的内容。可以将不同位置的文件夹包含到同一个库中，然后以一个集合的形式查看和排列这些文件夹中的文件。用户可以根据自己的需要将计算机上的文件夹包含在对应的库中，也可以从库中删除。

（1）将计算机中的文件夹包含在库中

☞操作方法是：

右击一个“库”，如“音乐”，在弹出的快捷菜单中选择“属性”命令，打开“音乐属性”对话框，如图 2-49 所示，在该对话框中执行“包含文件夹”命令，选择该库要包含的文件夹，即可将所选文件夹添加到“音乐”库中，这样就可以在“音乐”库中对该文件夹中的内容进行浏览和编辑。

图 2-48 在资源管理器中新建“库”

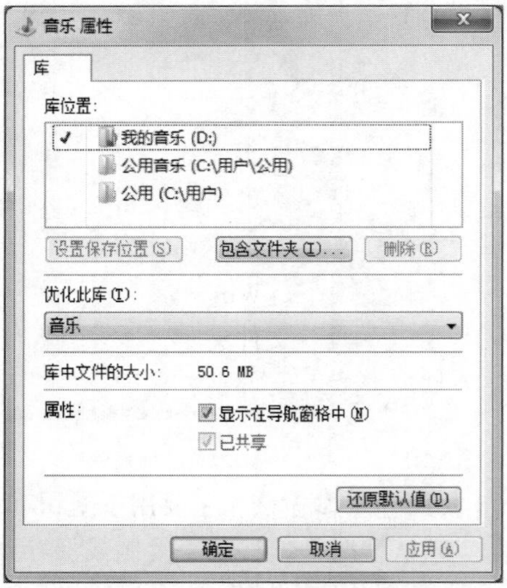

图 2-49 “音乐属性”对话框

（2）删除库中包含的文件夹

☞操作方法是：

在资源管理器的左窗格中，单击要从中删除文件夹的库，比如“视频”库，在库窗格中，单击“*个位置”（在文件列表上方的“包括”旁边，如图 2-50 所示），打开“视频库位置”对话框，从中选择要删除的文件夹，单击“删除”按钮，完成操作后单击“确定”按钮关闭对话框。这样在“视频”库就无法对该文件夹中的项目进行操作。

图 2–50 “视频库位置”对话框

4. 删除库

对于不需要的库，用户可以选择删除，操作方法和删除文件夹的操作是一样的。从资源管理器窗口中，选择不需要的库，然后按【Delete】键即可将所选库删除。该操作不会影响库中存放的文件夹和文件，这些项目依旧存放在相应的磁盘空间。

2.3.6 收藏夹

在 Windows 7 系统中，提供了收藏夹功能。“收藏夹”图标位于 Windows 资源管理器的导航窗格顶部。用户可以将经常访问的文件夹保存在“收藏夹”中，这样就可以很方便地找到这些常用的文件夹，而不用每次为找一个文件夹而一层一层的去打开多个文件夹。

默认情况下，Windows 7 收藏夹包含“下载”“桌面”和“最近访问的位置”3 个文件夹。

①“下载”文件夹：显示最近下载的文件信息。

②“桌面”文件夹：包括了桌面上的所有图标信息。

③“最近访问的位置”文件夹：记录了最近访问过的文件夹，可以帮助用户轻松跳转到最近访问的文件夹，进而找到相应文件，该文件夹最为常用。

1. 在“收藏夹”添加文件夹

对于一些经常访问的文件夹，用户可以把它们添加到 Windows 7 的“收藏夹”中。

☞操作方法是：

方法一：在 Windows 资源管理器中打开需要添加到“收藏夹”的文件夹，然后右击“收藏夹”图标，在弹出的快捷菜单中选择“将当前位置添加到收藏夹”命令即可，如图 2–51 所示。

方法二：选择需要添加到“收藏夹”中的文件夹，然后用鼠标将其直接拖拽至“收藏夹”区域，即可将其添加到“收藏夹”中。

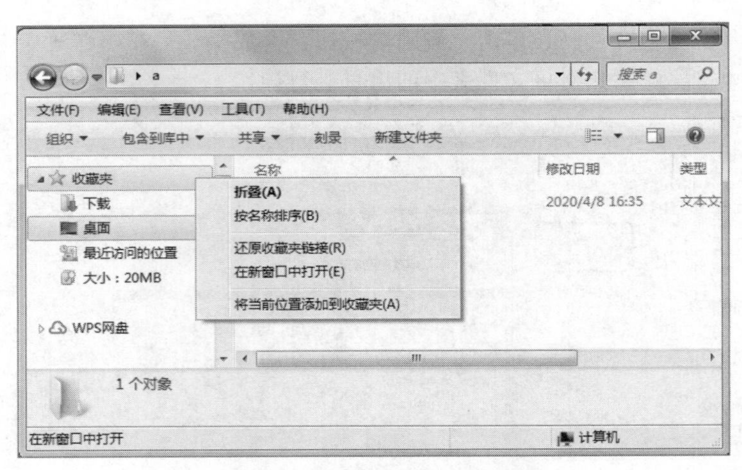

图 2–51 “收藏夹”图标的快捷菜单

2. 在“收藏夹”删除文件夹

☞操作方法是：

如果用户不想让某个文件夹出现在收藏夹中，可以在收藏夹中选中该文件夹，然后直接按【Delete】键将其删除。

提示

（1）在“收藏夹”中删除的文件夹并不会真的删除其对应的文件夹，因为添加到“收藏夹”里文件夹只是实际文件夹的“快捷方式”。

（2）在“收藏夹”里的“最近访问的位置”文件夹中保存有最近访问过的文件夹，如果将最近访问的位置误删了，可以右击“收藏夹”图标，然后在弹出的快捷菜单中选择“还原收藏夹链接”命令，即可恢复最近访问的位置了。

2.4 Windows 7 程序管理

Windows 7 操作系统可以帮助人们完成很多工作，比如文字处理、视频制作、网络浏览、收发电子邮件等，这些工作的完成就是依靠计算机程序。为了完成某项或某几项特定任务而被开发运行于操作系统之上的计算机程序被称为应用程序。正由于大量应用程序的使用，才使得计算机体现出其强大的功能。

2.4.1 运行程序

所谓运行程序，就是将计算机程序调入内存并执行。在 Windows 7 中可以有多种方式启动应用程序。下面以启动“画图”程序为例，分别介绍不同的启动方式。

（1）使用开始菜单启动应用程序

这是一种最常见、最基本的启动应用程序的方法。因为在“开始”菜单的“所有程序”级联菜单中，包括了计算机里几乎所有的应用程序。

☞操作方法是：

单击“开始”按钮，打开“开始”菜单，从菜单中单击“所有程序”命令，便会打开“所有程序”级联菜单，然后选择“附件”命令，在打开的“附件”级联菜单中找到“画图”的应用程序，如图 2-52 所示，单击即可启动画图程序。

（2）使用运行命令运行程序

☞操作方法是：

依次执行“开始”→“所有程序”→“附件”→“运行”命令，打开“运行”对话框，如图 2-53 所示。在该对话框中，输入要运行的程序，比如，画图的程序名“mspaint”（或文件的完整路径及文件名），单击“确定”按钮，即可运行画图程序。

在有些情况下，使用“运行”命令会非常方便。比如，在打开如图 2-54 所示的“运行”对话框时，单击“打开”文本框右侧的下拉按钮，即可看到之前操作时指定过的程序或文档。因此，再次运行或再次打开一个最近使用过的程序或文档时，直接从列表中选择执行即可，也非常方便。

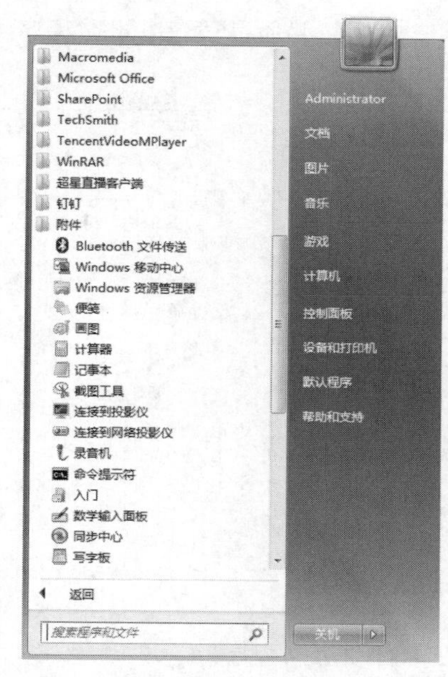

图 2-52　“开始”菜单中的“附件”文件夹

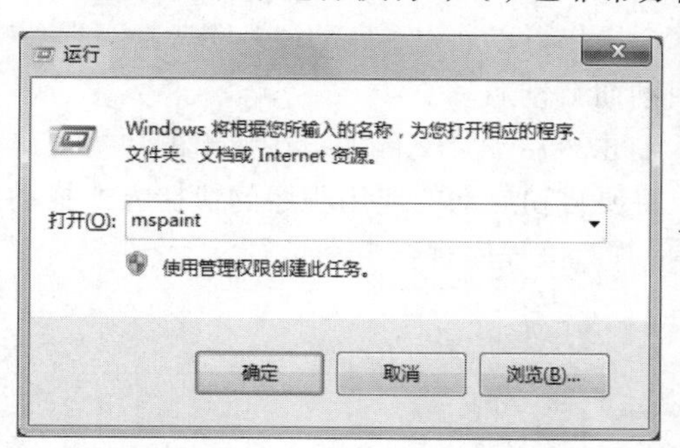

图 2-53　“运行”对话框

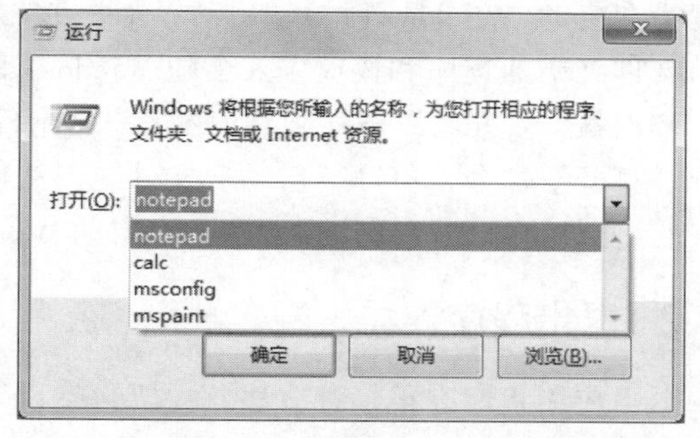

图 2-54　“运行”对话框的“打开”下拉列表

（3）快捷方式启动

如果在桌面上为一个应用程序创建了快捷图标（程序快捷方式在程序图标左下角有一个↗标志），只需要双击该应用程序的快捷图标就可以启动应用程序。比如，在桌面上找到“画图”的快捷图标，双击该图标，就可以打开画图程序。

（4）在资源管理器中启动程序或打开文档

在 Windows 资源管理器中，通常情况下双击某个文件即可启动该文件所对应的应用程序，比如双击一个 Word 文档，就会启动 Microsoft Word 来打开该文档；双击一个文本文档，就会启动记事本程序来打开该文档。该方法也是启动应用程序最常用的方法，也成为文档与程序建立关联的方法。

在 Windows 中，大多数的文档都与相应的应用程序之间建立了关联，但是，如果用户删除了文档的扩展名或者该文档没有对应的应用程序可以打开时，在双击该文档时，系统不知道用什么程序将其打开，就需要用户自行选择能够打开文档的方式。比如，对于一个删除了扩展名的 Word 文档，再次双击打开时会出现“打开方式”对话框，如图 2-55 所示。用户从中选择一个可以打开该文档的应用程序，比如“记事本”，然后单击“确定”，即可将该文档与“记事本”

程序建立关联，并通过“记事本”程序将其打开。但此时 Word 文档中的部分内容会出现丢失或错误码的情况。

图 2-55 “打开方式”对话框

（5）自动启动程序

如果在启动计算机之后总是打开相同的程序，比如 Web 浏览器或电子邮件程序，可以将其设置为在启动 Windows 时自动启动，会很方便。这个操作可以通过“启动”文件夹来实现。“启动”文件夹中的程序和快捷方式会随 Windows 的启动而自动启动。

依次执行“开始”→“所有程序”→“附件”，右击“启动”文件夹，在弹出的快捷菜单中选择“打开”命令，打开“启动”文件夹。然后，将要自动启动的应用程序的快捷方式拖动到“启动”文件夹中即可。这样，在下次启动 Windows 时，该程序将会自动运行。

2.4.2 退出程序

退出应用程序有很多种方法，主要包括以下几种：

☞操作方法是：

方法一：用鼠标单击应用程序窗口右上角的“关闭”按钮即可。

方法二：在应用程序窗口中执行“文件”菜单中的“退出”命令。

方法三：按【Alt+F4】快捷键即可退出当前程序。

2.4.3 创建和使用快捷方式

1. 快捷方式的概念

快捷方式是一种特殊类型的文件，是指向计算机上某个项目（比如文件、文件夹或程序）的链接，并不包括这些项目本身的信息。需要启动某个应用程序时，只要双击应用程序的快捷方式图标，就可以通过指向找到应用程序并将其打开。为了区分快捷方式和原始文件，在快捷方式的图标的左下角添加一个箭头。

正是由于快捷方式只是指向应用程序的指针，并不是应用程序本身，所以用户可以根据自己的需要为经常访问的应用程序设置一个或多个快捷方式，并将快捷方式放置在便于访问的位置，比如桌面、“开始”菜单、任务栏的程序按钮区等等。快捷方式的创建和删除也并不会对原有程序造成影响。

2. 创建快捷方式

对应用程序可以创建快捷方式，然后将其放置在方便的位置，以便快速地访问快捷方式链接到的项目。可以采用多种方式来创建快捷方式。

（1）通过鼠标右键拖动的方法建立快捷方式

找到需要建立快捷方式的应用程序，用鼠标右键拖动该应用程序至目标位置，可以是桌面或某个文件夹。此时，会将弹出一个快捷菜单，如图 2-56 所示。从该菜单中选择“在当前位置创建快捷方式”命令，即可在目标位置为所选程序创建一个快捷方式。

（2）利用向导创建快捷方式

☞操作步骤如下：

① 在需要创建快捷方式的位置（桌面或某个文件夹中）右击，在弹出的快捷菜单中选择“新建快捷方式”命令，打开“创建快捷方式”向导对话框，如图 2-57 所示。

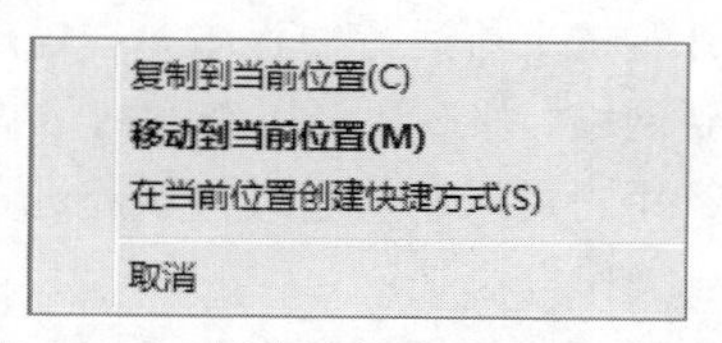

图 2-56　“创建快捷方式”快捷菜单

② 在“请键入对象的位置”文本框中输入要创建快捷方式的应用程序的文件名（包括文件的完整路径）。如果对应用程序文件的文件名或路径不了解，可以单击“浏览”按钮，打开“浏览文件或文件夹”对话框，如图 2-58 所示，从中找到相应的程序文件后单击“确定”，这样该程序文件的文件名及完整路径就会出现在文本框中，如图 2-57 所示的“C:\Program Files (x86)\Microsoft Office\Office14\EXCEL.EXE”。

③ 单击“下一步”按钮，然后在创建快捷方式向导中为快捷方式输入一个名称，最后单击“完成”按钮退出创建快捷方式向导窗口，即可在指定位置创建所选程序的快捷方式。

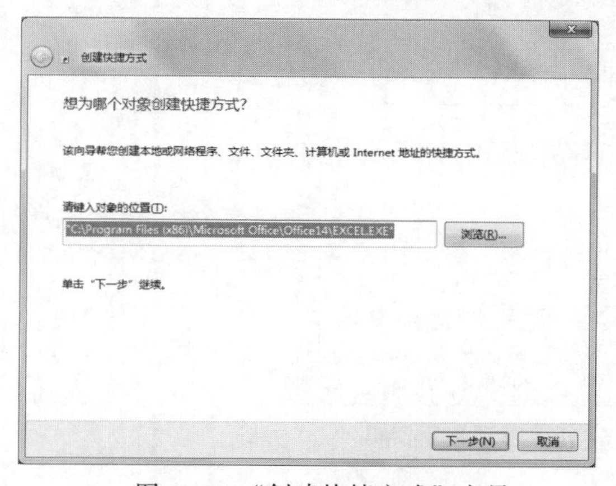

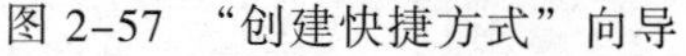
图 2-57　“创建快捷方式”向导

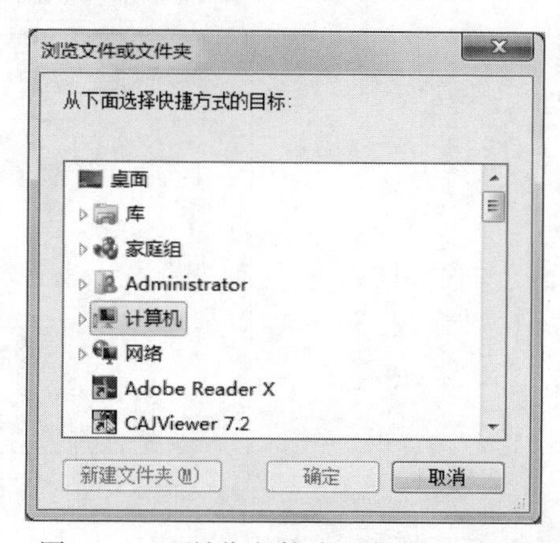

图 2-58　“浏览文件或文件夹”对话框

（3）利用剪贴板粘贴快捷方式

☞操作步骤如下：

① 单击选定要创建快捷方式的文件，依次执行“组织”→“复制”命令，或按【Ctrl+C】快捷键，将其复制到剪贴板中。

② 打开要创建快捷方式的位置，如桌面或某个文件夹中。

③ 右击空白处，在弹出的快捷菜单中选择“粘贴快捷方式”命令，即可在目标位置创建该文件的快捷方式。

3. 删除快捷方式

对于不需要的快捷方式可以将其删除。删除快捷方式文件和删除文件或文件夹是相同，选中该快捷方式，直接按【Delete】键即可将其删除。将快捷方式文件删除并不会影响该快捷方式所链接到的程序文件。

2.4.4 任务管理器的使用

Windows 任务管理器是一种专门管理任务进程的程序，提供了有关计算机性能的信息，并显示计算机上所运行的程序和进程的详细信息，可以显示最常用的度量进程性能的单位。如果连接到网络，那么还可以查看网络状态并迅速了解网络是如何工作的。由于其操作简单、方便、实用，用户可以利用它进行任务进程的管理。下面来介绍一下如何打开任务管理器。

☞操作方法是：

方法一：使用键盘上的【Ctrl+Shift+Esc】组合键调出任务管理器。

方法二：用鼠标右击任务栏，从弹出的快捷菜单中选择“启动任务管理器”命令。

方法三：使用键盘上的【Ctrl+Alt+Del】组合键实现，只是使用该组合键后，需要回到锁定界面中执行“任务管理器”命令。

“Windows 任务管理器”窗口如图 2-59 所示，提供了文件、选项、查看、窗口、帮助六大菜单项，菜单之下还有应用程序、进程、服务、性能、联网、用户六个标签页，窗口底部则是状态栏，从这里可以查看到当前系统的进程数、CPU 使用比率、物理内存使用的百分比。下面对任务管理器中的几个常用的选项卡进行介绍。

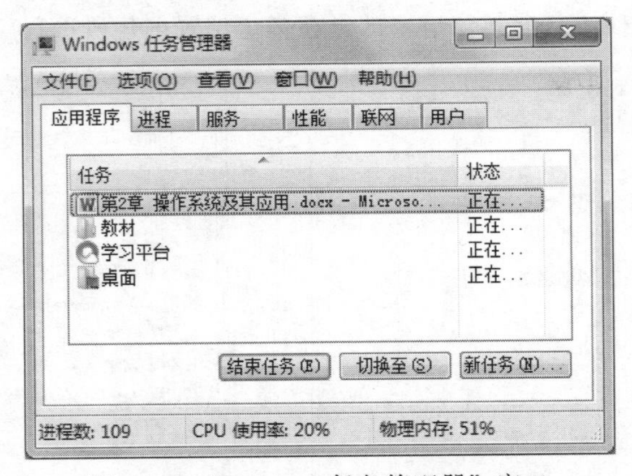

图 2-59 “Windows 任务管理器”窗口

1. “应用程序”选项卡

“应用程序”选项卡显示了所有当前正在运行的应用程序，不过它只会显示当前已打开窗口的应用程序，如 Microsoft word、视频播放器、浏览器窗口等，而 QQ、MSN Messenger 等最小化至系统托盘区的应用程序则并不会显示出来。在该选项卡中还可以查看计算机上正在运行的程序状态，即每个程序有两种状态：“正在运行”和“未响应”。

如果某个程序没有响应，可以选择该应用程序，通过单击“结束任务”按钮直接关闭该应用程序，但使用该程序所做的所有未保存的更改将丢失。如果该程序处于“正在运行”状态，单击“结束任务”按钮，可退出该程序，未保存的内容也会丢失。如果需要同时结束多个任务，可以在按住【Ctrl】键的同时用鼠标选中多个任务，然后执行结束任务操作。也可以单击“新任务”按钮，直接打开相应的程序、文件夹、文档或 Internet 资源，如果不知道程序的名称，可以点击“浏览”按钮进行搜索，这个功能类似于开始菜单中的运行命令。

2. “进程”选项卡

“进程”选项卡显示了所有当前正在运行的进程，包括用户打开的应用程序、执行操作系统各种功能的后台服务等。进程不同于程序，程序是指令、数据及其组织形式的描述；进程是一个具有独立功能的程序关于某个数据集合的一次运行活动。可以说，程序是死的，只是一些代码；而进程是活的，它可以申请和拥有系统资源，是一个动态的概念，是一个活动的实体。

如果需要结束一个进程，其前提是要知道它的名称。选择需要结束的进程名，然后单击“结束进程”命令按钮，就可以强行终止所选进程。需要注意的是，采用这种方式将丢失未保存的数据，而且如果结束的是系统服务，系统的某些功能可能无法正常使用。

3. “性能”选项卡

“性能”选项卡动态列出了计算机的性能，包括了 CPU 使用率、内存使用状况等，供用户了解计算机的使用状态。其中包括了四个图表，如图 2-60 所示。

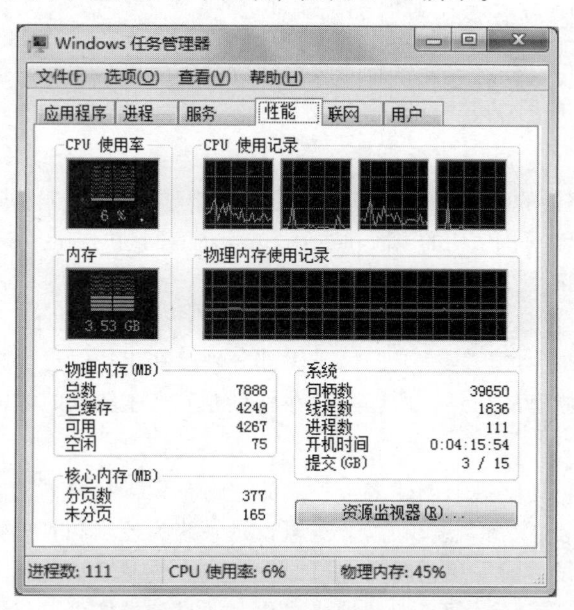

图 2-60　“Windows 任务管理器”窗口“性能”选项卡

图 2-60 中上面两个图表显示了当前以及过去数分钟内 CPU 的使用率（如果“CPU 使用记录”图表显示分开，则意味着该计算机具有多个 CPU，或者有双核或四核的 CPU）。较高的百分比意味着程序要求大量 CPU 资源，这会使计算机的运行速度减慢。如果百分比冻结在接近 100%，则程序可能没有响应。

图 2-60 中下面两个图表显示了当前以及过去数分钟内所使用的内存的数量。“任务管理器”窗口底部列出了正在使用的内存的百分比。如果内存使用一直保持在较高状态，可尝试减少同时打开的程序的数量，释放一部分内存空间。

4. “联网”选项卡

“联网”选项卡中显示了本地计算机当前的联网状态，列出所连接的网络通信量的指示，以及适配器名称、网络使用率、线路速度和当前状态等。

5. “用户”选项卡

“用户”选项卡中显示当前已登录和连接到本机的用户的状况，包括用户数、用户名、用户标识、活动状态（正在运行、已断开）、客户端名、会话等。在该对话框中，可以单击“注销”按钮重新登录；可以选定一个用户，然后单击“断开”按钮断开该用户与本机的连接，以切换其他用户；如果是局域网用户，还可以向其他用户发送消息。

2.5 磁盘管理

磁盘（也常称为硬盘）是计算机中存放信息的主要存储设备，而磁盘管理是一项计算机使用时的常规任务，它是以一组磁盘管理应用程序的形式提供给用户。通过磁盘管理程序可以很好地对磁盘进行分区、清理、备份、碎片整理等操作，提高磁盘的利用率。

2.5.1 磁盘管理的基本概念

磁盘必须经过格式化、分区等操作后才能存储数据。用户通过使用操作系统所提供的磁盘工具可以进行硬盘“格式化”和“分区”。

1. 磁盘格式化

硬盘可以是由多个坚硬的磁片构成的，它们围绕同一个轴旋转。磁盘格式化（Format）是一种纯物理操作，目的是划定磁盘可供使用的扇区和磁道，并标记有问题的扇区。执行完格式化操作后，每个磁片被格式化为多个同心圆，称为磁道（track）。磁道进一步分成扇区（sector），扇区是磁盘存储的最小单元。一个新的没有格式化的磁盘，操作系统和应用程序将无法向其中写入文件或数据信息。

磁盘格式化通常由是生产厂家完成，由于大部分硬盘在出厂时已经格式化过，并且格式化操作将清除磁盘上一切原有的信息，所以只有在硬盘介质产生错误时才需要进行格式化。

2. 硬盘分区

硬盘分区是在一块物理硬盘上创建多个独立的逻辑单元，我们平常所说的 C 盘、D 盘、E 盘、F 盘等就是逻辑单元，又称“逻辑盘”。逻辑盘是系统为控制和管理物理硬盘而建立的操作对象，一块物理盘可以设置成一块逻辑盘也可以设置成多块逻辑盘使用。

硬盘分区从实质上说就是对硬盘的一种格式化，通过该操作可以将硬盘的整体存储空间划分成多个独立的区域。在分区之前，应该做一些准备及计划工作，包括一块硬盘要划分为几个分区，每个分区应该有多大的容量，以及每个分区准备使用什么文件系统等。对于某些操作系统而言，硬盘必须分区后才能使用，否则不能被识别。

在实际应用中，硬盘分区并非必须和强制进行的工作，但出于如下的两点考虑，还是建议要对硬盘进行分区操作：

（1）将硬盘划分多个分区可以使文件存放和管理更加方便、容易和快捷，不同的分区可以用以存放不同类型的文件，如在 C 盘上安装操作系统，在 D 盘上安装应用程序，在 E 盘上存放数据文件，F 盘则用来备份数据和程序。

（2）由于同一个分区只能采用一种文件系统，所以，如果用户希望在同一个硬盘中安装多个支持不同文件系统的操作系统时，就需要对硬盘进行分区。

3. 文件系统

文件系统是指在硬盘上存储信息的格式。它规定了计算机对文件和文件夹进行操作处理的各种标准和机制，所有对文件和文件夹的操作都是通过文件系统来完成的。不同的操作系统一般使用不同的文件系统，不同的操作系统能够支持的文件系统不一定相同。Windows 7 支持的文件系统有 FAT16、FAT32 和 NTFS。

（1）FAT16（File Allocation Table）文件系统

FAT16 文件系统是 MS-DOS 和最早期的 Windows 95 操作系统中最常见的磁盘分区格式。它采用 16 位的文件分配表，能支持最大为 2 GB 的分区，是目前应用最为广泛和获得操作系统支持最多的一种磁盘分区格式。其优点是作为一种标准文件系统，只要将分区划分为 FAT16 文件系统，几乎所有的操作系统都支持这一种格式，包括 Linux 和 UNIX。但它有一个最大的缺点就是磁盘利用效率低。

（2）FAT32 文件系统

FAT32 文件系统可管理的硬盘空间达到了 2048 GB，与 FAT16 比较而言，突破了 FAT16 对每一个分区的容量只有 2GB 的限制，提高了存储空间的使用效率。运用 FAT32 的分区格式后，我们可以将一个大硬盘定义成一个分区而不必分为几个分区使用，大大方便了对磁盘的管理。而且，FAT32 具有一个最大的优点，就是在一个不超过 8 GB 的分区中，FAT32 分区格式的每个簇容量都固定为 4KB，与 FAT16 相比，可以大大地减少磁盘的浪费，提高磁盘利用率。FAT32 文件系统是对早期 DOS 的 FAT16 文件系统的增强，由于文件系统的核心——文件分配表 FAT 由 16 位扩充为 32 位，所以称为 FAT32 文件系统。

（3）NTFS（New Technology File System）文件系统

NTFS 文件系统是一种从 Windows NT 开始引入的文件系统，它是 Windows NT 以及之后的 Windows 2000、Windows XP、Windows Server 2003、Windows Server 2008、Windows Vista、Windows 7 和 Windows8/8.1 的标准文件系统。这种格式采用 NT 核心的纯 32 位 Windows 系统才能识别，古老的 DOS 以及 16 位、32 位混编的 Windows 95、Windows 98 系统是不能识别的。

NTFS 取代了文件分配表（FAT）文件系统，为 Microsoft 的 Windows 系列操作系统提供文件系统。NTFS 的优点是安全性和稳定性极其出色，在使用中不易产生文件碎片。它能对用户的操作进行记录，通过对用户权限进行非常严格的限制，使每个用户只能按照系统赋予的权限进行操作，充分保护了系统与数据的安全。NTFS 支持对分区、文件夹和文件的压缩。NTFS 采用了更小的簇，可以更有效率地管理磁盘空间。

2.5.2 磁盘的基本操作

1. 查看磁盘容量

如果想要了解计算机各个磁盘分区的使用情况，可以在桌面上双击“计算机”图标，在打开的资源管理器窗口中，通过以下方法了解具体的空间使用情况。

☞操作方法是：

方法一：单击需要查看容量的硬盘驱动器图标，在窗口底部的细节窗格中就会显示当前磁盘的总容量和可用的剩余空间信息。

方法二：将视图方式切换为“详细信息”“平铺”或“内容”，即可直观的显示出每个硬盘驱动器的磁盘总容量和可用的剩余空间信息。

方法三：在 Windows 资源管理器窗口中右击需要查看的磁盘驱动器图标，在弹出的快捷菜单中选择“属性”命令，打开该磁盘的属性对话框，如图 2-61 所示，从中就可以了解该磁盘空间的占用情况等信息。

2. 格式化磁盘

格式化磁盘操作是分区管理中的一个非常重要的工作，是对磁盘或磁盘中的分区进行初始化的一种操作。格式化操作通常会导致现有的磁盘或分区中所有的文件被清除，因此，格式化之前确保备份了所有要保存的数据，然后才可以开始操作。

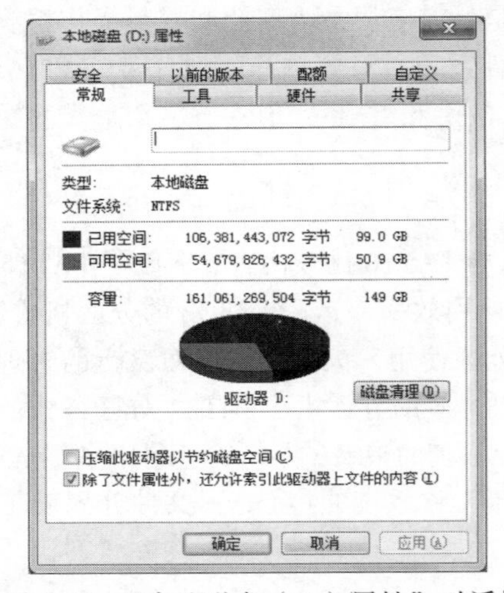

图 2-61 “本地磁盘（D:）属性”对话框

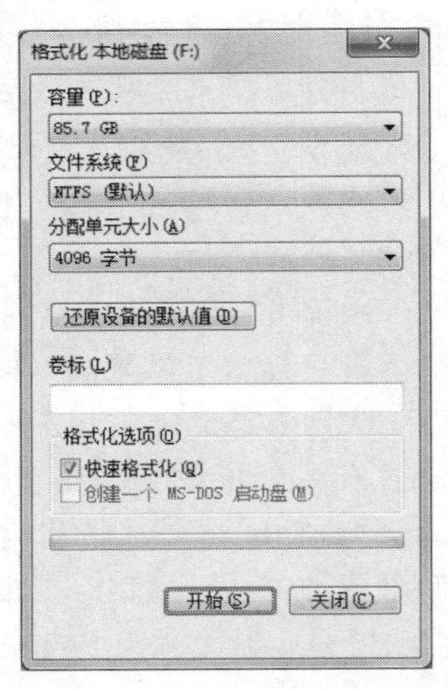

图 2-62 “格式化 本地磁盘（F:）”对话框

☞操作方法是：

在资源管理器窗口中，右击要格式化的磁盘分区图标（如 F 盘），在弹出的快捷菜单中选择“格式化”命令，打开“格式化 本地磁盘（F:）”对话框，如图 2-62 所示。在该对话框中进行“文件系统”“分配单元大小”等选择设置。如果选中“快速格式化”复选框，则可快速完成格式化工作，但这种格式化不检查磁盘的损坏情况，其实际功能相当于删除文件。设置完成以后，单击“开始”按钮，此时对话框底部的格式化状态栏会显示格式化的进程，直至格式化完成。

3. 磁盘备份

在实际的工作中，可能会遇到一些突发情况导致数据丢失，比如误操作、磁盘驱动器损坏、计算机病毒感染等。这就需要养成备份数据的习惯，一旦数据丢失了还可以还原，保证数据的“万无一失”。在 Windows 7 中，利用磁盘备份向导可以方便快捷地完成磁盘备份工作。

☞操作方法是：

在 Windows 资源管理器窗口中，右击要备份的磁盘（如 C 盘），在弹出的快捷菜单中选择“属性”命令，打开磁盘属性对话框。从中选择“工具”选项卡，如图 2-63 所示，从中单击“开始备份”按钮，打开“控制面板”的“备份或还原文件”界面，如图 2-64 所示，然后单击“设置备份”命令，之后根据提示进行相应的操作。

在备份操作时，可选择整个磁盘进行备份，也可以选择其中的某个文件夹进行备份。在进行还原时，必须是对已经存在的备份文件进行还原，否则无法进行还原操作。

4. 磁盘清理

计算机经过长时间的使用，会在磁盘上留下很多临时文件或已经没有用的文件。时间一久，这些临时文件和没用的文件不仅会占用大量磁盘空间，还会拖慢系统的处理速度，降低系统的整体性能。因此，需要对计算机进行定期的磁盘清理，清除各种垃圾、碎片文件，以便释放磁盘空间。

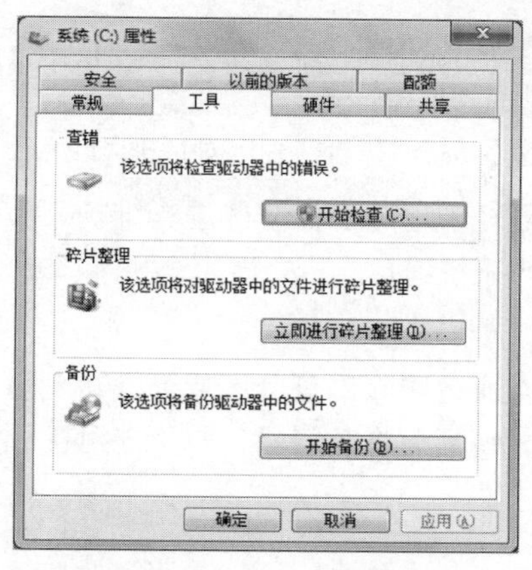

图 2-63 “系统（C:）属性”对话框“工具”选项卡

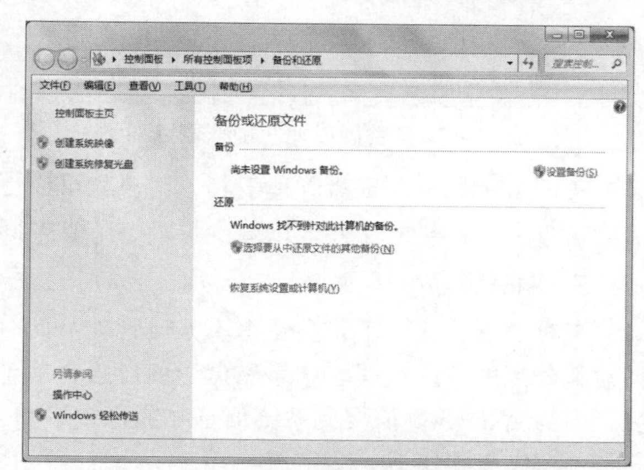

图 2-64 “控制面板”的“备份或还原文件”界面

☞操作步骤如下：

① 打开“计算机”窗口，右击需要进行磁盘清理的磁盘分区图标（比如 C 盘），在弹出的快捷菜单中选择“属性”命令，打开“系统（C:）属性”对话框，如图 2-65 所示。

② 在“常规”选项卡中，单击“磁盘清理”按钮，此时会打开“系统（C:）的磁盘清理”对话框，Windows 7 的磁盘清理工具就会自动开始工作了。整个计算和扫描过程需要持续几分钟。

③ 在完成磁盘清理工作以后，会出现如图 2-66 所示的清理结果界面，从中可以看到其中按分类列出了所有可供删除的文件大小，从图中可以看出此次扫描 C 盘可释放多达 1.56 GB。

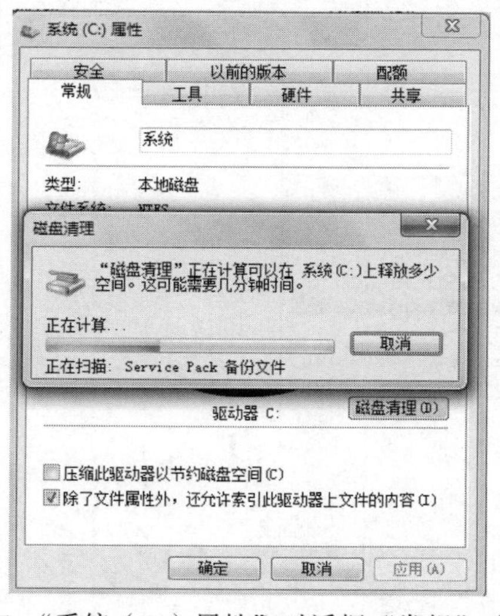

图 2-65 “系统（C:）属性”对话框“常规”选项卡

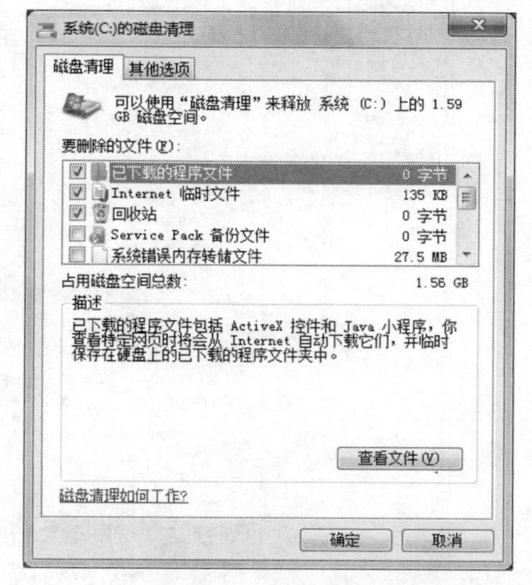

图 2-66 “系统（C:）的磁盘清理”对话框

④ 在“要删除的文件”列表中选择要清除的文件种类，“在占用磁盘空间总数”中会实时显示可获取的磁盘空间总数。

⑤ 确认选择后，单击“确定”按钮，用户需要再次确认是否要永久删除这些文件，如图 2-67 所示，最后单击“删除文件”按钮，即可开始磁盘的清理工作了，如图 2-68 所示。

图 2-67 “磁盘清理”确认删除对话框

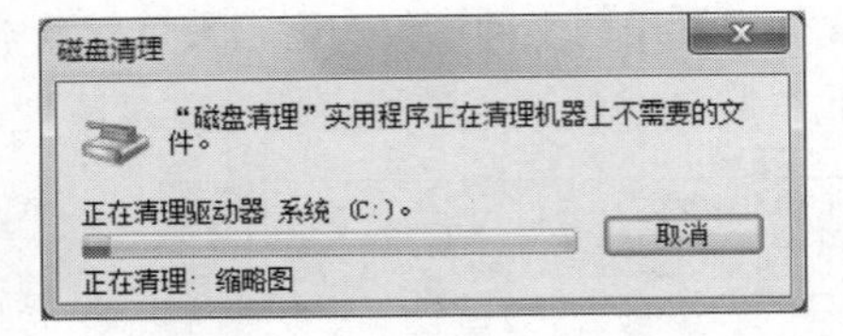

图 2-68 “磁盘清理”对话框

通过 Windows 7 磁盘管理工具，用户就可以更好、更轻松地对磁盘分区进行维护、检查和清除磁盘中不必要的文件，以减少垃圾、节省空间、加快系统速度。

5. 删除磁盘

有时磁盘分区多了，会觉得不方便管理。此时，可以通过删除磁盘分区或卷，得到可用于创建新分区的空白空间。如果磁盘当前设置为单个分区，则不能将其删除，也不能删除系统分区，因为 Windows 需要此系统信息才能正常启动。

☞操作步骤如下：

① 在桌面上右击“计算机”图标，从弹出的快捷菜单中选择“管理”命令。

② 在打开的“计算机管理”窗口中（见图 2-69），从左边的列表中选择“磁盘管理”选项。

③ 从右侧窗口中右击要删除的卷（如分区或逻辑驱动器），从弹出的快捷菜单中选择“删除卷”命令。

④ 在弹出的对话框中单击“是”按钮完成分区的删除，这样就可以得到一个绿色的可用空间。

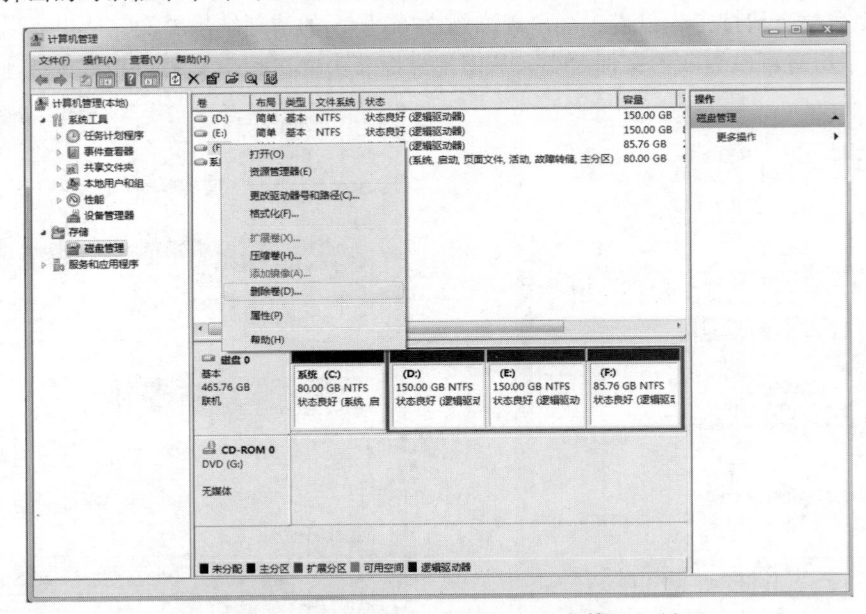

图 2-69 “计算机管理”窗口的“磁盘管理”界面

6. 磁盘碎片整理

磁盘碎片其实就是文件碎片，是因为文件被分散保存到整个磁盘的不同地方，而不是连续地保存在磁盘连续的簇中形成的。硬盘在使用一段时间后，由于反复写入和删除文件，磁盘中的空闲扇区会分散到整个磁盘中不连续的物理位置上，从而使文件不能存在连续的扇区中。这样，在读写文件时就需要到不同的地方去读取，增加了磁头的来回移动次数，降低了磁盘的访问速度。

磁盘碎片整理，就是通过系统软件或者专业的磁盘碎片整理软件对计算机磁盘在长期使用过程中产生的碎片和凌乱文件重新整理，以提高计算机的整体性能和运行速度。经常进行磁盘的碎片清理，可以提升计算机硬盘的使用效率。

☞操作步骤如下：

① 在 Windows 资源管理器窗口中，右击要进行碎片整理的磁盘（比如 C 盘），在弹出的快捷菜单中选择“属性”命令，打开磁盘属性对话框。

② 在该对话框中选择“工具”选项卡，单击“立即进行碎片整理”按钮，打开“磁盘碎片整理程序”窗口，如图 2-70 所示。

③ 从磁盘列表中选择要整理碎片的磁盘驱动器，然后单击“分析磁盘”按钮，对选定的磁盘进行分析。

④ 在对驱动器进行碎片分析后，可以在“上一次运行时间”列中检查磁盘上碎片的百分比。如果数字高于 10%，则应该对磁盘进行碎片整理。

⑤ 单击“磁盘碎片整理”按钮，系统自动完成整理工作，同时显示任务进度条。

磁盘碎片整理程序可能需要几分钟到几小时才能完成，具体取决于硬盘碎片的大小和程度。在碎片整理过程中，仍然可以使用计算机。

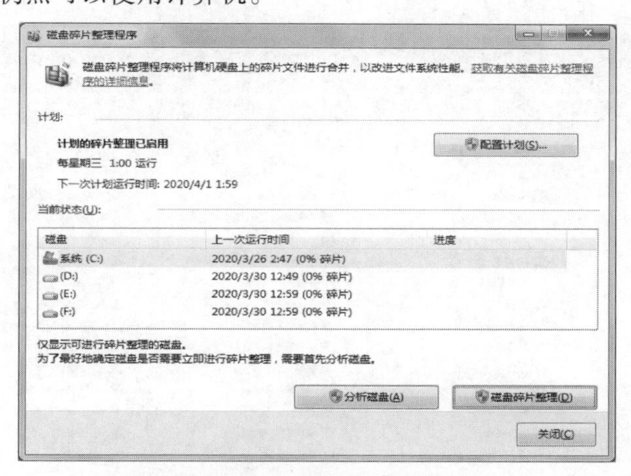

图 2-70 “磁盘碎片整理程序”窗口

2.6 Windows 7 控制面板

对于 Windows7 中的大量软、硬件资源，可以通过“控制面板”进行系统设置，包括系统安全、网络、显示、声音、打印机、键盘、鼠标、字体、日期和时间、卸载程序等。这些设置几乎包含了关于 Windows 外观和工作方式的所有设置，并允许用户根据自己的实际需要对这些软、硬件资源的参数进行调整和配置，从而更有效地使用它们。

2.6.1 控制面板的界面

在 Windows7 中，用户可以通过单击“开始”按钮，在“开始”菜单中选择“控制面板”命令，即可打开“控制面板”窗口。

“控制面板”窗口包括“类别视图”和“经典视图”两种视图效果。在“类别视图”方式中（见图 2–71），将控制面板所有设置归类为 8 个大项目。在“经典视图”方式中（见图 2–72），详细分类为若干个小项目，这些工具的功能几乎涵盖了 Windows 系统的所有方面。两种视图方式可以通过单击控制面板窗口中“查看方式”的下拉按钮完成切换，其中的“大图标”或“小图标”为控制面板经典视图。

图 2–71 “控制面板”窗口的“类别视图”

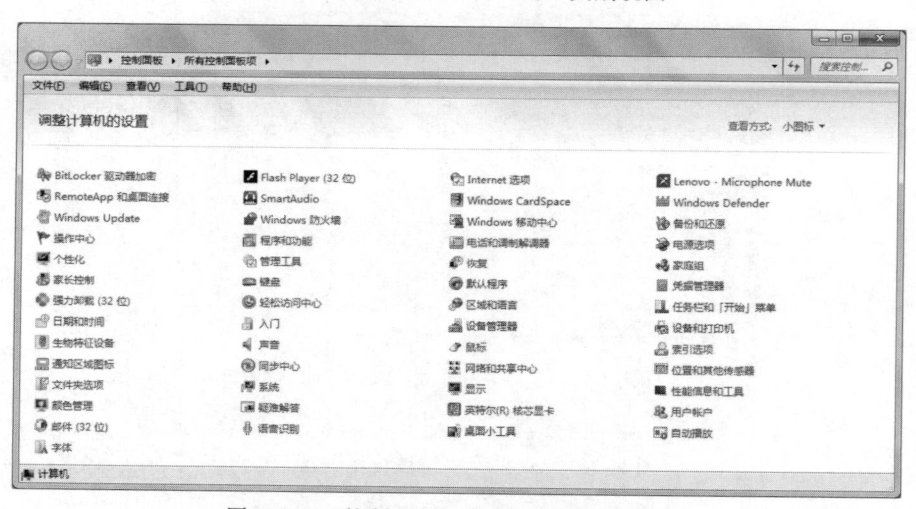

图 2–72 “控制面板”窗口的“经典视图”

控制面板包含了大量的系统设置，在此介绍几个常用功能，其余功能读者可以自行尝试学习。

2.6.2 用户账户

Windows 7 操作系统是一个多用户操作系统，可以实现多个用户轻松共享一台计算机。如果多个用户使用同一台计算机，可以在 Windows 7 中为每个用户创建一个用户账户，每个人使用自己的账户登录系统，并且这些用户的系统设置（如桌面背景或屏幕保护程序）或信息资源（如程序、文档等）都是相对独立互不影响的。用户账户还控制用户可以访问的文件和程序，以及可以对计算机进行的操作类型。通常情况下，会为大多数计算机用户创建“标准用户”。

Windows 7 环境下有“标准用户”“管理员”和“来宾账户”三种类型的账户，每种类型的账户为用户提供不同的计算机控制级别。

① 标准用户：即普通用户，可以使用大多数软件，以及更改不影响其他用户或计算机安全的系统设置。

② 管理员：管理员有计算机的完全访问权，可以做任何需要的操作。

③ 来宾账户：主要针对需要临时使用计算机的用户，权限最小。

如果要创建和修改用户账户，需要以管理员身份登录 Windows 7。

☞操作步骤如下：

① 单击“开始”按钮，在“开始”菜单中选择“控制面板”命令，打开控制面板窗口。

② 在“控制面板”窗口的“用户账户和家庭安全”组中选择“添加或删除用户账户”命令，打开“管理账户”窗口，如图 2-73 所示。

图 2-73 “控制面板”的“管理账户”窗口

③ 在“管理账户”窗口可以看到已经创建好的账户，如图中的“普通用户”账户。在下方选择“创建一个新账户”命令。

④ 在打开的“创建新账户”窗口中，在文本框中输入一个新账户名，并指定账户类型为“标准用户”或“管理员”，如图 2-74 所示。单击“创建用户”按钮，该用户创建完成。

⑤ 创建完用户账户以后，就可以在图 2-73 所示的“管理账户”窗口中看到该账户。

⑥ 如果要对账户进行更改，可以单击该账户，打开“更改账户”窗口，如图 2-75 所示，在该窗口中可以为账户创建密码（如果该账户还未设置密码）、更改密码（如果已设密码）、更改账户图片、更改账户名称、更改账户类型、更改用户账户控制设置等。如果该系统已添加了多个账户，而要修改其他账户，执行“管理其他账户”命令进行其他账户的修改。

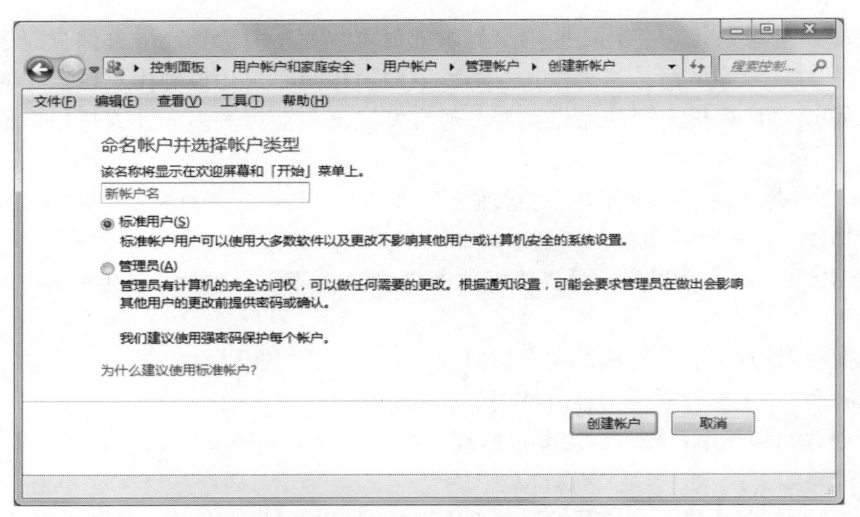

图 2-74 “控制面板”的“创建新账户”窗口

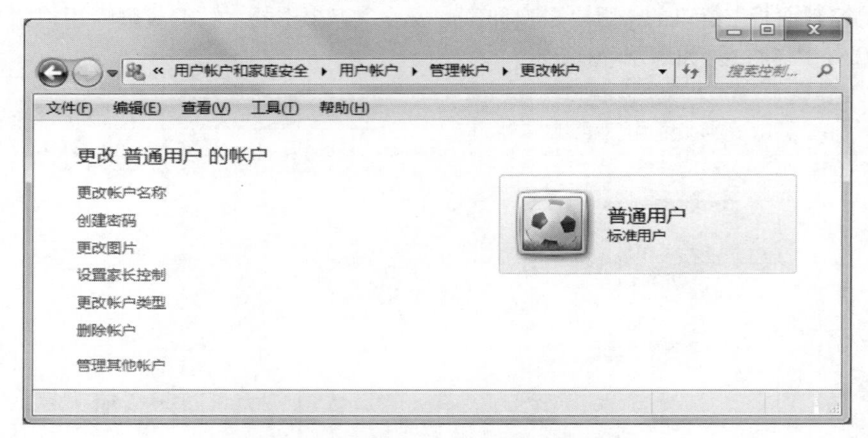

图 2-75 “控制面板”的“更改账户”窗口

2.6.3 外观和个性化设置

在 Windows 7 系统中，其外观和个性化主要包括了对桌面、任务栏、窗口、文件夹、字体等设置，通过这些设置可以使用户的操作界面更加美观、更符合个人的审美要求。

1. 个性化

在“控制面板”窗口，选择“外观和个性化”选项，打开“外观和个性化”窗口，即可进行外观和个性化设置，如图 2-76 所示。

在该窗口中可实现六类外观和个性化设置，即“个性化”“显示”“桌面小工具”“任务栏和开始菜单”“轻松访问中心”“文件夹选项”和“字体”。下面主要介绍“更改桌面背景”“自定义桌面图标”“更改屏幕保护程序”“调整屏幕分辨率”和“桌面小工具”的设置方法。

（1）更改主题

桌面主题包括了桌面背景、窗口颜色、声音以及屏幕保护的设置集合，具体有桌面背景、操作窗口、系统按钮、活动窗口和自定义颜色、字体等相关设置。桌面主题可以是系统自带的，也可以通过第三方软件来设置，如果采用第三方主题，需要下载并安装对应主题软件。

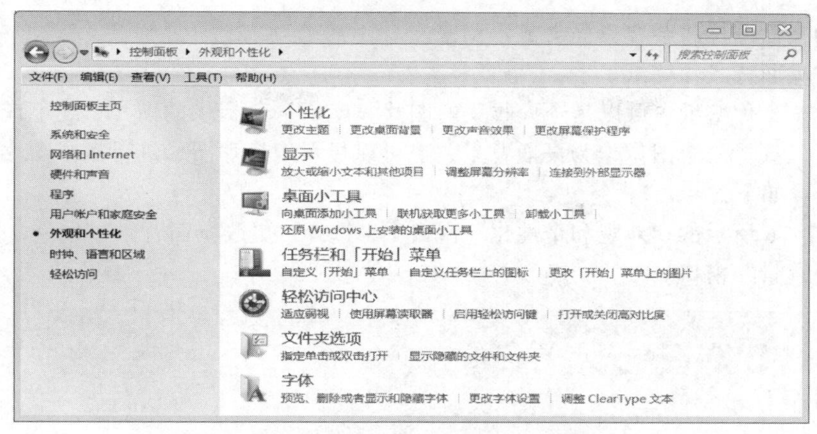

图 2-76 “控制面板”的“外观和个性化”窗口

在“个性化”窗口中（见图 2-77），Windows 7 提供一些系统主题，比如“Aero 主题”中有 7 个主题：Windows7、建筑、任务、风景等。单击某个主题图标，系统即可将该主题对应的桌面背景、窗口颜色、声音、活动窗口、自定义颜色、字体等设置到当前环境中。用户也可以单击下面的“桌面背景”“窗口颜色”等进行个性化设置。

图 2-77 “控制面板”的“个性化”窗口

（2）自定义桌面图标

初次安装好 Windows 7 后，在桌面上只显示“回收站”图标，如果要显示其他的常见图标，如“计算机”“网络”等，可以通过自定义桌面图标来实现。

☞操作方法是：

在图 2-76 所示的“外观和个性化”窗口中执行“个性化”命令，然后在打开的窗口左侧选择“更改桌面图标”命令后，会弹出“桌面图标设置”对话框，如图 2-78 所示。根据需要选择桌面要显示的图标，包括“计算机”“回收站”“用户的文件”“控制面板”和“网络”，选择完成后，单击“确定”

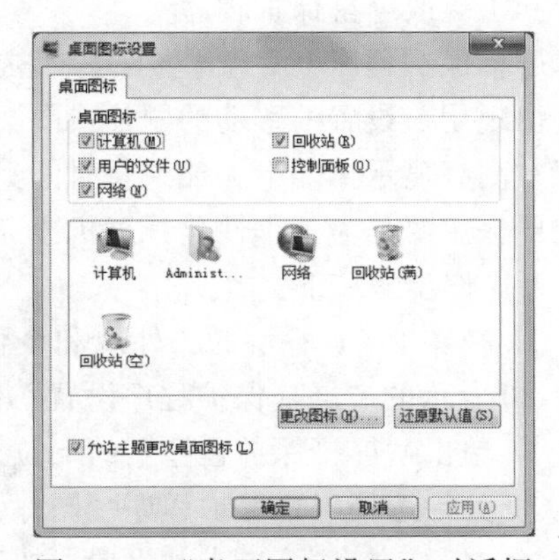

图 2-78 “桌面图标设置”对话框

按钮，选中的桌面图标将会在桌面上显示出来。

（3）更改桌面背景（壁纸）

桌面背景（又称壁纸）可以是个人收集的图片、Windows 提供的图片、纯色或带有颜色框架的图片。可以选择一个图像作为桌面背景，也可以显示幻灯片图片进行多张图片的切换。

☞操作步骤如下：

① 在图 2-76 所示的“外观和个性化”窗口中，选择“更改桌面背景”命令，打开图 2-79 所示的“桌面背景”窗口。

图 2-79 “更改桌面背景”窗口

② 在该窗口中，从“图片位置（L）”的下拉列表中选择一种图片类别，即可在下面的图片预览窗口看到该类别中包含的图片，从中选择一张或多张图片作为桌面背景。用户也可通过单击“浏览”按钮，选择个人的图片作为背景。

③ 在“图片位置（P）”中选择图片在屏幕上的显示效果，包括“填充”“适应”“拉伸”“平铺”和“居中”，根据图片的大小选择合适的显示效果，以适合屏幕大小。

④ 如果在图片预览窗口选择了多张图片，则“更改图片时间间隔（N）”选项被激活，从中可以设置“更改图片时间间隔”、是否要求无序播放等。

（4）更改屏幕保护程序

屏幕保护程序（简称“屏保”）是指在指定的一段时间内没有使用鼠标或键盘时，在屏幕上就会出现用户设置的移动的图片或图案。屏幕保护程序最初是被用来保护显示器的，以前的显示器在高亮显示情况下，如果长时间只显示一种静止的画面，有可能会对荧光屏造成伤害，但现在屏保主要是为了个性化计算机或通过提供密码保护来增强计算机安全性的一种方式。

☞操作步骤如下：

① 在图 2-76 所示的“外观和个性化”窗口中执行“更改屏幕保护程序”命令，弹出如图 2-80 所示的“屏幕保护程序设置”窗口。

② 单击“屏幕保护程序”的下拉按钮，从列表中选择一种屏幕保护程序。

③ 如果选择屏幕保护程序“图片”，单击“设置”按钮，用户即可选择自定义的图片；如果选择“三维文字”，单击“设置”按钮，用户即可将自定义的文字内容作为屏幕保护。

④ 设置完成后可以通过单击“预览”按钮来预览屏保效果。在预览状态下，移动鼠标或按键盘上的【Esc】键均可退出屏保预览状态。

⑤ 在“等待”选项中可设置屏幕保护间隔时间。通过单击数字框中的上下箭头设置屏幕保护时间间隔，也可以在数字框中手动输入间隔时间。

⑥ 若为当前用户帐户设置了密码，选择“在恢复时显示登录屏幕”复选框，则在退出屏幕保护程序进入用户登录界面时，需要键入密码才可以登录计算机。

⑦ 完成以上设置以后，单击“确定”按钮，即可完成屏幕保护程序设置。

图2-80 “屏幕保护程序设置”窗口

2. 显示

在控制面板中可以进行调整分辨率、调整亮度、更改显示器设置等操作。屏幕分辨率指屏幕上显示的像素个数，是显示器的一项重要指标，比如，分辨率1024×768的意思是水平像素数为1024个，垂直像素数为768个。常见的分辨率包括800×600像素、1024×768像素、1280×720像素、1280×768像素、1360×768像素、1366×768像素等。显示器可用的分辨率范围取决于计算机的显示硬件分辨率。屏幕分辨率越高，所包含的像素数越多，感应到的图像越精密，因此，在屏幕尺寸一样的情况下，分辨率越高，显示效果就越精细和清晰。但要根据实际需要进行合理分辨率的选择。

☞操作步骤如下：

① 在如图2-76所示的“外观和个性化”窗口中，从“显示”组中选择“调整屏幕分辨率”选项，打开“屏幕分辨率”窗口，如图2-81所示。

② 在该窗口中单击“分辨率（R）”右侧的下拉箭头，会出现设置分辨率的调节按钮。选择适合的分辨率后单击“确定”按钮。

③ 在单击“确定”按钮后，会弹出是否保存设置的提示框，单击“保留更改”按钮，即可完成屏幕分辨率的设置。

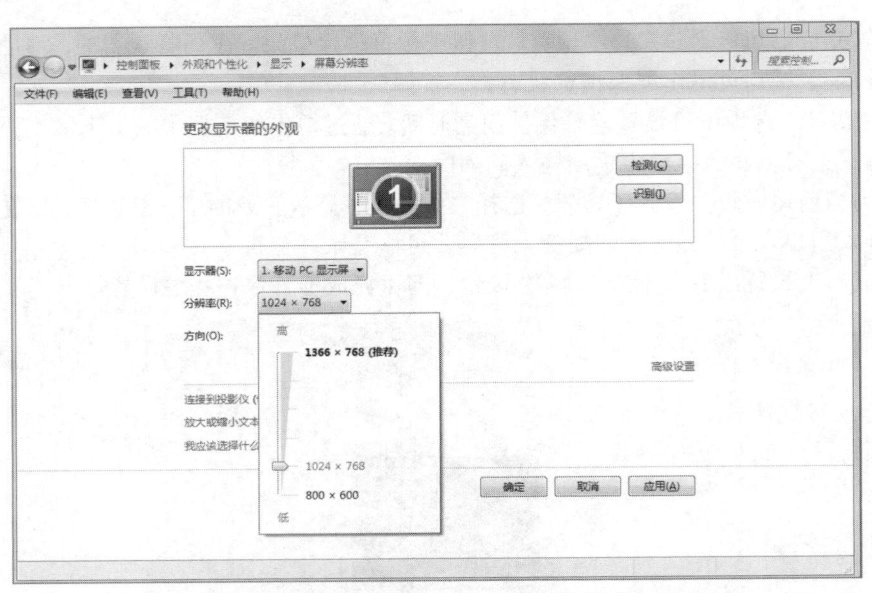

图 2-81 “外观和个性化”的“屏幕分辨率”窗口

3. 桌面小工具

在 Windows 7 中，包含很多实用的“小工具”，这些小程序可以提供即时信息以及实现一些实用的程序功能。Windows7 附带的小工具主要包括：CPU 仪表盘、Windows Media Center、幻灯片放映、日历、时钟、天气、图片拼图板和源标题等。用户可以根据自己的实际需要向桌面添加某个小工具。

☞操作步骤如下：

① 在如图 2-76 所示的“外观和个性化”窗口中，在“桌面小工具”选项组中选择“向桌面添加小工具”选项，即可打开“小工具”窗口，如图 2-82 所示。

图 2-82 桌面小工具

② 选中某个小工具后，单击左下角的“显示详细信息”命令，即可查看该工具的相关信息，包括它的用途、版本、版权等。

③ 用户可以将其中任意一个小工具放置到桌面上，最简便的方法是直接用鼠标将小工具拖动到桌面上即可；或者也可以右击某个小工具图标，在弹出的快捷菜单中选择“添加”命令，即可在桌面上显示所选择的小工具。这些小工具都是浮动显示的，用户可以将其拖放到桌面的任何位置。

除了这些小工具外，如果计算机处于联网状态，用户也可以单击右下角的“联机获取更多小工具”单选项，在线下载更多小工具。

4. 字体

在 Windows7 系统安装完成以后，系统默认安装了很多字体，比如“宋体”“仿宋”“黑体”和“幼圆”等，这些字体文件都存放在“C: \windows\Fonts”文件夹中。如果用户已经下载了字体文件，将下载的字体文件粘贴到该文件夹中，即可将字体安装到本系统中。此外，用户可以根据需要在该文件夹中进行字体文件的移动、复制或删除操作。

在控制面板中，可以实现的字体操作是：

① 在“外观和个性化”窗口中单击“字体”选项，打开“字体”窗口，在该窗口中显示系统中已经安装的所有字体文件。选中某一字体，单击工具栏中的“预览”按钮，即可在字体查看器中预览该字体的效果。

② 选中某一字体，单击“删除”按钮，就可以删除该字体文件。

2.6.4 电源管理

在控制面板中，可以通过“电源管理”为计算机配置节能方案。此设置对笔记本计算机尤其重要，通过设置最佳节能模式，可以实现电量消耗最小，提升笔记本计算机的续航能力。

☞操作步骤如下：

① 在“控制面板”窗口中，选择“硬件和声音”选项，打开“硬件和声音”窗口。

② 在该窗口中选择“电源选项”命令，打开“电源选项”窗口可以更改系统电源设置，如图 2-83 所示。最常用的设置是左侧列表中的“选择关闭显示器的时间”和“更改计算机睡眠时间”选项。

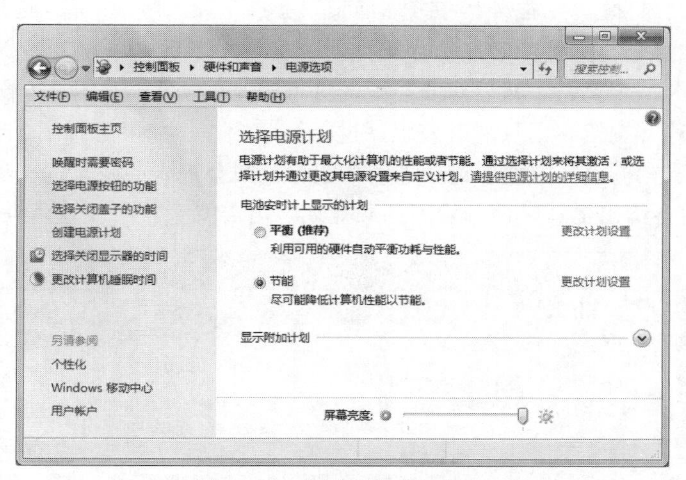

图 2-83 “电源选项”窗口

③ 选择“选择关闭显示器的时间”或“更改计算机睡眠时间”命令，都可打开“编辑计划设置”窗口，如图 2-84 所示。在该窗口中，可分别在“用电池”（笔记本式计算机）和“接通电源”两类情况下设置降低显示亮度、关闭显示器、使计算机进入睡眠状态的时间，以及通过移动“调整计划亮度”滑块调整显示亮度。

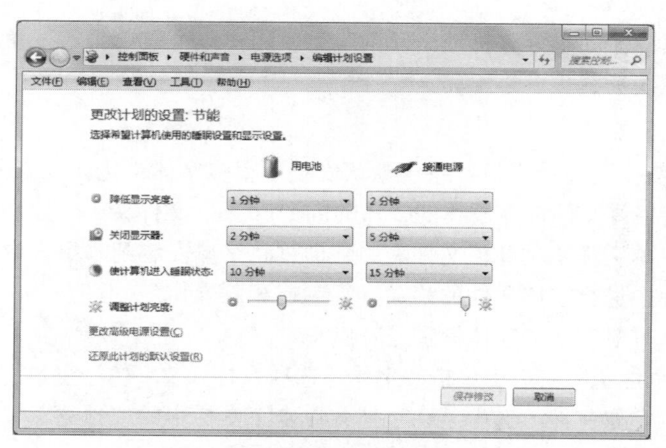

图 2-84 “编辑计划设置”窗口

④ 设置完成后单击“保存修改”按钮即可。

2.6.5 卸载程序

在计算机中，如果有些程序不再需要，可以将其从计算机上移除，释放硬盘空间。由于程序在安装过程中会涉及文件复制、注册信息等内容，所以不能通过简单的删除应用程序文件来将其移除。除了使用专用软件进行程序的卸载以外，在控制面板中，通过“卸载程序”命令就可以实现程序的卸载。

☞操作步骤如下：

① 在控制面板中，选择“程序”选项，打开“程序”窗口，如图 2-85 所示，从中选择“卸载程序”命令，打开“程序和功能”窗口，如图 2-86 所示。该窗口显示了计算机已安装的程序列表，包括程序“名称”“发布者”“安装时间”“大小”和“版本”信息。

② 在列表中选择需要卸载的程序，如果此时工具栏中出现“卸载/更改”按钮，可以利用“更改”按钮重新启动安装程序，然后对安装配置进行修改；也可以利用“卸载”按钮卸载程序。若此时只显示“卸载”按钮，则只能对该程序进行卸载操作。如果选择了“卸载”按钮，会弹出程序卸载提示框。在提示框中如果选择了确认删除，则会进入卸载过程，出现卸载进度。

③ 卸载完成后会给出提示，部分程序卸载完成之后需要重新启动计算机。

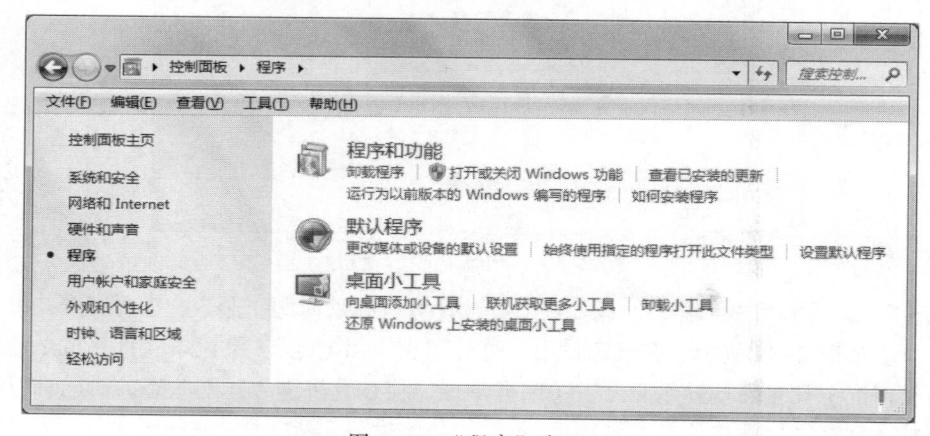

图 2-85 “程序”窗口

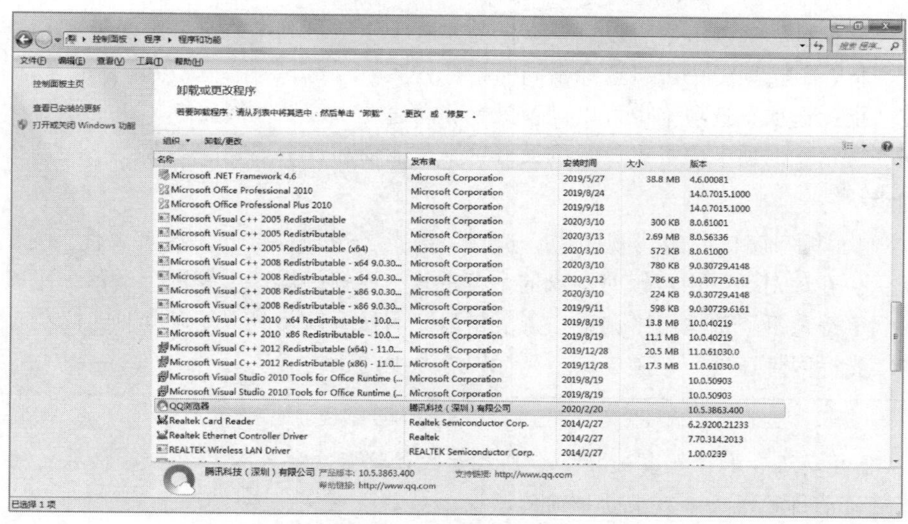

图 2-86 “程序和功能”窗口

2.6.6 硬件和声音设置

在“控制面板”窗口中，选择“硬件和声音”选项，打开“硬件和声音”窗口，如图 2-87 所示。在此窗口中，可对设备和打印机、自动播放、声音、电源选项、显示、Windows 移动中心和生物特征设备等进行操作。

图 2-87 “硬件和声音”窗口

1. 鼠标

在“硬件和声音”窗口中选择“鼠标”选项，打开“鼠标属性”对话框，如图 2-88 所示。在该对话框中包含了五个标签，可以对鼠标键配置、双击速度、鼠标指针、滑轮等进行设置。主要包括以下内容：

① 在“鼠标键”选项卡中可以设置鼠标的左右手使用、鼠标的双击速度等。

② 在“指针”选项卡中可以选择不同的指针方案。

③ 在“指针选项”选项卡中可以设置鼠标移动速度、可见性等。

④ 在“滑轮”选项卡中可以设置鼠标滑轮垂直滚动和水平滚动的参量。

2. 键盘

在“控制面板”窗口的经典视图中，选择“键盘”选项，打开“键盘属性”对话框，如图 2-89 所示。在该对话框中可以对键盘的字符重复、光标闪烁速度等进行设置，比如：

① 在“字符重复”选项组中调整“重复延迟”的长短以及“重复速度”的快慢。

② 在“光标闪烁速度”选项中调整光标闪烁速度的快慢。

提示

（1）“重复延迟”和“重复速度”分别表示按住键盘上的某键后，计算机第一次重复这个按键之前的等待时间及之后重复该键的速度。

（2）“光标闪烁速度”表示文本窗口中出现的光标的闪烁速度。

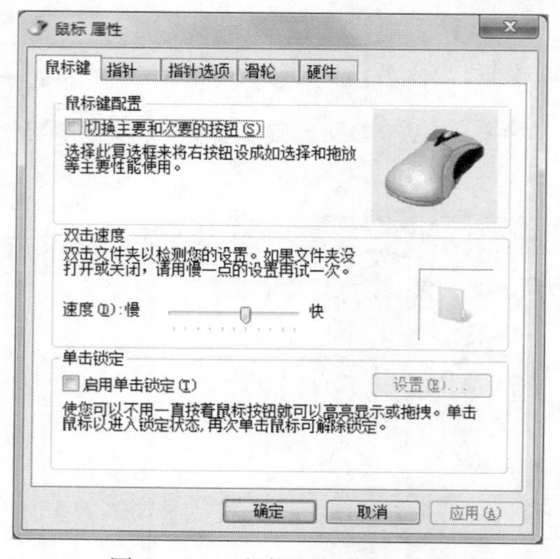

图 2-88 “鼠标属性”对话框

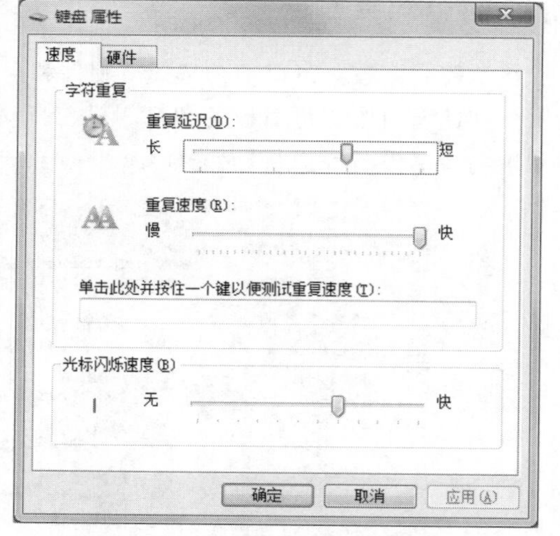

图 2-89 “键盘属性”对话框

3. 打印机

如果用户需要将打印机连接到计算机上，可以在控制面板中，通过“添加打印机”向导快速、轻松地安装上新的打印机。在安装打印机之前有几项工作必须完成：要保证打印机和计算机正确连接；了解打印机的生产厂商和型号；如果要通过网络、无线或蓝牙使用共享打印机，还要确保计算机已联网及无线或蓝牙打印已启用。

☞操作步骤如下：

① 在“硬件和声音”窗口中选择“添加打印机”选项，进入“添加打印机”向导窗口，如图 2-90 所示。

② 从该窗口中选择“添加本地打印机”或“添加网络、无线或 Bluetooth 打印机”。

③ 如果选择了“添加本地打印机”，即可进入添加打印机向导，如图 2-91 所示，然后根据系统提示一步步操作，最后单击“完成”按钮即可添加完成。

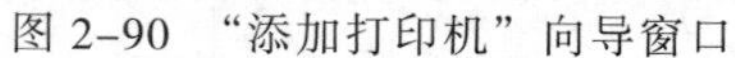
图 2-90 “添加打印机”向导窗口

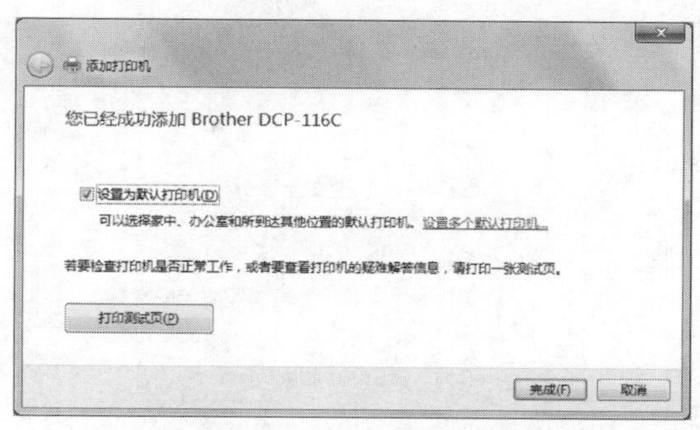

图 2-91 “添加本地打印机”向导

2.6.7 时钟、语言和区域设置

在“控制面板”窗口中，选择“时钟、语言和区域”选项，打开“时钟、语言和区域”窗口，如图 2-92 所示。在该窗口中，可以设置计算机的日期和时间、设置时区、向桌面添加时钟小工具，更改日期格式，还可以安装或卸载显示语言、更改显示语言以及更改键盘或其他输入法等。

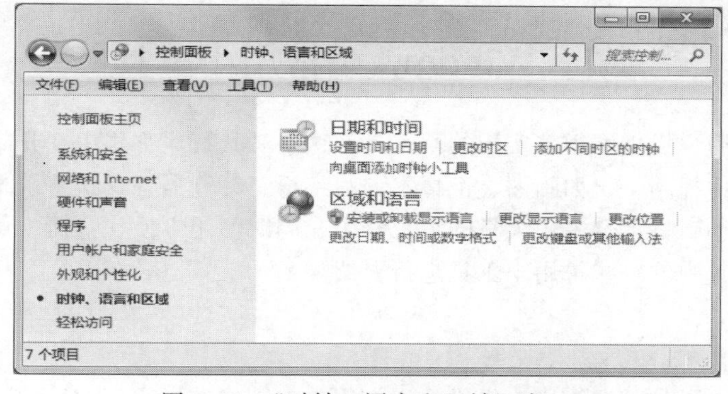

图 2-92 “时钟、语言和区域”窗口

1. 日期和时间

在“时钟、语言和区域”窗口中，选择“日期和时间”选项，打开“日期和时间”对话框，如图 2-93 所示。在该对话框中可以完成以下设置：

① 在“日期和时间”选项卡中可以更改日期和时间，也可以更改时区。

② 在“附加时钟”选项卡中可以设置显示其他时区的时钟。

③ 在“Internet 时间”选项卡中可以设置使计算机与 Internet 时间服务器同步。

2. 区域和语言

在“时钟、语言和区域”窗口中，选择“区域和语言”选项，打开“区域和语言”对话框，如图 2-94 所示。在该对话框中可以完成以下设置：

① 在“格式”选项卡中可以设置日期和时间格式，也可以单击“其他设计”按钮，在打开的自定义格式对话框中进行数字格式、货币格式、排序等设置。

② 在“位置”选项卡中可以设置当前位置。

③ 在“键盘和语言”选项卡中可以设置输入法以及安装/卸载语言。

④ 在“管理”选项卡中可以进行复制设置和更改系统区域设置。

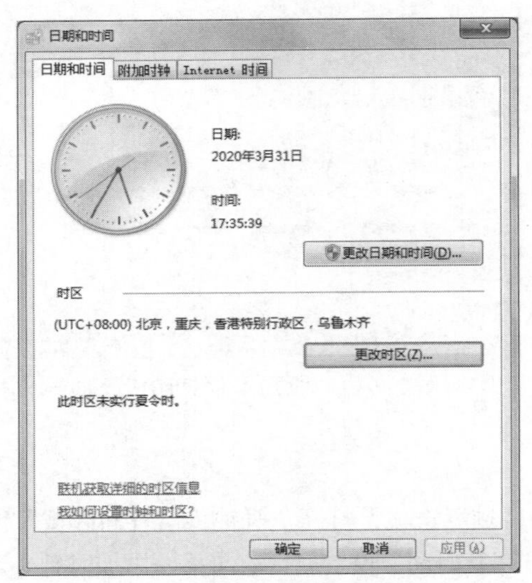

图 2-93 “日期和时间”对话框

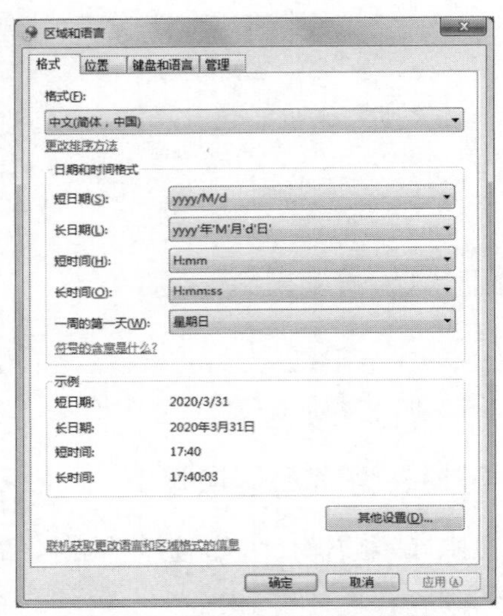

图 2-94 “区域和语言”对话框

2.7 Windows 7 常用小工具

Windows 7 为用户提供了很多实用的小工具，这些工具程序都集中在开始菜单的“附件”中，通常被称为附件程序，比如画图、记事本、写字板、计算器等。这些系统自带的工具不但功能简单，且体积小巧，不会占用大量的系统资源，同时使用方便、快捷，可以有效地提高工作效率。本节选取其中的一些常用小工具进行介绍。

2.7.1 画图

画图是 Windows 操作系统为用户提供的一个简单的图像绘画程序，是系统的预装软件之一。画图程序是一个位图编辑器，用户可以自己绘制图画、添加文字、形状等，也可以对各种位图格式的图画进行编辑，还可以对扫描的图片进行编辑修改，编辑完成的图片可以以 BMP、JPG、GIF 等多种格式进行存档。

1. 打开画图

Windows 7 内置的画图程序使用了全新的界面风格，这与 Office 2007、Office 2010 系列风格一致，显得整洁并且美观。通过以下方法可以启动画图程序。

☞操作方法是：

方法一：依次执行“开始”→“所有程序”→“附件”→“画图”命令，打开“画图”窗口，如图 2-95 所示。

方法二：在“开始”菜单的搜索框中输入“mspaint”，按【Enter】即可打开“画图”窗口。

2. 画图界面

画图窗口功能区包含“画图”按钮及“主页”、“查看”两个选项卡。每个选项卡又包括了多个功能区，是画图工具的主体。

① 选择“画图”按钮，利用出现的菜单命令可以进行文件的新建保存、打开、打印等操作。

② 在“主页”选项卡中包括剪贴板、图像、工具、形状、粗细及颜色功能组，提供给用户对图片进行编辑和绘制的功能。

③ 在“查看”选项卡中有缩放、显示或隐藏及显示 3 个功能组，用户可以根据绘图要求，选择合适的视图效果，对图像进行精确的绘制。

④ 窗口正中最大的区域是绘图区，这里是用户绘制图形或编辑图片的主要区域。

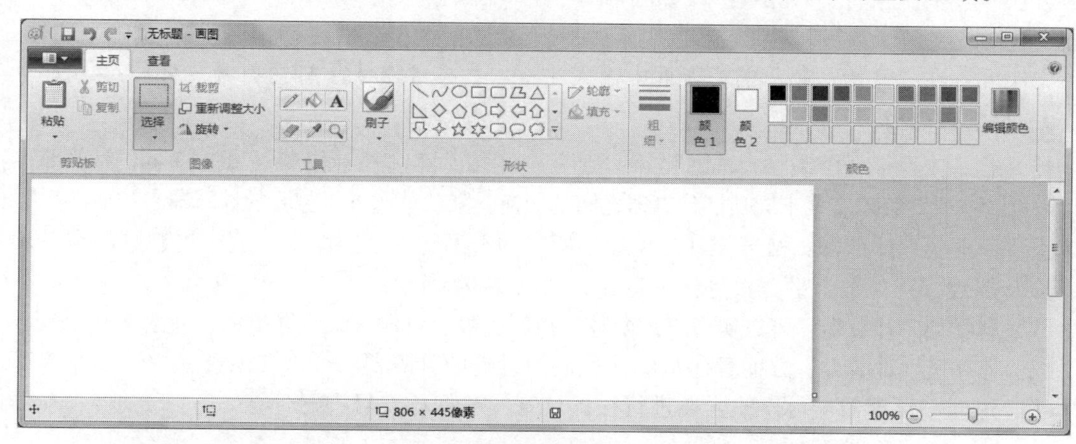

图 2-95　“画图”窗口

3. 存储格式

在存储图片时，画图支持 BMP、JPEG、JPG、PNG、GIF 等多种主流图片格式的保存和转换。比如，打开一个 BMP 格式图片，可将其另存为 PNG 格式，从而实现图片的格式转换，如图 2-96 所示。

图 2-96　“画图”程序的“另存为”对话框

2.7.2　计算器

计算器是 Windows 内置的一款应用程序，它既可以进行简单的加、减、乘、除运算，还提供了编程计算器、科学型计算器和统计信息计算器的高级功能，还能进行各种专业换算、日期计算、工作表计算等工作，是一款非常有用的小程序。

1. 打开计算器

☞操作方法是：

方法一：依次执行“开始”→“所有程序”→“附件”→“计算器”命令，即可打开“计算器”窗口。

方法二：在“开始”菜单的搜索框中输入“calc”，按【Enter】即可打开“计算器”窗口。

2. 计算器界面

计算器提供了多种类型：“标准型”“科学型”“程序员”和“统计信息”。根据不同的计算要求，可以通过“查看”菜单实现不同功能计算器之间的切换。默认情况下，打开的计算器是“标准型”。

①“标准型”计算器：相当于日常生活中所用的普通计算器，能够完成十进制数的加、减、乘、除及倒数、百分数、平方根等基本运算，如图 2-97 所示。

②“科学型”计算器：可以实现三角函数、指数函数、对数、阶数等计算，如图 2-98 所示。

③“程序员”计算器：方便程序员编写代码而设计的计算器，可以实现进制的转换等计算。

④“统计”计算器：可以输入要进行统计计算的数据，然后进行计算。

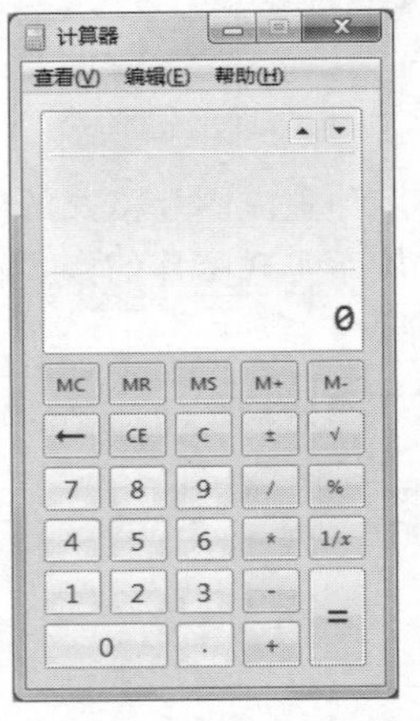

图 2-97 “标准型”计算器

图 2-98 “科学型”计算器

3. 特殊功能

在“查看”菜单中，还包括了以下特殊功能：

① 单位换算，实现角度、功率、面积、能量、时间等的常用单位换算。

② 日期计算，计算两个日期之间的月数、天数及一个日期加减某个天数后得到的另一个日期。

③ 工作表，可以计算抵押、汽车租赁、油耗等。

2.7.3 记事本

记事本是 Windows 7 自带的一款文本编辑程序，主要用于创建并编辑纯文本文档，其扩展名为.txt。记事本可以自动过滤掉分行符号、段落标记、图片等非文本信息，只保留纯文本，并且记事本占用内存很小，使用起来方便、快捷，可以被很多程序调用。因此，记事本在实际中应用也是比较多的，比如一些程序的 ReadMe 文件通常是以记事本的形式提供的。

1. 打开记事本

☞操作方法是：

方法一：依次执行“开始”→“所有程序”→“附件”→“记事本”命令，即可打开“记事本”窗口，如图 2-99 所示。

方法二：在“开始”菜单的搜索框中输入“notepad”，按【Enter】即可打开“记事本”窗口。

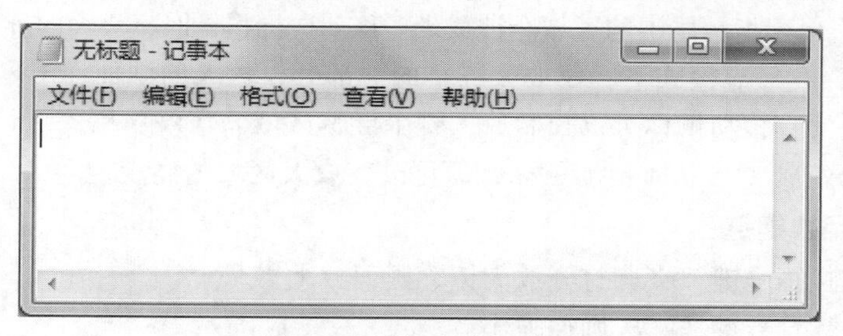

图 2-99　“记事本”窗口

2. 记事本的基本操作

（1）设置字体

在记事本中，依次执行“格式”→“字体”命令，在打开的“字体”对话框中可以设置记事本中所有文字的字体、字形和字号。

（2）设置阅读顺序

为了适应不同用户的阅读习惯，在记事本中可以改变文字的阅读顺序。右击工作区域，在弹出的快捷菜单中选择“从右到左的阅读顺序”命令，此时所有的内容都会移到工作区的右侧。

（3）自动显示日期

由于工作需要，可能需要在每次编辑文本内容时都记录时间。

☞操作方法是：

在文档的第一行最左侧输入“.LOG”，然后再录入或编辑其他文本，编辑完成后保存文档。再次打开该文档时，在文档内容的最后会自动显示当前的日期时间，如图 2-100 所示。

2.7.4 放大镜

Windows7 自带了一款放大镜软件，可以将屏幕上显示的区域按照一定的比例进行放大，并且跟随鼠标移动而移动，对于经常进行文字和数字处理的用户尤其是老年人来说是一款非常实用的工具。下面来学习一下 Windows 7 的放大镜的使用方法。

图 2-100　“记事本”中自动显示编辑时间

1. 打开和退出放大镜

同时按下键盘上的 Windows 徽标键和加号键“+”，即可打开放大镜程序，如图 2-101 所示。按下 Windows 徽标键+【Esc】可以退出放大镜。在该窗口中单击“-”可以使视图缩小，单击“+”可以使视图放大，旁边数字显示了视图比例。

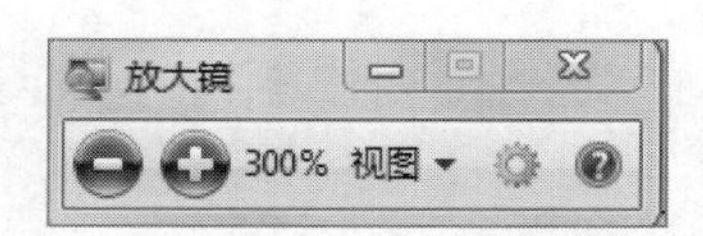

图 2-101　“放大镜”窗口

2. 视图模式

单击放大镜窗口中的“视图”下拉箭头，可选择三种视图模式：“全屏”“镜头”和“停靠”。这三种视图模式的特点如下：

① 全屏模式：整个屏幕会被放大，可能无法同时看到屏幕的所有部分，具体取决于屏幕大小和所选的缩放级别，要看到当前屏幕显示以外的画面需移动鼠标。

② 镜头模式：鼠标指针周围的区域会被放大。移动鼠标指针时，放大的屏幕区域随之移动。

③ 停靠模式：在停靠模式下，仅放大屏幕的一部分，放大的画面在屏幕顶端显示，桌面的其余部分保持不变。移动鼠标可以控制放大哪个屏幕区域。在停靠模式下，可将鼠标移到放大区域下缘，鼠标变成✥形状时拖动鼠标，即可改变放大区域的高度。

3. 放大镜常用快捷键：

① Windows 键+符号键“+”：打开放大镜、画面放大。

② Windows 健+符号键“-”：画面缩小。

③ Windows 键+【Esc】：退出放大镜。

④ 【Ctrl+Alt+F】：切换到全屏模式。

⑤ 【Ctrl+Alt+L】：切换到镜头模式。

⑥ 【Ctrl+Alt+D】：切换到停靠模式。

⑦ 【Ctrl+Alt+R】：调节镜头大小。

⑧ 【Ctrl+Alt+箭头键】：按照箭头键方向平移。

2.7.5 便签

人们在日常的学习、工作和生活中，经常需要将一些重要的信息记录下来，比如开会时间、联系电话、备忘信息等，此时就可以使用便签工具。便签使用起来非常简单、方便，并且可以将它放在桌面，使用户能够随时注意到。

☞操作方法是：

选择“开始”→“所有程序”→“附件”→“便签”命令，即可将便签添加到桌面上，如图 2-102 所示。

便签可以进行如下操作：

① 单击便签，就可以添加文字信息，也可以对文字进行编辑。

② 单击便签左上角的“+”按钮，可以在桌面上添加一个新的便签。

③ 单击右上角的“×”按钮，可以删除当前的便签。

④ 右击便签，在弹出快捷菜单中可以选择剪切、复制、粘贴等操作，也可以更改便签的颜色。

图 2-102　便签窗口

⑤ 拖动便签的标题栏，可以移动便签的位置。

⑥ 拖动便签的边框，可以改变便签的大小。

第3章 Word 2010 文字处理软件

Microsoft Office 是 Microsoft 公司推出的办公套件，自问世以来，便得到广泛使用。它包括了文档处理、表格处理、幻灯片制作、数据库及网页制作等实用的办公工具软件。Microsoft Office 2010 的工作界面更加美观、实用，其兼容性、稳定性和智能性较之前的版本取得了明显的进步，并添加了许多的新功能。

文字处理软件 Word 是 Microsoft Office 办公套件中的主要软件之一，是目前应用比较广泛的一类软件，主要用于文档、表格、数据、传真等编辑和制作，同时还提供了许多应用模板，如各种公文模板、书稿模板、档案模板等，使工作变得更加便利。

本章主要介绍文字处理软件 Word 2010 的相关知识点和操作方法，帮助读者进行文档的编辑和处理。

学习目标

- 熟练掌握 Word 2010 新建、保存等基本操作。
- 能够在 Word 2010 中熟练完成文本、表格编辑。
- 能够在 Word 2010 中熟练进行图文混合排版。
- 能够在 Word 2010 中熟练完成公式或函数的录入。
- 能够在 Word 2010 中熟练应用文档样式，进行格式操作。

3.1 Word 2010 的基本知识

3.1.1 Word 2010 概述

1. 文字处理软件的发展过程

自 1989 年发布 Microsoft Word 1.0 以来，Microsoft Word 历经 20 多年的发展，先后推出了多个版本，包括 1992 年推出的 Word 2.0 版、1994 年推出的 Word 6.0 版、1995 年推出的 Word 95 版，还有 Word 97 版、Word 2000 版、Word 2003 版、Word 2007 版，以及 2010 年推出的 Word 2010 版等。

Microsoft Word 作为微软公司推出的 Microsoft Office 中的套件之一，是一款集文字编辑、表格制作、图片处理、图形绘制、格式排版与打印功能于一体的文字处理软件。它不仅界面友好，使用方便直观，还具有“所见即所得”的特征，是一款广受欢迎的文字处理软件。

2. Word 2010 的新功能

Word 2010 是 Word 2007 的升级版本，是 Microsoft Office 2010 的主要软件之一。其相比于旧版添加了很多新的功能，比如全新的导航搜索、丰富的样式效果、公式输入模块的添加、专业的图片处理功能等，其界面更加美观、实用，在兼容性、稳定性和智能性方面都有了很大的进步，使用户的文档处理更加快捷和方便。

（1）导航窗格

Word 2010 的文档导航功能更加完善，用户应用文档导航窗格，可以在长文档中快速查找到想要的内容。此外，利用增量搜索功能在文档中查找内容时，并不需要确切地了解你想搜索的内容。

（2）屏幕截图

以往需要在 Word 中插入屏幕截图时，都需要安装专门的截图软件，或者使用键盘上的【Print Screen】键来实现，安装了 Word 2010 以后就不用再这么麻烦了。Word 2010 内置了屏幕截图功能，并可将截图即时插入文档中。

（3）背景移除

在 Word 中加入图片以后，用户还可以进行简单的抠图操作，而无须再启动其他的图片处理软件。对于插入的图片，只需单击图片工具栏中“删除背景”图标按钮即可轻松去除背景。

（4）屏幕取词

在 Word 2010 中，除了以往的文档翻译、选词翻译和英语助手之外，还加入了一个“翻译屏幕提示”的功能，可以像电子词典一样进行屏幕取词翻译。用户只需要在“审阅”选项卡下，单击“翻译”按钮，从弹出的下拉列表中选择“翻译屏幕提示[英语助手：简体中文]”选项即可。

（5）文字视觉效果

在 Word 2010 中，用户可以为文字添加各种图片特效，包括：阴影、凹凸、发光以及反射等。同时，还可以非常轻松地应对文字应用格式，从而让文字完全融入图片中。

（6）图片艺术效果

Word 2010 还为用户新增了图片编辑工具，无须其他的照片编辑软件，即可实现插入、剪裁和添加图片特效。此外，还可以轻松、快速地更改颜色和饱和度、色调、亮度以及对比度，将简单的文档转换为艺术作品。

（7）SmartArt 图表

SmartArt 图表是 Office 2007 引入的一个很酷的功能，可以轻松制作出精美的业务流程。Office 2010 在原来的基础之上增加了大量的新模板和新类别，提供了更加丰富多彩的图表绘制功能。此外，使用 SmartArt 中的图形功能同样也可以将普通的文本转换为引人注目的视觉图形，以便更好地展示创意。

（8）轻松写博客

使用 Word 2010 可以把 Word 文档直接发布到博客，而不需要登录博客 Web 页也可以更新博客。而且 Word 2010 有强大的图文处理功能，可以让广大博主写起博客来更加舒心惬意。首先单击 Word 2010 主窗口上方的“文件”按钮在打开的文件面板中单击“新建”按钮即可打开新建列表，在此选择“博客文章”选项，然后单击右下角的“创建”按钮即可轻松完成。

3.1.2　Word 的启动和退出

1. Word 2010 的启动

启动 Word 2010 的常用方法主要有以下几种：

方法一：双击桌面上的 Word 2010 快捷方式图标，启动 Word 程序，并且会自动创建一个名为“文档 1”的空白 Word 文档。

方法二：单击“开始”菜单，依次执行“所有程序”→“Microsoft Office”→“Microsoft Word 2010”命令，也可启动 Word 2010。

方法三：双击任意一个已存在的 Word 文档，系统将直接启动 Word 2010 程序并打开此文档。

2. Word 2010 的退出

退出 Word 2010 的常用方法主要有以下几种：

方法一：单击 Word 2010 窗口右上角的“关闭”按钮即可。

方法二：单击标题栏左上角的 Word 控制按钮，在打开的控制菜单中选择“关闭”命令，如图 3-1 所示。

方法三：在 Word 2010 窗口中单击“文件”选项卡的“退出”命令。

方法四：使用【Alt+F4】组合键。

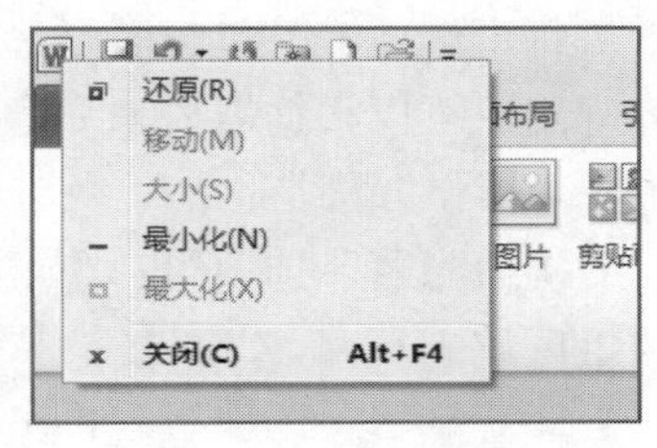

图 3-1　控制菜单

3.1.3　Word 2010 的窗口组成

Word 2010 启动后，会出现文档窗口，如图 3-2 所示。Word 2010 的窗口主要包括：标题栏、工具栏、标尺、滚动条、状态栏以及工作区等几部分。由于 Office 办公软件中窗口元素类似，掌握了 Word 窗口的构成，学习其他几个办公软件的窗口界面就轻而易举了。下面就来介绍一下 Word 2010 的窗口组成。

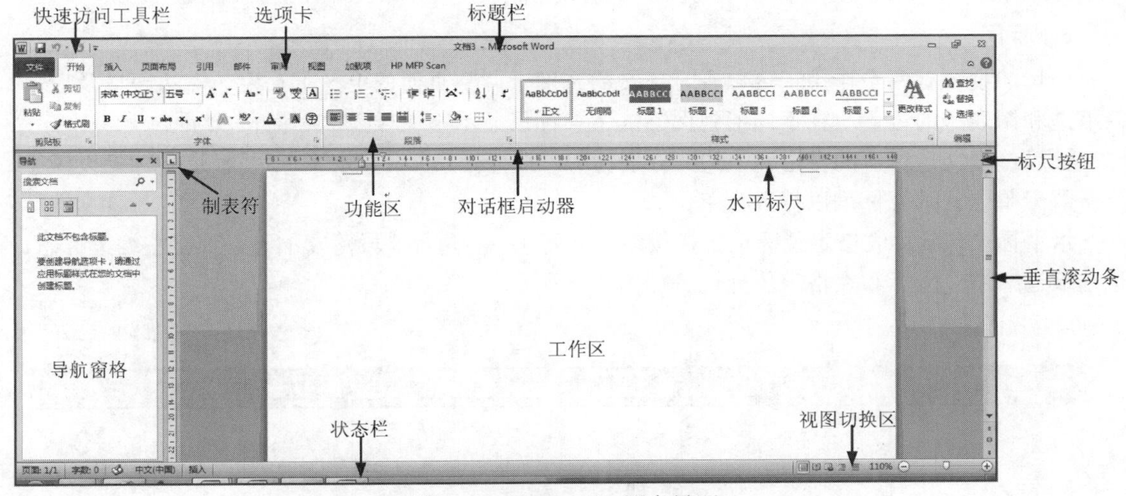

图 3-2　Word 2010 用户界面

1. 标题栏

标题栏是位于 Word 2010 窗口的最顶端的长条区域。最左侧是控制图标和快速访问工具栏，中间位置是正在编辑的文档名称和应用程序名称，最右侧是“最小化”“最大化/还原”“关闭”窗口控制按钮。

2. 快速访问工作栏

快速访问工具栏位于标题栏的最左侧，包含一些经常使用的命令按钮。默认状态下包含“保存”“撤销”“恢复”按钮。也可以通过单击按钮，在打开的下拉菜单中根据需要进行添加和更改命令。

3. 功能区

Word 2010 功能区由选项卡、选项组和命令按钮组成。默认显示的选项卡包括：文件、开始、插入、页面布局、引用、邮件、审阅、视图、加载项和 HP MFP Scan。有些选项卡是隐藏的，只有选中相应的对象才会显示出来。比如“表格工具”的“布局”选项卡只有在选中表格时才会出现。

每个选项卡又包含多个选项组，每个选项组中的命令按钮会根据窗口的大小调整显示的内容。用户可以根据需要来“隐藏”或“显示”选项组。

☞操作方法是：

①“隐藏”选项组：为了留出更多的编辑空间，双击任一选项卡就会隐藏该选项卡中的选项组区域。

②“显示”选项组：再次双击任一选项卡，相应的选项组区会再次显示。

4. 对话框启动器

对话框启动器是出现在某些选项组右下角的命令按钮，用于打开相关的对话框或任务窗格，以便于进行更多的相关设置。

5. “文件”选项卡

“文件”选项卡是一个比较特殊的选项卡，单击“文件”选项卡可以打开 Backstage 视图。在 Backstage 视图中可以执行“保存”“打开”“新建”“打印”等相关操作。

6. 标尺

标尺的设置有两个作用：可以查看正文的宽度，调整页面的上、下、左、右边距以及段落的缩进和制表符的位置。在不同的视图方式下，标尺显示不一样。

标尺位于文档窗口的左边和上边，分别称为“垂直标尺”和“水平标尺”。水平标尺以汉字字符数为单位，垂直标尺以行数为单位。

水平标尺包括：表格定位标记选择按钮，页面左、右边界，段落左缩进、首行左缩进标志，悬挂缩进标志，坐标和表格定位标记，如图 3-3 所示。

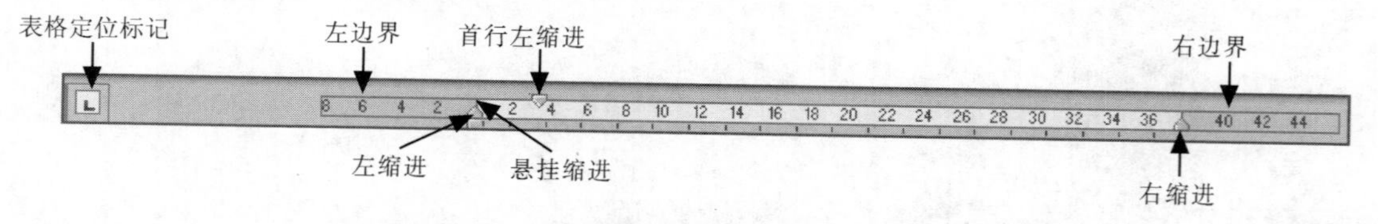

图 3-3　标尺

☞“显示”或“隐藏”标尺的常用方法主要有以下几种：

方法一：依次执行“视图”选项卡中的“标尺”命令来控制标尺的显示和隐藏。

方法二：单击水平标尺右侧的“标尺”按钮来控制标尺的显示和隐藏。

7. 工作区

工作区位于窗口的中央，占据窗口的大部分区域，是文档进行编辑和操作的主要工作区域。工作区用来显示和编辑文档中的内容，其中闪烁的“I”称为插入点，表示当前输入文字所在的位置。

8. 滚动条

滚动条位于文档窗口的右边和下边，分别为“垂直滚动条”和“水平滚动条”。使用滚动条可以滚动文档窗口中的内容，显示窗口以外的部分内容。

垂直滚动条包括：向上、向下逐行滚动按钮，前一页、下一页翻页按钮，“选择浏览对象”按钮。

水平滚动条包括：向左、向右移动按钮。

9. 状态栏

状态栏位于窗口的左下方，从左到右依次显示当前页码、总页码、文档字数、检查校对、输入法状态、插入/改写状态切换按钮。如图 3-4 所示。

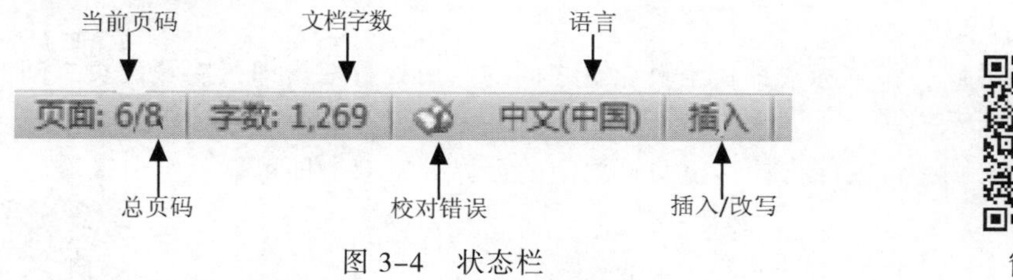

图 3-4　状态栏

窗口的组成

10. 视图切换区

所谓视图，即文档窗口的显示方式，视图切换按钮位于工作区的下方的最右侧。Word 提供了五种视图方式，包括页面视图、阅读版式视图、Web 版式视图、大纲视图和草稿。通过右边的调节显示比例控件进行显示比例的调整，如图 3-5 所示。

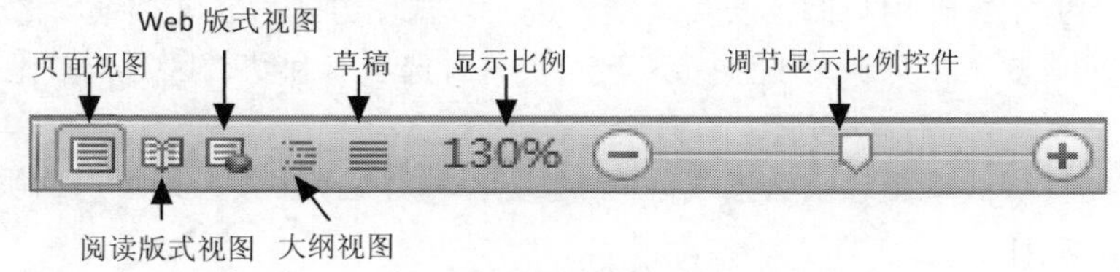

图 3-5　视图切换区

11. 导航窗格

导航窗格位于文档工作区的最左侧。其上方是搜索框，可以进行文档中字词、表格、公式和图形的查找。在下方列表中，可以通过浏览标题、页面和搜索结果。

3.1.4　Word 2010 的视图方式

在文档编辑时，为了能够更有效地进行文档的编辑，可以将文档的视图方式进行切换，以突出显示所要编辑的文档内容。Word 提供了 5 种视图方式：页面视图、阅读版式视图、Web 版式视图、大纲视图和草稿。针对不同的文档编辑需要，可切换到不同的文档视图方式。

☞操作方法是：

方法一：在状态栏右侧的视图切换区进行视图方式的切换，如图 3-5 所示。

方法二：在“视图”选项卡的“文档视图”选项组中进行视图方式的切换，如图 3-6 所示。

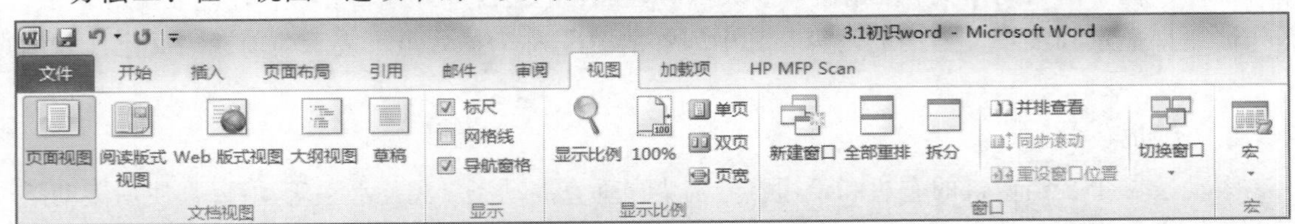

图 3-6　文档“视图”选项组

1. 页面视图

页面视图是最常用的文档视图方式，其显示效果与实际的打印效果相同，即所见即所得。采用该视图方式，除了可以进行文本、图片和表格等对象的插入和编辑外，还可以实现编辑页眉和页脚、显示页面布局和页面大小、调整页边距、处理分栏等操作，更好地显示文档排版格式的总体效果。

在页面视图方式下，页与页之间会留有很大的空白来表示分页。为了使文档编辑和阅读更加方便，可以将页与页之间的空白区域隐藏起来。

☞操作方法是：

- 隐藏空白区域，将鼠标指针移至页与页之间的空白处，双击即可隐藏两页之间的空白，如图 3-7 所示。
- 显示空白区域，将鼠标指针移至两页之间的分界处，双击即可显示空白区域。

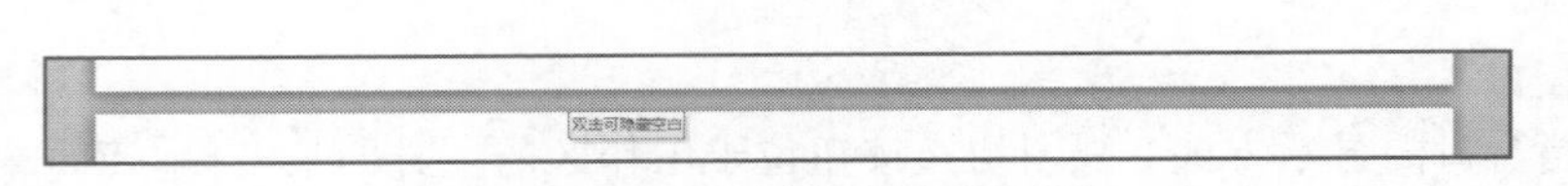

图 3-7　上下页之间的空白区域

视图方式

2. 阅读版式视图

阅读版式视图方式方便用户阅读长篇文档。进入该视图方式后，文档编辑区会根据文档内容的多少显示单页或双页，文字大小保持不变。“文件”选项卡和功能区等窗口隐藏，取而代之的是阅读版式工具栏，如图 3-8 所示。

如果要退出阅读版式视图，只需按【Esc】键或单击“关闭”按钮即可返回页面视图。

3. Web 版式视图

Web 版式视图可以使用户预览文档发布成网页以后的效果。在该版式下，编辑窗口变得更大，文本会自动换行以适应窗口，能够显示文档背景，但不再会有页面的效果。该视图比较适合编辑和发送电子邮件，以及网页制作，如图 3-9 所示。

4. 大纲视图

当录入和编辑包含大量章节的长文档时，可以先列出文档的章节框架，然后再进行内容的填充。在大纲视图中可以很好地进行文档章节标题的查看、修改或创建，突出文档提纲，使文档的结构层次分明。可以显示正文，也可以通过双击文档标题前的⊕按钮折叠或展开正文。但该视图方式不显示页边距、页眉、页脚、图片和背景等文档对象，如图 3-10 所示。

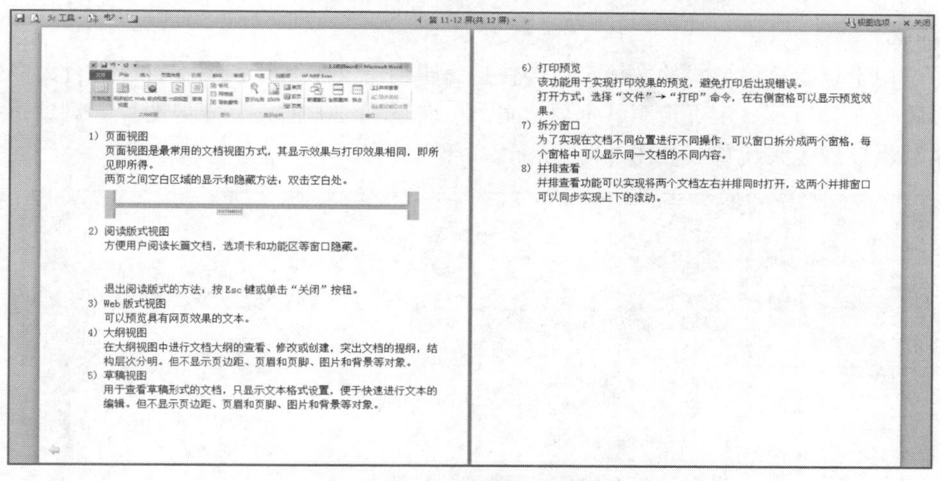

图 3-8　阅读版式视图

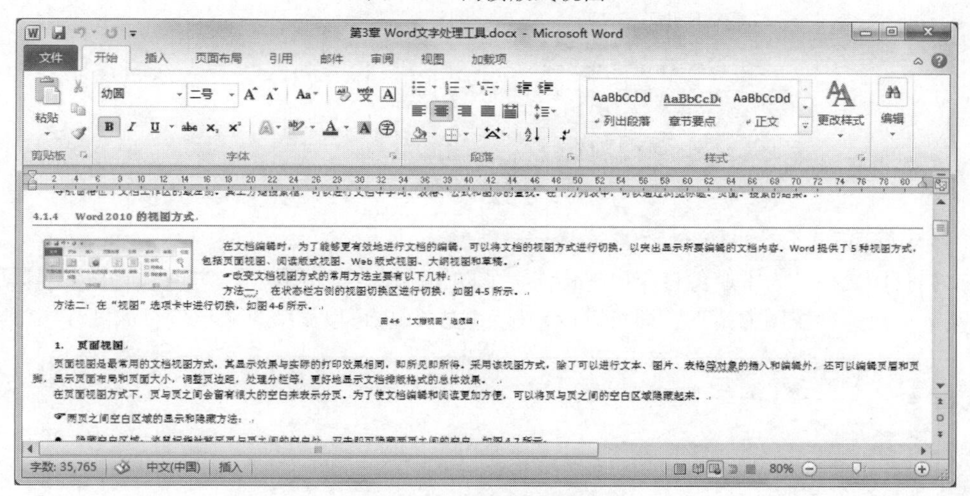

图 3-9　Web 版式视图

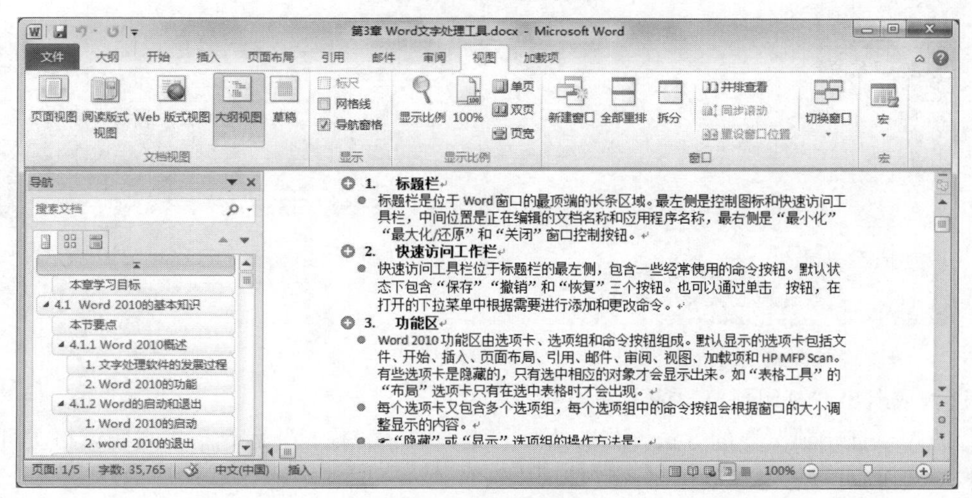

图 3-10　大纲视图

5. 草稿

草稿是用于查看草稿形式的文档，适合快速编辑简单文本。该视图下可以进行大多数的文本格式设置操作，但不显示页边距、页眉、页脚、背景和“非嵌入”式的图片等对象，上下页的空白区域也以虚线来代替，如图 3-11 所示。

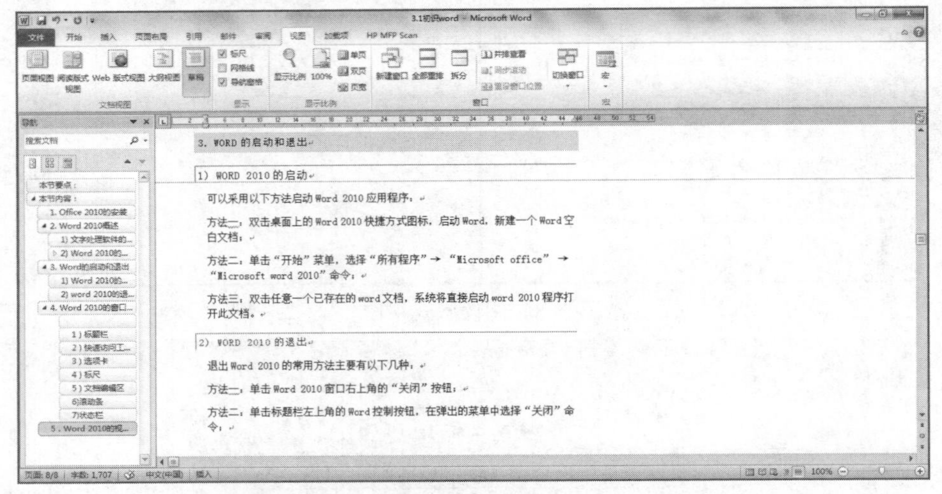

图 3-11 草稿

6. 打印预览

在文档打印之前，为了避免打印出现错误，可以先通过“打印预览”功能进行文档打印后实际效果的预览。在这种视图方式下，即可以设置显示方式，也可以调整显示比例，如图 3-12 所示。

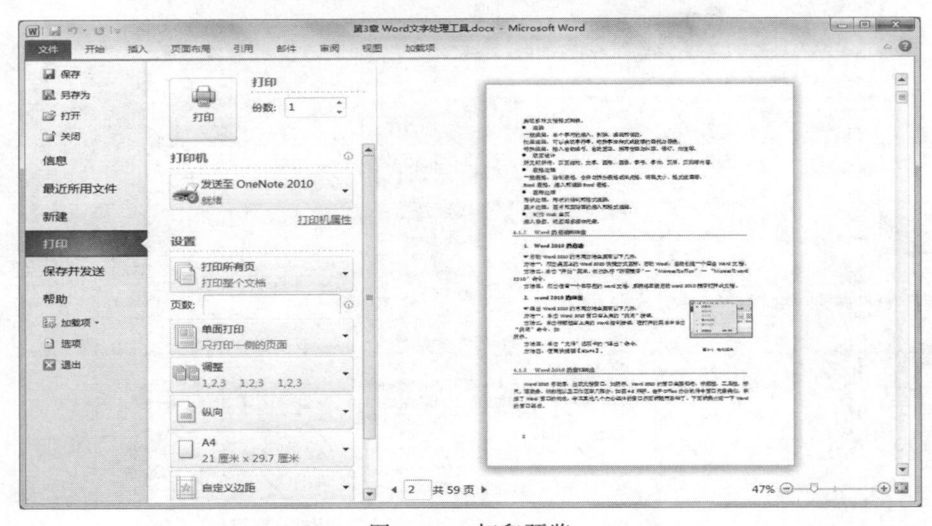

图 3-12 打印预览

☞进入或退出“打印预览”的方法如下：

① 进入“打印预览”的方法：依次执行“文件”→“打印”命令，在右侧窗格中可以显示预览效果，并可以通过缩放按钮调整显示比例。

② 退出“打印预览”的方法：再次单击“文件”选项卡或其他任意选项卡即可。

7. **拆分窗口**

当文档内容过多，想要同时查看或编辑同一文档不同位置的内容时，如果使用滚动条会很麻烦。“拆分窗口”命令可以将窗口拆分成两个窗格，每个窗格中显示同一文档的不同内容。这样就可以很轻松地同时进行文档前后内容的编辑操作了。

☞拆分或取消拆分窗口的方法如下：

① 拆分窗口：依次执行“视图”选项卡→“窗口”选项组→“拆分”命令，此时鼠标指针变成一条横线。移动鼠标至要拆分窗口的位置后单击，即可将当前的文档窗口拆分为两个窗格，如图 3-13 所示。

② 取消拆分窗口：若要取消拆分窗格状态，依次执行“视图”选项卡→“窗口”选项组→“取消拆分”命令，或双击拆分框，即可取消窗口的拆分，如图 3-14 所示。

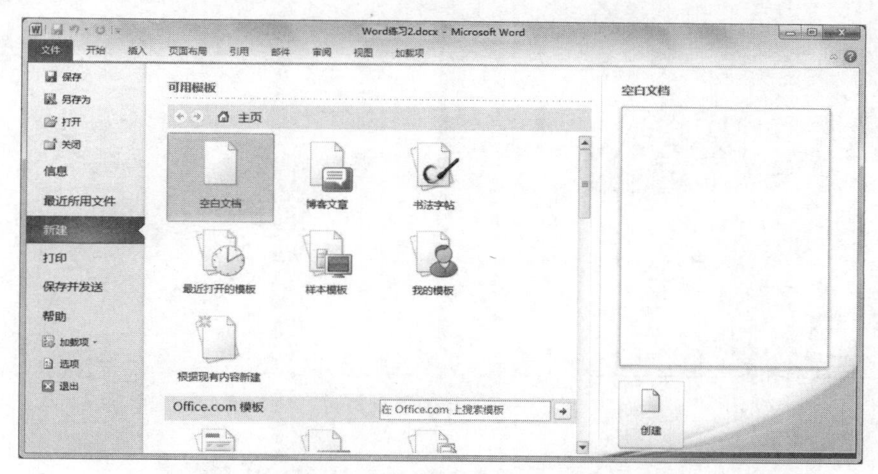

图 3-13　拆分窗口

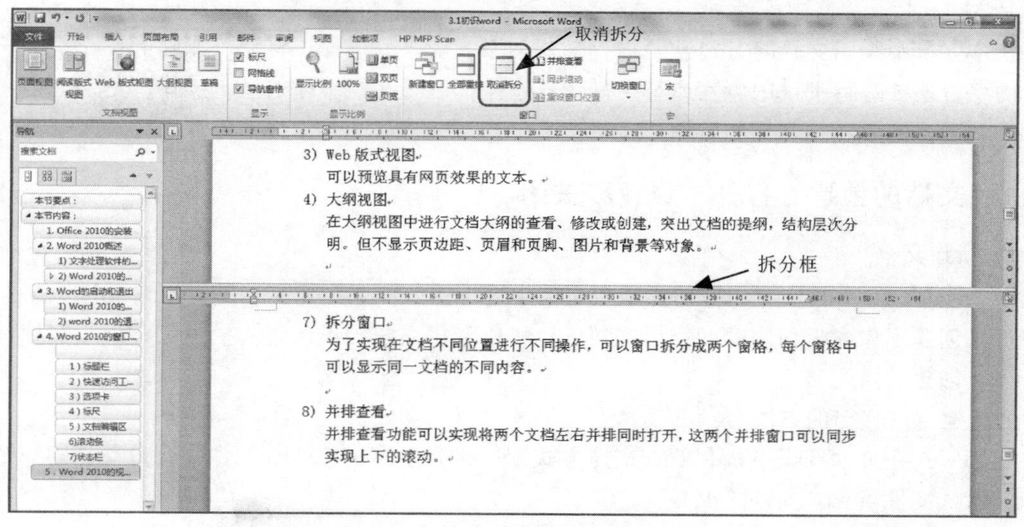

图 3-14　取消拆分窗口

8. **并排查看**

并排查看功能可以将两个不同的文档左右并排同时打开，如图 3-15 所示。此时滚动鼠标滑轮，这两个并排窗口可以实现同步上下的滚动，便于进行两个文档的同时查看和比较。

☞操作步骤如下：

① 同时打开至少两个 Word 文档，否则“并排查看”命令为灰色，不可用。

② 依次执行“视图”选项卡→“窗口”选项组→“并排查看”命令，打开“并排比较”对话框（当打开三个以上文档才会出现）。

③ 在“并排比较”对话框中选择要同时查看的文档，然后单击“确定”按钮即可。

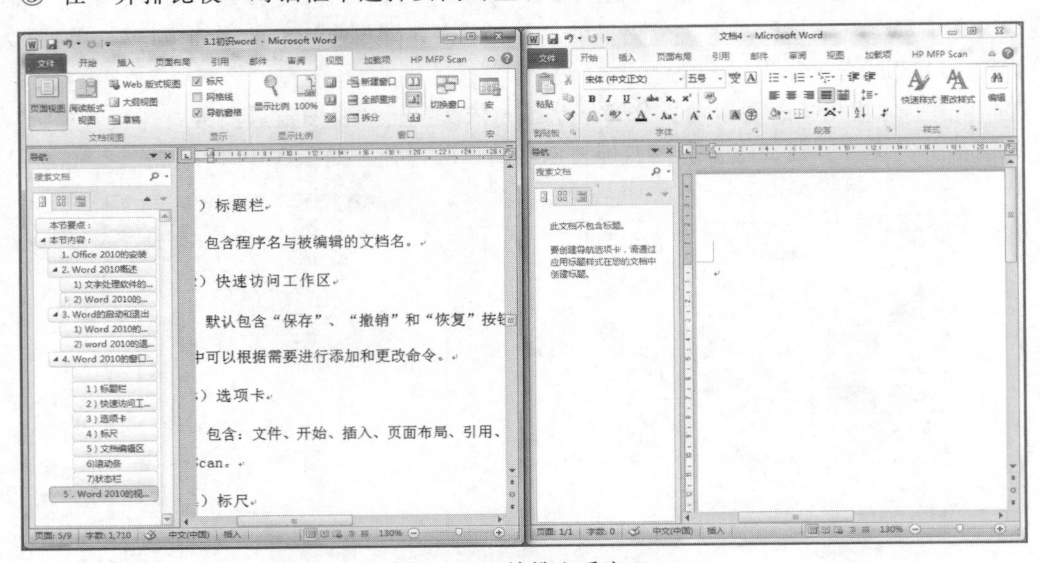

图 3-15　并排查看窗口

3.2　Word 2010 的基本操作

在 Word 中编辑文档时，经常要进行一些文字的录入、选择、移动、删除等操作，对一些错误的字符还要进行批量的删除或替换操作，这些都属于文档编辑的基本操作，是 Word 文档编辑的基础，需要熟练掌握和应用。

3.2.1　文档的创建、打开、保存和关闭

1. 新建文档

在 Word 2010 中，所有的操作都是在文档中进行的，所以新建文档是使用 Word 的第一步。用户可以创建不包含任何内容的空白文档，也可以利用系统提供的各种模板创建模板文档。

（1）创建空白文档

☞新建空白文档的方法有：

方法一：在桌面双击 Word 2010 快捷方式图标，启动 Word 2010 软件，会自动创建一个空文档，默认文件名为“文档 1.docx”。

方法二：右击桌面空白处或文件系统的任意文件夹，在弹出的快捷菜单中依次执行“新建”→“DOCX 文档”命令，可以在指定位置创建一个名为“新建 Microsoft Word 文档”的 Word 文档。

方法三：在已打开的 Word 文档中，利用【Ctrl+N】组合键，也可以新建一个空白文档，文档名由系统按照“文档 1”“文档 2”……的顺序自动生成。

（2）创建模板文档

在 Word 2010 中还提供了大量的应用模板，如会议议程、信封、传真等。模板中设置了基本格式，通过这些模板创建新的文档，可以快速得到该模板的一个范文，用户只需在范文上修改其中的内容即可得到需要的文档。

☞操作方法是：

在已经打开的 Word 2010 窗口中，依次执行“文件”→“新建”命令，会弹出如图 3-16 所示的任务窗格，可以从“可用模板”中选择模板样式，然后从右侧窗口单击“创建”按钮，即可创建基于该模板的新文档；也可以从“Office.com 模板中”单击一个模板，下载完成后会自动创建一个基于该模板的文档。

图 3-16　新建文档窗格

（3）根据现有内容创建新文档

在 Word 中，可以根据已经存在的文档创建新的文档，新建的文档内容和已经存在的文档内容完全相同。

☞操作方法是：

依次执行“文件”→“新建”命令，弹出如图 3-16 所示的任务窗格，在“可用模板”栏中选择“根据现有内容新建”命令，即可创建一个与已有文件相同的文档。

2. 打开文档

（1）打开最近使用的文件

☞操作方法是：

依次执行“文件”→“最近所用文件”命令，在最近所用过的文件列表中会显示最近编辑过的文档名称，单击所要打开的文档名即可。

提示

文件列表所列出的文档的数目默认是 25 个，可以通过执行“文件”→“选项”命令打开“Word 选项”对话框，在“高级”选项中从“显示”组中通过“显示此数目的‘最近使用的文档’”选项进行设置，最多条目数不多于 50，如图 3-17 所示。

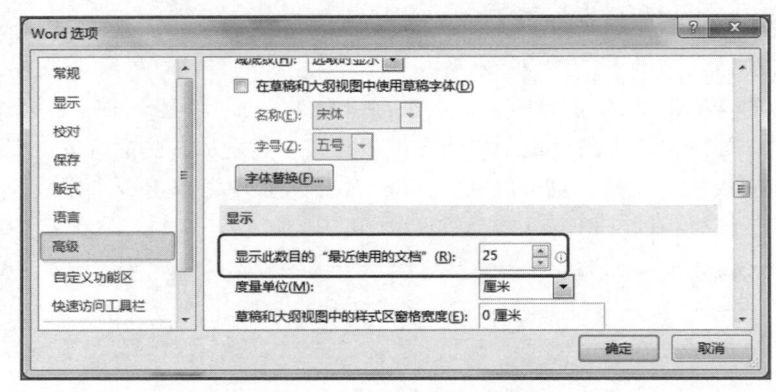

图 3-17 “Word 选项”对话框

（2）打开其他文档

如果要打开已经存在的 Word 文档，除了找到这个文档通过双击打开以外，在已经打开 Word 软件的情况下，还可以通过以下几种常用方法打开文档。

☞操作方法是：

方法一：在已经打开的 Word 窗口中，依次执行“文件”→“打开”命令。

方法二：在已经打开的 Word 窗口中，使用【Ctrl+O】组合键。

使用这两种方法打开文档，将弹出如图 3-18 所示的“打开”对话框。在该对话框中，从左侧窗格中可以选择不同驱动器和文件夹中的要打开的 Word 文档，选中所需文档后，再单击右下角的“打开”按钮即可。

图 3-18 “打开”对话框

3. 保存文档

（1）保存新建文档

在对文档进行编辑时，为了避免死机、停电等意外情况出现造成的文件内容丢失，每隔一段时间要对文档进行一下保存操作。对于新创建的文档，可以采用以下方法进行保存。

☞操作方法是：

方法一：在打开的Word窗口中，依次执行“文件”→“保存”命令进行保存。

方法二：直接使用【Ctrl+S】快捷键进行保存。

提示

对于新建文档，第一次保存，会打开“另存为”对话框。在该对话框中，选择文档的保存位置，输入文件名，在“保存类型”中选择要保存的文档类型，最后单击“确定”按钮。

Word 2010文档保存时默认的类型是“Word文档”，扩展名是“.docx”，2010版本向下兼容以往版本。Word 97-2003版本的保存文档扩展名是“.doc”。

（2）保存已有文档

对于已经存在的Word文档，对文档进行再次修改后，若不改变文件名、保存位置和文件类型，可以直接进行保存。

☞操作方法是：

方法一：在打开的Word窗口中，依次执行“文件”→“保存”命令进行保存。

方法二：直接使用【Ctrl+S】快捷键，进行保存。

提示

（1）保存已有文档时，执行保存命令后系统不会弹出“另存为”对话框，只是对原有文档的内容进行覆盖，保存修改。

（2）如果用户保存时不想覆盖修改前的文档内容，即保留原文档，同时将修改后的内容生成新的文档，可依次执行“文件”→“另存为”命令，并在设置完文件名、保存位置和文件类型后，单击“保存”按钮。

（3）自动保存文档

利用Word的“自动恢复”功能可定期保存文档的临时副本，以免突然断电或程序崩溃造成文档丢失。自动保存时间间隔默认是10分钟，用户可根据需要自行设置，如图3-19所示。

☞操作方法是：

依次执行“文件”→“选项”→“保存”命令，在“保存自动恢复信息时间间隔”选项中重新设置自动保存时间。

4. 保护文档

为了保证文档的安全性，避免被他人随意阅读、抄袭、篡改，用户除了将文档属性设置为“只读”和“隐藏”外，还可以对文档开启保护功能。

☞操作方法是：

方法一：依次执行“文件”选项卡→“信息”命令，单击“保护文档”命令按钮，从下拉列表中选择“标记为最终状态”命令，如图3-20所示。

图 3-19 “Word 选项”对话框中“保存”选项

方法二：依次执行“文件”选项卡→“信息”命令，单击“保护文档”命令按钮，从下拉列表中选择“用密码进行加密”命令，如图 3-20 所示，此时会打开“加密文档”对话框，在其中可以为文档设置保护密码。

方法三：依次执行“文件”选项卡→“另存为”命令，在打开的“另存为”对话框中单击“工具”按钮，从下拉列表中选择“常规选项”命令，在打开的“常规选项”对话框中为文档设置“打开文件时的密码”或“修改文件时的密码”，如图 3-21 所示。设置完成后单击“确定”按钮即可。

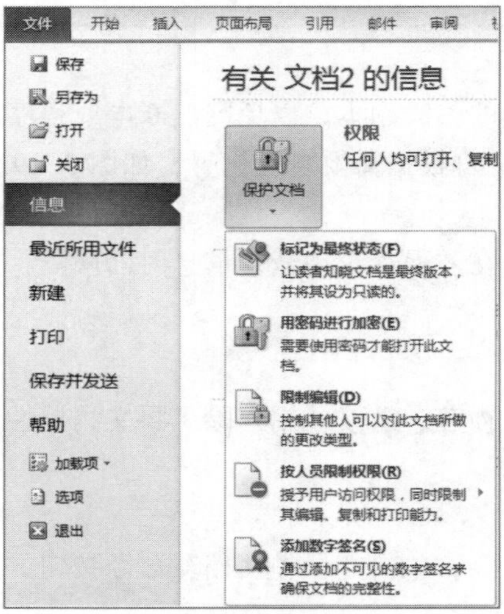

图 3-20 保护文档

图 3-21 “常规选项”对话框

提示

（1）“标记为最终状态”是将文档设置为只读模式。用户在该模式下打开文档后，只能对文档进行查看，不能进行任何的编辑、修改操作。但是，任何打开该文档的用户都可以取消该模式，所以并不能真正地起到保护文档的作用。

（2）“用密码进行加密”是给文档添加密码保护功能，只有输入正确的密码才能打开文档，真正起到对文档保护的作用。但是，一旦忘记密码，文档便无法打开，只有通过密码解密软件进行密码破解才可以。

5. 关闭文档

☞关闭文档的常用方法有：

方法一：单击 Word 窗口右上角的关闭按钮。

方法二：在打开的 Word 窗口中，依次执行“文件”→“关闭”命令。

方法三：单击 Word 窗口左上角的控制菜单按钮，在列表中选择“关闭”命令。

方法四：使用【Alt+F4】快捷键。

3.2.2 文本的输入

在文本内容输入前，首先必须找到插入点，即在文档编辑区有一条形状为“|”闪烁的竖线，该位置就是插入文本的位置。可以使用鼠标在文档中单击来实现移动插入点，所插入的文本会出现在插入点的左侧。

定位好插入位置以后，还要在状态栏上查看输入文本的状态是“插入”还是“改写”。在“插入”状态下，录入的文本出现在插入点左侧，插入点后面的文本后移；在“改写”状态下，录入的文本替换插入点之后的文本。插入和改写状态可以根据编辑需求随意切换。

☞操作方法是：

方法一：单击状态栏上的“插入”或“改写”命令（见图 3-22），完成切换。

页面: 5/6 | 字数: 1,714 | 中文(中国) | 插入

图 3-22　状态栏上“插入\改写”状态切换按钮

方法二：按【Insert】键完成“插入”和“改写”的切换。

1. 文字的输入

在文档中常输入的文字包括中文字符、英文字母等，选择好输入法状态后，直接输入文字内容即可。

☞切换输入法的方法有：

方法一：中、英文输入法之间切换按【Ctrl+Space】组合键。

方法二：同一输入法状态下中、英文输入法之间切换按【Shift】键。

方法三：多种输入法之间的切换按【Ctrl+Shift】组合键。

2. 特殊符号的输入

录入文本内容时，经常会输入一些特殊的、无法从键盘上直接输入的符号，比如“★”“×”“≤”等。在 Word 2010 中提供了特殊符号的录入功能。

☞操作方法是：

方法一：在中文输入法提示条中，单击软键盘按钮，从菜单中选择要插入的符号类别，如图 3-23 所示。然后从所打开的软键盘中单击所需符号，即可将其插入指定位置，如图 3-24 所示。

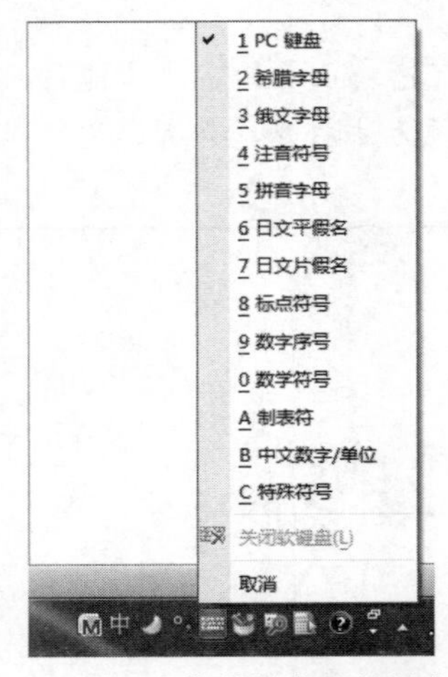

图 3-23 输入法菜单栏中的软键盘按钮

插入特殊符号

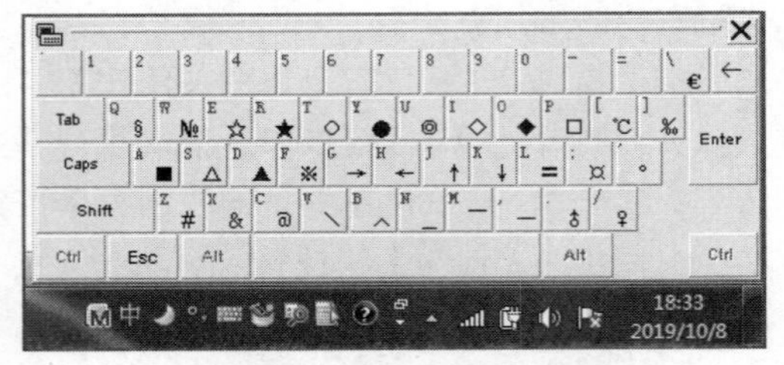

图 3-24 “特殊符号”软键盘

方法二：依次执行“插入”选项卡→“符号”命令，如图 3-25 所示，从下拉列表中可以选择相应的符号插入到文档中。

方法三：依次执行“插入”选项卡→“符号”命令，从“符号”命令的下拉列表中选择“其他符号”命令，可以打开“符号”对话框，如图 3-26 所示。通过选择不同的“字体”，可以显示不同的符号列表。从列表中双击要插入的符号，即可将其插入文档中。可以在该对话框中执行多次插入操作，操作完成后单击“关闭”按钮。

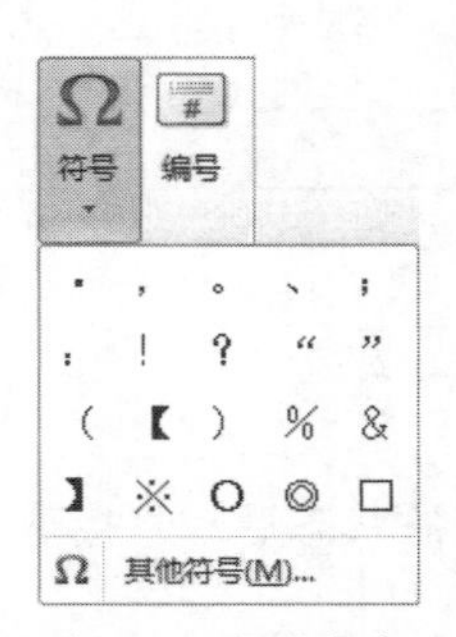

图 3-25 “插入”选项卡中“符号”按钮

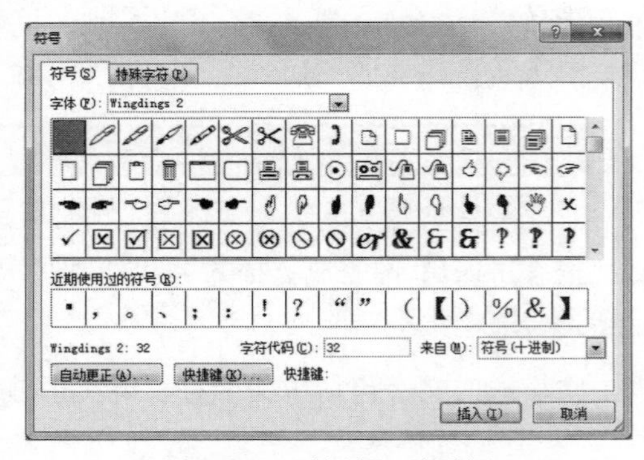

图 3-26 “符号”对话框

3. 日期和时间的插入

在 Word 文档中，日期和时间可以直接输入，也可以同符号一样插入。

☞操作方法是：

方法一：依次执行“插入”选项卡→“文本”选项组→“日期和时间”命令，在“日期和时间”对话框中选择所需的日期格式，如图 3-27 所示，然后单击“确定”按钮即可将当前日期和时间插入文档中。

方法二：按【Alt+Shift+D】组合键输入系统的当前日期；按【Alt+Shift+T】组合键输入系统的当前时间。

> **提示**
>
> 如果需要使插入的日期和时间随着打开该文档的时间不同而自动更新，可以在“日期和时间”对话框中选中“自动更新”复选框。

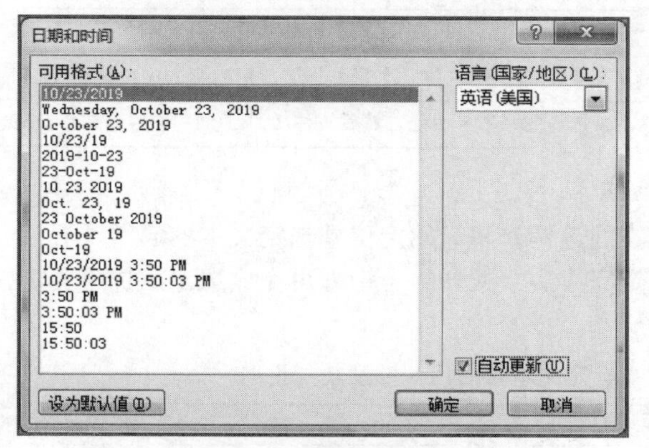

图 3-27　“日期和时间”对话框

插入日期和时间

插入其他文件内容

4. 插入其他文件的内容

在 Word 中，用户可以在当前编辑的文档中插入其他文档的内容，实现多个文档内容的合并。

☞ 操作步骤如下：

① 在当前文档中，将插入点定位在要插入内容的位置，依次执行“插入”选项卡→“文本”选项组→“对象”命令，单击“对象”命令右侧的下拉按钮，在打开的下拉菜单中选择“文件中的文字”命令，打开“插入文件”对话框。

② 在“插入文件”对话框中选择插入内容所在的文件。

③ 单击“插入”命令，即可实现文档内容的插入操作。

3.2.3　选定文本内容

在对文档内容进行编辑前，用户首先要选中编辑对象，选定的文本内容会呈蓝色亮条覆盖的高亮显示状态。选定文本对象后，才可以进行复制、移动、设置字体等文本编辑操作。因此，掌握快速有效地选择方法，可以提高文档编辑的效率。选定文本的方法主要有以下几种：

1. 使用鼠标选择文本

使用鼠标选择文本最基本的方法是，将鼠标移至要选定的文本的起始位置，然后按住鼠标左键不放，拖动至所选文本的终止位置，然后松开鼠标左键完成文本选定。具体操作说明见表 3-1。

表 3-1　鼠标选定文本的方法

选定内容	操作方法
一个单词或一个词组	左键双击该单词或词组
一句	【Ctrl】+单击一句文本的任意位置
一行	单击一行文本左侧的选择区

续表

选定内容	操作方法
一段	双击一段文本左侧的选择区
全部文本	鼠标三击左侧的选择区
小区域连续文本（当前页中）	按住鼠标左键拖动进行选择
大区域连续文本（跨页）	单击开始点，拖动滚动条，按【Shift】键的同时，单击结束点
不连续文本	先选择一个文本区域，然后按住【Ctrl】键的同时，用鼠标去选择其余的文本区域
不连续的行	先选择一行文本，然后按住【Ctrl】键的同时，用鼠标去单击其他行左侧的选择区
列文本	将鼠标移到要选择的文本开始处，然后按住【Alt】键的同时，按住鼠标左键拖动

2. 使用键盘进行不同文本的选择

使用键盘组合键也可以进行文本的选择。将光标定位到选定文本的起始位置后，通过按下组合键来扩展文本的选择区域。选定完毕后，松开组合键即可完成选定。选定文本常用组合键及功能说明见表 3-2。

表 3-2　选定文本常用组合键及功能说明

组合键	功能说明	组合键	功能说明
Shift+↑	向上选定一行	Shift+PageUp	选定内容向上扩展一屏
Shift+↓	向下选定一行	Shift+PageDown	选定内容向下扩展一屏
Shift+Home	选定内容扩展至行首	Ctrl+A	选定全部文档
Shift+End	选定内容扩展至行尾		

3.2.4 复制、剪切与粘贴

1. 复制文本

选择要复制的文本后，可以通过以下几种方法将所选内容复制到剪贴板中。

☞操作方法是：

方法一：依次执行“开始”选项卡→“剪贴板”选项组→“复制”命令。

方法二：右击所选文本，在弹出的快捷菜单中选择“复制”命令。

方法三：选定文本后，按【Ctrl+C】组合键。

选择文本

2. 剪切文本

选择要剪切的文本，可以通过以下几种方法将所选内容移动到剪贴板中。

文本的移动和复制

☞操作方法是：

方法一：依次执行“开始”选项卡→“剪贴板”选项组→“剪切”命令。

方法二：右击所选文本，在弹出的快捷菜单中选择“剪切”命令。

方法三：选定文本后，按【Ctrl+X】组合键。

3. 移动文本

选择要移动的文本后，可以通过以下几种方法将所选内容移动到目标位置。

☞操作方法是：

方法一：选中要移动的文本，然后在选中的文字上按下鼠标左键，拖动鼠标至目标位置后松开鼠标左键，实现文本的移动操作。

方法二：选中要移动的文本，按【F2】键，光标变成了虚短线，然后将光标定位到要插入文字的位置，按下【Enter】键，实现文本的移动操作。

4. 粘贴文本

将光标定位到目标位置后，可以通过以下几种方法将要粘贴的文本内容从剪贴板中粘贴到目标位置。

☞操作方法是：

方法一：依次执行“开始”选项卡→“剪贴板”选项组→“粘贴”命令。

方法二：右击所选文本，在弹出的快捷菜单中选择“粘贴”命令。

方法三：选定文本后，按【Ctrl+V】组合键。

方法四：选择要复制粘贴的文本后，按【Ctrl】键的同时，使用鼠标拖动文本到目标位置。

提示

默认情况下，在粘贴操作后，粘贴内容后会出现“粘贴选项”菜单，如图 3-28 所示。其选项分别实现的操作是：

（1）保留原格式：粘贴后的文本保留其原有的格式。

（2）合并格式：粘贴后的文本保留其原有的格式，并与当前文档中的格式进行合并。

（3）只保留文本：粘贴后的文本不保留原有的格式，采用当前文档的格式。

3.2.5 删除、撤销与恢复

1. 删除文本

在 Word 文档中，对于不再需要的内容可以将其删除，首先选择要删除的文本，然后通过以下方法删除文本。

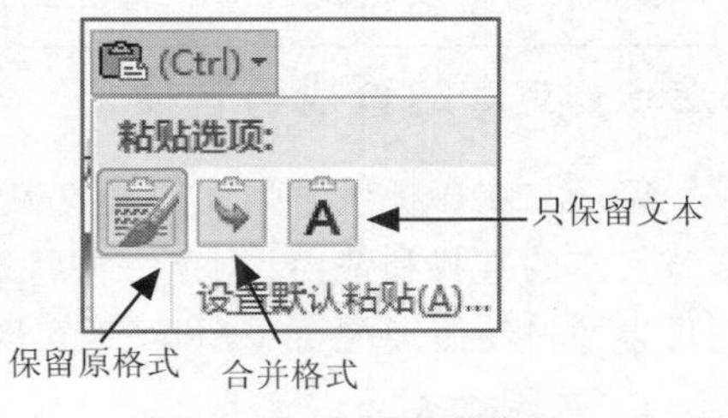

图 3-28 粘贴选项菜单

☞操作方法是：

方法一：按【BackSpace】键，删除所有已选文本。

方法二：按【Delete】键，删除所有已选文本。

提示

（1）如果未选择文本，按【BackSpace】键是逐个删除插入点之前的文本；按【Delete】键是逐个删除插入点之后的文本。

（2）删除和剪切都能将文本从原来的位置删除掉，但两者有本质的区别：删除文本是直接将文本进行删除；剪切文本是将文本放到剪贴板中。

2. 撤销操作

撤销操作用于按照由后到前的顺序返回之前的一步或若干步操作。比如，误删除了一部分文字内容以后，又想要恢复删除的内容，可以通过以下方法撤销删除操作。

☞操作方法是：

方法一：在快速访问工具栏里，单击“撤销”按钮，可以撤销一步操作，也可以单击右侧的下拉按钮，从列表中选择多个要撤销的操作。

方法二：每按一次【Ctrl+Z】组合键，可以撤销一步操作。

3. 恢复操作

恢复操作用于恢复之前误操作的一次撤销操作，比如，删除了一部分文字内容以后，又想要恢复删除的内容，但是执行撤销了删除操作后，又改变主意，还是想要删除那部分内容。

☞操作方法是：

方法一：在快速访问工具栏里，单击“恢复”按钮，可以恢复一步操作。

方法二：每按一次【Ctrl+Y】组合键，可以恢复一步操作。

4. 重复操作

重复操作用于重复执行最后一次的编辑操作，比如，要多次重复输入“Word”，只需要输入一次，然后紧接着通过以下方法来重复多次输入该单词。

☞操作方法是：

方法一：将光标定位到要实现重复操作的位置，在快速访问工具栏里，单击“重复”按钮，即可将最近一步操作重复操作一次。

方法二：每按一次【Ctrl+Y】组合键，可以将最近一步操作重复操作一次。

> **提示**
>
> “恢复”按钮和“重复”按钮在快速启动区的同一位置，默认显示的是“重复”按钮，如果执行了一次撤销操作，就会显示为“恢复”按钮。

3.2.6 文本的查找与替换

Word 2010 提供了强大的查找和替换功能，既可以查找和替换普通文本，还可以进行固定格式文本的查找和替换，对于一些特殊的字符格式或段落标记也可以轻松实现查找替换。此外，还可以通过使用通配符（*和？）实现模糊查找和替换。

1. 查找文本

（1）一般查找

一般的内容查找是在 Word 窗口左侧的“导航窗格”中完成的。

☞操作方法是：

方法一：单击“查找”命令按钮，在“导航窗格”上方，输入要查找的内容，比如输入“查找”一词，然后单击搜索框右侧的“搜索”按钮，或稍等片刻，在“导航”窗格中会列出所有包含查找内容的段落，同时，所查找到的内容会在文档中突出显示，如图 3-29 所示。

方法二：在打开的文档中，按【Ctrl+F】组合键，同样也会打开“导航”窗格，然后执行方法一的操作步骤。

> **提示**
>
> （1）以上两种方法实现的是在全文范围内进行查找，并且将查找结果在文档中高亮显示。
>
> （2）如果要取消查找结果的突出显示，单击搜索框右侧的按钮即可。

（2）高级查找

高级查找在查找指定内容时，如果查找前未选取部分文本，默认情况下是在整个文档中搜索，若要在部分文本中进行查找，则必须选定文本范围，然后在“查找和替换”对话框中进行高级查找。

☞操作步骤如下：

① 打开高级查找对话框。

方法一：在“导航”窗格中，单击右侧的下三角按钮，从打开的菜单中选择“高级查找”命令，如图 3-30 所示。

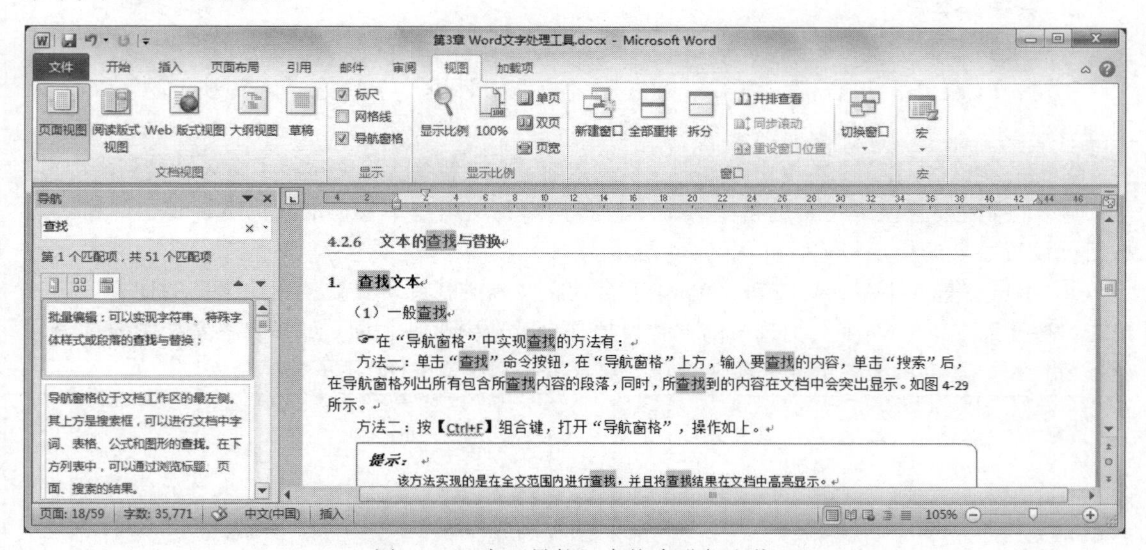

图 3-29　在“导航”窗格中进行查找

方法二：执行“开始”选项卡→“查找”命令，单击“查找”按钮右侧的下三角按钮，从打开的菜单中选择“高级查找”命令，如图 3-31 所示。

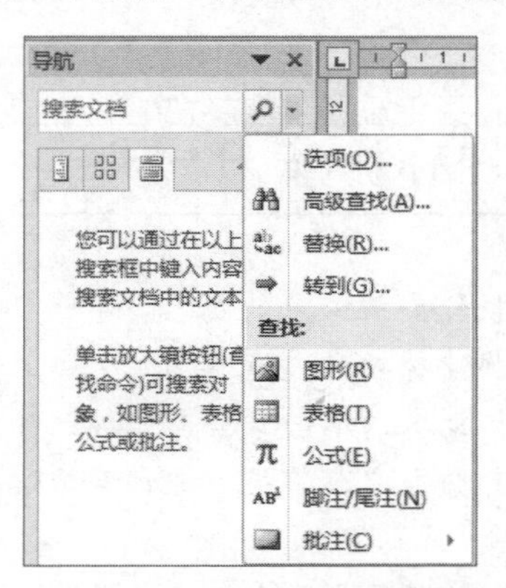

图 3-30　“导航”窗格的查找

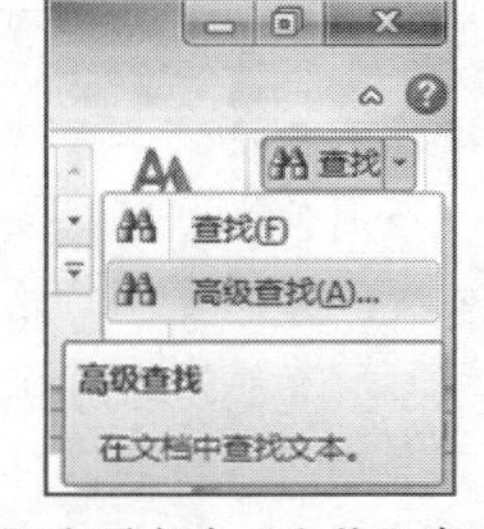

图 3-31　“开始”选项卡中“查找”命令的“高级查找”

② 在“查找内容”文本框中输入要查找的文本内容，或单击右边的下拉列表框按钮选择要查找的内容，如图 3-32 所示。

③ 单击“查找下一处”按钮完成一次查找，所查找到的内容会突出显示。如果该内容是所需要的，单击“取消”按钮返回文档；如果要继续查找，可以单击“查找下一处”按钮继续查找。

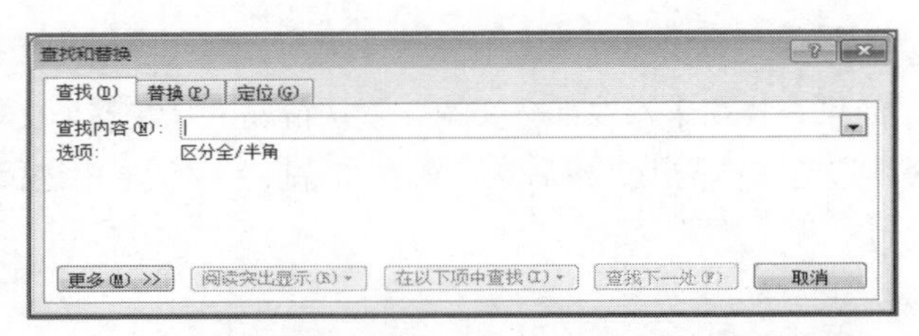

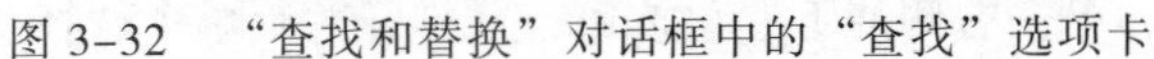

图 3-32 “查找和替换”对话框中的“查找”选项卡

查找功能

2. 替换文本

☞操作步骤如下:

① 按【Ctrl+H】组合键,打开“查找和替换”对话框,从中选择“替换”选项卡,如图 3-33 所示。

② 在“查找内容”文本框中输入被替换的内容,在“替换为”文本框中输入替换后的内容。

③ 如果需要替换为指定的格式,选中“替换为”文本框中替换的新内容,单击“格式”按钮,设置替换的指定格式,如图 3-34 所示。

④ 单击“查找下一处”按钮,Word 就自动在文档中找到下一处使用这个词的地方,这时单击“替换”按钮,Word 会把选中的词替换掉并自动选中下一个词。如果要将文档中的这个词全部替换掉,直接单击“全部替换”按钮。完成替换后,Word 会显示替换结果。

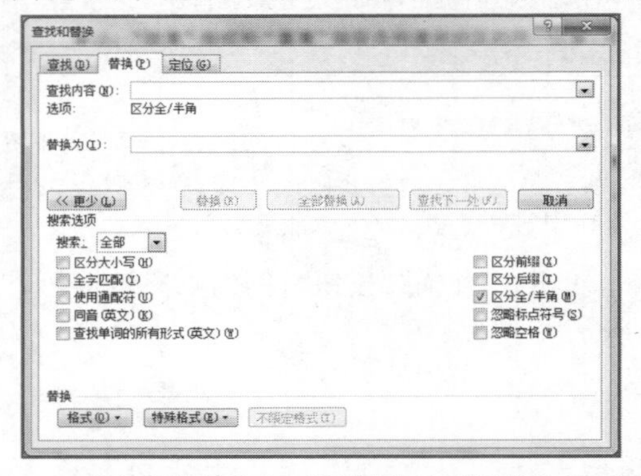

图 3-33 “查找和替换”对话框中的“替换”选项卡

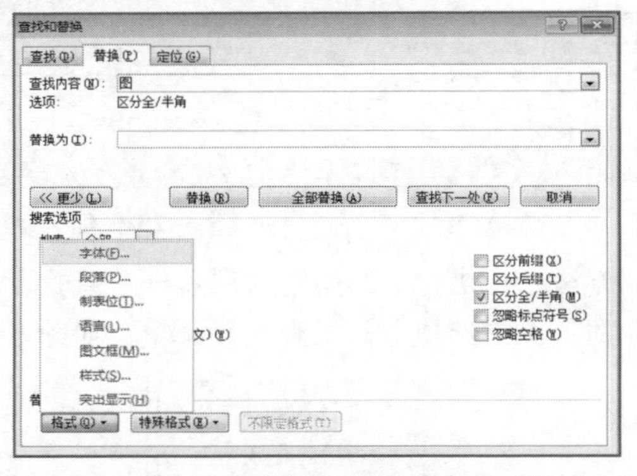

图 3-34 “查找和替换”对话框中的“格式”设置

提示

(1)有选择性的替换:单击“查找下一处”按钮,找到要被替换的内容,单击“替换”按钮完成替换,否则单击“查找下一处”按钮,继续查找要替换的内容。

(2)全部替换:如果选择的是全部文档或未选择任何文本,单击“全部替换”按钮是将该文档中查找到的所有对应内容进行替换。如果选择了部分内容,单击“全部替换”按钮是将选中的文档中查找到的内容进行替换。

(3)特殊格式替换:单击“格式”按钮,可以给“查找的文本”或“替换为”的文本设置格式;单击“特殊格式”按钮,可以进行特殊字符的替换。

(4)如果“替换为”文本框为空,则是将查找到的内容从文档中删除。

3.2.7 拼写和语法检查

在输入文本时,很难保证输入文本的内容及语法都是正确的。Word 2010 提供了拼写和语法检查功能，可以给出文本输入错误提醒，从而减少错误率。对于拼写错误或无法识别的文本用红色的波浪线标记；输入的语法出现错误时用绿色波浪线标记。对于这些检查结果，用户可以根据实际需要进行拼写和语法修改。

☞操作方法是：

方法一：右击出现拼写或语法错误的文本（红色波浪线或绿色波浪线标记），就会从快捷菜单的最上方看到系统提供的拼写或语法修改建议，比如，输入一个错误的单词“Studeat”，右击该单词，在弹出的快捷菜单中可以看到系统提供的修改建议“Student”和“Stud eat”，如图 3-35 所示。用户可以选择接受修改建议（单击某个词）或选择“忽略”错误。

方法二：右击出现拼写或语法错误的文本，在弹出的快捷菜单中选择“拼写检查”命令，可以打开“拼写”或“语法”对话框。单击“更改”或“全部更改”按钮可以接受修改意见；单击“忽略一次”或“全部忽略”按钮可以忽略修改，如图 3-36 所示。

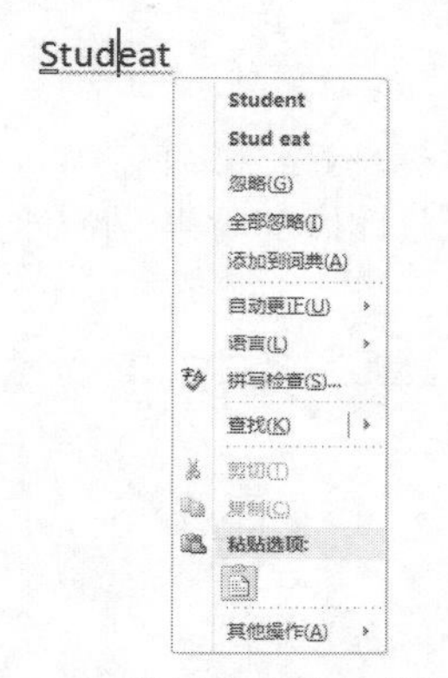

图 3-35　拼写检查快捷菜单

图 3-36　“拼写”检查对话框

用户也可以根据需要对校对选项进行设置。单击“拼写”对话框中的“选项”按钮，可以进行拼写检查工具的设置，如图 3-37 所示。

图 3-37　“Word 选项”中的“更正拼写和语法”选项

批量删除

全部替换

部分替换

带格式的查找替换

全角和半角替换

特殊格式的查找替换

3.3 文档排版

Word 文档都是由段落和字符来构成的，这些段落或字符都需要设置一些外观效果，使文档看起来更加整齐、精美，比如字体、字号、字体颜色、段落对齐、分栏效果等。除了对文档的段落和字符进行格式设置外，页面的整体排版也很重要，比如页面大小、页边距、页眉和页脚设置等。

3.3.1 字体格式设置

字体格式设置主要包括对字体、字号、字体颜色、字形、下画线等的格式编辑。Word 对字符设置是“所见即所得”，即在屏幕上看到的字符显示效果就是实际打印时的效果。设置字体格式主要通过“字体”选项组和“字体”对话框两种途径来实现。

在“字体”选项组中，可以实现字体、字号等多种字符格式的设置，如图 3-38 所示。

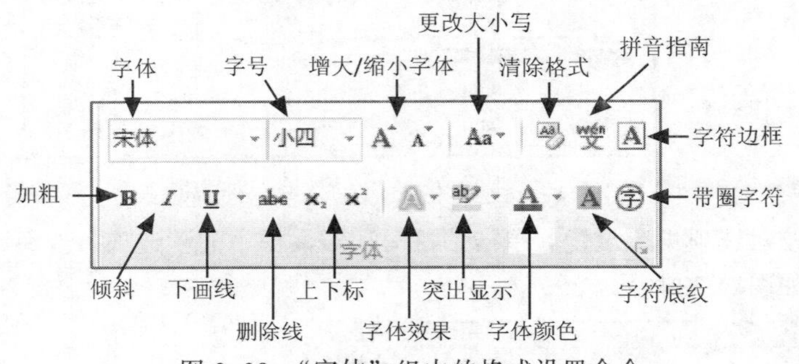

图 3-38 “字体”组中的格式设置命令

文本的选择

单击“字体”对话框启动器，可以打开“字体”对话框，其中包括“字体”和“高级”两个选项卡。在“字体”选项卡中，可以对字符格式进行多种格式的设置，如图 3-39 所示。在“高级”选项卡中，可以设置字符的缩放比例、字符间距和字符位置等内容，如图 3-40 所示。其设置效果显示在“预览”窗口中，格式设置完毕后单击“确定”按钮。

1. 字体的设置

Word 2010 提供了包括宋体、隶书、黑体、Calibri、Batang 等常用的中英文字体，用户也可以根据自己的需要添加字体。如果要改变字体，选中要编辑的文本，单击字体框的下三角按钮，在打开的列表中选择需要的字体即可。用户也可以在字体框中输入字体的名称进行文本字体的设置。

2. 字号的设置

Word 2010 提供的字号包括汉字的字号，如初号、小初、一号、……、七号、八号（数值越大，文字越小，初号最大，八号最小）；另一种是以“磅”为单位的字号，如 5、5.5、6.5……48、72（数值越大，文字越大）。用户也可以在字号框中输入数字来设置文字的大小，其输入值的范围是 1～1638。

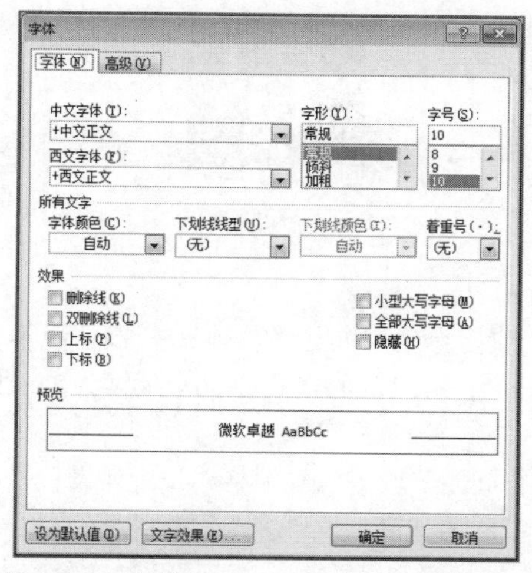

图 3-39　“字体”对话框中“字体”选项卡

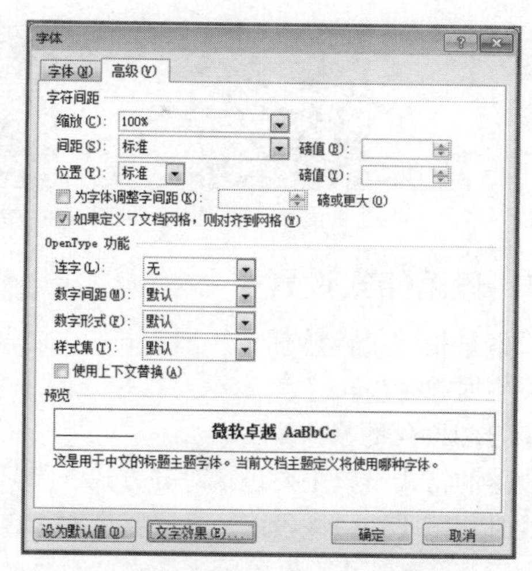

图 3-40　“字体”对话框中“高级”选项卡

3. 字形的设置

选定字符后，在“字体”选项组中分别单击“加粗”按钮 B、“倾斜”按钮 I 和“下画线”按钮 U，可对选定字符分别设置加粗、倾斜、增加下画线等字形格式，如图 3-38 所示。还可单击“下画线”按钮右边的下拉按钮，在下拉列表中选择下画线的线型和颜色。

4. 字符装饰效果的设置

① 单击“字体颜色”按钮，可为字符设置颜色。单击该按钮右边的下拉按钮，在打开的下拉列表中可以从“主题颜色”或“标准色”列表中选择颜色，也可以单击“其他颜色”命令，从打开的“颜色”对话框中选择更多的颜色。

② 单击“字符边框”按钮，可为文本添加或撤销字符边框格式。

③ 单击“字符底纹”按钮，可为文本添加或撤销底纹格式（该底纹只能设为灰色）。

④ 单击“带圈字符”按钮，打开“带圈字符”对话框，从中可为文本添加三角形、方形、圆形等不同圈号的效果。

⑤ 单击“文本效果”按钮，可为字符添加轮廓、阴影、映像或发光等外观效果。

⑥ 单击“以不同颜色突出显示文本”按钮，可为字符设置像用荧光笔标记过一样的效果。单击该按钮右边的下拉按钮，在打开的下拉列表中可选择不同的突出显示颜色。

5. 字符间距的设置

在“字体”对话框的“高级”选项卡中可以对字符间距进行设置，效果如图 3-41 所示。“字符间距”主要包括以下格式选项：

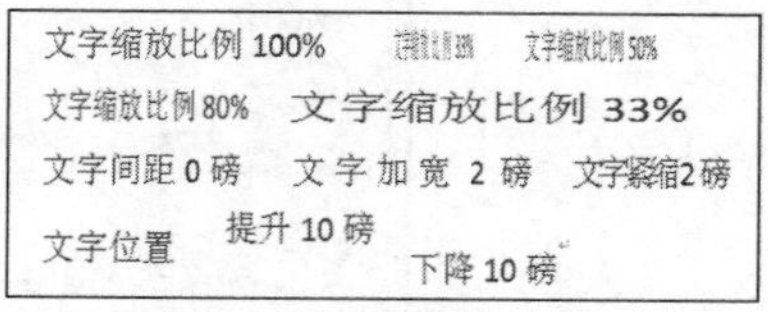

文字缩放比例 100%　文字缩放比例 33%　文字缩放比例 50%
文字缩放比例 80%　文字缩放比例 33%
文字间距 0 磅　文 字 加 宽　2 磅　文字紧缩 2 磅
文字位置　提升 10 磅　下降 10 磅

图 3-41　文字的缩放效果

①“缩放”选项：在不影响文字大小的情况下调整文本的宽度。可在“缩放”下拉列表中选择缩放比值或在“缩放”框中直接输入所需的缩放比值。

②“间距”选项：主要调整文字之间距离的大小，包括“加宽”和“紧缩”两个选项。

③“位置”选项：调整所选文字相对于标准文字基线的位置，包括“提升”和“下降”两个选项。

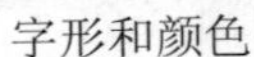

字形和颜色

下画线和着重号

字符间距

3.3.2 段落格式设置

段落是指两个段落标记（回车符↵）之间的一个或多个完整句子的文本。一般情况下，在输入文本时按【Enter】键表示换行并开始一个新的段落，新段落的格式会自动延续为上一段文本中字符和段落的格式。

段落的格式设置主要包括对齐方式、段落缩进、行间距、段落底纹等格式设置。设置一个段落格式时不需要选中该段落，只需要将插入点定位到该段落即可；设置多个段落的格式时，需要将多个段落全部选中。设置段落格式可以通过"段落"选项组和"段落"对话框两种途径来实现。

在"段落"选项组中，可以实现段落对齐方式、行间距、段间距、段落缩进、段落底纹等多种段落格式的设置，如图 3-42 所示。

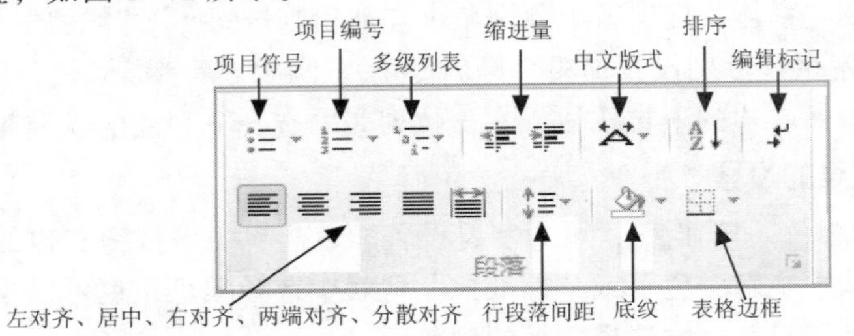

图 3-42 "段落"选项组中的格式设置命令在图下

单击"段落"对话框启动器，弹出"段落"对话框，有 3 个选项卡，如图 3-43 所示。在"缩进和间距"选项卡中，可以对段落格式进行"常规""缩进""间距"的设置，其效果显示在"预览"窗口中，格式设置完毕后单击"确定"按钮。

图 3-43 "段落"对话框中"缩进和间距"选项卡

对齐格式

段落的缩进

1. 显示和隐藏段落标记

☞操作方法是：

如果文档中已显示段落标记，依次执行“文件”→“选项”命令，在打开的“Word 选项”对话框中的“显示”选项卡上（见图 3-44），取消“段落标记”复选框的选择，便可隐藏段落标记。如果需要再次显示段落标记，选中“段落标记”复选框即可。

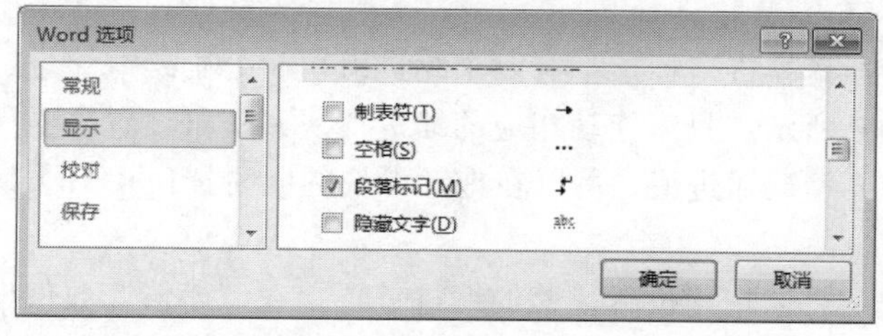

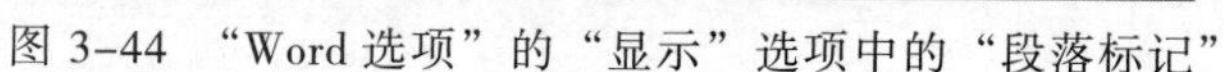
图 3-44　“Word 选项”的“显示”选项中的“段落标记”

段落间距

2. 段落对齐方式的设置

对齐方式是指段落文本按什么方式进行对齐，包括 5 种对齐方式，分别是左对齐、居中、右对齐、两端对齐和分散对齐，其具体含义如下：

① 左对齐：段落的每一行左边缘与左页边距对齐，右侧文字可能出现锯齿，快捷键为【Ctrl+L】。

② 居中：段落的每一行都相对于页面居中对齐，快捷键为【Ctrl+E】。

③ 右对齐：段落的每一行右边缘与右页边距对齐，左侧文字可能出现锯齿，快捷键为【Ctrl+R】。

④ 两端对齐：段落文字与左右边界对齐，Word 会调整每一行文字均匀分布于左、右边距之间，每一行在左边和右边都对齐为一条直线，但最后一行只是左对齐，快捷键为【Ctrl+J】。

⑤ 分散对齐：段落的每一行文字向左、右两端分散对齐。如果最后一行没有输满文字，Word 会拉大字符间距使其充满左右边距之间，快捷键为【Ctrl+Shift+J】。

> **提示**
>
> （1）对于英文文本，“两端对齐”是以单词为单位，自动调整单词间的空格大小；“分散对齐”是以字符为单位，均匀分布在左右边界之间。
>
> （2）对于中文文本，除了每个段落的最后一行外，“两端对齐”和“分散对齐”效果相似；而对于最后一行，“两端对齐”的效果是左对齐，“分散对齐”的效果是左、右均对齐。

3. 段落缩进设置

在 Word 排版过程中，为了增强文档的层次感，提高可读性，可对段落设置合适的缩进。段落缩进就是文本与页面边界的距离，包括左缩进、右缩进、首行缩进和悬挂缩进，其具体含义如下：

① 左缩进：是指整个段落左边界距离页面左边距的缩进量。

② 右缩进：是指整个段落右边界距离页面右边距的缩进量。

③ 首行缩进：是指段落首行第一个字符距离页面左边距的缩进量，其余各行不缩进。

④ 悬挂缩进：是指段落中除第一行外其他行距离页面左边距的缩进量。

☞调整缩进量的方法如下：

方法一：依次执行“开始”选项卡→“段落”选项组→“增加缩进量”和“减少缩进量”命令。将光标置于要调整的段落中的任意位置，单击“增加缩进量”按钮，整段文字将向右推移一个字的距离，快捷键为【Ctrl+M】；单击“减少缩进量”按钮，整段文字将向右推移一个字的距离，快捷键为【Ctrl+Shift+M】。

方法二：使用标尺快速设置段落缩进。标尺上有四个缩进滑块，分别是左缩进、右缩进、首行缩进和悬挂缩进，如图 3-45 所示。只需拖动相应的缩进滑块，就可设置插入点所在的段落或选定段落的缩进方式。如果要精确缩进值，可以在拖动滑块的同时按住【Alt】键，标尺上会出现以字符为单位的缩进值。

方法三：在“段落”对话框中可以精确设置段落的缩进位置，在“磅值”数值框中指定缩进值。

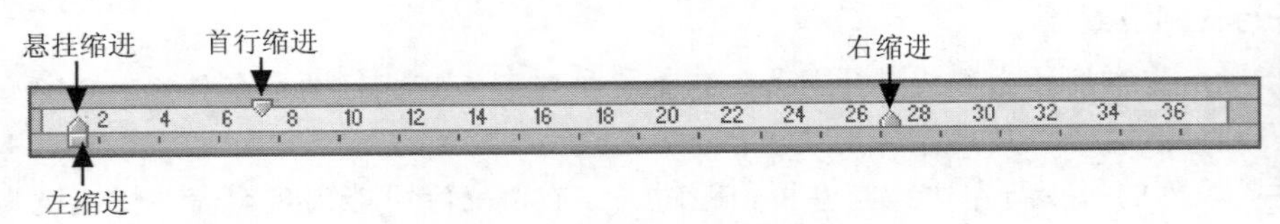

图 3-45 水平标尺上的缩进滑块

行间距

4. 行间距和段间距

行间距是指段落中行与行之间的距离，段间距是指段落之间的距离，如图 3-46 所示。

① 单倍行距：行距为行中最大字符的高度再加一个额外的附加量。

② 1.5 倍行距：单倍行距的 1.5 倍。

③ 2 倍行距：单倍行距的 2 倍。

④ 最小值：能够容纳该行中最大字体或图形的最小行距值。“设置值”数值框中输入的值作为行距的最小值。

⑤ 固定值：行距值固定，如果有文字或图形大小超出该行距值，超出部分将被裁减掉。

⑥ 多倍行距：行距为单倍行距乘以指定的数值。

⑦ 段前：段落之前的空白距离。

⑧ 段后：段落之后的空白距离。

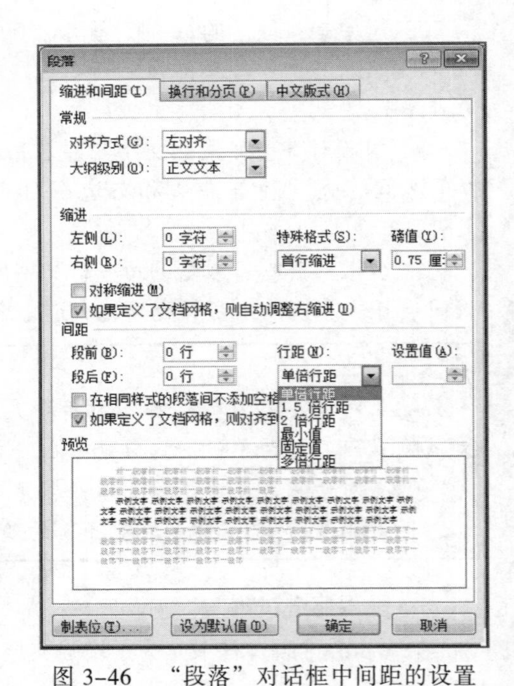

图 3-46 “段落”对话框中间距的设置

☞设置行间距和段间距的方法如下：

方法一：依次执行“开始”选项卡→“段落”选项组中的“行和段落间距”命令。在打开的下拉列表中，可选择段落间距。单击“增加段前间距”按钮，可以增加段前间距；单击“增加段后间距”按钮，可以增加段后间距。

方法二：在“段落”对话框中可以精确地设置段落的段前、段后间距值，也可以精确设置不同的行距值。

5. 格式刷设置

格式刷可以将已经设置好的文本格式，应用到别的文本上，避免了格式的重复设置。

☞操作步骤如下：

① 选择要复制其格式的文本或字符。

② 依次执行“开始”选项卡→“剪贴板”选项组→“格式刷”命令，此时鼠标指针会出现一个小刷子。

③ 在需要应用格式的目标文本上拖动小刷子，即可完成格式的复制操作。

> **提示**
>
> （1）单击“格式刷”按钮，只能实现一次格式的复制操作。
>
> （2）双击“格式刷”按钮，可以实现多次格式的复制操作，结束复制格式操作时再次单击格式刷按钮或按【Esc】键即可退出格式刷状态。

6. 制表位

制表位是指在水平标尺上的位置，指定文字的缩进距离或一栏文字的开始位置。在没有表格的情况下，利用制表位可以把文本编排得像有表格一样整齐。用户也可以利用空格键来调整字符的位置，但过于麻烦，而且也不能保证文本编排得规矩。利用制表位就可以克服以上缺点。制表位有 5 种，分别是左对齐式、右对齐式、居中、竖线对齐式和小数点对齐式，其具体含义如下。

格式刷

①左对齐式制表位▙：把文本编排到制表符的右面。

②右对齐式制表位▟：把文本编排到制表符的左面。

③居中式制表位▟：把文本编排在制表符的两侧。

④竖线对齐式制表位▟：在某一个段落中插入一条竖线。

⑤小数点对齐式制表位▟：将数字按小数点对整齐。

制表位的三要素包括制表位位置、制表位对齐方式和制表位的前导字符。在设置一个新的制表位格式的时候，主要是针对这三个要素进行操作。

☞设置制表位的方法如下：

方法一：在“段落”对话框“缩进和间距”选项卡中单击“制表位”按钮，打开“制表位”对话框，如图 3-47 所示。在“制表位位置”文本框内输入一个制表位的位置，如输入“2”，将“对齐方式”设置为“左对齐”，将“前导符”设置为“无”，单击“确定”按钮后，则会在距页面边距 2cm 处插入一个左对齐式制表位。插入成功后可在标尺上显示该制表符，如图 3-48 所示。

方法二：在水平标尺上自定义制表位。单击水平标尺和垂直标尺相交处的制表符选择按钮▙，通过单击找到所需制表符类型，然后在水平标尺上单击，即可把选定的制表符放到标尺上。

通过以上两种方法设置完制表符后，在输入或编辑文本时，按下【Tab】键，插入点就会自动跳到下一个制表位的位置。

7. 项目符号和编号

项目符号和编号是设置在段落之前的符号或编码，可以使段落的层次和条理关系更加清晰，便于阅读。

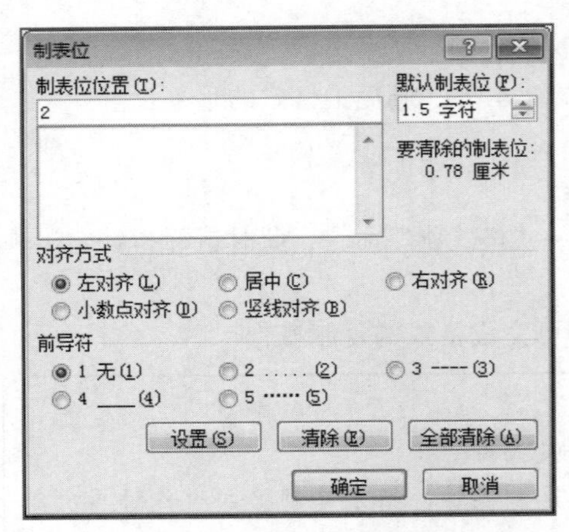

图 3-47 “制表位”对话框

制表位

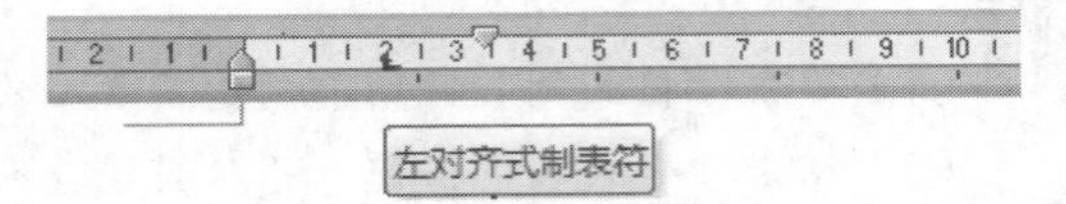

图 3-48 在标尺上显示已插入的制表位

（1）自动创建项目符号和编号

输入常用符号或编号，如“①”“●”“1、”，在其后输入文本（在符号和文本之间输入一个空格）并按【Enter】键，会在下一行自动生成相同的符号或顺序递增的编号，然后直接输入文本内容即可。

（2）添加项目符号

☞操作步骤如下：

① 选择要添加项目符号的文本。

② 依次执行“开始”选项卡→“项目符号”命令，在打开的“项目符号”列表中选择所需符号。

③ 如果没有想要的符号，可以单击“定义新项目符号”命令，打开“定义新项目符号”对话框，如图 3-49 所示，从中可以单击“符号”按钮，选择想要的符号；或单击“图片”按钮，从打开的“图片项目符号”对话框（见图 3-50）中选择想要的图片作为项目符号。

④ 选择完成以后，单击“确定”按钮，即可为所选文本添加上指定的项目符号。

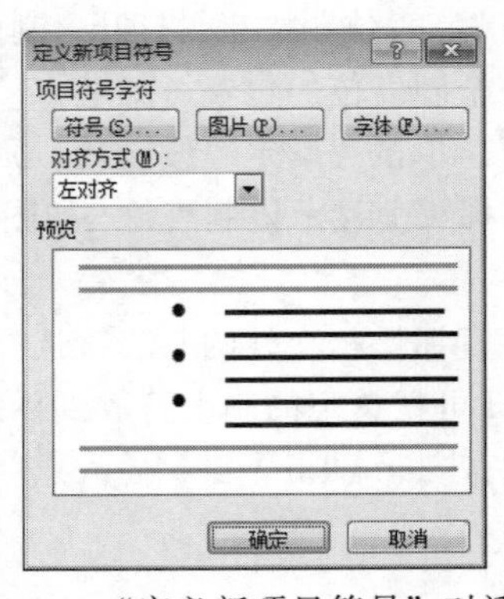

图 3-49 “定义新项目符号”对话框

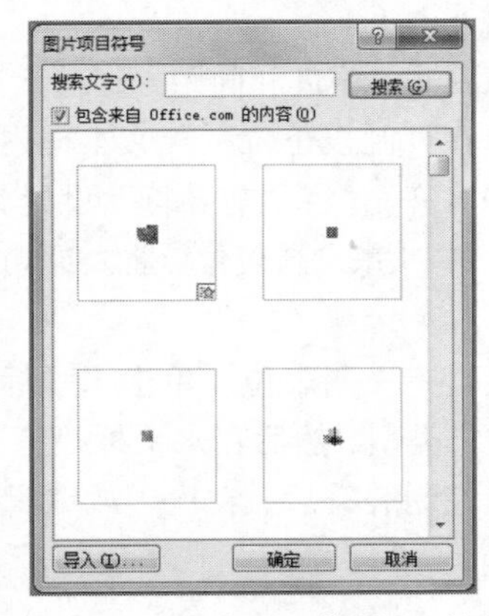

图 3-50 “图片项目符号”对话框

项目符号和编号

（3）添加项目编号

☞操作步骤如下：

① 选择要添加编号的文本。

② 依次执行“开始”选项卡→“编号”命令，在“编号”列表中选择所需的符号。如果没有想要的编号，可以单击“定义新编号格式”，打开“定义新编号格式”对话框，从中选择想要的编号样式和格式，如图 3-51 所示。

③ 如果要改变编号起始值，单击“项目符号与编号”右侧的下拉按钮，从列表中选择“设置编号值”命令，打开“起始编号”对话框（见图 3-52），可以选中“开始新列表”单选按钮，并在“值设置为”选项中设定起始值。

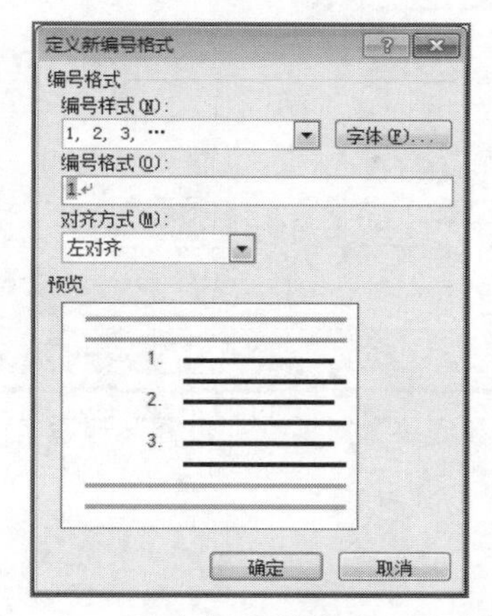

图 3-51　“定义新编号格式”对话框

边框和底纹

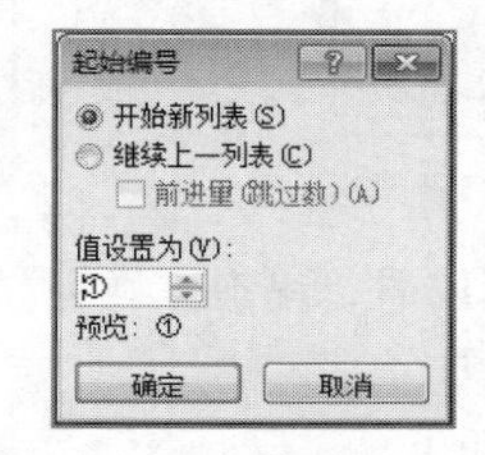

图 3-52　“起始编号”对话框

④ 设置完成以后，单击“确定”按钮，就可以完成项目编号的添加。

（4）多级列表

☞操作步骤如下：

① 选择要添加多级编号的文本。

② 依次执行“开始”选项卡→“多级列表”命令，在“多级列表”列表中选择所需符号。如果没有想要的编号，可以单击“定义新多级列表”右侧的下拉按钮，打开“定义新多级列表”对话框，从中选择想要的编号样式。

③ 设置完成以后，单击“确定”按钮，就可以完成多级项目编号的添加。

> **提示**
>
> 为文本添加完项目符号或项目编号后，如果想要更改某一段落的项目级别，可以将光标定位在该段文本上，通过增加或减少缩进量来调整编号的级别。

8. 添加边框和底纹

在 Word 2010 中，可以通过给文本添加边框和底纹，来达到美化页面和突出显示的效果。

（1）添加边框

☞操作步骤如下：

① 选择要添加边框的文本。依次执行“开始”选项卡→“段落”选项组→“边框”命令，可以添加默认的边框格式。如果要添加其他格式的边框，可以单击“边框”命令右侧的下拉按钮，从下拉列表中选择想要的边框格式，如图 3-53 所示。

② 如果要改变边框的线型和颜色，可以从下拉列表中选择“边框和底纹”，打开“边框和

底纹”对话框，从“边框”选项卡中可以设置边线的样式、颜色、宽度和“应用于”的对象（文字或段落），如图 3-54 所示。

图 3-53 “边框”下拉列表

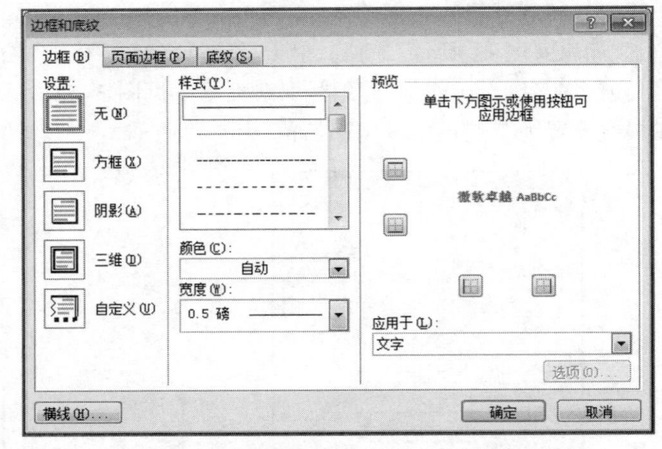

图 3-54 “边框和底纹”对话框“边框”选项卡

③ 设置完成以后，单击“确定”按钮即可。

（2）添加底纹

☞操作步骤如下：

① 选择要加底纹的文本。依次执行“开始”选项卡→“段落”选项组→“底纹”命令，从打开的列表中选择需要的底纹颜色，如图 3-55 所示。

② 如果要设置“图案样式”，可以在“边框和底纹”对话框中的“底纹”选项卡中设置填充的颜色、图案样式和应用对象，如图 3-56 所示。

③ 设置完成以后，单击“确定”按钮即可。

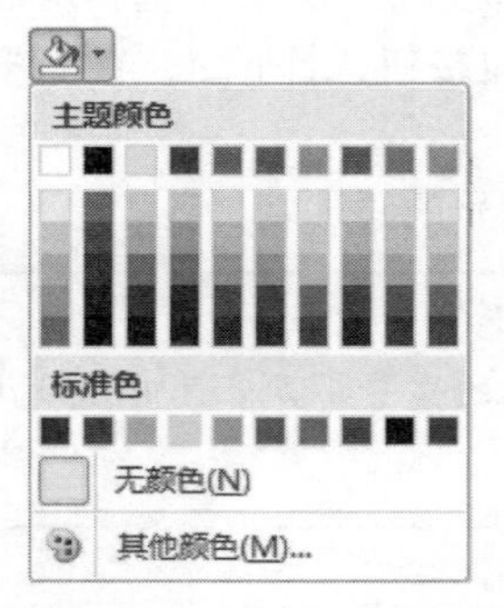

图 3-55 “底纹颜色”下拉列表

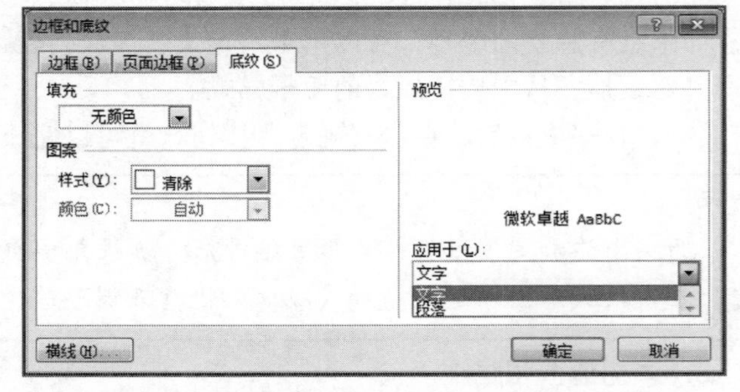

图 3-56 “边框和底纹”对话框“底纹”选项卡

提示

给段落加边框和底纹时，要考虑“应用于”的对象，其对象包括文字和段落两种。应用的对象不同，设置后的效果也不同。如果选择“文本”，则以每行文本内容为一个单位添加边框或底纹；如果选择“段落”，则以所选的段落为一个单位添加边框或底纹。

9. 设置分栏

在 Word 中可以利用分栏功能，使段落或文字实现报纸、杂志中多栏排版的效果。Word 2010

中的分栏效果分为五种，分别是一栏、两栏、三栏、偏左和偏右。用户也可以根据自己的需要，调整分栏的效果。

☞操作步骤如下：

① 选择要设置分栏的文本或段落，依次执行“页面布局”选项卡→“页面设置”选项组→“分栏”命令，从下拉列表中选择要设置的分栏效果，如图 3-57 所示。

② 如果要对分栏的效果进行栏数、宽度、间距、栏宽不等、分隔线的设置，可以单击“分栏”下拉列表中的“更多分栏”命令，在打开的“分栏”对话框中进行相应的设置，如图 3-58 所示。

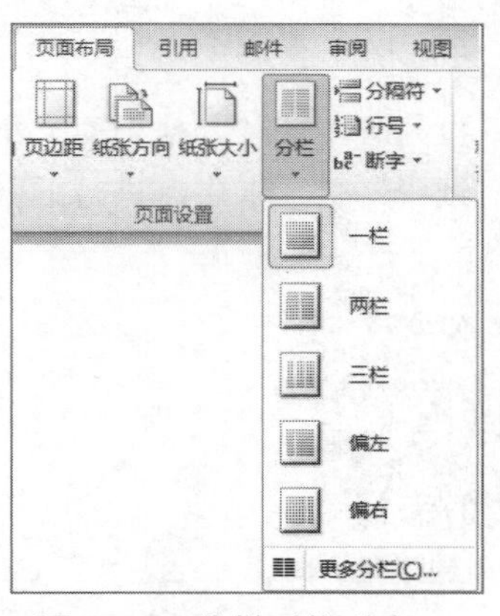

图 3-57　分栏下拉列表

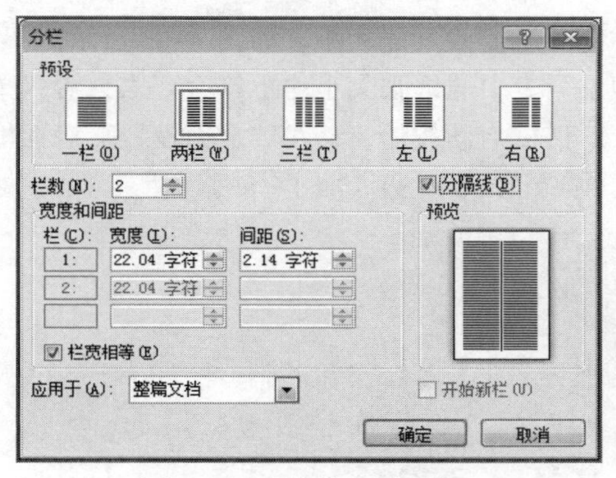

图 3-58　“分栏”对话框

分栏

10. 首字下沉

在杂志中经常看到有些文章的第一段的第一个字符比其他字符大，且占据几行的位置，这个字就是首字下沉。通过首字下沉的效果设置，可以引起读者的注意，使读者从该字开始阅读。

☞操作步骤如下：

① 将光标定位在需要设置首字下沉的段落。依次执行“插入”选项卡→“文本”选项组→“首字下沉”命令，从打开的下拉列表中可以选择“下沉”或“悬挂”下沉格式，如图 3-59 所示。

② 单击“首字下沉”命令列表中的“首字下沉选项”，在打开的“首字下沉”对话框中可以进行字体、下沉行数、距正文的设置，如图 3-60 所示。

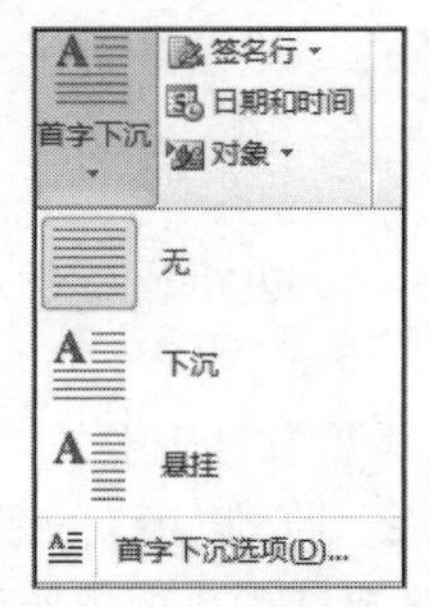

图 3-59　“首字下沉”下拉菜单

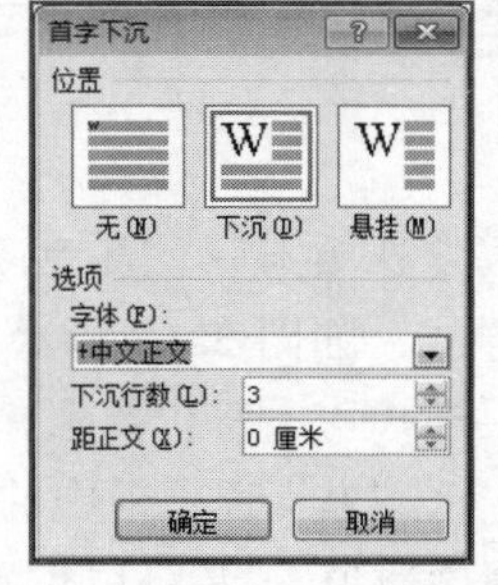

图 3-60　“首字下沉”对话框

首字下沉

3.3.3 页面格式设置

页面设置是当我们需要制作一个版面要求较为严格的文档时，可以通过“页面设置”功能来进行页面大小、装订线位置、页眉、页脚等内容的设置。

1. **设置纸张大小**

Word 中的纸张大小，通常有 A4、B5、A3、信纸、法律专用纸、Executive 等几种类型。用户也可以根据自己的需要自定义纸张的大小。

☞操作方法是：

方法一：依次执行“页面布局”选项卡→“页面设置”选项组→“纸张大小”命令，在打开的下拉列表中选择所需的页面大小，如图 3-61 所示。

方法二：如果列表中的纸张大小均不符合要求，可以单击下拉列表中的“其他页面大小”或“页面设置”对话框启动按钮，在“页面设置”对话框的“纸张”选项卡中，进行纸张大小的设置，如图 3-62 所示。

页边距和纸张方向

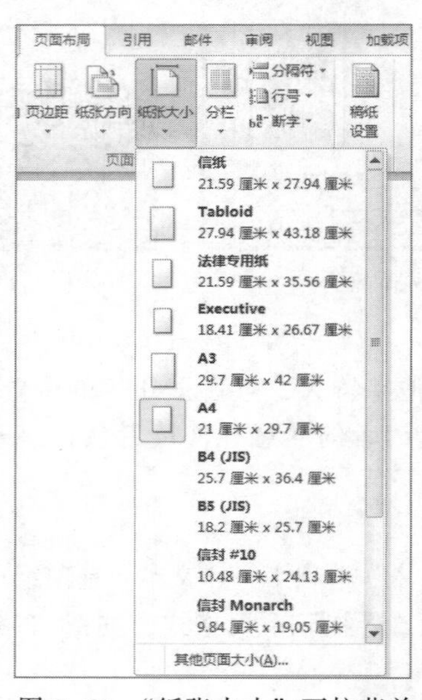

图 3-61 “纸张大小”下拉菜单

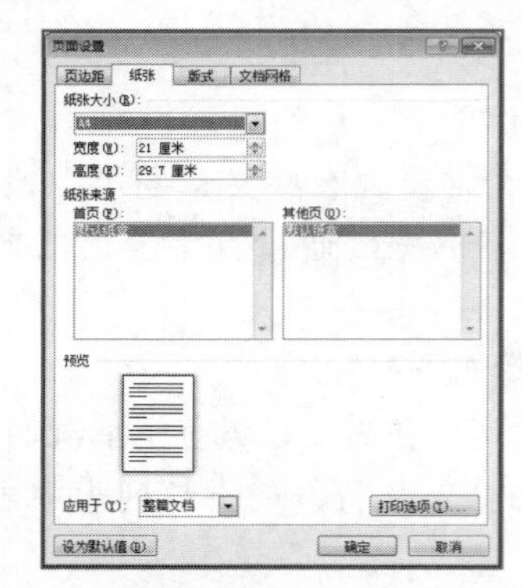

图 3-62 “页面设置”对话框“纸张”选项卡

2. **设置页边距**

页边距是指文档正文与纸张上、下、左、右边缘之间的空白距离，用户可根据自己的需要进行距离大小的调整。

☞操作方法是：

方法一：依次执行“页面布局”选项卡→“页面设置”选项组→“页边距”命令，在打开的下拉列表中选择所需的页边距样式，如图 3-63 所示。

方法二：如果列表中的页边距样式均不符合要求，可以在“页面设置”对话框的“页边距”选项卡中设置或调整“上”“下”“左”“右”选项框中的数值，设置文字与纸张边缘的距离。“装订线”选项是设置装订线边距的精确数值。“装订线位置”是用于设置装订线在纸边的位置，包括“左”“上”两种位置，如图 3-64 所示。

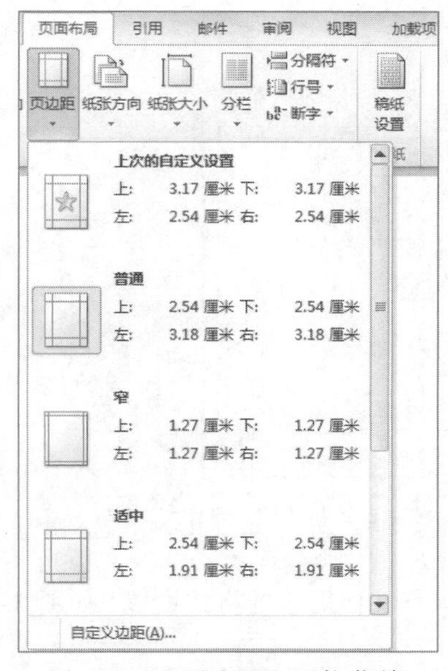

图 3-63 “页边距”下拉菜单

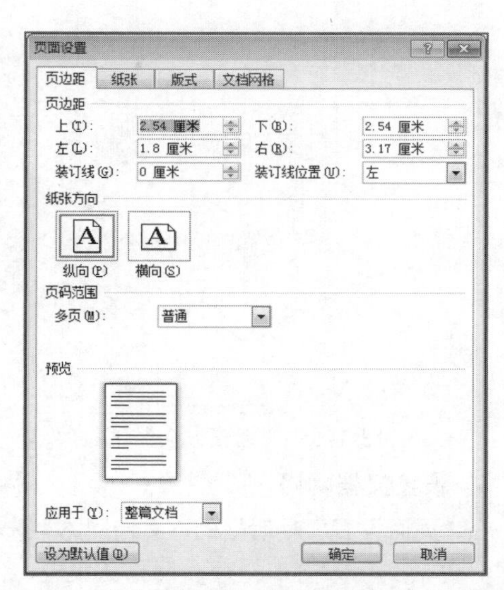

图 3-64 “页面设置”对话框“页边距”选项卡

3. 设置纸张方向

纸张的方向包括“横向”和“纵向”两种，默认情况下，纸张是纵向的。

☞设置纸张方向的方法有：

方法一：依次执行“页面布局”选项卡→“页面设置”选项组→“纸张方向”命令，在打开的下拉列表中选择“纵向”或“横向”，如图 3-65 所示。

方法二：在“页面设置”对话框的“页边距”选项中，在“纸张方向”中选择“横向”或“纵向”，即可使文档采取横向或纵向两种方式进行排版，如图 3-64 所示。

提示

（1）可以在一篇文档中同时使用“横向”或“纵向”两种方向，操作方法是：

（2）如果要改变部分页的页面方向，先选取这些页中的内容，然后在“页面设置”对话框的“页边距”选项中，将“应用于”选项设为“所选文字”，然后再选择所需的纸张方向即可。

（3）如果将光标定位在文档中的一个位置，然后将“应用于”选项设为“插入点之后”，这样，光标所在页之后的所有页面就可以设为与插入点之前不相同的纸张方向了。

4. 设置文字方向

文字方向即文字的排列方式。在 Word 2010 中，可以为文字设置多种排列方式。

☞操作方法是：

方法一：依次执行“页面布局”选项卡→“页面设置”选项组→“文字方向”命令，在下拉列表中选择所需的文字方向格式，如图 3-66 所示。

页面大小

方法二：如果要设置更多的文字方向格式，在“文字方向”下拉列表中选择“文字方向选项”命令，在打开的“文字方向-主文档”对话框中进行排列方式的选择，如图 3-67 所示。

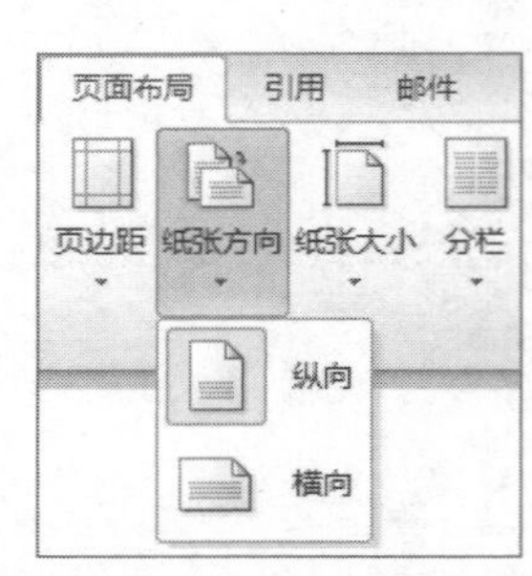

图 3-65 “纸张方向”下拉菜单

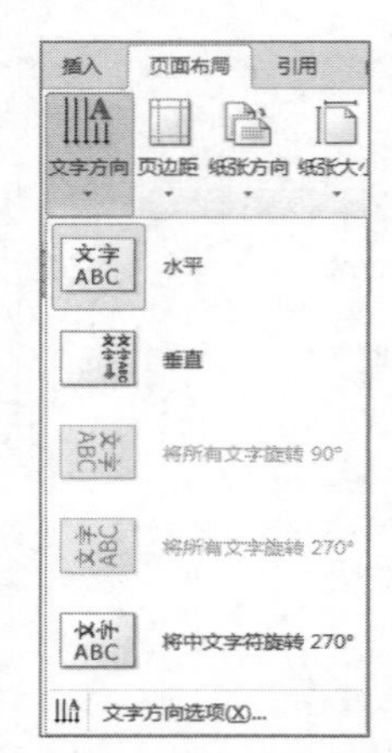

图 3-66 “文字方向”下拉菜单

5. 设置文档网络

在“页面设置”对话框的“文档网格”选项卡中，可以进行文档网格的格式设置，如图 3-68 所示。包括文字方向、栏数、网格的设置、字符数和行数。

① 只指定行网格：设定每页所含的行数。通过“行数”选项组中的“每页”和“跨度”设置每页的行数数量。

② 指定行和字符网络：同时设定每页所含行数和每行所含字符数。可通过“字符数”和“行数”选项组中的“每页”和“跨度”设置。

③ 文字对齐字符网格：严格按照设定每页的行数和每行的字符数进行页面设置。

页面颜色和边框

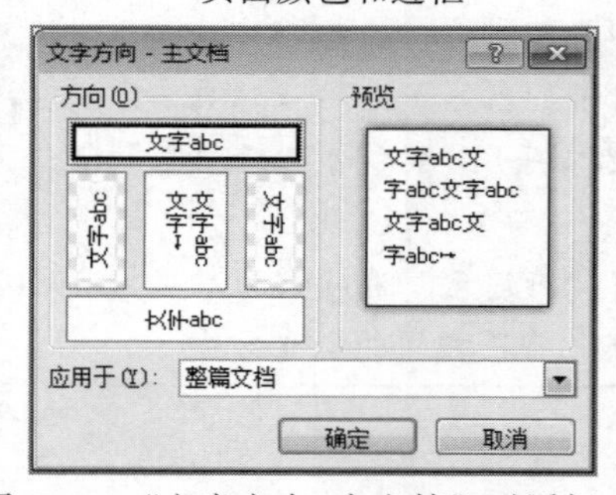

图 3-67 “文字方向-主文档”对话框

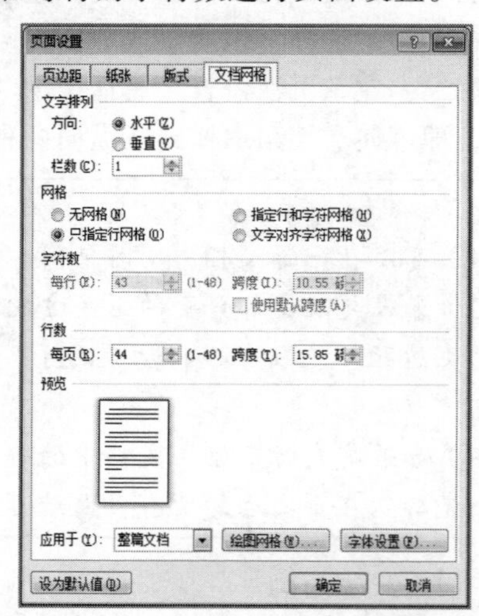

图 3-68 “页面设置”的“文档网格”选项卡

6. 设置页面背景

为了使页面更加美观，用户可以为页面添加一些装饰元素，如添加水印、设置不同的页面颜色、添加页面边框等。下面分别对这三方面内容加以介绍。

（1）添加/删除水印

☞添加水印的方法有：

方法一：依次执行“页面布局”选项卡→“页面背景”选项组→“水印”命令，在打开的下拉列表中选择所需的水印格式，如“机密”“严禁复制”等样式，如图 3-69 所示。

方法二：在“水印”下拉列表中选择“自定义水印”命令，在打开的“水印”对话框中，可以添加图片水印，也可以添加自己想要的文字水印，如图 3-70 所示。

☞删除水印的方法：依次执行“水印”下拉列表→“删除水印”命令即可。

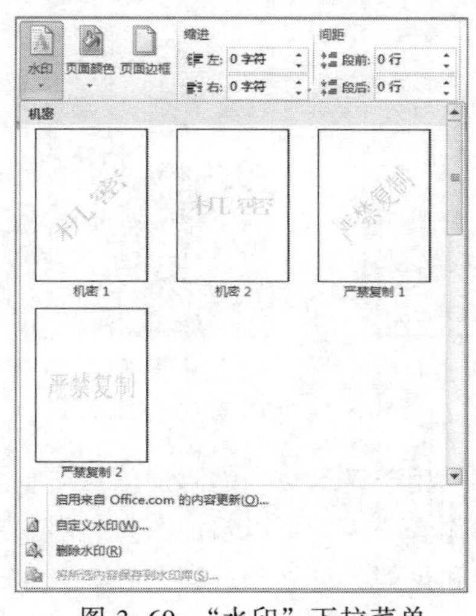

图 3-69　“水印”下拉菜单

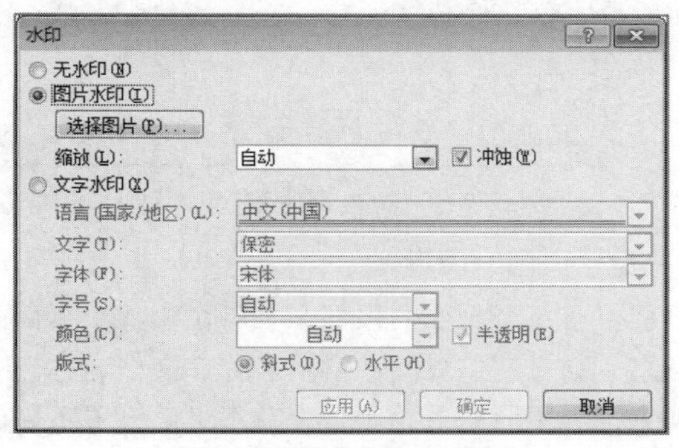

图 3-70　“水印”对话框

（2）添加背景

☞添加背景的方法有：

方法一：依次执行“页面布局”选项卡→“页面背景”选项组→“页面颜色”命令，在打开的下拉列表中选择所需的颜色，如图 3-71 所示。也可以选择“其他颜色”命令，在打开的“颜色”对话框中选择其他颜色。

方法二：在“页面颜色”下拉列表中选择“填充效果”命令，可以为页面添加“渐变”“纹理”“图案”“图片”背景效果，如图 3-72 所示。

7. 设置页面边框

☞添加页面边框的方法是：

依次执行“页面布局”选项卡→“页面背景”选项组→“页面边框”命令，在打开的“边框和底纹”对话框中，可以选择边框的样式、颜色和宽度，也可以添加艺术型的边框。在右侧预览区域里可以选择边框添加的位置以及应用的范围，如图 3-73 所示。

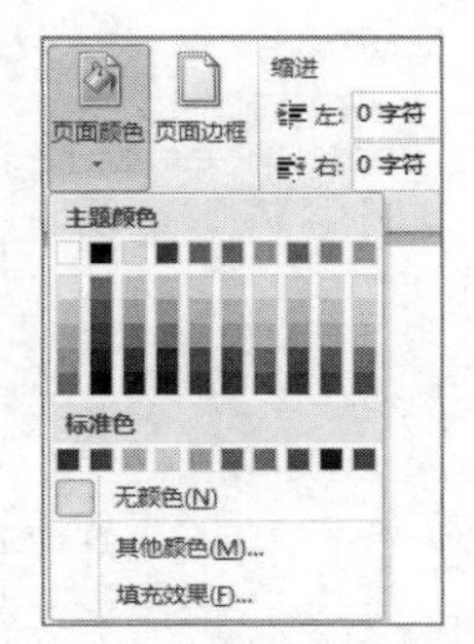

图 3-71　“页面颜色”下拉菜单

图 3-72　“填充效果”对话框

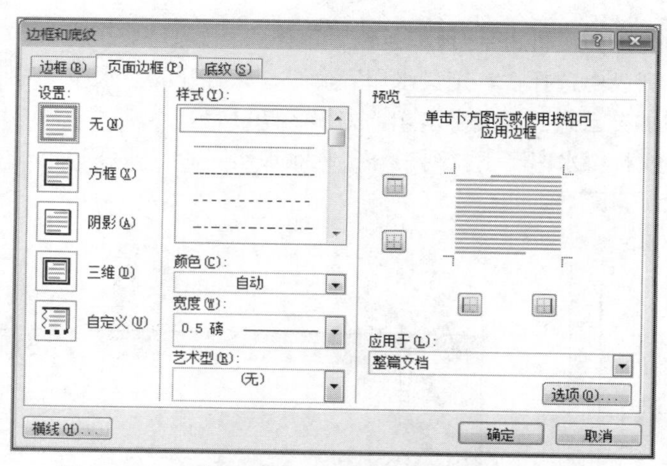

图 3-73 “边框和底纹”对话框“页面边框”选项卡

稿纸设置

8. 设置页眉、页脚

页眉位于每个页面的顶部，页脚位于每个页面的底部，用于显示文档的附加信息或重复显示的信息，如日期、时间、章节名称、文档名称、页码和作者等，也可以添加图片说明。一篇文档如果设为不同的节，则每一节都可以设置不同的页眉和页脚。页眉和页脚只有在页面视图方式下才能看到。

（1）添加页眉和页脚

☞操作步骤如下：

① 依次执行“插入”选项卡→“页眉和页脚”选项组→“页眉”或“页脚”命令，在打开的下拉列表中，可以选择所需样式；也可以从列表中选择“编辑页眉”或“编辑页脚”进入编辑状态。此时，页面顶部和底部各出现一条虚线，插入点定位在“页眉”或“页脚”处，同时出现“页眉和页脚工具”的“设计”选项卡，如图 3-74 所示。

② 用户可以自行输入所需的内容，也可以利用“页眉和页脚工具”的“设计”选项卡，插入日期和时间、图片、剪贴画等内容。单击“设计”选项卡“导航”组中的“转至页眉”或“转至页脚”命令，用户可以自由进行页眉和页脚之间的转换。

③ 完成页眉或页脚编辑后，双击正文中的任意位置或单击“关闭”选项组中的“关闭页眉和页脚”命令即可完成编辑返回文档正文。

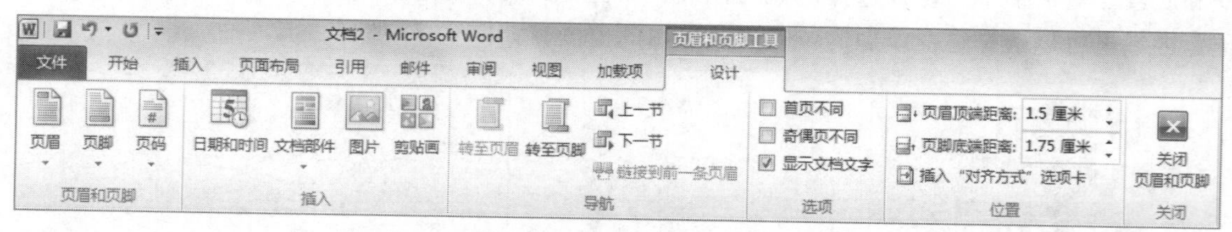

图 3-74 “页眉和页脚工具”的“设计”选项卡

（2）设置页眉和页脚的格式

☞操作方法是：

方法一：在“页眉和页脚工具”的“设计”选项卡中，可以设置“首页不同”“奇偶页不同”，以及页眉距离顶端或页脚距离底端的位置，也可以选择“插入‘对齐方式’选项卡”在打开的

“对齐制表位”对话框中设置页眉和页脚的对齐方式，如图3-75所示。

方法二：在“页面设置”对话框“版式”选项卡中，可以对页眉、页脚进行“奇偶页不同”“首页不同”的设置和与边界位置的设置，如图3-76所示。

方法三：在“开始”选项卡中，可以对页眉、页脚进行字体、字号、对齐方式等格式设置。

提示

（1）“奇偶页不同”表示要在奇数页与偶数页上设置不同的页眉页脚，这项设置在全文档中起作用。

（2）“首页不同”表示文档首页的页眉和页脚与其他页的页眉和页脚不同。

插入页眉和页脚

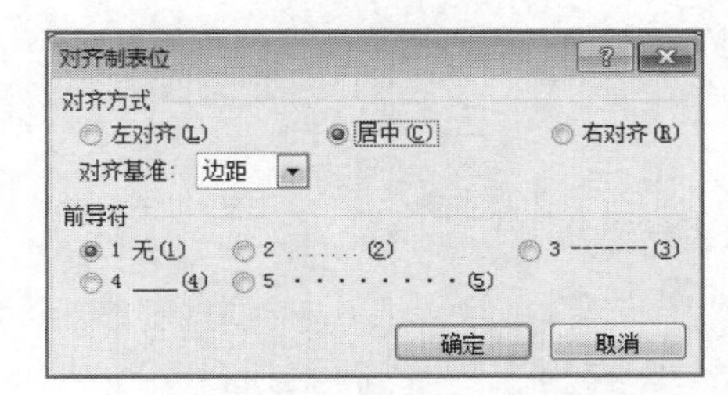

图3-75 “对齐制表位”对话框

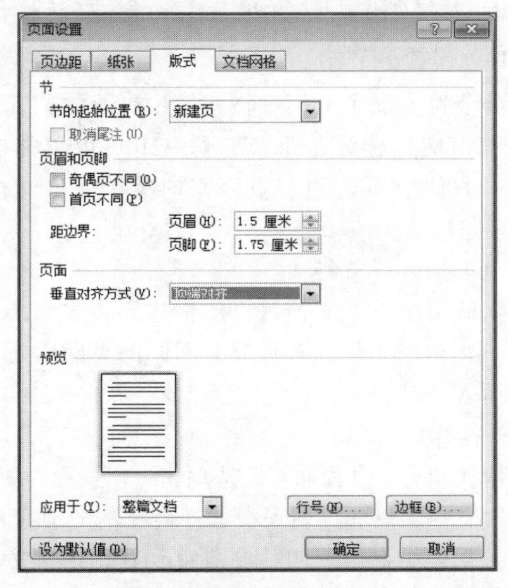

图3-76 “页面设置”对话框中“版式”选项卡

（3）删除页眉和页脚

☞操作方法是：

依次执行“插入”选项卡→“页眉和页脚”选项组→“页眉”或“页脚”命令，在打开的下拉列表中选择“删除页眉”或“删除页脚”即可。

9. 设置页码

当一篇文档包含多页时，为了方便整理和阅读，需要为文档添加页码。

（1）添加页码

☞操作方法是：

依次执行“插入”选项卡→“页眉和页脚”选项组→“页码”命令，在打开的下拉列表中用户可以根据需要选择插入页码的位置，如图3-77所示。

设置不同的页眉

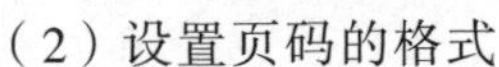

（2）设置页码的格式

☞操作方法是：

在“页码”命令的下拉列表中单击“设置页码格式”命令，在打开的“页码格式”对话框中可以对编码格式、是否包含章节号、页码编号的起始值进行设置，如图3-78所示。

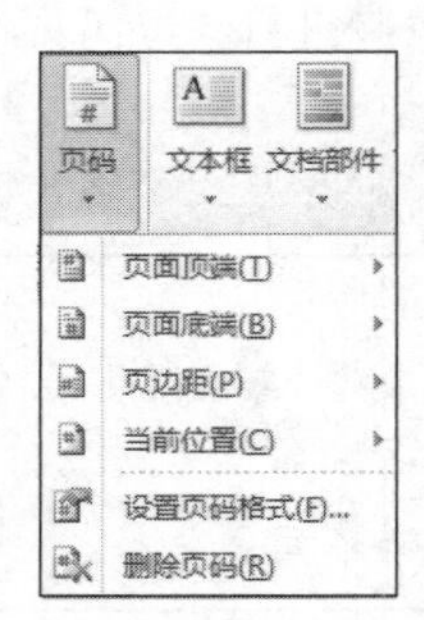

图 3-77 “页码”下拉菜单

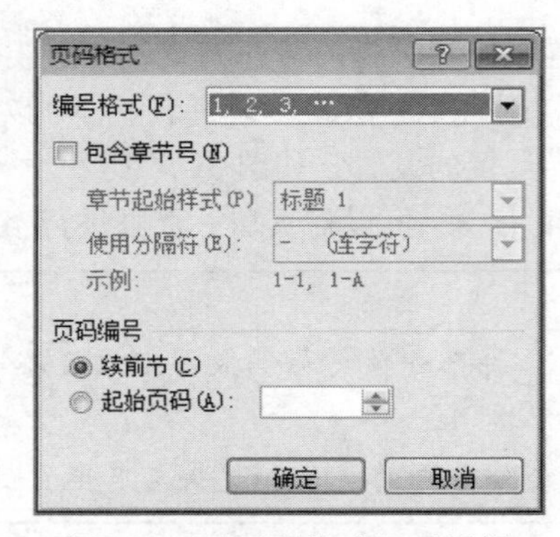

图 3-78 “页码格式”对话框

添加页码

10. 设置分节符

分节符定义了文档中格式发生更改的位置。使用分节符可以将整篇文档分为若干节，每一节可以单独设置版式，比如页眉、页脚、页边距、页面方向等，使得文档的排版变得更加灵活。

（1）插入分节符

默认情况下，文档每页的格式或版式都是相同的。为了实现同一文档中单页或多页拥有不同的页面版式，可以在文档中手动插入分节符。

☞操作方法是：

依次执行“页面布局”选项卡→“页面设置”选项组→“分隔符”命令，在下拉列表中选择需要的分节符格式，如图 3-79 所示。列表中提供了四种分节符，其具体含义如下：

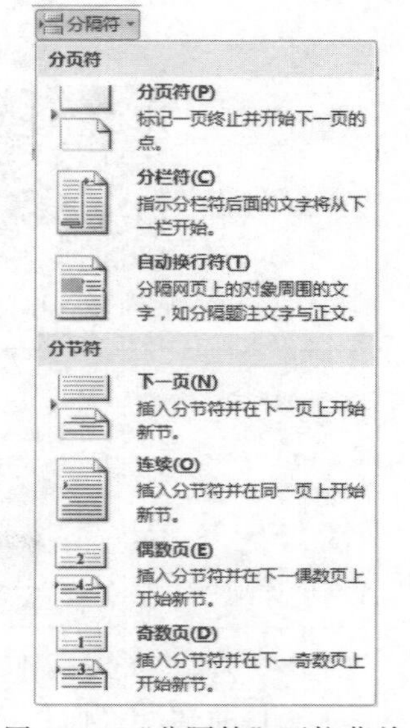

图 3-79 “分隔符”下拉菜单

① 下一页：插入分节符的同时会产生新的一页，插入点自动跳到新页上。

② 连续：只插入分节符，不产生新页，文档内容依旧连续。

③ 偶数页：将插入的分节符之后的所有段落变成一个新节，并且使这些段落在下一个偶数页开始。

④ 奇数页：将插入的分节符之后的所有段落变成一个新节，并且使这些段落在下一个奇数页开始。

（2）显示分节符

在页面视图方式下，插入的分节符是看不到的，可以通过切换视图方式来查看和编辑分节符。

☞操作方法是：

方法一：依次执行“开始”选项卡→“段落”选项组→“显示/隐藏编辑标记”命令。

方法二：切换到“草稿”视图方式。

通过以上操作，在插入分节符的位置可以看到，分节符被一条双虚线代替，同时也可以看到分节符的名称，如图 3-80 所示。

如果要删除分节符，选中该分节符标记后，单击【Delete】键即可。删除分节符后，该分节符之前文档的文本格式将同时被删除。

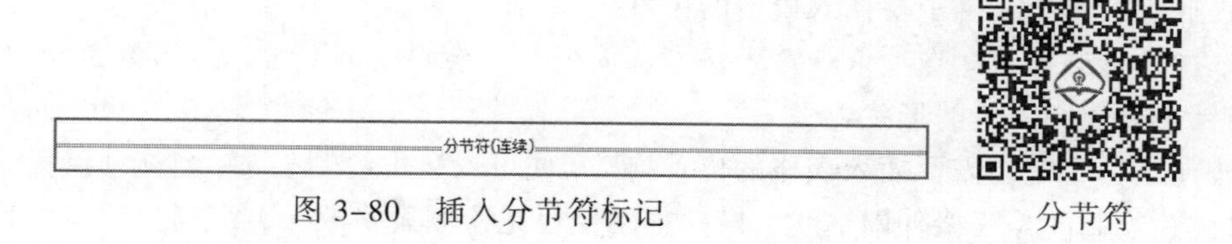

图 3-80　插入分节符标记　　分节符

3.4　表格处理

表格制作是文字处理软件的主要功能之一。表格的结构严谨，信息量大，可以使内容的表述更加清晰和直观。用户利用 Word 2010 的制表功能，可以方便地创建、编辑和设置表格格式，还可以对表格中的数据进行统计、排序等操作。

3.4.1　表格的建立

表格都是由单元格构成的，即行和列的交叉点。单元格是输入信息的基本单元。在 Word 2010 中主要通过以下 4 种方法来创建表格。

1. 快速插入表格

☞操作步骤如下：

① 将插入点置于文档中要插入表格的位置。

② 依次执行“插入”选项卡→“表格”命令，在打开的下拉列表中会出现一个 8 行 10 列的网格区。

③ 将鼠标指针移动到第一个网格后，拖动鼠标向右下方移动，文档中会同时出现与鼠标划过区域相同行、列数的表格。当行、列数满足要求后，在网格区单击鼠标左键，即可完成表格的创建，如图 3-81 所示。

> 提示
>
> 使用该方法时，若把光标置于单元格中，插入的表格就会显示在单元格中。若选中文本或字符，Word 会把选中的文本或字符换成表格，从而产生一个不符合要求的表格。

2. 插入表格

☞操作步骤如下：

① 将插入点置于文档中要插入表格的位置。

② 依次执行“插入”选项卡→“表格”命令，在打开的下拉列表中选择“插入表格”命令。

③ 在打开的“插入表格”对话框中输入行数和列数。设置“‘自动调整’操作”中插入的表格大小的调整方式，包括“固定列宽”“根据内容调整表格”“根据窗口调整表格”三种方式，如图 3-81 所示。

④ 单击“确定”按钮，即可在指定位置创建指定行、列数的表格。

3. 绘制表格

除了上面两种插入表格的方法以外，用户还可以根据实际需要自由绘制表格或单元格。

☞操作步骤如下：

① 将插入点置于文档中要插入表格的位置。

② 依次执行“插入”选项卡→“表格”选项组→“绘制表格”命令，如图 3-82 所示，这时鼠标指针会变成一支笔的形状✎。

③ 按住鼠标左键在需要插入表格的位置拖动，便可以自由绘制表格。当拖动鼠标绘制出矩形框的时候，绘制的是表格外围框线；横向拖动鼠标是绘制表格的行；纵向拖动鼠标是绘制表格的列；沿单元格的对角线拖动鼠标是绘制单元格的斜向框线。

④ 按【Esc】键可以结束表格的绘制，图 3-83 为使用“绘制表格”命令绘制的不规则表格。

⑤ 如果要删除表格的某些边框线，可以选择“表格工具”选项卡的“设计”中的“擦除”命令，如图 3-83 所示。选择该命令后，鼠标指针会变成橡皮状，移动鼠标指针到相应的边框线上单击即可删除该边框线。

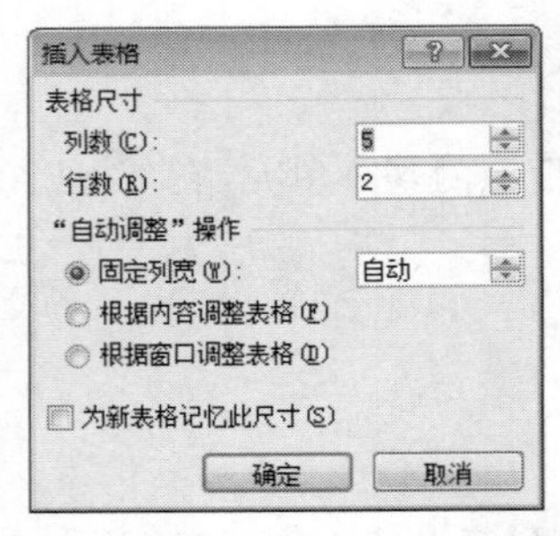

图 3-81 “插入表格”对话框

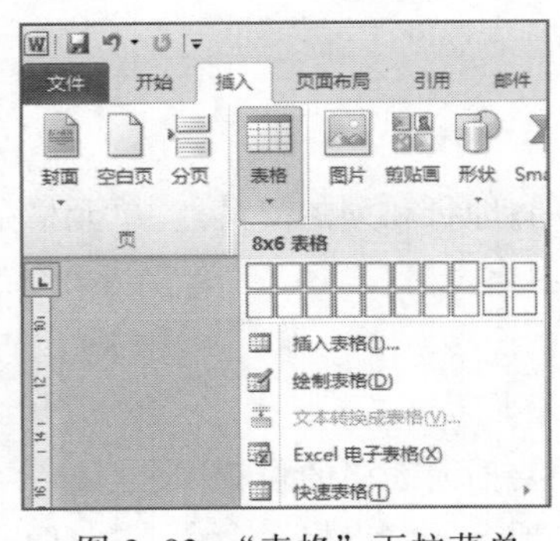

图 3-82 “表格”下拉菜单

插入表格

4. 使用“快速表格”命令绘制表格

☞操作步骤如下：

① 将插入点置于文档中要插入表格的位置。

② 依次执行“插入”选项卡→“表格”选项组→“表格”命令，从打开的下拉列表中选择“快速表格”命令，如图 3-82 所示。

添加和删除行

③ 从下拉菜单里提供的内置表格样式中选择所需的表格模板，如图 3-84 所示，在插入点的位置即可添加对应模板样式的表格。

④ 然后将表格模板中的原有数据替换成自己的数据即可。

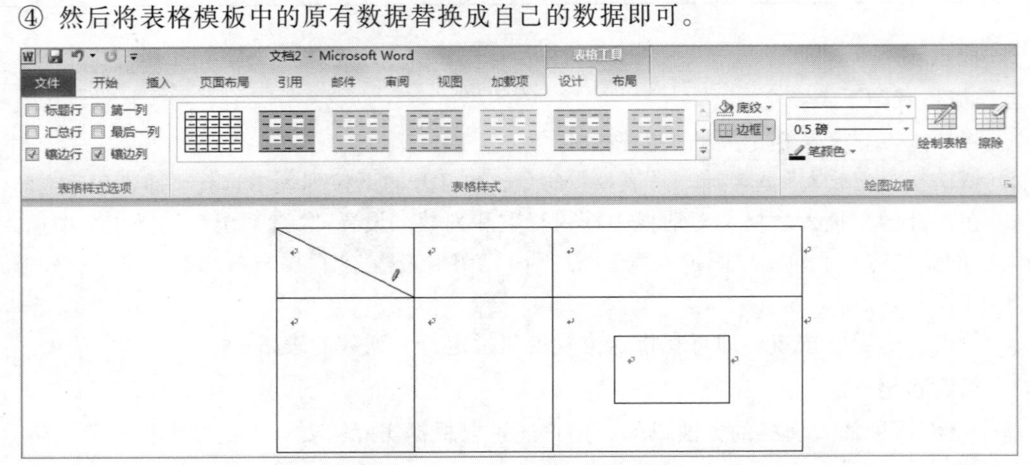

图 3-83 绘制的不规则表格

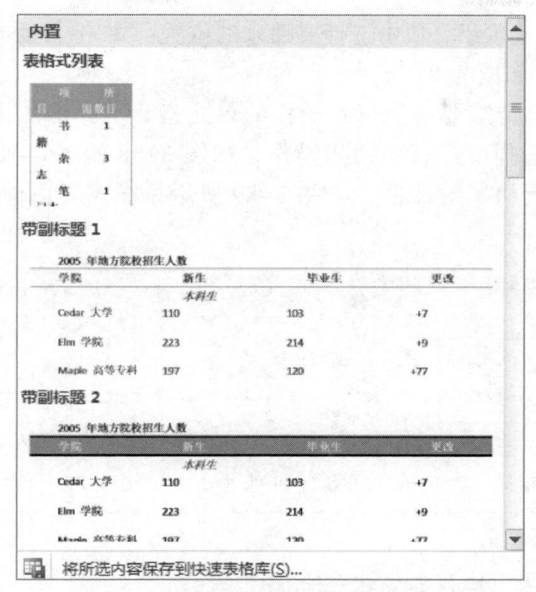

图 3-84　内置表格样式列表

3.4.2　表格的调整

1. 选定表格编辑对象

在进行表格编辑之前，首先要选定表格对象，比如单元格、行、列或整个表格。选定表格对象的方法主要有两种：一种是使用鼠标进行选择，这种方法简单快捷；另一种方法是在“表格工具”选项卡下的“布局”选项卡中使用“选择”命令进行选择。其操作方法如表 3-3 所示。

表 3-3　表格对象的选定操作

选择对象	鼠标选择（见图 3-85）	命令选择（见图 3-86）
单元格	光标移至单元格左侧，变成 ➚ 时单击	“表格工具”→“布局”→“选择”→“选择单元格”命令
行	光标移至行外侧，变成 ⬀ 时单击	“表格工具”→“布局”→“选择”→“选择行”命令
列	光标移至列上边框，变成 ⬇ 时单击	“表格工具”→“布局”→“选择”→“选择列”命令
整个表格	单击表格左上角的 ⊞	“表格工具”→“选定”→“表格”命令
表格区域	拖动选定	

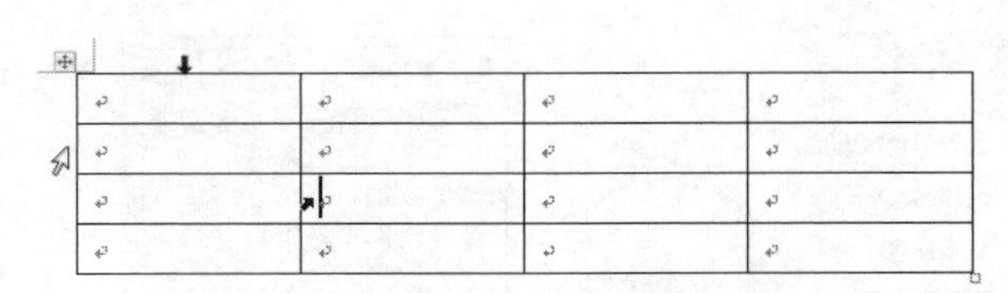

图 3-85　使用鼠标选择表格对象

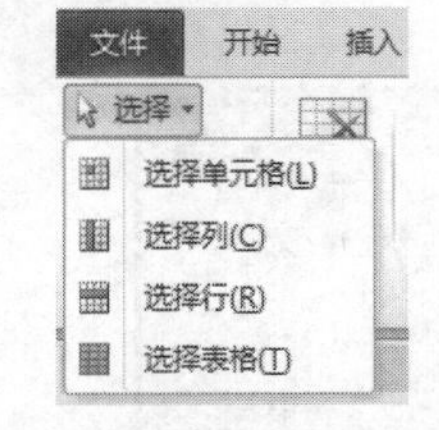

图 3-86　“使用选择”命令选择表格工具

2. 增加行、列与单元格

☞增加行、列与单元格的方法有：

方法一：将插入点定位在需要进行行列操作的单元格中，执行“表格工具”选项卡→“布

局”选项卡→“行和列”选项组，从中选择要插入的位置：“在上方插入”“在下方插入”“在左侧插入”“在右侧插入”，如图 3-87 所示。

方法二：在表格中右击需要进行行列操作的单元格，从弹出的快捷菜单中选择“插入”命令，在其级联菜单中选择要进行的插入操作，如图 3-88 所示。如果选择“插入单元格”命令，会弹出“插入单元格”对话框，如图 3-89 所示，在该对话框中可以选择插入单元格的位置。

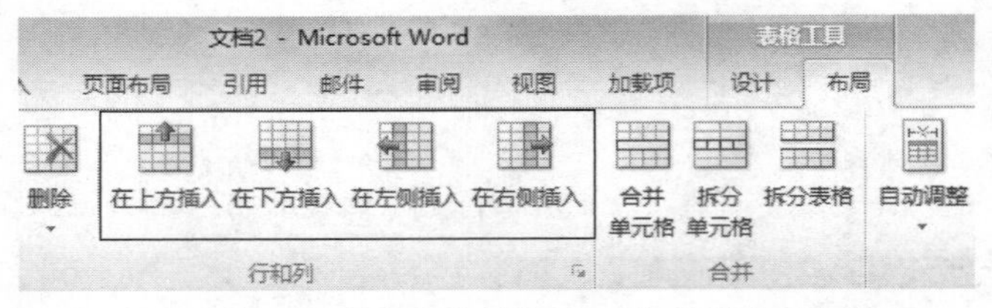

图 3-87　在“布局”选项卡中插入行和列

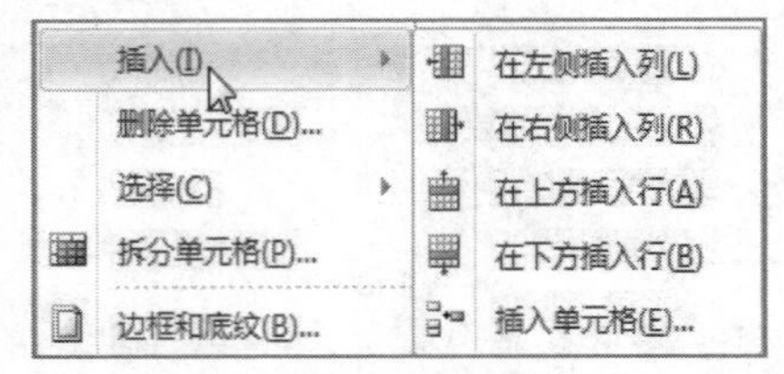

图 3-88　使用“插入”命令插入行和列

提示

还可以用以下方法快速地在表格最后插入行：

（1）将插入点定位在表格最后一行的最后一个单元格中，按【Tab】键，会自动在表格的最后一行下面添加一行。

（2）将插入点定位在表格每一行的右边线和回车符之间，按【Enter】键，会自动在表格的当前行下面添加一行。

3. 删除行、列、单元格和表格

对于不需要的行、列、单元格或表格，可以将其删除，但是表格中的内容会一并删除。如果删除的是行、列或单元格，还会对表格结构有一定的影响。由于这四种对象的删除方法类似，下面就放到一起来介绍。

☞操作方法是：

方法一：选中要删除的行、列、单元格或表格，依次执行“表格工具”选项卡→“布局”选项卡→“删除”命令，从下拉菜单中选择要删除的对象，如图 3-90 所示。如果选择的是“删除单元格”命令，会弹出“删除单元格”对话框，从该对话框中选择删除单元格的方式，如图 3-91 所示。

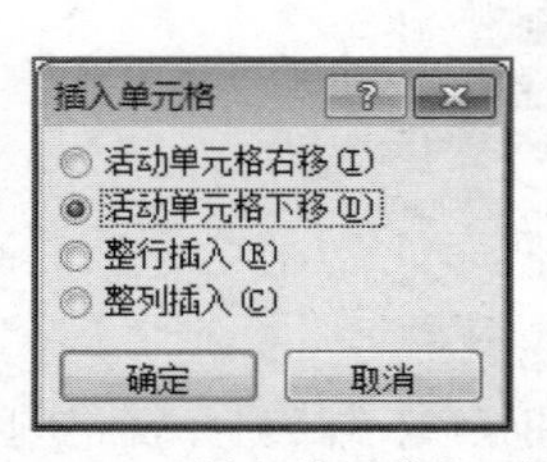

图 3-89　“插入单元格”对话框

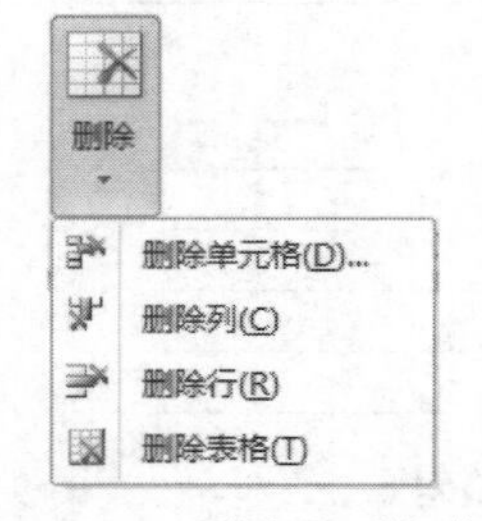

图 3-90　“删除”下拉菜单

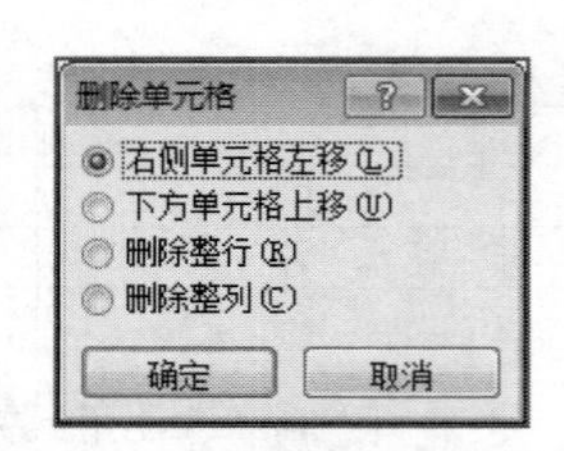

图 3-91　“删除单元格”对话框

方法二：选中要删除的行后，右击这些行，在弹出的快捷菜单中选择“删除行”命令，即可将选中的行删除，如果选中的表格对象是列、单元格或表格，则快捷菜单中会分别显示“删除列”“删除单元格”“删除表格”命令，如图 3-92 所示。

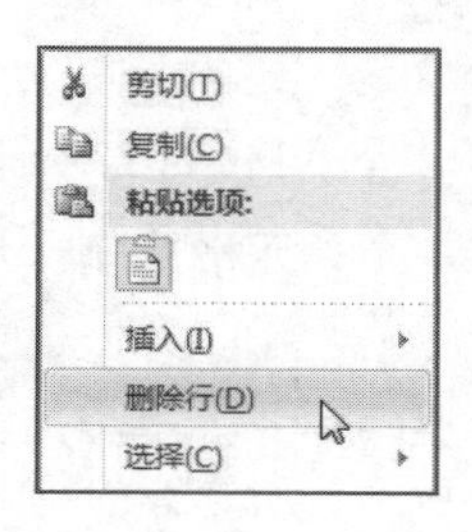

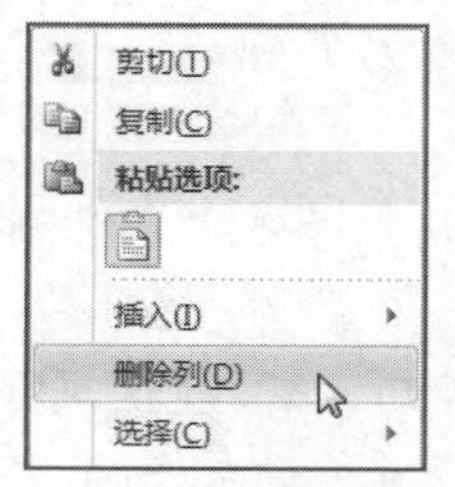

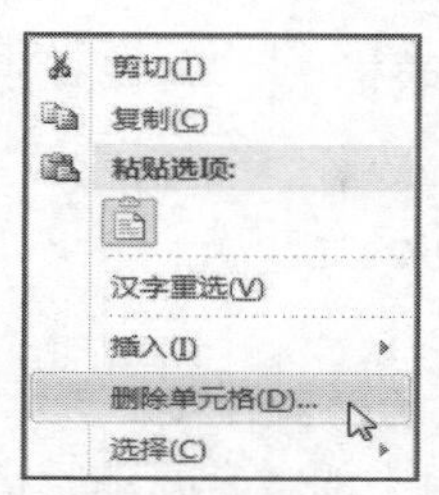

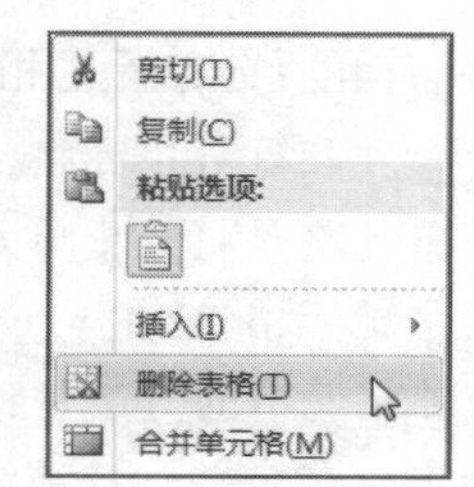

图 3-92　使用快捷菜单删除表格对象

提示

除上述方法外，还可以用以下方法删除表格：

（1）选中表格后，按【Backspace】键可以删除表格，但按【Delete】键删除的是表格中的内容，不能删除表格。

（2）选中表格后，右击该表格，在弹出的快捷菜单中选择“剪切”命令，这是将表格剪切到剪贴板中，也可以实现从文档中移除表格的效果。

4. 调整行高和列宽

☞调整行高、列宽的方法有：

方法一：选择要调整行高值的行，在“表格工具”选项卡→“布局”选项卡→“单元格大小”选项组中，输入行高值或利用微调框调整行高的具体数值，如图 3-93 所示。选中要调整列宽的列，采用同样的操作方法可调整列宽值。

设置行高和列宽

方法二：选择要调整行高值的行，依次执行“表格工具”选项卡→“布局”选项卡→“表”选项组→“属性”命令，打开“表格属性”对话框。在“行”选项卡中，可以通过“指定行高”微调框设置或调整行的高度，在“行高值是”选项中选择“最小值”或“固定值”，如图 3-94 所示。采用同样方法可设置表格、列、单元格的大小。

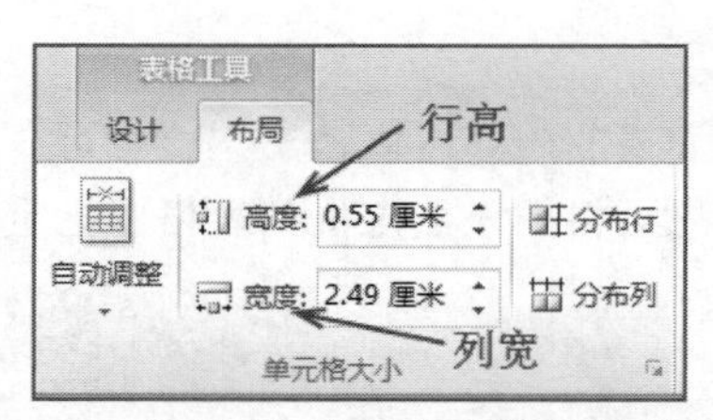

图 3-93　“布局”选项卡中设置行高列宽

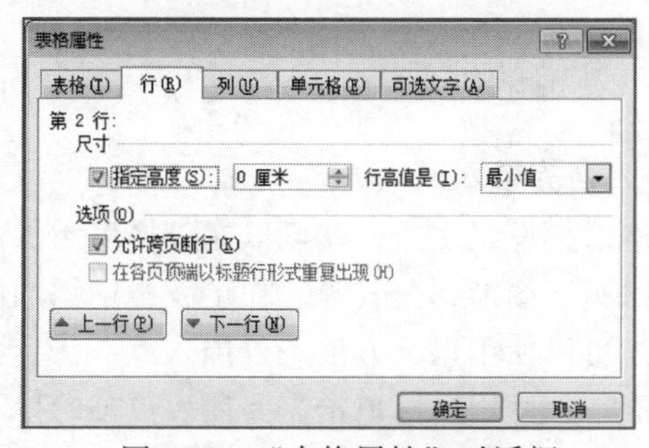

图 3-94　“表格属性”对话框

方法三：将光标定位在要改变行高或列宽的行或列中，拖拽水平标尺或垂直标尺中的“表格调整”标记或表格中的水平、垂直表格线，可以快速调整行高和列宽。

提示

（1）为了使表格行或列的大小自动适应文字大小，可以单击图 3-93 中的“自动调整”按钮，从下拉菜单中选择“根据内容自动调整表格”、“根据窗口自动调整表格”或“固定列宽”。

（2）如果想在表格大小不变的情况下，使某些行、列的大小相同，可以选择这些行或列，执行图 3-93 中“分布行”或“分布列”命令即可。

5. 合并和拆分单元格和表格

（1）合并和拆分单元格

合并单元格是将几个单元格合并成一个单元格；拆分单元格是将一个单元格拆分成大小相同的若干个单元格。

☞合并单元格的方法是：选择要合并的若干个单元格，依次执行“表格工具”选项卡→“布局”选项卡→“合并”选项组中的“合并单元格”命令，如图 3-95 所示，所选择的单元格被合并成一个单元格，这些单元格中的内容也被置于合并后的单元格中。

☞拆分单元格的方法是：将插入点定位在要拆分的单元格中，依次执行“表格工具”选项卡→“布局”选项卡→“合并”选项组中的“拆分单元格”命令，在打开的“拆分单元格”对话框（见图 3-96）中设置好要拆分的行列数后，单击“确定”即可完成拆分。插入点所在的单元格被拆分成若干个单元格，拆分前单元格的内容被放置在拆分后的第一个单元格中。

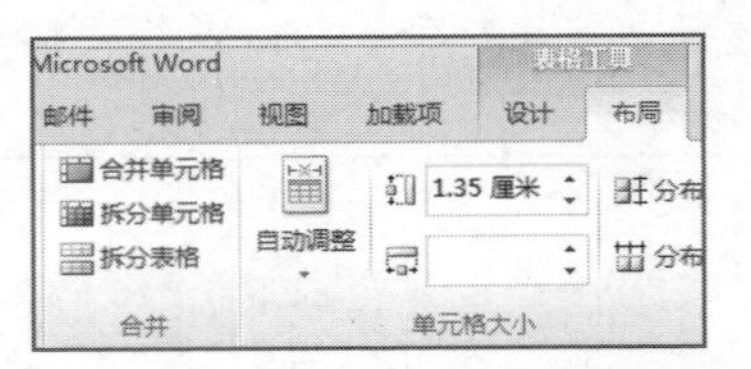

图 3-95 “布局”选项卡中的“合并”选项组

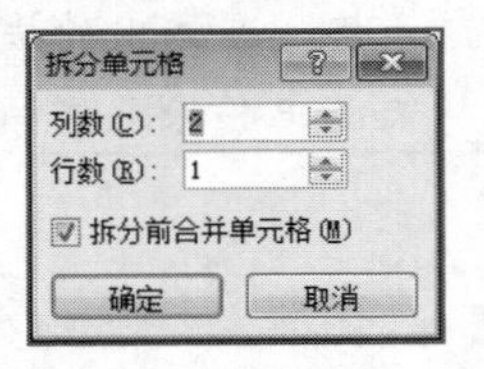

图 3-96 “拆分单元格”对话框

表格和单元格的对齐方式

（2）合并和拆分表格

☞合并表格的方法是：将两个表格之间的换行符删除，两个表格即可合并为一个表格。但是由于两个表格的大小不变，可能导致合并后的表格大小不一致。

☞拆分表格的方法是：如果要将一个表格拆分成两个表格，选择拆分位置的下一行，依次执行“表格工具”选项卡→“布局”选项卡→“合并”选项组中的“拆分表格”命令，即可将一个表格拆分成两个宽度相同的表格。

合并拆分单元格

3.4.3 表格的编辑

1. 内容的录入

表格框架设置好后，就可以在表格里添加内容，插入表格的内容可以是文本，也可以是图片、剪贴画、图形、公式等。在单元格中添加内容之前首先要将插入点定位到表格中指定的位置。用户可以使用以下方法定位插入点：

方法一：使用鼠标单击需要插入数据的单元格。

方法二：使用键盘上的上、下、左、右方向键移动插入点。

方法三：按【Tab】键可将插入点从当前单元格移动到下一个单元格；按【Shift+Tab】组合键可将插入点从当前单元格移动到前一个单元格。

2. 内容的编辑

表格中内容的编辑方法和文档的操作方法相同，都可以进行剪切、移动、复制、粘贴和删除操作，在此不再赘述。

3. 内容的对齐

表格中内容的对齐方式一共有九种，分别是：靠上两端对齐、靠上居中对齐、靠上右对齐、中部两端对齐、水平居中、中部右对齐、靠下两端对齐、靠下居中对齐、靠下右对齐。

☞设置表格中内容对齐的方法是：

方法一：设置水平方向对齐。选中需要对齐内容的单元格、列或行后，依次执行“开始”选项卡→“段落”选项组中的段落对齐命令：“文本左对齐”“居中”“文本右对齐”命令。

方法二：设置垂直方向对齐。选中需要对齐内容的单元格后，右击该单元格，从弹出的快捷菜单中选择“表格属性”命令，在打开的“表格属性”对话框的“单元格”选项卡中选择“上”“居中”“底端对齐”的对齐方式，如图3-97所示。

方法三：依次执行“表格工具”选项卡→“布局”选项卡→“对齐方式”选项组，在该组中共有九种对齐方式，如图3-98所示，用户可以根据需要选择相应的对齐方式。

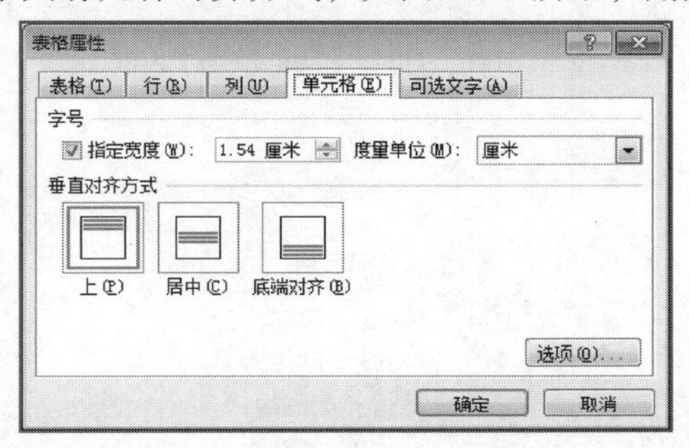

图3-97 “表格属性”对话框的“单元格”选项卡

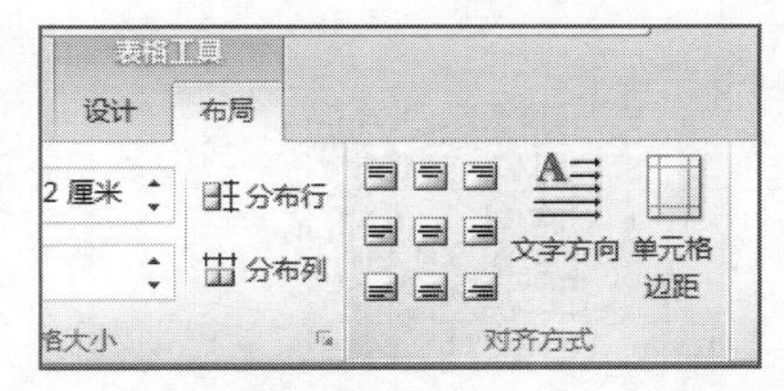

图3-98 “布局”选项卡的“对齐方式”选项组

3.4.4 表格的格式设置

1. 设置表格的对齐和环绕方式

☞设置表格对齐的方法有：

方法一：选中整个表格后，依次执行“开始”选项卡→“段落”选项组中的对齐命令，实现表格的左对齐、居中或右对齐。

设置边框

方法二：选中整个表格后，右击表格，在弹出的快捷菜单中选择“表格属性”命令，在打开的“表格属性”对话框的“表格”标签中进行表格对齐方式的设置，如图3-99所示。此外，还可以设置表格的“缩进值”和“文字环绕”方式。

2. 设置表格的边框和底纹

☞设置表格的边框和底纹的方法有：

方法一：选择表格后，依次执行“表格工具”选项卡→“设计”选项卡→“底纹”或“边框”命令，在“底纹”和“边框”的下拉菜单中进行底纹或边框的设置，如图3-101所示。

方法二：选择表格后，依次执行“表格工具”选项卡→“设计”选项卡→“表格样式”选项组→“边框”命令，从打开的下拉菜单中选择“边框和底纹”命令，打开“边框和底纹”对话框。从该对话框中设置表格的“边框”和“底纹”，如图3-100所示。

3. 设置斜线表头

☞操作方法是：

方法一：选择要添加斜线表头的单元格，依次执行“表格工具”选项卡→“设计”选项卡→“绘图边框”选项组→“边框”命令，在下拉列表中选择要设置的斜线形式“斜下框线”或“斜上框线”，如图3-102所示。

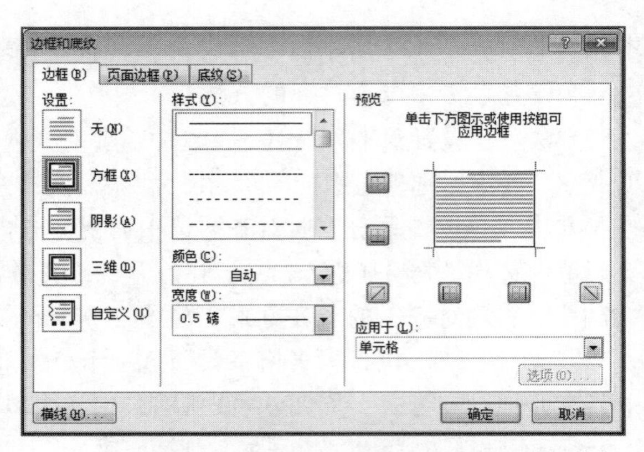

图 3-99 “表格属性”对话框的“表格”选项卡　　图 3-100 “边框和底纹”对话框

设置底纹

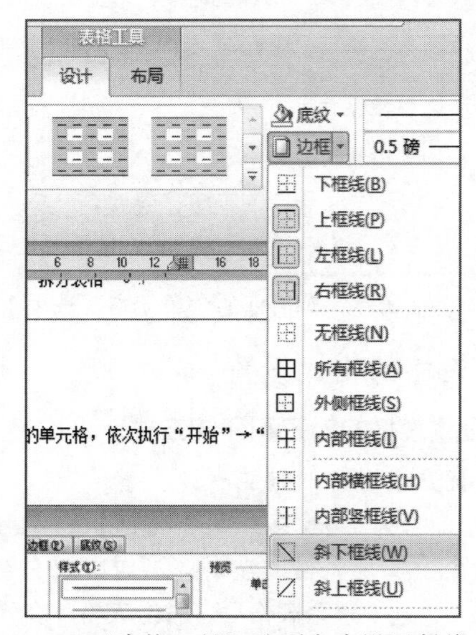

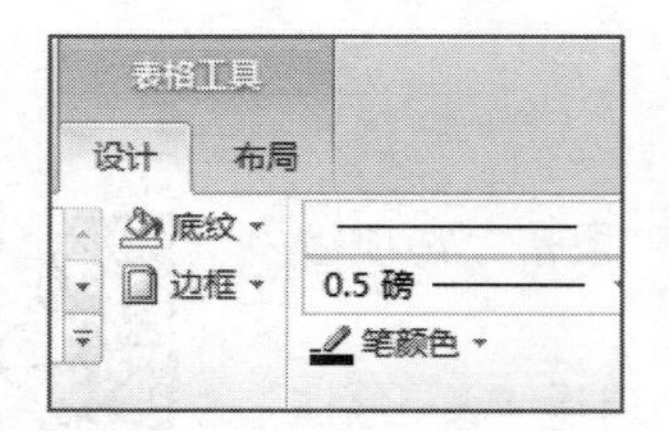

图 3-101 “表格工具”选项卡中“边框”命令　　图 3-102 “表格工具”选项卡中设置斜线表头

方法二：选择要添加斜线表头的单元格，依次执行“表格工具”选项卡→“设计”选项卡→“表格样式”选项组→“边框”命令，从打开的下拉菜单中选择“边框和底纹”命令，打开 “表格属性”对话框。在“边框”选项卡中单击要设置的斜线形式“斜下框线”或“斜上框线”，如图 3-100 所示。

表格样式

方法三：依次执行“表格工具”选项卡→“设计”选项卡→“绘图边框”选项组→“绘制表格”命令，当光标变成✎时，在需要设置斜线表头的单元格中沿对角线绘制即可。

4. 设置自动套用表格样式

Word 2010 为用户提供了很多表格样式，用户可以套用这些表格样式在自己的表格上，达到快速美化表格的效果。

☞操作方法是：

方法一：选中表格后，依次执行“表格工具”选项卡→“设计”选项卡→“表格样式”命令，从提供的表格样式列表中单击所需样式，即可将其应用到所选表格上。

方法二：选中表格后，依次执行“表格工具”选项卡→“设计”选项卡→“表格样式”命令，单击样式列表右侧的下拉按钮，从打开的下拉菜单中（见图 3–103），选择“修改表格样式”命令，可以对现有的样式进行更改；也可以选择“新建表样式”命令，在打开的“根据格式设置创建新样式”对话框中，新建表格样式，如图 3–104 所示。

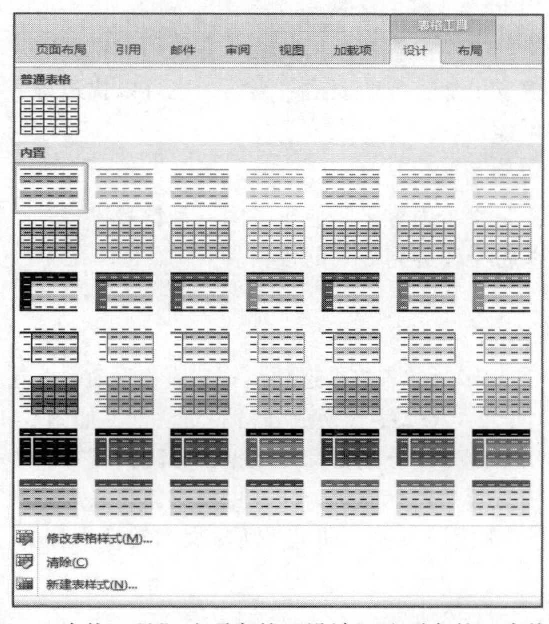

图 3–103 “表格工具”选项卡的“设计”选项卡的“表格样式”

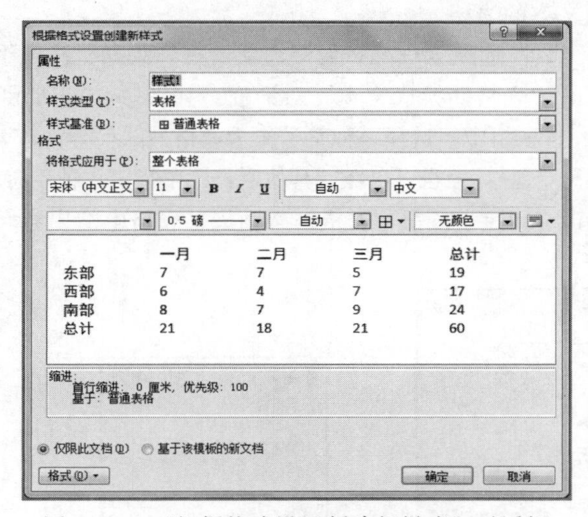

图 3–104 “根据格式设置创建新样式”对话框

5. 设置表格标题行重复

当表格很大，在打印的时候会出现在多个页面上时，若希望每一页续表中的标题与前一页的标题行内容相同，可以设置表格的标题重复。

☞操作方法是：

① 选中表格中需要重复的标题行（可以是一行也可以是多行，但必须包括第一行）。

② 依次执行“表格工具”选项卡→“设计”选项卡→“数据”选项组→“重复标题行”命令，即可将所选行设置为重复行。

如果要取消重复的标题行，再次单击“重复标题行”命令即可。

3.4.5 表格与文本的互换

标题行重复

Word 2010 提供了表格与文本内容的互换功能，方便用户将由同一种符号分隔的文本内容快速转换成更加直观的表格。当然，也可以快速将表格转换成文本，以增加文档的可读性。

1. 文本转换成表格

文本转换成表格的前提是文本内容之间使用了同一种符号进行了分隔，如逗号、制表符、空格等，系统会自动将这些符号作为划分列的依据。

☞操作步骤如下：

① 选择要转换的文本内容。

② 依次执行“插入”选项卡→“表格”选项组→“表格”命令，在打开的下拉列表中选择“文本转换成表格”命令，打开“将文字转换成表格”对话框，如图 3-105 所示。

③ Word 会自动检测出文档中的分隔符，并依据该分隔符计算出表格的列数。用户也可以在“文字分隔位置”选项中重新指定分隔符，同样可以重新定义列的数量。

④ 设置完毕后，单击“确定”按钮，即可将所选文本转换为表格。

2. 表格转换成文本

☞操作步骤如下：

① 选中需要转换成文本的表格。

② 依次执行“表格工具”选项卡→“布局”选项卡→“数据”选项组→“转换成文本”命令，打开“表格转换成文本”对话框，如图 3-106 所示。

表格与文本互换

③ 在“文字分隔符”选项组中，选择一种符号作为表格列的代替符，可以选择“段落标记”“制表符”“逗号”，也可以在“其他字符”中指定一种字符。

④ 设置完毕后，单击“确定”按钮，表格框架消失，表格中的内容转换为文本形式。

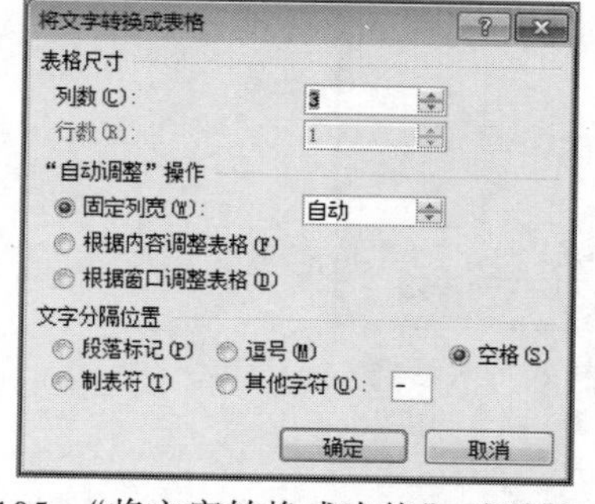

图 3-105 “将文字转换成表格”对话框

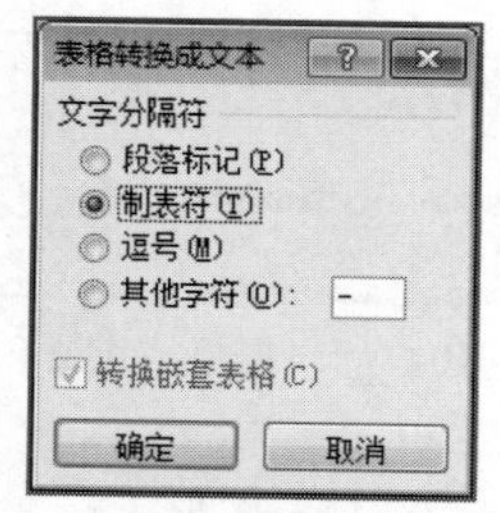

图 3-106 “表格转换成文本”对话框

求和与求平均值

3.4.6 表格数据的计算

在 Word 2010 中，使用表格可以进行简单的数据计算，比如求和、求平均值、求最大值、求最小值等，也可以进行数据的排序操作。但是复杂的数据处理还是需要使用 Excel 电子表格来完成。

1. 公式计算

☞操作步骤如下：

① 将插入点定位到要显示计算结果的单元格中。

② 依次执行“表格工具”选项卡→“布局”选项卡→“数据”选项组→“公式”命令，打开“公式”对话框，如图 3-107 所示。

排序

③ 在“粘贴函数”下拉列表中选择所需函数，在“编号格式”下拉列表中选择计算所得数据的显示格式。选择完毕后，在“公式”文本框中会显示公式，如“=SUM(ABOVE)”“=AVERAGE (LEFT)”。其中：SUM 代表对数据进行求和；AVERAGE 代表对数据进行求平均值；ABOVE 代表计算插入点上边的单元格的数据；LEFT 代表计算插入点左边的单元格的数据。

④ 公式编辑完成后，单击“确定”按钮，即可在相应的单元格中看到计算后的结果值。

2. 数据排序

☞操作步骤如下：

① 选择要在表格中进行排序的列或行。

② 依次执行“表格工具”选项卡→“布局”选项卡→“数据”选项组→“排序”命令，打开“排序”对话框，如图 3-108 所示。

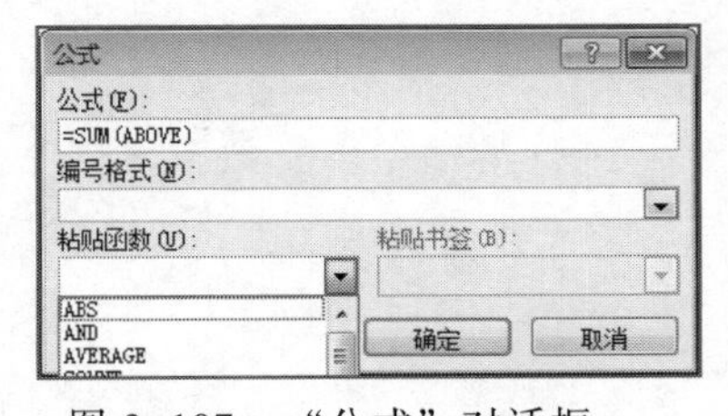

图 3-107 “公式”对话框

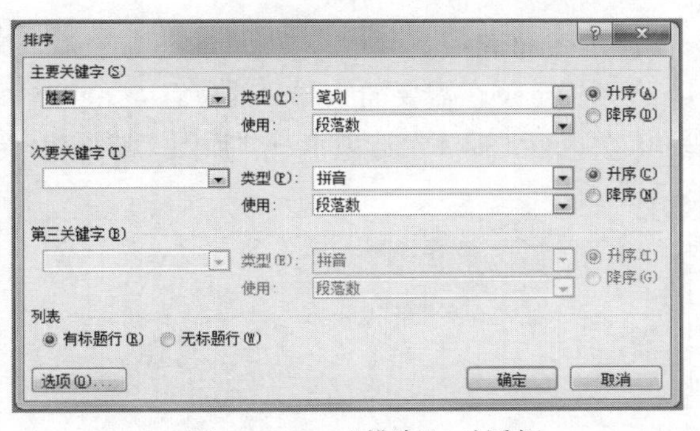

图 3-108 “排序”对话框

③ 在该对话框中进行以下设置：

- 在“主要关键字”中选择排序的依据，即表格标题行中的某个单元格中的内容。
- 在“类型”中选择排序依据值的类型，如“数字”“拼音”。
- 选择排序的顺序是“升序”还是“降序”。
- 在“列表”组中选择“有标题行”或“无标题行”，决定排序时标题行是否参与排序。

④ 设置完毕后，单击“确定”按钮，即可将整个表格按照指定的字段名和顺序进行排序。

3.5 图文处理

仅仅包含文字的文档使版面单调且枯燥，添加上适当的图片素材会使文档更加生动和富有感染力。Word 2010 具有强大的图片处理功能，用户可以在文档中插入和编辑来自文件的图片、剪贴画、图形、艺术字、SmartArt 图、公式等，使文档图文并茂。

3.5.1 插入图片

在 Word 2010 文档中可插入的图片主要是剪贴画、来自文件的图片、屏幕截图或是来自扫描仪、数码照相机的图片。Word 还提供了强大的图片编辑功能，比如裁剪图片、删除图片背景、更改颜色、调整对比度等。

1. 插入图片

Word 2010 提供了大量内容丰富、设计精美的剪贴画，这些剪贴画按照不同的主题进行了分类。其中，一部分剪贴画随安装盘安装到了本机上，另一部分由 Microsoft Office Online 网站提供。剪贴画一般都是矢量图形，文件格式是 WMF。

（1）插入剪贴画

插入图片

☞操作步骤如下：

① 将光标定位在需要插入图片的位置。

② 依次执行“插入”选项卡→“插图”选项组→“剪贴画”命令，在窗口右侧会打开“剪贴画”任务窗格，如图 3-109 所示。

③ 在“搜索文字”文本框中，输入所需剪贴画的名称或是主题的名称，如“人物”，单击“搜索”按钮后，所有相关主题的剪贴画会以缩略图的形式显示在任务窗格中。

④ 单击某个剪贴画缩略图，该缩略图就可以插入文档的指定位置。

（2）插入来自文件的图片

☞操作步骤如下：

① 将光标定位在需要插入图片的位置。

② 依次执行“插入”选项卡→“插图”选项组→“图片”命令，打开“插入图片”对话框，如图 3-110 所示。

图 3-109 “剪贴画”任务窗格

图 3-110 “插入图片”对话框

③ 在该对话框中选择要插入的图片，单击“插入”按钮后，图片就会以嵌入的形式插入到

文档的指定位置。用户也可以单击“插入”按钮右侧的下拉列表按钮▼，选择“链接文件”命令，这样就会将图片以链接的方式插入文档中，如果图片文件发生变化，插入文档中的图片也会随之改变。

（3）插入屏幕截图

在 Word 2010 中，新增了屏幕截图功能，该功能可以方便用户进行屏幕画面的截取。

☞操作步骤如下：

① 将光标定位在需要插入图片的位置。

② 依次执行“插入”选项卡→“插图”选项组→“屏幕截图”命令，打开下拉列表，如图 3-111 所示。

③ 在下拉列表中可以选择当前打开的窗口的缩略图，单击要插入的窗口缩略图片，整个窗口图片就会插入指定位置；也可以单击“屏幕编辑”命令，当光标变为+时，拖动鼠标左键选择所需截取的屏幕区域，选择完毕后松开鼠标左键，所选区域的图片就会出现在文档指定位置。

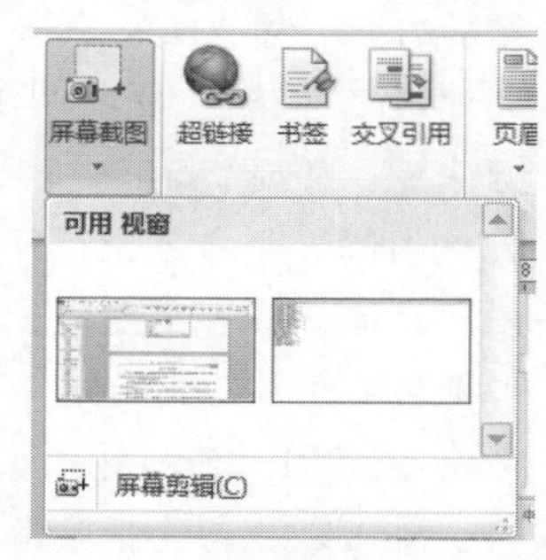

图 3-111 “屏幕截图”下拉列表

2. 图片编辑

（1）调整图片大小和旋转角度

☞调整图片大小的方法有：

方法一：单击插入的图片，在图片的周围会出现八个“尺寸控制柄”。当将鼠标移到这些控制柄上时会变成了双箭头形状，按下左键拖动鼠标，就可以快速改变图片的大小。

方法二：在插入的图片上右击，从弹出的快捷菜单中选择“大小和位置”命令，打开“布局”对话框，如图 3-112 所示。在“大小”选项卡中，用户可以调整图片的“高度”和“宽度”值，也可以通过调整“缩放”组中的“高度”和“宽度”比值来调整图片的大小。在调整图片大小时，如果想要保持图片原始的高度和宽度的比值，只要选中“锁定纵横比”复选框即可。

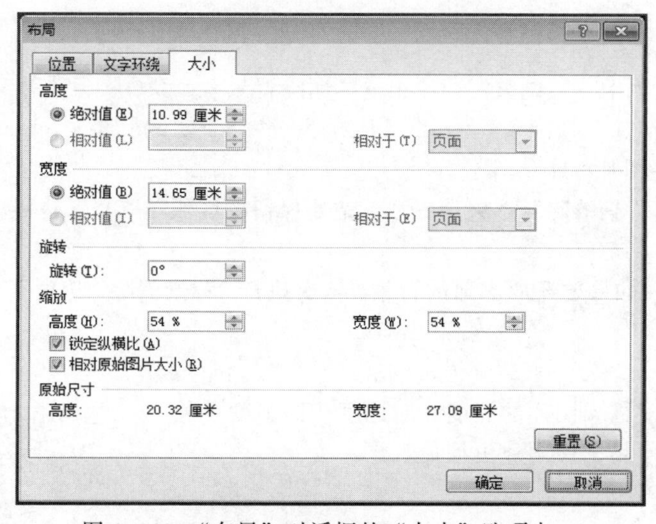

图 3-112 “布局”对话框的“大小”选项卡

调整图片大小

裁剪图片

☞旋转图片角度的方法有：

方法一：选中需要设置的图片后，将鼠标移到图片顶部的绿色“旋转控制柄”上，当鼠标指针变成形状时，拖动鼠标就可以快速完成图片的旋转。

方法二：双击要旋转的图片，依次执行“图片工具”选项卡→“排列”选项组→“旋转”命令，在弹出的快捷菜单中选择旋转的方式，如“向右旋转 90°”“向左旋转 90°”“垂直翻转”和“水平翻转”，如图 3-113 所示。

向右旋转 90°(R)
向左旋转 90°(L)
垂直翻转(V)
水平翻转(H)
其他旋转选项(M)...

图 3-113 “旋转”下拉菜单

方法三：在要旋转的图片上右击，在弹出的快捷菜单中选择“大小和位置”命令，打开“布局”对话框。在“大小”选项卡中，可以通过“旋转”选项调整图片具体的旋转角度值，如图 3-112 所示。

（2）裁剪图片

在 Word 2010 中，用户可以使用裁剪功能将图片周围无关内容进行删除。不仅可以完成常规裁剪，还可以裁剪为指定形状和按照一定的纵横比进行裁剪。

☞操作方法是：

方法一：双击要裁剪的图片。依次执行“图片工具”选项卡→“大小”选项组→“裁剪”命令，此时，图片周围会出现裁剪控制柄。拖动这些控制柄，调整裁剪框包围的图片部分，然后按【Enter】键即可将裁剪框以外的部分删除。

方法二：双击要裁剪的图片。依次执行“图片工具”选项卡→“大小”选项组，单击“裁剪”命令的下拉按钮，在打开的下拉菜单中选择“裁剪为形状”命令，从级联菜单中选择某个形状，图片就会被裁剪为指定形状；选择“纵横比”命令，从级联菜单中选择裁剪图片所使用的纵横比，图片就会按照所选纵横比进行裁剪。

（3）删除图片的背景

删除图片背景

有时，杂乱的图片背景不仅影响美观，还会降低文档的可读性。Word 2010 新增了智能的“去背景”功能，用户可以通过该功能轻松地去除图片的背景。

☞操作步骤如下：

① 双击要删除背景的图片。

② 依次执行“图片工具”选项卡→“调整”选项组→“删除背景”命令，图片上出现删除背景方框。同时，会出现“背景消除”选项卡。

③ 调整该方框使其刚好围住图片的主体部分。

④ 反复调整后，依次执行“背景消除”选项卡→“标记要保留的区域”→“保留更改”命令完成删除背景操作。

该方法只是将背景隐藏起来，如果要还原删除的背景，依次执行“背景消除”选项卡→“放弃所有更改”命令即可。

（4）调整图片的色彩

在 Word 2010 中，用户可以对插入图片的亮度、对比度、饱和度、色调等进行调整，从而改善图片的效果，使图片更加美观。

调整图片颜色

☞操作方法是：

方法一：选中需要设置的图片后，依次执行“图片工具”选项卡→“调整”选项组，从中选择相关命令完成图片的格式设置，主要包括：

①“亮度和对比度”，双击要裁剪的图片，单击“更正”命令，在下拉菜单中选择“锐化和柔化”或“亮度和对比度”栏中的相应选项，即可将图片设置成预设样式。

②“颜色饱和度”“色调”“重新着色”，双击要裁剪的图片，单击“颜色”命令，在下拉菜单中选择“颜色饱和度”“色调”“重新着色”栏中的相应选项，即可将图片设置成预设样式，如图 3-114 所示。

③“艺术效果”，双击要裁剪的图片，单击“艺术效果”命令，在下拉菜单中选择相应选项，即可将图片设置成预设的艺术效果。

④“设置透明色”，双击要裁剪的图片，单击“颜色”命令下拉菜单中的“设置透明色”命令，当光标变成✐形状时，单击图片背景的任一位置，此时，与该单击位置颜色相同的部分都会变成透明色。

方法二：右击选中的图片，在弹出的快捷菜单中选择“设置图片格式”命令，打开“设置图片格式”对话框，如图 3-115 所示，在该对话框中可以对图片格式进行精确设置。

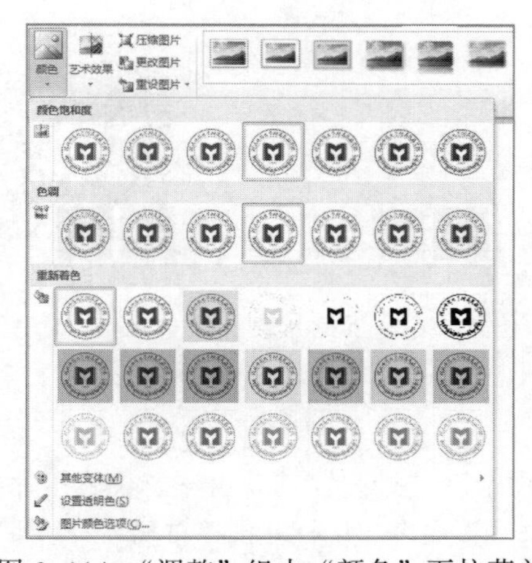

图 3-114　“调整”组中“颜色”下拉菜单

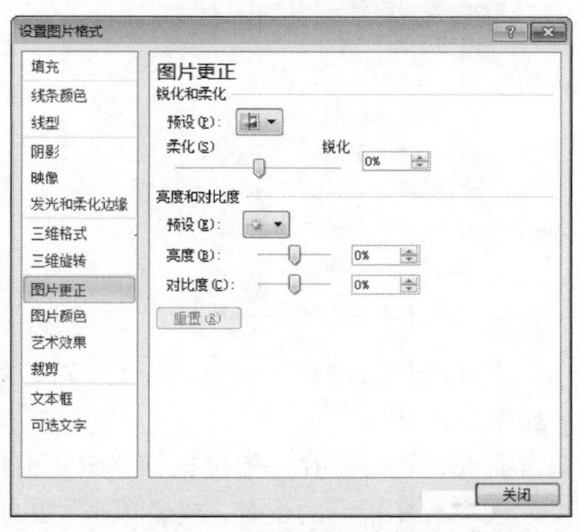

图 3-115　“设置图片格式”对话框

（5）设置图片的文字环绕方式

文字环绕方式是指插入的图片与周围文字的相对关系。图片在文档中的存放方式分为嵌入式和浮动式。嵌入式是指图片位于文本中，可以随文本一起移动和格式设置；浮动式是指图片在文档中是可以随意移动的，还可以将图片置于文字的上方或下方。

默认情况下，插入的图片是嵌入式的。用户可以根据需要对图片的环绕方式和位置进行调整。

☞操作方法是：

方法一：选中需要设置的图片后，依次执行“图片工具”选项卡→“排列”选项组→“自动换行”命令，从下拉菜单中选择所需的文字环绕方式即可，如图 3-116 所示。

方法二：右击选中的图片，在弹出的快捷菜单中选择“自动换行”命令，从下一级菜单中选择所需的文字环绕方式。

在 Word 2010 中，对象的环绕方式主要有以下几种形式（见图 3-117）：

① 嵌入型，图片设置为嵌入型后，被看成是一个普通的字符，只能在文本的插入点间进行移动，可以调整其大小，但不能与其他的图片对象一起被选中进行组合、对齐方式或叠放层次的操作。

② 四周型，图片设置为四周型后，文字在图片对应的方形边框外的四周。

③ 紧密型和穿越型：设置为紧密型或穿越型后，文字紧密环绕于实际图片的边缘外，而不是图片的方形边界外。这两种方式类似，只是“穿越型”使文字更靠近图片的边缘。

④ 衬于文字下方型，图片设置为这种环绕方式时，图片和文字在两层上，图片在“底层”，文字在“顶层”。产生了类似于“水印”的特殊效果。

⑤ 浮于文字上方型，图片在“顶层”，文字在“底层”。图片所在的位置的文字就被覆盖了。

⑥ 上下型，文字和图片在同一层，文字仅出现在图片的上、下位置，左右两边没有文字环绕。

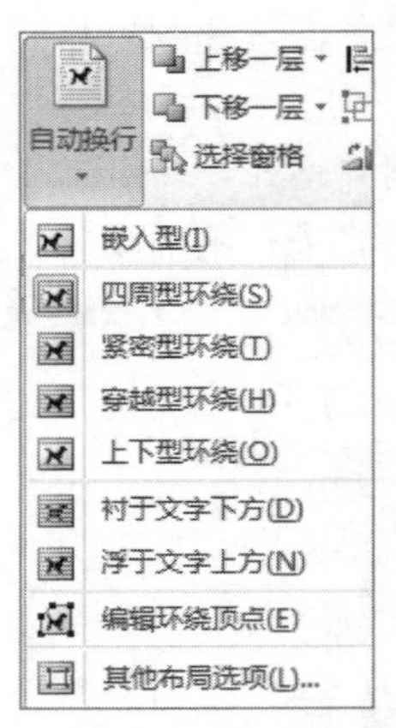

图 3-116 “自动换行”命令下拉列表

图 3-117 “位置”命令下拉列表

（6）设置图片的位置

☞操作方法是：

双击需要设置的图片。依次执行“图片工具”选项卡→“排列”选项组→“位置”命令，从下拉列表中选择所需的位置。或者单击“其他布局选项”命令，从打开的“布局”对话框“位置”选项卡中进行图片位置精确值的设置，但此项设置只适合于浮动型的图片。

3.5.2 插入自选图形

1. 绘制自选图形

Word 2010 中的自选图形主要包括线条、矩形等基本形状，还包括箭头、连接符、流程图、星与旗帜和标注等图形。用户可以利用这些基本形状轻松绘制和编辑各种形态各异的图形。

☞操作步骤如下：

① 依次执行“插入”选项卡→“插图”选项组→“形状”命令，在打开的下拉列表中会显示所有自选图形，包括线条、矩形、基本形状、箭头总汇、公式形状、流程图、星与旗帜和标注，如图 3-118 所示。

② 选择所需自选图形，当光标变为“+”形状时，在文档中单击即可绘制相应的自选图形；或者按住鼠标左键在文档中拖动，当图形达到合适大小后释放鼠标左键，也可绘制出所选自选图形。

③ 如果要多次连续插入相同的自选图形，在所需图形上右击，在弹出的快捷菜单中选择“锁定绘图模式”，即可在文档中反复绘制多个相同的形状，按【Esc】键可结束绘制。

2. 图形的编辑

（1）图形的选择

☞选择自选图形的方法有：

方法一：选择单个图形，将光标移至单个图形上单击即可。

方法二：如果要同时选择多个图形，先按住【Ctrl】键，然后用鼠标依次单击需要选择的图形即可。

方法三：依次执行“绘图工具”选项卡→“排列”选项组→“选择窗格”命令，打开“选择和可见性”窗格，如图 3–119 所示，在窗格中单击图形的名称；或按住【Ctrl】键依次单击多个图形的名称，即可选中自选图形。

绘制自选图形

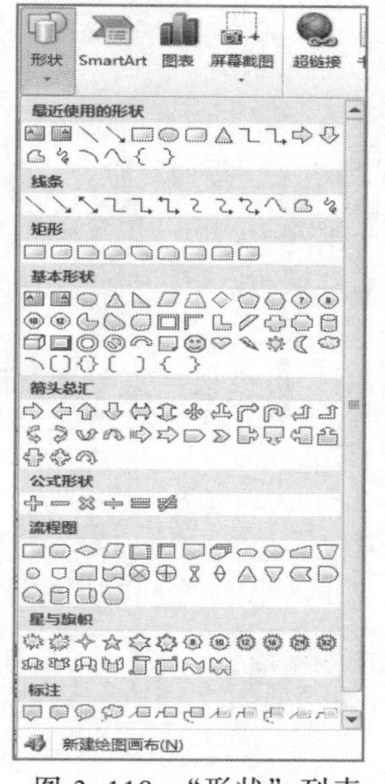

图 3–118　“形状”列表

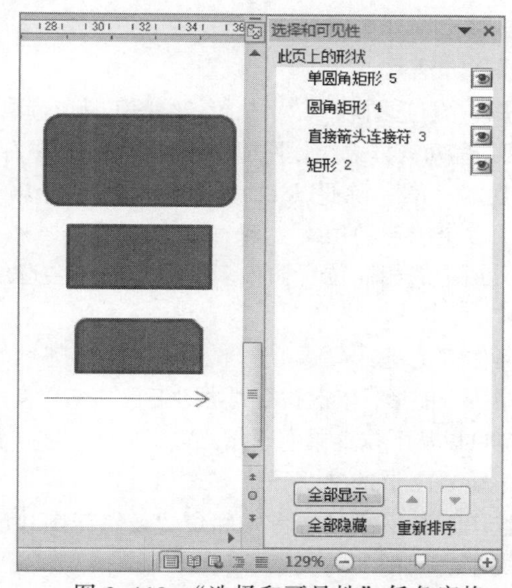

图 3–119　“选择和可见性”任务窗格

（2）调整图形的大小和旋转角度

☞调整图形大小的方法有：

方法一：选中自选图形，在其周围出现八个“尺寸控制柄”，当将鼠标移到这些控制柄上时会变成双箭头形状，按下左键拖动鼠标，就可以快速改变图形的大小。

方法二：选中自选图形，在“绘图工具”选项卡的“大小”选项组中，单击启动“布局”对话框启动器按钮，在该对话框中用户可以调整图形的“高度”和“宽度”值，也可以通过“缩放”比例来调整图形的大小。在调整图形大小时如果想要保持图形原始的高度和宽度的比值，只要选中“锁定纵横比”即可。

☞调整图形旋转角度的方法有：

方法一：选中自选图形后，将鼠标指针移到图片顶部的绿色“旋转控制柄”上，当鼠标指针变成形状时，拖动鼠标就可以快速完成图形的旋转。

方法二：双击要旋转的自选图形，依次执行“绘图工具”选项卡→“排列”选项组→“旋转”命令，在弹出的快捷菜单中选择旋转的方式。如果选择“其他旋转选项”命令，可打开“布局”对话框，在“大小”选项卡中的“旋转”微调框中可进行任意角度的旋转设置。

（3）设置图形的形状样式

☞操作方法是：

选中自选图形，依次单击“绘图工具”选项卡→“形状样式”选项组的下拉按钮，在下拉列表中可以选择预设的图形样式，也可以分别通过“形状轮廓”“形状填充”“形状效果”命令，进行相应的设置，包括“线条颜色”“线型”“填充颜色”“阴影效果”等。

（4）图形的组合和取消组合

☞操作方法是：

选中需要组合的多个自选图形，依次执行“绘图工具”选项卡→“排列”选项组→“组合”命令，这样选中的多个图形就组合为一个图形。如果要取消组合，选中组合后的图形对象，在“组合”命令的下拉菜单中选择“取消组合”即可。

（5）多个图形的对齐方式

☞操作方法是：

选中多个自选图形，依次执行“绘图工具”选项卡→“排列”选项组→“排列”命令，在下拉菜单中选择所需对齐方式。水平方向有“左对齐”“左右居中”“右对齐”；垂直方向有“顶端对齐”“上下居中”“底端对齐”。除此以外，当图形对象为三个以上时，还可以设置“横向分布”和“纵向分布”。

（6）多个图形的层次关系

在文档中的相同位置插入多个图形时，会造成图形的重叠，用户可以根据需要调整图形的层叠次序。

☞操作方法是：

选中一个图形，依次执行“绘图工具”选项卡→“排列”选项组→“上移一层”或“下移一层”命令，也可以从下拉菜单中选择“置于顶层”或“置于底层”命令来调整图形之间的层叠次序。

（7）设置图形的文字环绕方式和位置

自选图形的文字环绕方式和位置设置与图片的设置类似，指的是插入文档中的自选图形与文档中文字之间的相对关系。

☞操作方法是：

单击自选图形后，依次执行“绘图工具”选项卡→“排列”选项组→“自动换行”或“位置”命令，对自选图形进行排版。具体操作方法可参照图片的设置方法。

3. 为自选图形添加文字

在 Word 2010 中，用户可以在自选图形上添加文字，也可以像文档中的正文文字一样进行字体、字号、字形和对齐等格式设置，这些文字将作为自选图形的一部分进行保存。

☞操作方法是：

右击自选图形，在弹出的快捷菜单中选择“添加文字”命令，此时在自选图形中会出现插入点，输入所需文字即可。如果要对已经添加的文字进行修改，同样右击该自选图形，在弹出的快捷菜单中选择“编辑文字”命令即可再次进入文字编辑状态。

选择图形

图形样式

组合图形

图形对齐方式

图形的层次

添加和编辑文字

3.5.3　插入文本框

文本框是一种图形对象，用户可以在文本框中添加文本、图片等对象。文本框可以按照用户的意愿放置于文档中的任意位置，也可以进行文字的字体、字号、颜色、边框线型和填充色等格式设置，特别适合于报纸、杂志类文档的排版。

插入文本框

1. 插入文本框

☞操作方法是：

方法一：内置文本框。依次执行“插入”选项卡→“文本”选项组→“文本框”命令，在下拉列表的内置文本框样式库中选择所需的文本框，选定的文本框即被插入到页面中，然后在文本框中输入文字或插入图片即可。

对齐方式和文字方向

方法二：制文本框。依次执行“插入”选项卡→“文本”选项组→“文本框”命令，在下拉菜单中选择“绘制文本框”或“绘制竖排文本框”命令。此时，光标变成“+”形状，在文档中按下鼠标左键并拖动至合适大小后松开鼠标左键，然后在文本框中输入文字或插入图片即可。

2. 文本框的编辑

（1）文本框的移动和缩放

☞移动文本框的操作方法是：

单击选中文本框，将光标移至文本框的边缘时，光标会变成四向箭头的形状，此时拖动鼠标，文本框会随之移动。移动到目标位置后释放鼠标，即可完成移动操作。

边框和填充色

☞缩放文本框的操作方法是：

单击选中文本框，通过文本框的八个控制柄就可以调整文本框的大小。也可以像自选图形一样，通过“绘图工具”选项卡中“大小”选项组的“形状高度”和“形状宽度”命令进行文本框大小的调整。

（2）设置文本框的格式

文本框的格式设置与自选图形的格式设置相同，都可以通过“绘图工具”的“格式”选项卡中的形状轮廓、形状填充、形状效果等命令进行文本框的格式设置。

创建链接

3.5.4　插入艺术字

在 Word 2010 中，艺术字不同于普通文本，它具有很多特殊效果，可以像图片一样进行插入和编辑。

1. 插入艺术字

☞操作步骤如下：

① 依次执行“插入”选项卡→“文本”选项组→“艺术字”命令，在下拉列表中列出了很多预设的艺术字样式，如图 3-120 所示。

插入艺术字

② 从列表中单击一种艺术字样式，文档中就会出现添加了“请在此放置您的文字”的文本框，用户删除原有文字后，就可以添加自己所需的文字。

③ 文字输入完成后，单击文档的其他位置即可。

艺术字形状

2. 艺术字的编辑

（1）修改艺术字的文字

如果想要修改已经添加的艺术字，用户可以单击该艺术字，进入编辑状态后修改文字即可。

（2）设置艺术字的字体和字号

☞操作方法是：

选中艺术字后，在“开始”选项卡的“字体”选项组中可以设置艺术字的字形、字号、字体等格式。

（3）修改艺术字的样式

☞操作方法是：

选中艺术字后，依次单击“绘图工具”选项卡→“艺术字样式”选项组的下拉按钮，在下拉列表中可以选择预设的自选图形样式，也可以进行以下设置：

① 单击“文本填充”下拉按钮，在打开的下拉列表中重新设置文本的填充效果。

② 单击“文本轮廓”下拉按钮，设置文本轮廓线的线型、粗细和颜色。

③ 单击“文本效果”下拉按钮，设置艺术字的外观效果，如“阴影”“映像”“发光”等。

④ 在“文本效果”的下拉列表中选择“转换”命令，可以更改艺术字的形状，如“正三角形”“倒三角形”等，如图 3-121 所示。

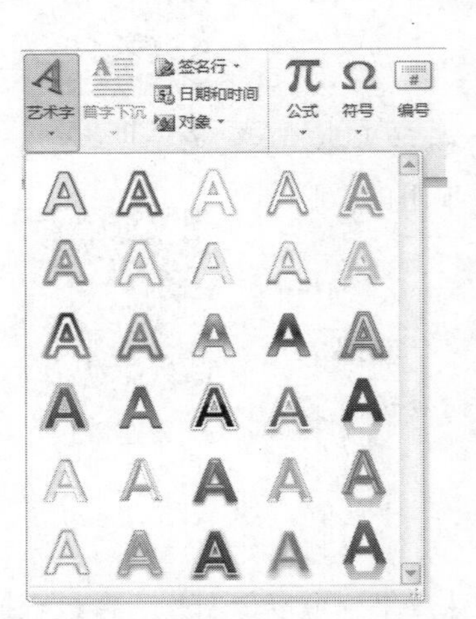

图 3-120 “艺术字样式”下拉列表

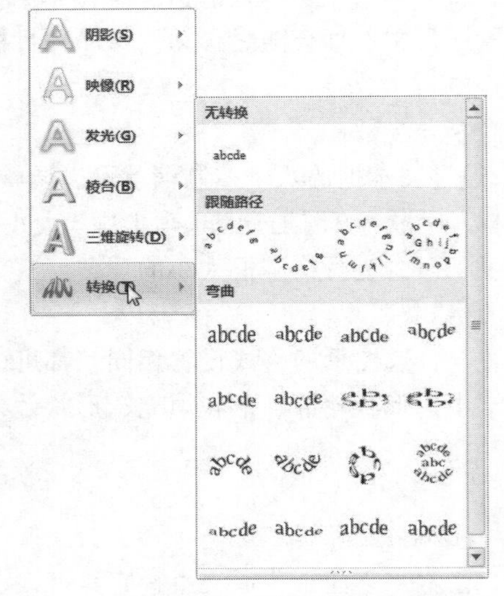

图 3-121 “转换”下拉列表

艺术字样式

3.5.5 插入 SmartArt 图

SmartArt 图形是一种直观的信息表示形式。通过 SmartArt 图形，用户可以更加快速、直观、有效地传送信息。Word 2010 提供的 SmartArt 图形共有八大基本类别，分别为列表、流程、循环、层次结构、关系、矩阵、棱锥图和图片，每种类别有其不同的结构和布局。

插入 SmartArt 图

1. 添加 SmartArt 图形和添加文本

☞操作步骤如下：

① 将光标定位在插入 SmartArt 图形的位置。

② 依次执行“插入”选项卡→“插图”选项组→“SmartArt”命令，打开“选择 SmartArt 图形”对话框，如图 3-122 所示。

③ 从对话框中选择所需的图形类别，然后单击“确定”按钮，所选的 SmartArt 图形就会出现在文档中。

④ 在 SmartArt 图形的每个形状的 [文本]占位符上单击，进入文本编辑状态后输入内容。也可以通过 SmartArt 图形左侧的“文本”窗格进行文本的输入和编辑操作，如图 3-123 所示。

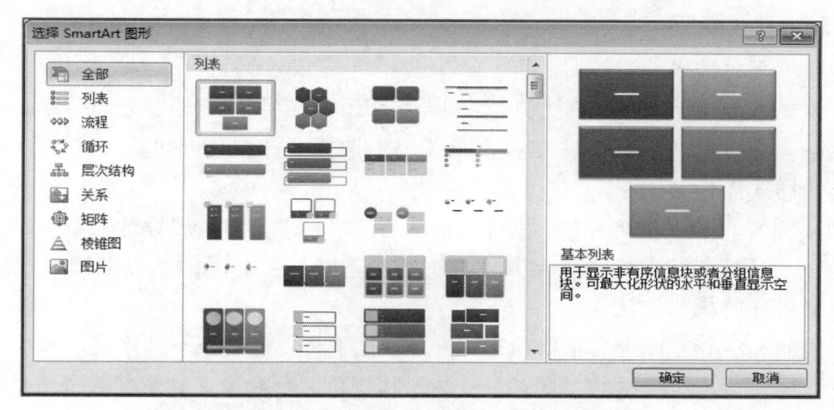

图 3-122　“选择 SmartArt 图形”对话框

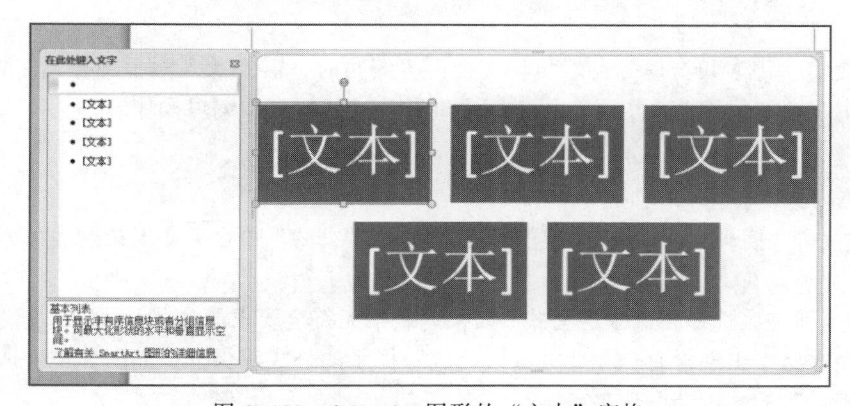

图 3-123　SmartArt 图形的“文本”窗格

2. 调整 SmartArt 图形的布局

（1）添加形状

☞操作步骤如下：

① 选择 SmartArt 图形中的某个形状。

② 依次执行“SmartArt 工具”选项卡→“设计”选项卡→“创建图形”选项组→“添加形状”命令，在下拉菜单中选择要添加图形的位置，主要有“在前面添加形状”“在后面添加形状”“在上方添加形状”“在下方添加形状”“添加助理”五种方式。单击某种方式，即可在指定位置添加形状。

布局和形状

（2）删除形状

☞操作方法是：

方法一：选中不需要的形状，按下【Delete】键，即可删除该形状。

方法二：在“文本”窗格中添加或删除文字的同时，右侧的形状也会自动更新，实现添加、删除形状的操作。

插入公式

（3）调整图形结构

☞操作方法是：

选择要编辑的形状后，在“创建图形”组中通过单击“下移”按钮、“上移”按钮可以调整所选形状在图形中的位置。通过单击“升级”按钮、“降级”按钮可重设形状的级别。

3. 美化 SmartArt 图形

☞更改形状填充色的操作方法是：

选择已插入的 SmartArt 图形，依次执行“SmartArt 工具”选项卡→“设计”选项卡→“SmartArt 样式”选项组→“更改颜色”命令，在其下拉菜单中选择一种颜色即可。

☞更改形状样式操作方法是：

选择已插入的 SmartArt 图形，依次执行“SmartArt 工具”选项卡→“设计”选项卡→“SmartArt 样式”选项组→“快速样式”命令，在其下拉列表中选择一种合适的预设三维样式即可。

☞更改形状格式的操作方法是：

选择已插入的 SmartArt 图形，依次执行“SmartArt 工具”选项卡→“格式”选项卡，用户也可以通过“形状样式”选项组中的工具对形状的形状颜色、形状轮廓和形状效果进行详细设置。

3.5.6 插入公式

在进行数学、化学和物理等自然学科文档内容编写时，需要录入大量的公式。Word 2010 为用户提供了强大的公式输入工具，便于用户进行公式的插入和编辑操作。

1. 插入公式

☞操作步骤如下：

① 依次执行“插入”选项卡→“符号”选项组→“公式”命令，在下拉列表中列出内置的一些公式。

② 用户从列表中选择要输入的公式。如果列表中无符合要求的公式，可以单击“插入新公式”命令，在文档中出现含有“在此处键入公式”提示的公式编辑框，如图 3-124 所示，同时打开“公式工具”的“设计”选项卡。

③ 在插入公式编辑框中输入公式，在“结构”选项组中选择所需的公式结构，数值可以直接输入，符号可以从“符号”选项组中进行选择。

④ 公式输入完毕后，单击公式编辑框外的任何位置即可退出公式的编辑。

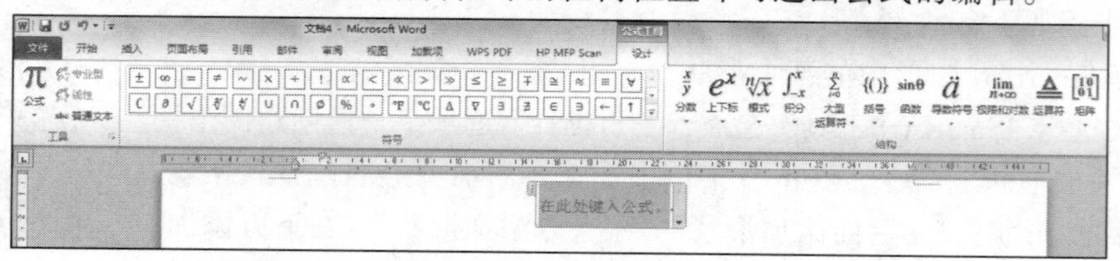

图 3-124 公式编辑框

2. 编辑公式

☞操作方法是：

如果要修改公式内容，单击需要修改的公式，此时插入点会定位在公式中，同时打开“公式工具”的“设计”选项卡，即可修改公式。如果要修改公式的字体或对齐方式，可在“格式”选项卡的“字体”选项组或“段落”选项组中进行修改。

3.6 高效排版

在进行大量文档内容的编辑操作时，如果对同类文本进行相同格式的设置，通过使用样式模板可以快速完成格式设置，提高文档格式设置的效率。Word 2010 还具有目录的提取功能，当要给一篇文档添加目录时，如果文档进行了“标题样式”或“大纲级别格式”的设置，会很轻松地为文档添加目录。

3.6.1 样式的创建和使用

样式是 Word 中一种非常重要的排版工具。所谓样式，就是一组已经命名的字符、段落格式的集合。用户在进行文档文字、段落格式编辑时，直接套用已存在的样式而无须一一进行格式的设置，从而大大提高文档格式编辑的效果。用户可以使用 Word 提供的内置样式，也可以自定义样式。

应用样式

1. 应用样式

☞操作步骤如下：

① 选择要套用样式的文本内容。

② 依次执行“开始”选项卡→“样式”选项组→“快速样式”命令，在打开的“快速样式”列表中选择所需样式，即可将所选样式的格式快速应用到所选文本中，如图 3-125 所示。

③ 如果该样式不合适，可以在“更改样式”下拉菜单（见图 3-126）的“样式集”中选择更多的样式，如图 3-127 所示。

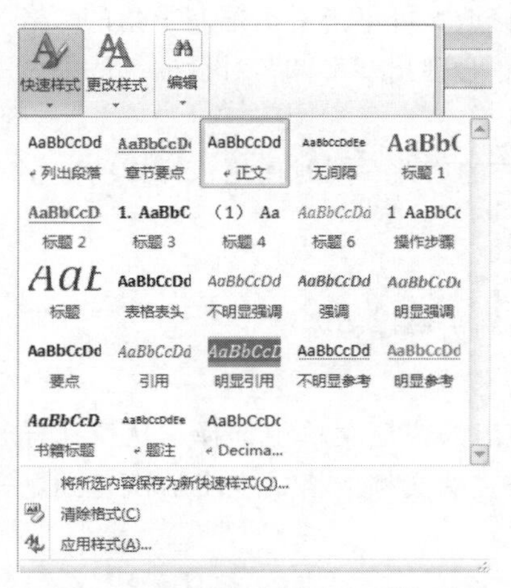

图 3-125　“快速样式”下拉列表

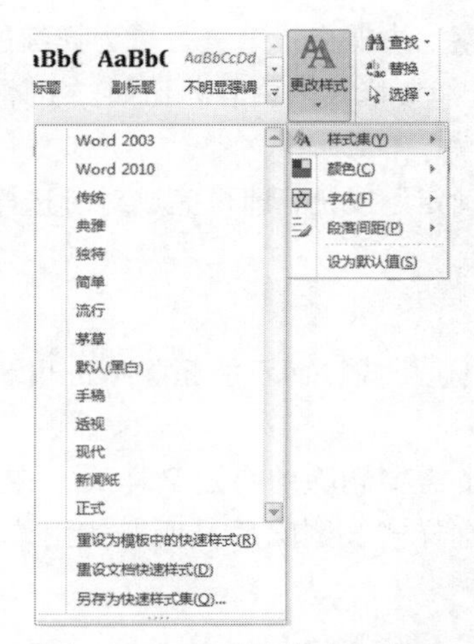

图 3-126　“更改样式”列表

图 3-127　“样式”窗格

2. 新建样式

☞操作方法是：

方法一：在“开始”选项卡中单击“样式”组的对话框启动器，在打开的“样式”窗格中单击左下角的“新建样式”按钮，弹出“根据格式设置创建新样式”对话框，如图 3-128 所示，用户可在该对话框中创建新样式。

方法二：选择已经设置好字体和段落格式的文本内容。依次执行“开始”选项卡→“样式”选项组→“快速样式”命令，在“快速样式”下拉菜单中选择“将所选内容保存为新快速样式”命令后，在打开的“根据格式设置创建新样式”对话框中输入新样式的名称。用户可以通过预览区域预览样式效果，如果对样式不满意，则可单击“修改”按钮，在弹出的对话框中进一步修改新创建样式的其他格式，如图 3-129 所示。

修改样式

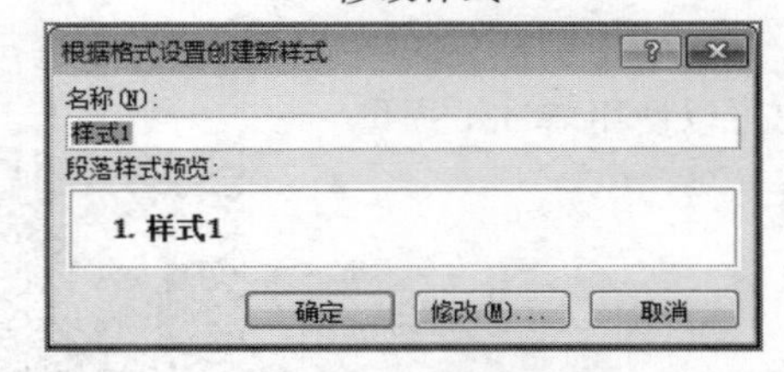

图 3-128 “根据格式设置创建新样式”对话框 1

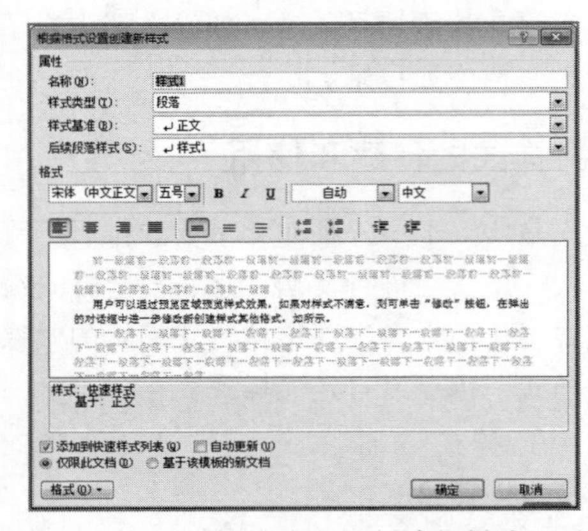

图 3-129 “根据格式设置创建新样式”对话框 2

3. 修改样式

☞操作步骤如下：

① 在“快速祥式”列表中右击需要修改的样式，在弹出的快捷菜单中选择“修改”命令，打开“修改样式”对话框。

② 在“修改样式”对话框中，可对所选样式的格式进行修改。

③ 如果需要对字体、段落、边框格式等进行更为详细的修改，可单击对话框左下角的“格式”按钮，在打开的菜单中选择要修改的内容，比如“字体”，会弹出“字体”对话框，从中做进一步的格式设置。

④ 设置完成后，单击“确定”按钮，即可完成对所选样式的修改，同时使用该样式的文字或段落格式也被修改。

4. 删除样式

用户可以删除自定义的快速样式，而不能删除 Word 提供的内置样式。

☞操作方法是：

在“快速样式”窗格右击需要删除的自定义样式，在弹出的快捷菜单中选择“从快速样式库中删除”命令即可。所选样式被删除后，所有使用该样式的文档的格式也将被恢复到默认状态。

3.6.2　目录的创建和修改

对于一些长篇文档，如论文、教材、杂志等，目录是不可或缺的一部分。目录不仅可以使读者对文档结构和内容一目了然，还可以在联机时帮助用户实现文档内容的快速定位。

Word 2010 为用户提供了自动抽取文档目录的功能，用户无须手动输入目录。

自动生成目录的前提是，文档中各级标题段落使用了内置的“大纲级别格式”或“标题样式”。其中，“大纲级别格式”可以通过“大纲视图”进行设置，也可以通过“段落”对话框“缩进和间距”选项卡的“大纲级别”进行设置。

1. 创建目录

☞操作方法是：

方法一：利用 Word 2010 内置样式创建目录。如果文档中各级标题段落已经设置了内置的“大纲级别格式”或“标题样式”，将插入点置于需要添加目录的位置，依次执行“引用”选项卡→“目录”选项组→“目录”命令，在下拉列表中选择所需的目录样式，如图 3-130 所示。此时在插入点处将添加上所选样式的目录。

方法二：自定义目录。将插入点置于需要添加目录的位置，依次执行“引用”选项卡→“目录”选项组→“目录”命令，在下拉菜单中选择“插入目录”命令，打开“目录选项”对话框，如图 3-131 所示。在“目录”对话框中，用户可以对新创建的目录样式进行设置。此外，单击“目录”对话框中的“选项”按钮，在打开的“目录选项”对话框中，用户可以设置标题与目录级别的对应关系及显示级数，如图 3-132 所示。

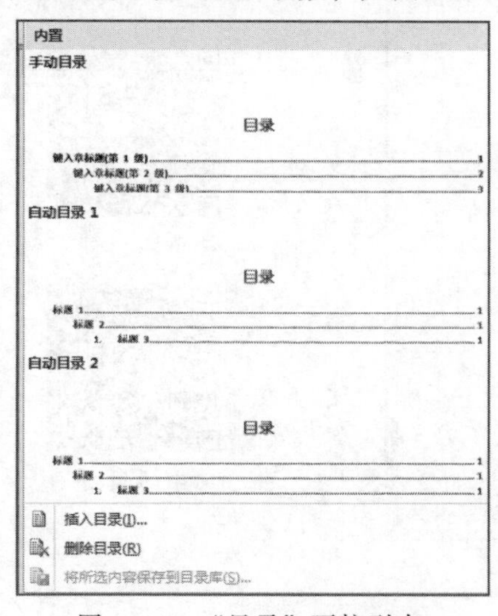

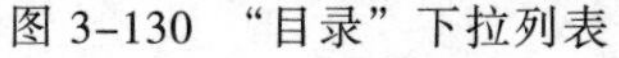

图 3-130　“目录”下拉列表

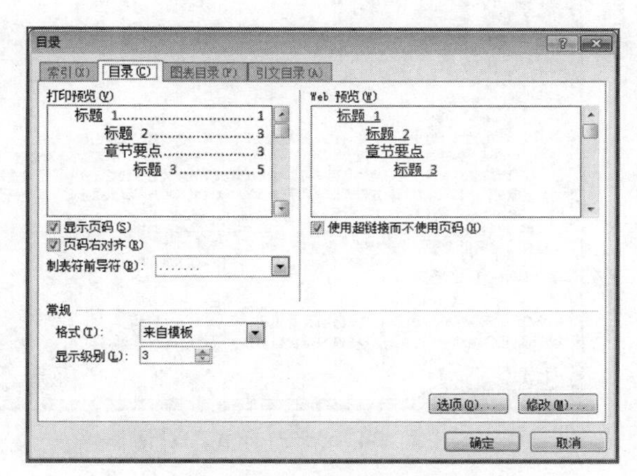

图 3-131　“目录”对话框

2. 修改目录

目录创建完成以后，用户也可以在后期对目录进行修改，包括目录字体、字号、字体颜色等。

☞操作步骤如下：

① 依次执行“引用”选项卡→“目录”选项组→“目录”命令，在下拉菜单中选择“插入目录”命令，打开“目录选项”对话框，如图 3-132 所示。

② 单击“目录选项”对话框中的“修改”按钮，打开“样式”对话框，如图 3-133 所示。

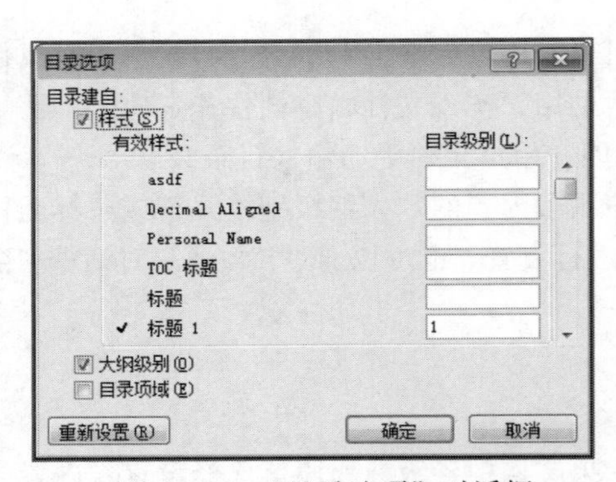

图 3-132 “目录选项”对话框

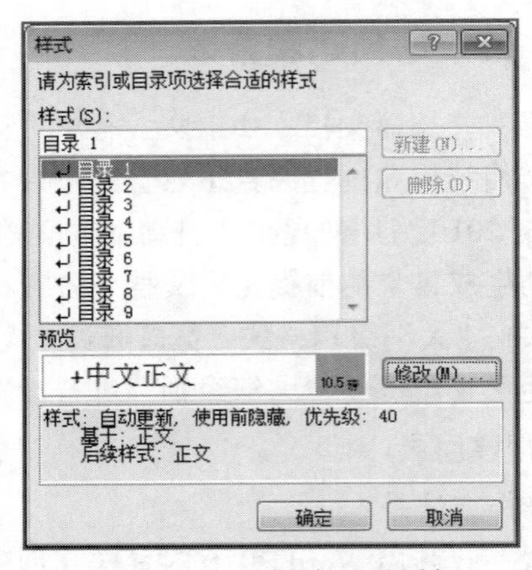

图 3-133 “样式”对话框

③ 在“样式”对话框选择要修改的目录样式，然后单击“修改”按钮，打开“修改样式”对话框，如图 3-134 所示。用户在该对话框中可以对选定的样式进行修改，比如目录名称、字体、字号、段落格式等。

④ 设置完成后单击“确定”按钮，即可实现对目录格式的修改。

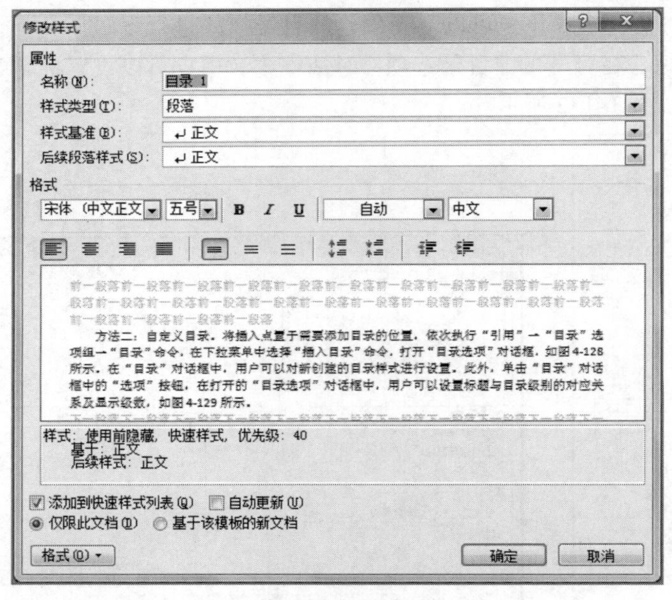

图 3-134 “修改样式”对话框

创建目录

更改目录

3.7 文档审阅

在实际工作中，一篇文档有时需要多位用户协同处理，为了方便其他用户对文档进行查阅，用户可以使用 Word 提供的修订和添加批注功能。文档进入修订状态后，Word 会自动为作者的编辑操作添加痕迹。用户也可以添加批注，发表自己对文档内容的意见。本节就来介绍一下 Word 的修订和批注功能。

3.7.1 修订

在修改文档时，Word 2010 的“修订”工具非常实用。利用“修订”功能，用户可以在 Word 中对文档进行修改的同时还保留文档的原貌，而修改的内容会以不同的格式显示出来，比如，添加的内容会带有下画线、有不同的字体颜色；删除的内容并不会消失，而是在文字内容中间显示删除线。这样的话，当其他用户收到修改后的文档后，会对所作过的修改一目了然，如图 3–135 所示。如果用户把光标放在修订的内容上，便可以显示出修订者和修订时间等基本信息。用户还可以根据需要选择性地接受修改。

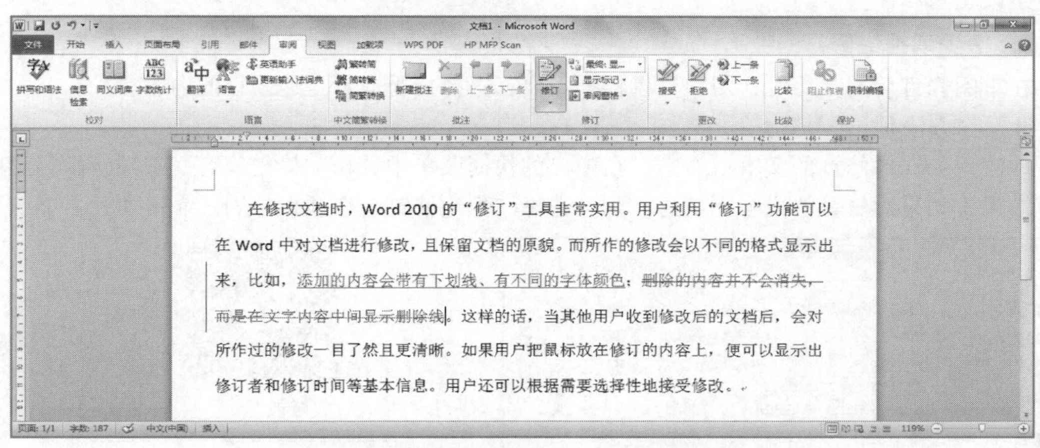

图 3–135 使用“修订”功能对文档进行修改

1. 使用修订

☞操作方法是：

打开需要审阅或修改的 Word 文档，依次执行“审阅”选项卡→“修订”选项组→“修订”命令，或者在打开的下拉菜单中选择“修订”命令，如图 3–136 所示，即可进入修订状态。此时对文档进行插入、删除等编辑操作时，都会有一种特殊的标记来记录修改的内容，以便于其他用户或者原作者查看文档所做的修改。

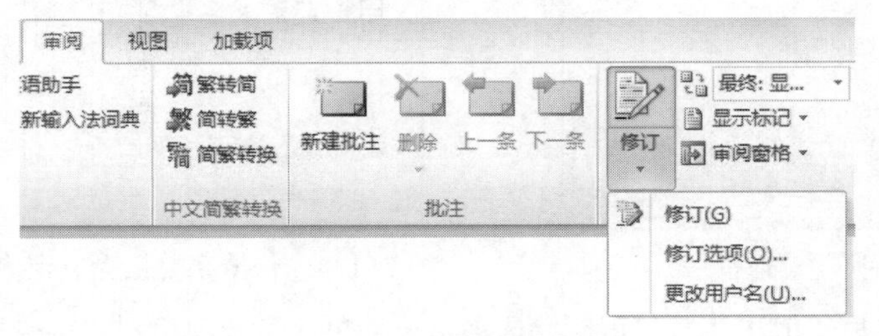

图 3–136 “修订”命令

使用修订

2. 设置修订

“修订”格式的默认风格是：插入文字的标记线是红色单下画线；删除文字的标记线是红色单删除线；删除的文字和新插入的文字都是红色标记。用户可以根据自己的喜好，设置其他格式的标记线和标记颜色。如果是多人对同一文档进行修订或审阅，为区别不同审阅者的标记，也可以对“修订”的格式进行设置。

☞操作步骤如下：

① 打开需要审阅或修改的 Word 文档。

② 依次执行“审阅”选项卡→“修订”选项组→“修订”命令按钮，在打开的下拉菜单中选择“修订选项”命令，打开“修订选项”对话框，如图 3-137 所示。

③ 从“修订选项”对话框中对“标记”组中的“插入内容”“删除内容”“修订行”等选项进行设置。

④ 设置完成后，单击“确定”按钮关闭“修订选项”对话框，即可在文档中看到修订标记发生了改变。

3. 接受或拒绝修订

在审阅修订后的文档时，用户可以根据需要，选择接受或者拒绝修订的内容。

☞操作方法是：

方法一：选择修订的文本后右击，在弹出的快捷菜单中选择“接受修订”选项，即可接受修订结果，如果对修订的内容不满意，则可选择“拒绝修订”选项，如图 3-138 所示。

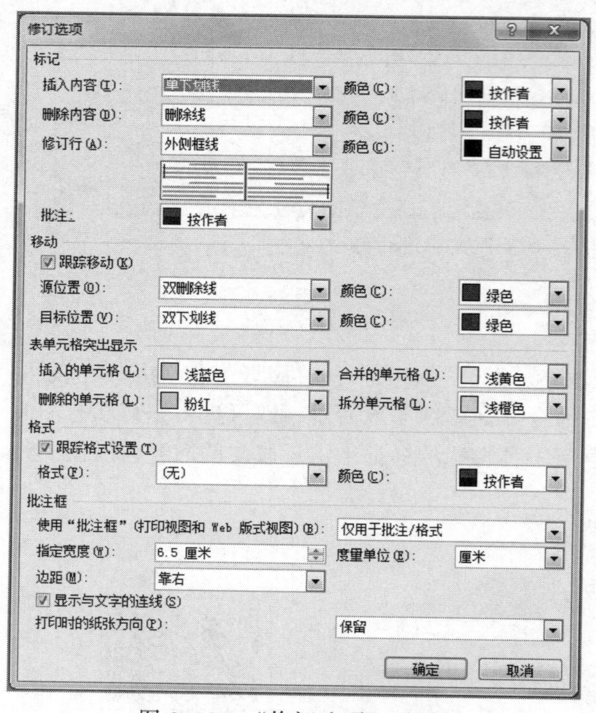

图 3-137 “修订选项”对话框

修改修订

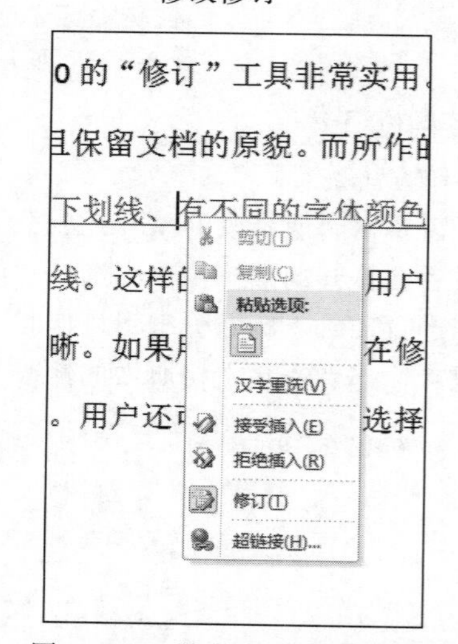

图 3-138 快捷菜单接受或拒绝修订

方法二：选定修订的文本后，依次执行“审阅”选项卡→“更改”选项组→“接受”或“拒绝”命令，以完成接受或拒绝修订的操作，如图 3-139 所示。

方法三：如果文档中存在多个修订，且用户需要边审阅边处理修订内容时，可以首先在“更改”组中单击“上一条”或“下一条”按钮，将插入点定位到上一条或下一条修订处，判断是否接受修订的内容。

① 如果接受，则在“更改”组中单击“接受”命令按钮上的下三角按钮，在下拉列表中选择“接受并移到下一条”选项，则 Word 将接受本处的修订，并定位到下一条修订。

② 如果拒绝，则在其下拉列表中选择“拒绝并移到下一条”选项，则 Word 将拒绝本处的修订，并定位到下一条修订。

③ 如果用户对大部分的修订结果都满意，则可先拒绝少数不满意的修订结果，然后在其下拉列表中选择“接受对文档的所有修订”选项即可。

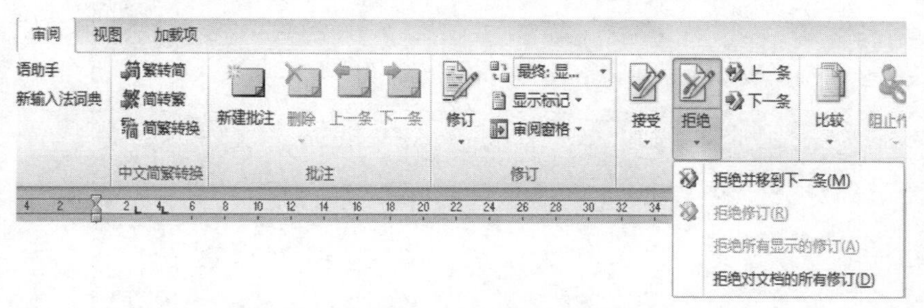

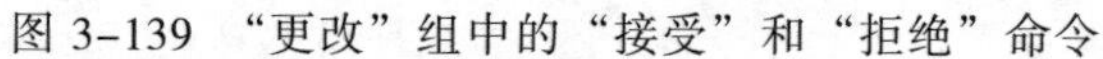

图 3-139 “更改”组中的“接受”和“拒绝”命令

添加和删除批注

3.7.2　批注

在审阅他人送审的 Word 文档时，如果对文档某些内容有疑问，或者有其他建议等，可以为指定的内容添加批注说明。批注建立起一条文档作者与审阅者之间的沟通渠道，批注的内容不会在文档页面上显示，也不会影响正文的显示与打印。

1. 添加批注

☞操作步骤如下：

① 在要添加批注的文档中，选定要添加批注的对象（如文字、图片、自选图形、表格等）。

② 依次执行“审阅”选项卡→“批注”选项组→“新建批注”命令。

③ 在默认状态下，在屏幕的右侧会建立一个标记区，并创建一个批注框。批注框里会自动添加审阅者的用户名缩写和批注编号，并且通过引线连接到正文中被中括号括起来的批注对象。用户只需在批注框中输入批注内容即可，如图 3-140 所示。

2. 插入批注

☞操作步骤如下：

① 依次执行“审阅”选项卡→“修订”选项组→“修订”命令，在打开的下拉菜单中选择“修订选项”命令，打开“修订选项”对话框，如图 3-137 所示。

- “批注”下拉列表：可以设置批注框的颜色。
- “指定宽度”增量框：可以设置批注框的宽度。
- “边距”下拉列表：可以选择批注框放置到文档中的位置。

② 完成设置后，单击“确定”按钮，关闭“修订选项”对话框，此时会发现文档中批注框的颜色和位置都发生变化。

默认情况下，Word 2010 能够显示所有审阅者的批注标记。单击“审阅”选项卡“批注”选项组中的“上一条”“下一条”按钮，可逐条查看显示的批注内容；如果只想查看某个审阅者的批注，则需要在“审阅”选项卡的“修订”选项组中单击“显示标记”按钮，在其下拉列表中选择“审阅者”选项，在打开的审阅者名单列表中选择相应的审阅者。

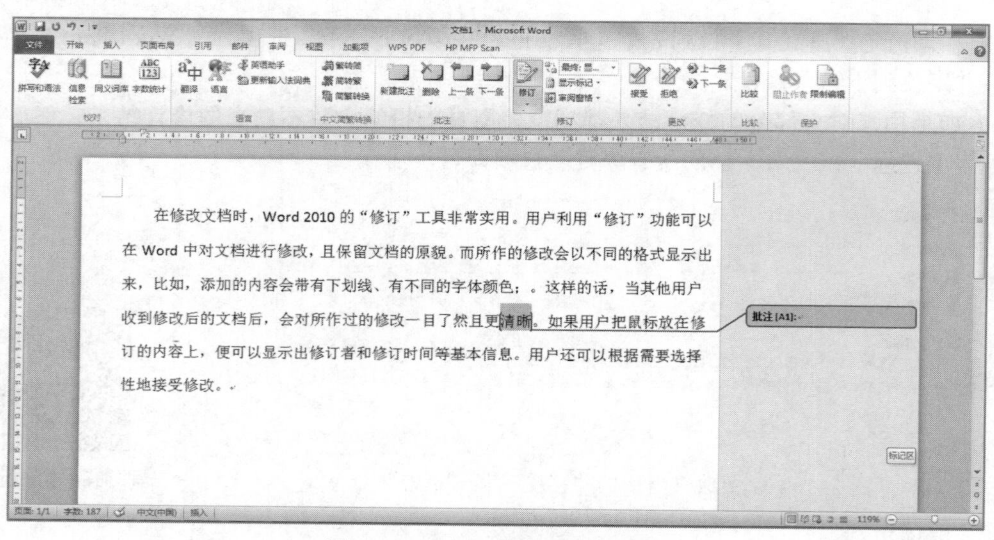

图 3-140　在批注框中输入批注

3. 删除批注

如果某个批注不需要了，可以将其删除，也可以删除文档中的所有批注。

☞操作方法是：

选中要删除的批注框或添加批注的正文，依次执行“审阅”选项卡→“批注”选项组→“删除”命令，即可删除所选的批注，如图 3-141 所示。如果要删除所有批注，从“删除”按钮的下拉列表中选择“删除文档中的所有批注”选项即可。

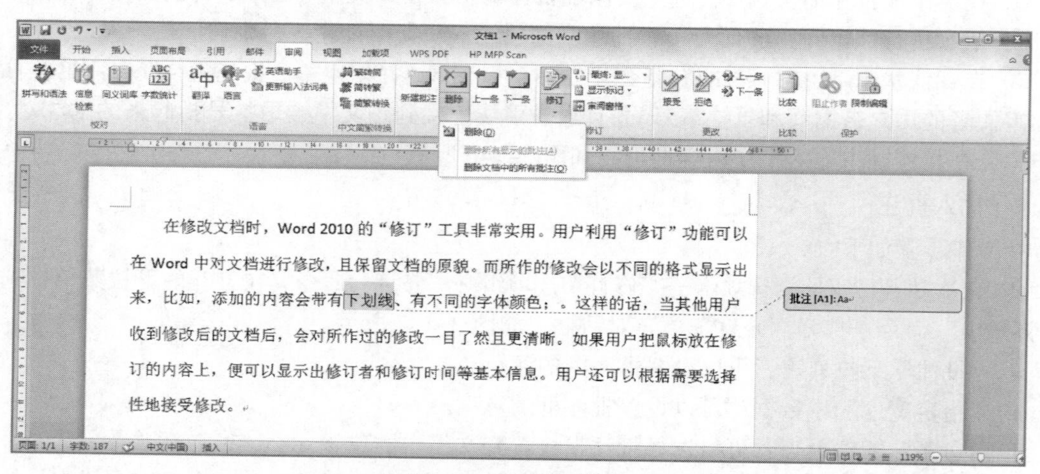

图 3-141　删除批注

第4章 Excel 2010 电子表格工具

Microsoft Excel 2010 是一款非常流行的电子表格制作处理软件，是 Microsoft Office 2010 的主要组件之一。Excel 2010 的版面美观，功能齐全，易学易用，是集电子数据表、图表和数据库于一体的优秀办公软件。Excel 不仅能够运算复杂的公式或函数，还可以快速直观地显示数据变化，快速比较分析数据变化的因果关系，跟踪数据变化趋势，从而更好地帮助用户做出明智的决策。

本章从介绍 Excel 2010 的基本概念和操作界面出发，进而介绍在 Excel 中创建工作簿、工作表的基本操作、图表的制作和使用以及数据管理和分析方法等。

学习目标

- 能够根据已有的数据进行录入并能对表格数据进行格式化。
- 能够使用公式和函数对表格数据进行处理。
- 学会对表格中的数据进行排序、筛选和分类汇总。
- 能够根据已有数据建立合适的图表。
- 掌握打印电子表格的基本方法。

4.1 Excel 2010 的基本知识

Excel 2010 相对于之前的版本，其功能更加强大，界面更加友好，且增添了一些全新的功能，使用起来更加得心应手。下面先来介绍一下 Excel 的基本概念和操作界面的相关知识。

4.1.1 Excel 2010 的功能特色

Excel 2010 支持快速创建和管理工作簿，满足用户的个性化办公方式，自定义改进的功能区、自定义选项卡，甚至是自定义内置选项卡，Excel 2010 都能实现，帮助用户轻松访问所需命令。

Excel 2010 为办公人员提供了强大的数据可视化工具：迷你图，可以让数据汇总更加直观、新增的切片器功能可以快速地筛选大量信息、数据透视表和透视图，有利于大量数据的可视化分析，实现更加高效的办公。

Excel 2010 新增加了搜索筛选器，可以快速缩小筛选范围，帮助用户快速找到目标表格和项目，更加轻松便捷地完成工作。

Excel 2010 可以实现协同办公，借助 Excel Web App 支持用户在所有 Web 浏览器中与其他人在同一个工作簿上同时工作。

4.1.2 Excel 2010 的基本概念和术语

1. 工作簿

一个 Excel 文件就是一个工作簿，是工作表、图表及其他数据信息的集合，以文件的形式存放在计算机中，其扩展名为“.xlsx”。对于创建的工作簿，Excel 将自动为其命名为“工作簿1.xlsx”，用户也可以修改工作簿的名字。

2. 工作表

工作簿是由一个或多个工作表组成的。工作表又称电子表格，是用于输入、显示、编辑和分析数据的表格。每一个工作表都用一个工作表标签来标识（如 Sheet1）。新建工作簿时，默认包括 3 张工作表，Excel 自动为工作表命名为：“Sheet1”“Sheet2”“Sheet3”，用户可以为工作表重新命名，也可以增加和删除工作表。

工作表是由行和列组成的表格，包括 1 048 576（2^{20}）行和 16384（2^{14}）列。列是从左到右用英文字母编号，依次是 A，B，C，…，AA，AB，…，XFD。行是从上到下用阿拉伯数字 1～1048576 编号。工作表内可以存储文字、数字、公式等数据。工作表的名称显示在工作表标签上。当前工作表只有一个，其标签呈反白显示。用户可以通过单击工作表标签，实现多个工作表之间的快速切换。

3. 单元格

单元格是 Excel 工作表的最小单位。由列和行交叉形成的每个矩形小方格就是一个单元格。单元格中可以输入、显示和计算数据，也可以存放图片、声音等信息。如果输入的是文字或数字，则原样显示；如果输入的是公式和函数，则显示其结果。

活动单元格是正在使用的单元格，由一个黑色的方框包围。当前单元格是正在进行数据输入、编辑的单元格，呈反白显示的单元格。活动单元格可以是多个单元格，当前单元格只有一个。如果只有一个活动单元格，则它同时也是当前单元格。只对当前单元格可以进行数据输入、编辑、修改操作，对单元格的格式设置、数据清除等操作则对所有的活动单元格起作用。

4. 单元格地址

单元格地址用来表示一个单元格的坐标，用列号和行号组合表示，列号在前、行号在后。例如工作表的左上角的第一个单元格，即第一行第一列单元格的地址是 A1； D 列 2 行的单元格的地址是 D2，即第二行、第四列的单元格。为了表示不同工作表中的单元格，在单元格之前还可以增加该单元格所在工作表的名称，比如 Sheet1!A1、Sheet2!D2。

4.1.3 Excel 2010 的启动和退出

1. Excel 2010 的启动

☞启动 Excel 2010 的常用方法主要有以下几种：

方法一：双击桌面上的 Excel 2010 快捷方式图标，启动 Excel 2010，同时自动创建一个空白的电子表格文档。

方法二：单击“开始”菜单，依次执行“所有程序”→Microsoft Office→Microsoft Excel 2010

命令，启动 Excel 2010 程序。

方法三：双击任意一个已存在的 Excel 文档，系统将直接启动 Excel 2010 程序打开该文档。

2. Excel 2010 的退出

☞退出 Excel 2010 的常用方法主要有以下几种：

Excel 2010 窗口组成

方法一：在 Excel 2010 窗口中，单击其右上角的“关闭”按钮。

方法二：在 Excel 2010 窗口中，单击标题栏左上角的 Excel 控制按钮，在打开的菜单中选择“关闭”命令。

方法三：在 Excel 2010 窗口中，依次执行“文件” → “退出”命令。

方法四：使用【Alt+F4】组合键。

4.1.4　Excel 2010 的操作界面

Excel 2010 的工作界面主要由标题栏、功能区、选项卡、编辑栏、工作区、滚动条、状态栏和任务窗格等组成，如图 4-1 所示。

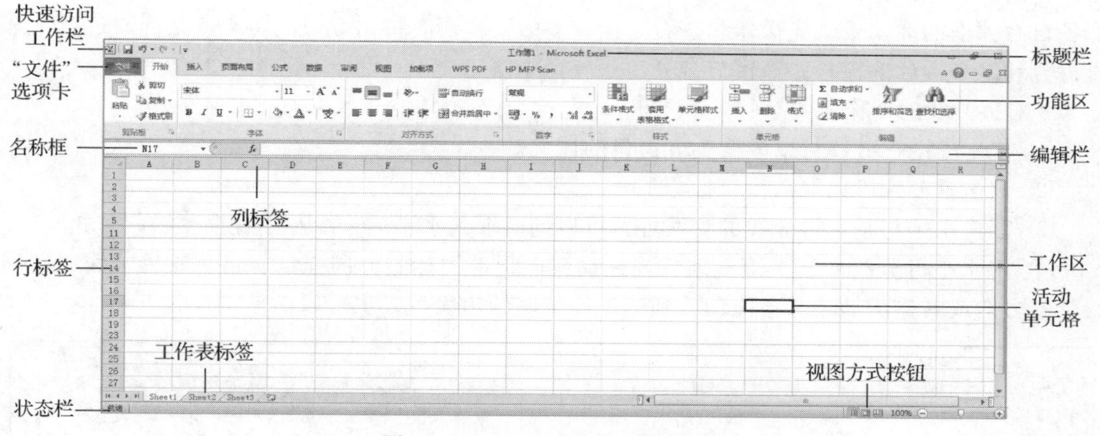

图 4-1　Excel 2010 的工作界面

1. 标题栏

标题栏位于窗口的最上方，左侧为快速访问工具栏，中间显示工作簿的名称（如：工作簿 1）和应用程序名称，右侧为窗口控制按钮（最小化、最大化\还原、关闭）。

2. 功能区

Excel 2010 的功能区同样由选项卡、选项组以及一系列的命令按钮构成。选项卡有“文件”“开始”“插入”“页面布局”“公式”“数据”“审阅”“视图”等。默认打开的是“开始”选项卡，该选项卡包括了“剪贴板”“对齐方式”“数字”“样式”“单元格”“编辑”选项组。在各个选项组中又包括了多个的命令按钮。

3. 名称框

名称框里显示的是当前单元格的地址。比如，当前单元格位于第三行、第四列，在名称框中显示 D3。当单击插入函数按钮 *fx* 后，名称框会显示选择的函数名称。

4. 编辑栏

编辑栏用来查看或编辑当前单元格中的数据、公式或函数，也可同步显示当前活动单元格

中的具体内容。如果单元格中输入的是公式或函数，则最终显示的是公式的计算结果，而在编辑栏中仍然会显示该单元格中具体的公式或函数内容。此外，如果单元格中的内容较长无法在单元格中完整显示时，单击该单元格后，在编辑栏中可看到完整的内容。

5. 行标签和列标签

工作表的行标签和列标签分别用来显示列的字母和行的数字，表明了行和列的位置。在行与列的交叉处决定了单元格的位置。

6. 工作表标签

工作表标签用来显示工作表的名称，有时也称为页标。一个工作表标签就代表一个独立的电子表格。单击工作表标签可以切换当前工作表。默认情况下，Excel 在新建一个工作簿后会自动创建 3 个空白的工作表，并使用默认名称 Sheet1、Sheet2 和 Sheet3。

7. 水平拆分线和垂直拆分线

垂直滚动条的顶端是水平拆分按钮，水平滚动条的右端是垂直拆分按钮，如图 4-2 所示。用鼠标按住拆分按钮向下或向左拖动，会将当前活动窗口拆分为两个窗口，并且被拆分的窗口都各自有独立的滚动条。在操作和查看数据较多的工作表时特别方便。图 4-3 是同时进行了垂直拆分和水平拆分的窗口，该窗口被分为了 4 个小窗口。

☞对拆分线的操作主要有：

① 鼠标拖动拆分线可以改变拆分窗口的比例。

② 双击拆分线可以取消窗口拆分。

③ 双击水平与垂直拆分线的交叉处，可以同时取消水平拆分线及垂直拆分线。

④ 将水平拆分线向水平滚动条方向拖动或向顶部列标签方向拖动，将垂直拆分线向左侧行标签方向或右侧滚动条方向拖动，到达工作区域的边缘后，也可取消窗口拆分。

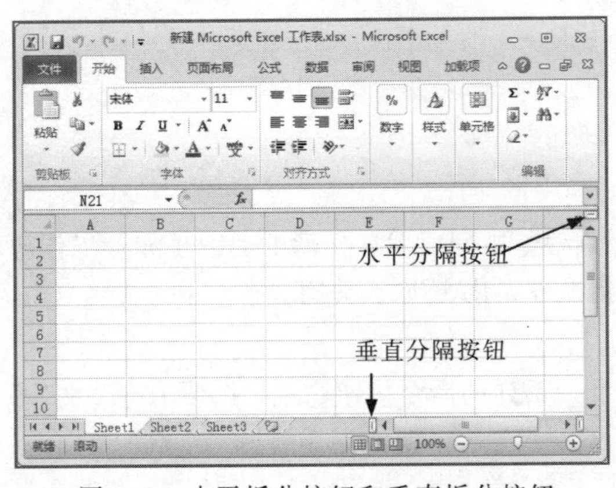

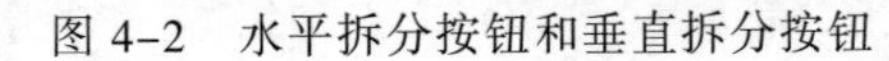
图 4-2　水平拆分按钮和垂直拆分按钮

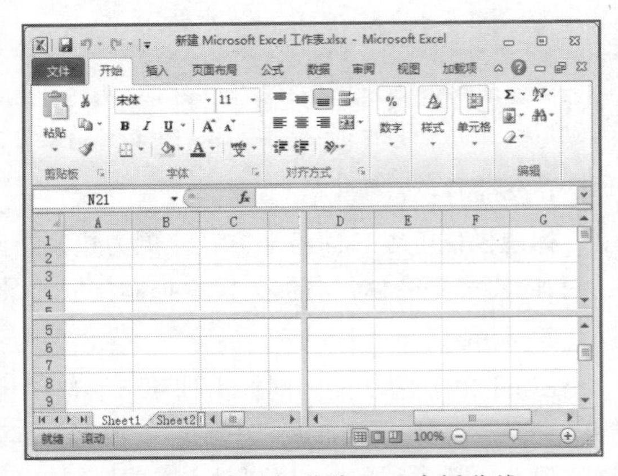

图 4-3　水平拆分线和垂直拆分线

8. 视图方式

在状态栏的右侧是视图切换按钮，用来切换工作表的视图方式。Excel 2010 包括普通、页面布局和分页预览三种方式。

4.1.5 Excel 2010 的窗口操作

在 Excel 2010 中，有时一张工作表中会存储大量的数据，在对这些数据进行编辑和处理时，灵活使用不同的窗口查看方式会极大方便操作。窗口操作分为新建窗口、拆分与冻结、重排窗口等，如图4-4所示。

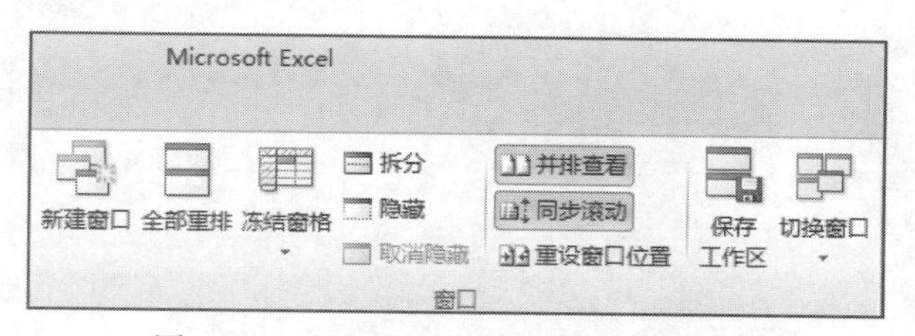

图4-4 “视图”选项卡“窗口”选项组

Excel 2010 窗口的操作

（1）“新建窗口”命令：在当前程序窗口中，打开一个新的工作簿窗口，新窗口中的内容与活动窗口的内容相同，这样就可以同时查看一个文件的不同部分。

（2）全部“重排”命令：单击该命令会弹出“重排窗口”对话框供用户选择窗口的排列方式。

（3）“冻结窗格”命令：使工作表中被冻结的单元格区域在其他区域滚动时保持不变，便于查看大型工作表数据。

（4）“拆分”命令：将当前工作表拆分为两个或四个窗口，不同的窗口显示同一张工作表。

（5）“隐藏”命令：暂时隐藏当前工作簿窗口，但隐藏的窗口仍然是打开的。取消隐藏后依然可见。

4.2 Excel 2010 的基本操作

在熟悉了Excel 2010的操作界面和基本概念之后，本节进一步介绍Excel中工作簿和工作表的基本操作，以及工作表中数据的输入、编辑和格式化。

4.2.1 工作簿的基本操作

1. 工作簿的新建

在启动Excel 2010后，会自动创建一个空白的工作簿“工作簿1”，用户可以在保存该文件时更改默认的工作簿名称。此外，用户还可以通过“文件”选项卡或“快速访问工具栏”中的相应命令或按钮来创建工作簿。

☞操作方法是：

方法一：使用“文件”选项创建工作簿。在打开的Excel工作簿窗口中，依次执行“文件”选项卡→“新建”命令，在“可用模板”中选择“空白工作簿”，单击“创建”按钮，如图4-5所示，即可创建一个空白的工作簿。在该窗格中还可以使用模板来创建工作簿，如“根据现有内容新建”“业务”“个人”“发票”等。

方法二：通过“快速访问工具栏”创建工作簿。在“自定义快速访问工具栏”下拉菜单中执行“新建”命令，然后在“快速访问工具栏”中单击“新建”按钮，就可以创建一个新的工作簿，如图4-6所示。

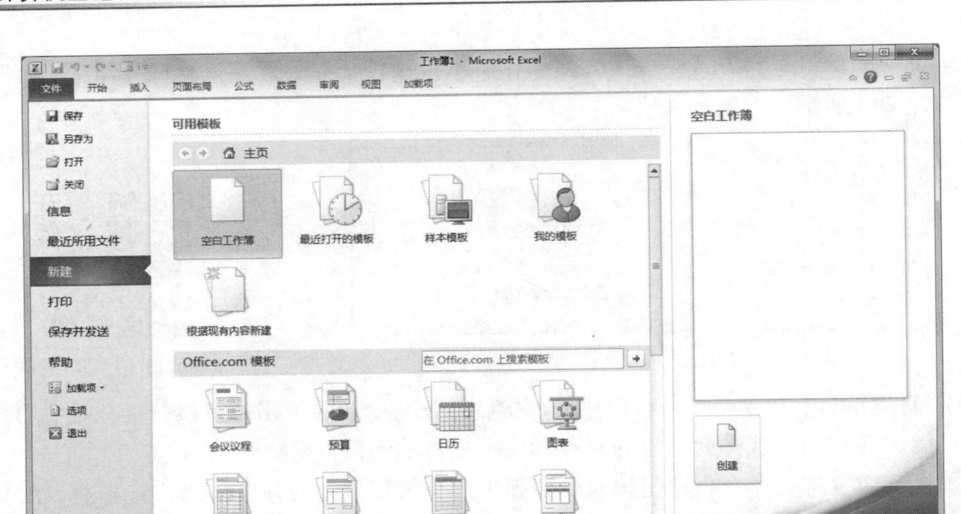

图 4-5 “文件”选项卡新建工作簿

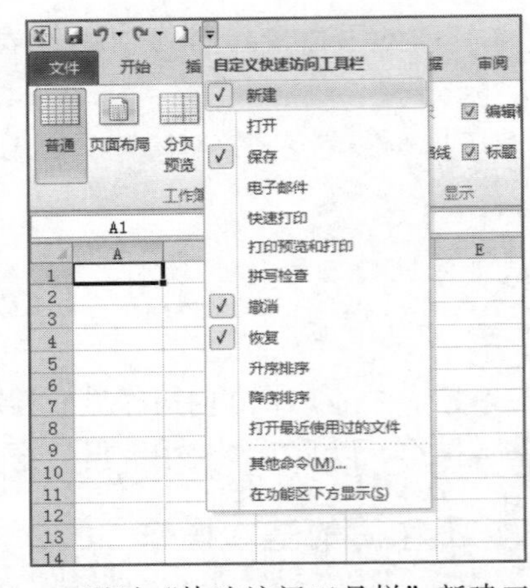

图 4-6 通过“快速访问工具栏”新建工作簿

方法三：在打开的 Excel 窗口中，按【Ctrl+N】快捷键，可创建一个新的空白的工作簿。

方法四：在某个文件夹内的空白处右击，在弹出的快捷菜单中选择“新建”命令，然后从级联菜单中选择“XLSX 工作表”命令，也可创建一个新的空白的工作簿。

2. 工作簿的打开

☞操作方法是：

方法一：对已经存在的 Excel 工作簿文件，用户只需双击该文件即可启动 Excel 2010 打开该文档。

方法二：在打开的 Excel 窗口中，依次执行“文件”选项卡→“打开”命令，在“打开”对话框中选择要打开的工作簿文件，单击“打开”按钮即可。

3. 工作簿的保存

☞操作方法是：

在打开的 Excel 窗口中，依次执行“文件”选项卡→“保存”命令或单击“快速访问工具栏”上的“保存”按钮即可保存当前的工作簿文件。

工作簿的基本操作

如果要用新的文件名或位置保存已保存过的工作簿，可以依次执行“文件”选项卡→“另存为”命令，打开“另存为”对话框，然后在该对话框中选择文件存放的路径，在“文件名”文本框中输入新的文件名，如图 4-7 所示。按下【Ctrl+S】组合键或【F12】键均可打开“另存为”对话框。

图 4-7　“另存为”对话框

4.2.2　工作表的基本操作

在工作簿窗口中，默认显示的是第一张工作表，该工作表为当前工作表，其工作表标签呈反白显示。用户可以直接单击工作表标签来实现不同工作表的切换。用户还可以根据需要插入工作表、删除工作表、重命名工作表或改变工作表的顺序等。

1. 选取工作表

单击工作表标签即可选定所需工作表。当一个工作簿中包括多张工作表时，如果无法看到所需工作表，可以单击工作表标签左侧的导航按钮 来切换工作表。选取工作表的操作分为以下几种情况。

☞操作方法是：

① 选取单个工作表，直接单击需要选定的工作表标签即可选定一个工作表。

② 选取多个连续工作表，单击要选取的第一个工作表标签，按住【Shift】键的同时，单击最后一个要选择的工作表的标签。

③ 选取多个不连续工作表，单击要选取的第一个工作表标签，按住【Ctrl】键的同时，逐个单击要选择的其他工作表标签。

2. 插入工作表

在 Excel 2010 中，一个工作簿中，默认包含三张工作表，用户也可以根据需要插入多张工作表。

☞操作方法是：

方法一：在当前工作簿窗口中，依次执行“开始”选项卡→“单元格”选项组→“插入”命令，在打开的下拉列表中选择“插入工作表”命令，如图 4-8 所示，即可在当前工作表之前添加一个新的工作表。

方法二：单击工作表标签右侧的“插入工作表”按钮 ，即可在当前工作表后面添加一个新的工作表。

方法三：右击工作表标签，在弹出的快捷菜单中选择“插入”命令（见图4-9），即可在当前工作表之前添加一个新的工作表。

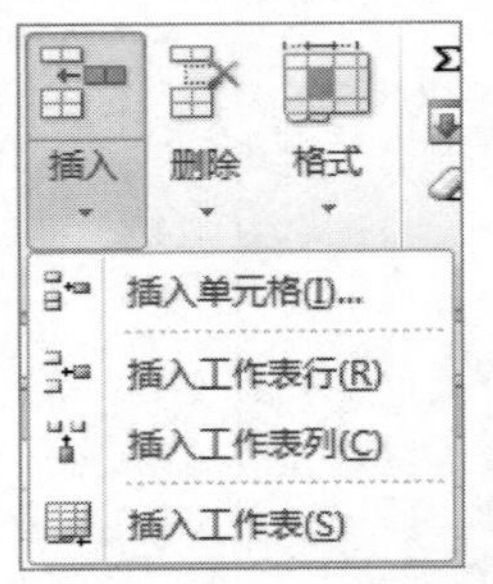

图4-8 “插入”命令下拉列表

图4-9 快捷菜单中插入工作表

工作表的插入重命名删除

3. 重命名工作表

工作表默认的文件名是Sheet1、Sheet2、Sheet3…，为了便于明确标示，方便记忆，用户可以根据需要修改工作表的名称，即重命名工作表。

☞操作方法是：

方法一：双击要重命名的工作表标签，在进入工作表标签名称修改状态后（显示为黑底白字），输入新的名称覆盖原有名称即可。

方法二：右击需要重命名的工作表标签，在弹出的快捷菜单中选择“重命名”命令，进入工作表标签修改状态后，输入新的名称覆盖原有名称。

方法三：选中要重命名的工作表标签，依次执行“开始”选项卡→“单元格”选项组→“格式”命令，从打开的下拉列表中选择“重命名工作表”命令，工作表标签上的名称将处于编辑状态，此时即可修改工作表的名称。

4. 删除工作表

在工作簿中可以将不需要的工作表删除，但工作簿中至少保留一张可视工作表。此外，执行“删除工作表”命令一定要慎重，工作表一旦被删除将无法恢复。

工作表的选择

☞操作方法是：

方法一：选定要删除的工作表，依次执行“开始”选项卡→“单元格”选项组→“删除”命令，从打开的下拉列表中选择“删除工作表”命令。如果该工作表中有数据，会打开一个对话框要求用户确认是否删除。如果要删除，单击“删除”按钮；如果取消删除操作，单击“取消”按钮即可。

方法二：右击要删除的工作表标签，在弹出的快捷菜单中选择“删除”命令，即可将选中的工作表删除。

5. 移动和复制工作表

在Excel中，可以将一个或多个工作表在同一个工作簿或不同工作簿中完成移动或复制操作。

工作表的移动和复制

（1）同一工作表中

☞操作方法是：

如果在同一个工作簿中移动工作表，单击需要移动的工作表标签，将其拖动到目的位置即可；如果在拖动的同时按住【Ctrl】键，可以实现复制操作，即产生一个原有工作表的副本，Excel 会自动为该副本命名。比如，Sheet1 工作表副本的默认名称为 Sheet1(2)。

设置工作表标签的颜色

（2）不同工作表之间

☞操作步骤如下：

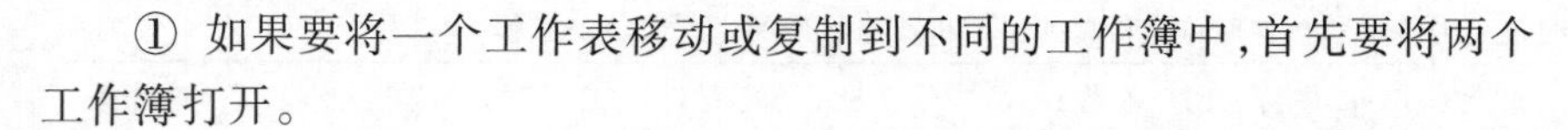

① 如果要将一个工作表移动或复制到不同的工作簿中，首先要将两个工作簿打开。

② 单击选中需要移动或复制的工作表，依次执行“开始”选项卡→“单元格”选项组→“格式”命令，或右击要移动或复制的工作表，从打开的下拉列表中选择“移动或复制工作表”命令。

③ 打开“移动或复制工作表”对话框，如图 4-10 所示，从中选择要移动到的目标工作簿（如果选择“新工作簿”，即将选定的工作表移动或复制到新的工作簿中）和工作表要插入的位置。

④ 如果要复制工作表，还需要选中该对话框中的“建立副本”复选框。

⑤ 单击“确定”按钮即可。

6. 隐藏工作表

为了保护工作表中的数据，用户还可以对工作表中的行、列或工作表进行隐藏和恢复显示，方法相似。下面具体介绍一下工作表的隐藏和显示操作。

（1）隐藏工作表

☞操作方法是：

选中需要隐藏的工作表，依次执行“开始”选项卡→“单元格”选项组→“格式”命令，从打开的下拉列表中选择“隐藏和取消隐藏”命令中的“隐藏工作表”命令。此时，选中的工作表在工作表标签栏中便无法看到。

工作表的隐藏

（2）取消隐藏工作表

☞操作方法是：

如果要取消隐藏工作表，依次执行“开始”选项卡→“单元格”选项组→“格式”命令，从打开的下拉列表中选择“隐藏和取消隐藏”命令中的“取消隐藏工作表”命令，从打开的“取消隐藏”对话框（见图 4-11）中选择要取消隐藏的工作表，单击“确定”按钮，即可将隐藏的工作表显示出来。

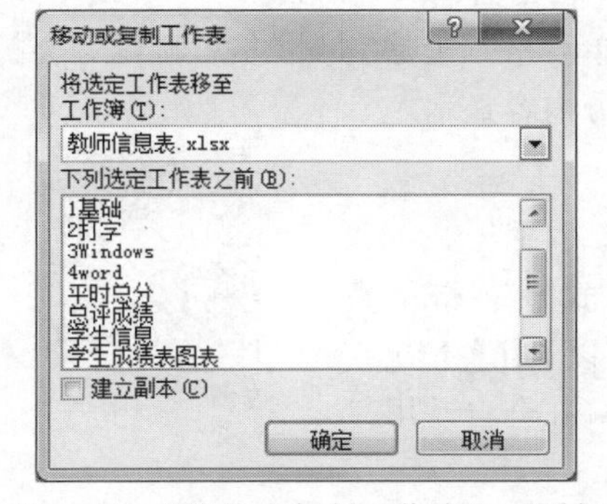

图 4-10 “移动或复制工作表”对话框

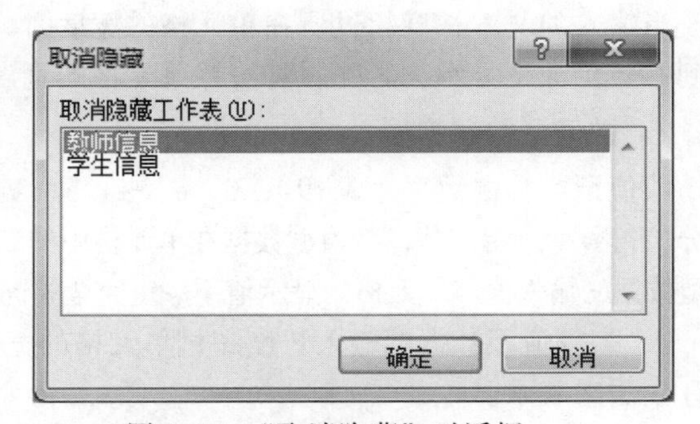

图 4-11 “取消隐藏”对话框

在 Excel 中，对于不同操作，鼠标指针的形状会随之发生变化，常见的鼠标指针形状见表 4-1。

表 4-1 鼠标的形状及说明

鼠标形状	说明
	箭头形状是 Excel 操作中最常见的鼠标指针形状。当鼠标指针位于标题栏、快速访问工具栏、选项卡、选项组、滚动条、各种按钮以及 Excel 的工作表标签上时，均为该形状。用户可以用它来完成窗口移动、选项卡选择、命令执行、区域滚动、选项卡选定和工作表选定等操作。当鼠标指针指向当前单元格或单元格区域时也变为该形状，这时可进行单元格或单元格区域的复制或移动操作
	空心十字形状是 Excel 中特有的，也是 Excel 中最常见的鼠标指针形状。当指针位于工作表区域时为该形状。用户可以用它来选择所需的单元格或单元格区域
I	I 形状也称插入指针。当鼠标指针位于编辑栏、处于编辑状态的单元格中，以及字体、字号等用户可以输入信息的区域时为该形状。这时用户可以在相应位置输入信息
+	小的实心十字形状是 Excel 中特有的鼠标指针形状。当鼠标指针指向当前单元格或单元格区域右下角的填充柄（其形状为黑色的小方块）时，鼠标指针变为该形状。这时用户可以按住鼠标左键拖动，完成数据或公式的自动填充
	十字双向箭头形状。当鼠标指针指向行号或列标的分界线时变为该形状，这时可以通过鼠标的拖动操作改变行高或列宽
	十字箭头形状。当鼠标指针指向某个图形对象或固定工具栏的移动柄时变为该形状，这时可通过鼠标的拖动操作移动图形对象或固定工具栏的位置

4.2.3 工作表数据的输入

在 Excel 中，单元格中可以输入的数据类型主要包括：常量和公式。常量包括数值型、文本型、日期时间型等，可在单元格中直接输入，不需要“=”引导。数据输入完成后，按下【Enter】键或单击编辑栏上的“输入”按钮，即可确定当前数据的输入；按下【Esc】键或单击编辑栏上的“取消”按钮，即可取消当前数据的输入。

文本型数据输入

1. 文本型数据的输入

文本型数据包括汉字、英文字母、数字（非数值型字符）、空格及键盘能输入的其他符号。字符型数据在单元格中的默认对齐方式为“左对齐”。

对于由数字组成的数据，如身份证号码、电话号码等，当作为字符处理时，则需要在输入的数字之前加一个英文单引号“’”。比如，要输入“00315”，则需输入“’00315”。

当输入的文本长度超过所在单元格的宽度时，如果该单元格右边是空单元格，则内容会扩展到右边单元格显示，否则，将按照单元格的宽度截取部分内容显示。

2. 数值型数据的输入

数值型数据输入

数值型数据由数字（0～9）、E、e、%、$、￥、+、-、小数点（.）和千分位符号（,）等组成。数值型数据在单元格中的默认对齐方式为右对齐。数值型数据的输入值与单元格的显示值不一定完全相同。主要有以下几种情况：

① 当数值型数据的输入长度超过单元格的宽度时，Excel 会自动用科学计数法来表示。

② Excel 的数据精度为 15 位，如果数值长度超过 15 位，则多余的数字舍入为零。

③ 若单元格格式设置为两位小数，当输入 3 位以上小数时，单元格中数值的第三位小数将按照四舍五入方式取舍。

④ 当单元格中显示“######”，表示单元格的宽度不够，无法正常显示输入的数据，此时只需双击该单元格就可以看到完整的内容，或调整单元格的宽度来适应内容长度。

⑤ 在输入分数时，为了避免和日期混淆，在输入数字的前面先输入“0”和空格。比如，单元格中的内容是分数“3/4”，应该在单元格中输入“0　3/4”。

3. 日期时间型数据的输入

在 Excel 中，日期时间型数据的输入方法如下：

① 输入日期数据：年、月、日之间用斜杠（/）或连字符（-）分隔，常用的日期格式有“mm/dd/yy”“dd-mm-yy”等。

② 输入时间数据：时、分、秒之间要用冒号（:）隔开，常用的时间格式为“hh:mm [am/pm]”，其中，“am/pm”与时间之间必须有空格，如“11:35　am”。

③ 日期时间数据格式为“mm/dd/yy　hh:mm”，其中日期和时间之间必须有空格。

> **提示**
>
> （1）在输入时间、日期时间数据时，必须按要求输入空格进行分隔。如果缺少空格，则会被作为文本型数据来处理。
>
> （2）如果要在当前的单元格中快速地输入当前日期，可以按【Ctrl+;】组合键；如果快速输入当前时间，可以按【Ctrl+Shift+;】组合键。

4. 数据的输入技巧

在输入数据时，常常会输入一些相同的、连续的、有规律的数据，比如序列号、学号、月份等。恰当运用 Excel 的输入技巧和自动填充功能，可以大大减少人工录入数据的工作量，降低出错率，提高工作效率。

（1）多个单元格中输入相同数据

在数据编辑时，有时需要多次在不同的单元格中输入相同的数据，如图 4-12 所示，可以采用以下方法来实现数据的快速输入。

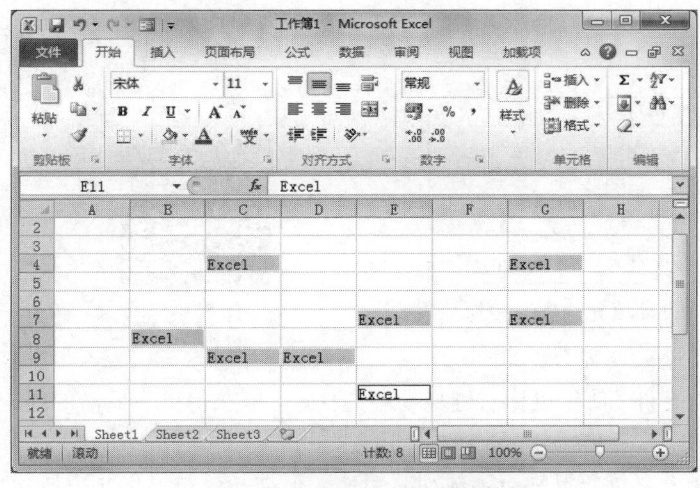

图 4-12　快速输入相同的数据

日期和时间型数据输入

☞操作方法是：

首先选择要输入相同数据的单元格，然后在选择的单元格中输入数据，之后按【Ctrl+Enter】组合键确定输入，即可在所选中的所有单元格中一次性输入相同数据。

（2）鼠标左键拖动填充柄输入序列数据

在同一行或者同一列输入相同或有规律数据时，可以使用填充柄来完成。选择一个单元格或单元格区域后，所选单元格或单元格区域边框的右下角处会有一个黑▪，这就是“填充柄”。当鼠标指针指向填充柄时，鼠标指针形状会变成实心黑+字形状，这时按下鼠标左键拖动填充柄，鼠标经过的相邻单元格即可完成数据的输入。

☞操作方法是：

方法一：在单元格中输入数据后，选中该单元格，作为原单元格，用鼠标左键按住填充柄向下或向右拖动（也可以向上或向左拖动）。如果原单元格中输入的是数值或文本，可在目标单元格复制与原单元格中数据相同的内容；如果原单元格中输入的是日期时间，目标单元格中的日期时间会自动以递增的方式进行填充（日期按日递增，时间按小时递增）。

方法二：按住【Ctrl】键的同时，按住鼠标左键拖动填充柄进行填充，如果原单元格中的内容是数值，目标单元格则会以数值递增的方式进行填充；如果原单元格中的内容是普通文本或日期时间，可在目标单元格中复制原单元格中的内容。

方法三：用鼠标左键按住填充柄拖动，释放鼠标后会出现“自动填充选项”按钮，单击该按钮可以打开快捷菜单，从中选择要填充的方式，如图 4-13 所示。

① 复制单元格：复制原单元格内容至目标单元格。

② 填充序列：按一定的规律进行填充。比如，原单元格中是数字 3，则目标单元格中依次填充为 3、4、5……；如果原单元格中是“星期四”，则目标单元格中填充内容是“星期四、星期五、星期六……”；如果是其他无规律的普通文本，则“填充序列”命令为灰色不可用状态。

③ 仅填充格式：只是复制原单元格中的格式到目标单元格中，目标单元格不会出现原单元格中的数据。该功能类似于 Word 的格式刷。

④ 不带格式填充：仅填充数据至目标单元格中，而原单元格中的各种格式设置不会被复制到目标单元格中。

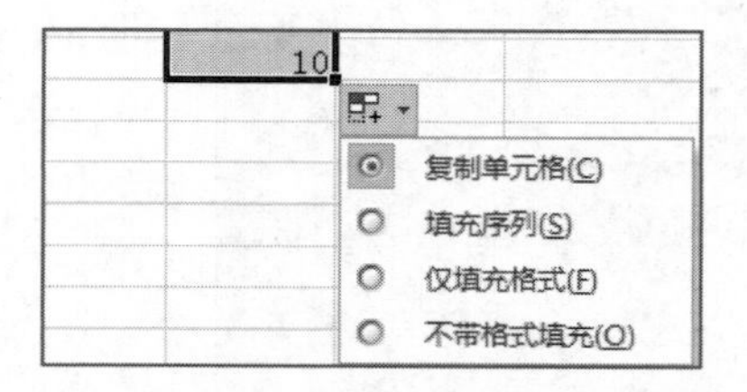

图 4-13 “自动填充选项”按钮列表

序列填充

（3）鼠标右键拖动填充柄输入序列数据

除了使用鼠标左键实现填充外，使用鼠标右键拖动填充柄，可以获得更为灵活的填充效果。

☞操作方法是：

选中已输入数据的原单元格，按住鼠标右键拖动填充柄，拖动经过目标单元格后释放鼠标右键，弹出快捷菜单，在该菜单中可进行多种填充方式的选择，如图 4-14 所示。

① 等差序列、等比序列：这种填充方式要求事先必须选择两个以上的原单元格。比如，选定了已经输入 1、2 的两个单元格，再用鼠标右键拖动填充柄，释放鼠标右键后，即可打开快捷菜单，从中可选择“等差序列”或“等比序列”命令。

② 以天数、工作日、月、年填充：如果原单元格中输入的是日期时间型数据，从快捷菜单中可选择所需的日期和时间填充方式。

③ 序列：当原单元格中的内容为数值时，选择“序列”命令，可打开如图 4-15 所示的“序列”对话框。在此对话框中可以灵活地选择多种序列填充方式。

图 4-14　右键填充快捷菜单

(4) 使用填充命令填充序列数据

对于一些有规律的数据填充，比如等差数列、等比数列等，还可以通过“序列”对话框来完成。

☞操作方法是：

在 Excel 窗口中，依次执行“开始”选项卡→“编辑”选项组→“填充”命令，从打开的下拉列表中选择“系列”命令，打开“序列”对话框进行相应的设置。步长值为数据递增值（选等差序列、日期）或倍数值（选等比序列）；终止值是数据填充的最大值。

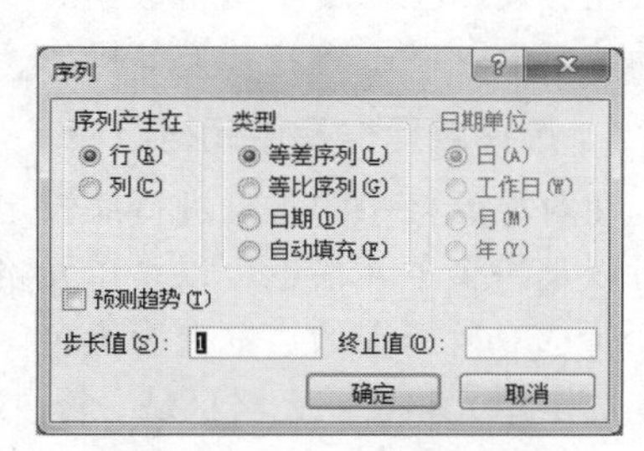

图 4-15　“序列”对话框

提示

使用“序列”对话框填充数据时，如果不确定填充的终止值，但知道填充的区域范围，则在填充之前选中填充的单元格区域，由 Excel 自动完成该区域数据的填充；如果有确定的终止值，不知道填充的区域范围，则在填充之前只选中原单元格作为“起始值”，然后在“序列”对话框中输入“终止值”，由 Excel 自动完成该数据区间的填充。

(5) 编辑自定义列表

对于一些没有预定义的有规律的序列，比如，春、夏、秋、冬，用户也可以自行添加所需列表。

☞操作步骤如下：

① 在 Excel 窗口中，依次执行“文件”选项卡→“选项”命令，在打开的“Excel 选项”对话框中选择“高级”选项，在“常规”选项组中单击“编辑自定义列表”按钮，如图 4-16 所示。

② 打开“自定义序列”对话框，如图 4-17 所示。在“自定义序列”列表框中选择“新序列”选项，在“输入序列”列表框中输入自定义的序列，如“春”“夏”“秋”“冬”。输入的项目之间要用英文逗号分开，或者在输入完一个项目后按【Enter】键，再输入下一个项目。

③ 输入完毕，单击“添加”按钮，则该序列就被添加到“自定义序列”列表框中。

④ 单击“确定”按钮，返回到“Excel 选项”对话框，再次单击“确定”按钮，即可完成自定义序列的添加。

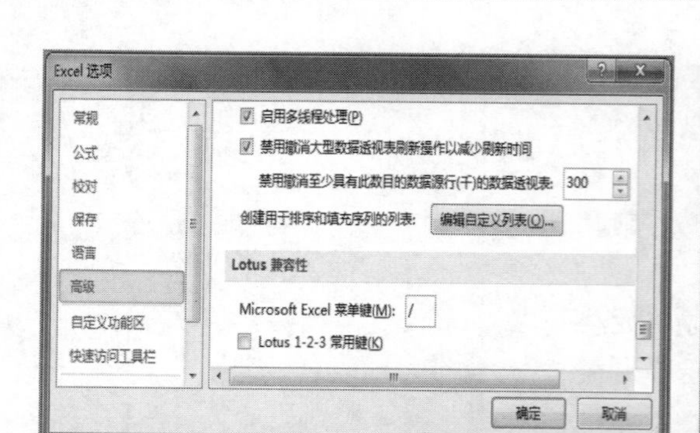

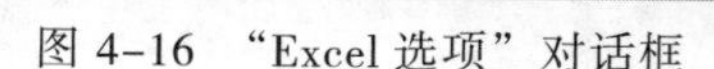
图 4-16 “Excel 选项”对话框

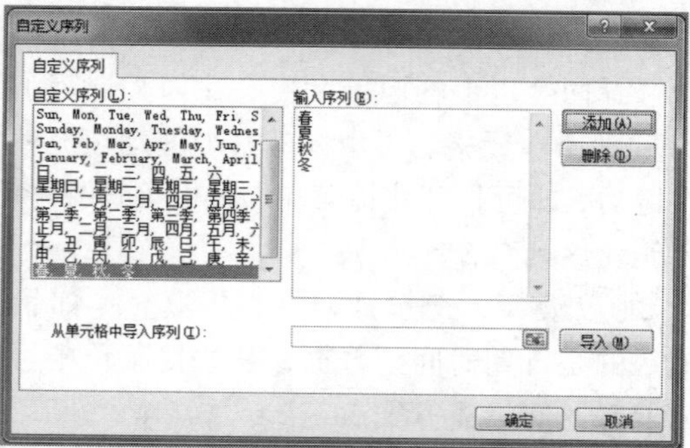

图 4-17 “自定义序列”对话框

4.2.4 工作表的编辑

单元格及单元格区域的选定

在 Excel 工作表中编辑数据时，经常会对工作表中的数据进行修改、移动、复制粘贴、查找替换等操作，本节将对这部分内容进行介绍。

1. 选择单元格及单元格区域

在对单元格中的数据进行编辑之前，首先要选择单元格。单元格的选择可以是一个单元格也可以是单元格区域。被选中的单元格就是活动单元格，所选对象周围的边框变为黑色。

选定单元格、单元格区域、行、列和整个工作表的操作如表 4-2 所示。

表 4-2 选定操作

选定对象	操　　作
单个单元格	当鼠标指针变为 ✥ 形状时单击，或利用方向键移动到相应单元格
连续单元格区域	首先选择该区域中的第一个单元格，然后拖动鼠标直到要选定的最后一个单元格，或选择该区域中的第一个单元格，按住【Shift】键选择最后一个单元格
不连续单元格区域	首先选择第一个单元格或区域，然后按住【Ctrl】键逐个选择其他单元格或区域
整行	将鼠标指针放在要选择的行号上，当鼠标指针变成向右的箭头时，单击
整列	将鼠标指针放在要选择的列标上，当鼠标指针变成向下的箭头时，单击
连续的行或列	沿行号或列标拖动鼠标，或先选择第一行或第一列，然后按住【Shift】键选择其他的行或列
不连续的行或列	先选择第一行或第一列，然后按住【Ctrl】键选择其他的行或列
整个工作表	单击工作表行号和列标交汇处的“全选”按钮，或者按【Ctrl+A】组合键
增加或减少活动区域中的单元格	按住【Shift】键并单击新选定区域中的最后一个单元格，活动单元格和所单击的单元格之间的矩形区域成为新的活动单元格区域
取消选择	单击工作表中任一单元格

2. 插入和删除

(1) 插入单元格

☞操作步骤如下：

① 在 Excel 工作表中，根据需要插入的空白单元格选择与其数量相同的单元格区域。

② 依次执行“开始”选项卡→“单元格”选项组→“插入”命令，在打开的下拉列表中选择“插入单元格”命令，或右击选中的单元格区域，在弹出的快捷菜单中选择“插入”命令，打开“插入”对话框，如图 4-18 所示。

③ 选择单元格的移动方向为“活动单元格右移”或“活动单元格左移”。

④ 单击“确定”按钮，即可在所选单元格区域的位置插入相同数量的空白单元格。

（2）插入行和列

☞操作方法是：

方法一：在 Excel 工作表中选中一定数量的行或列，依次执行“开始”选项卡→“单元格”选项组→“插入”命令，从打开的下拉列表中选择“插入工作表行”或“插入工作表列”命令，如图 4-19 所示，即可在所选行的上方添加与所选行数相同的空白行，或所选列的左边添加与所选列相同数量的空白列。

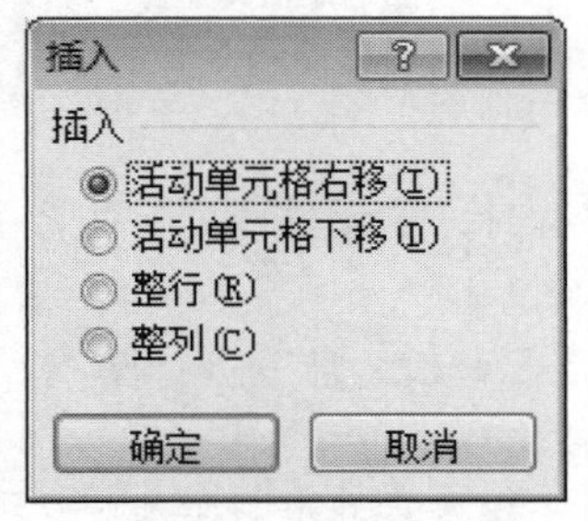

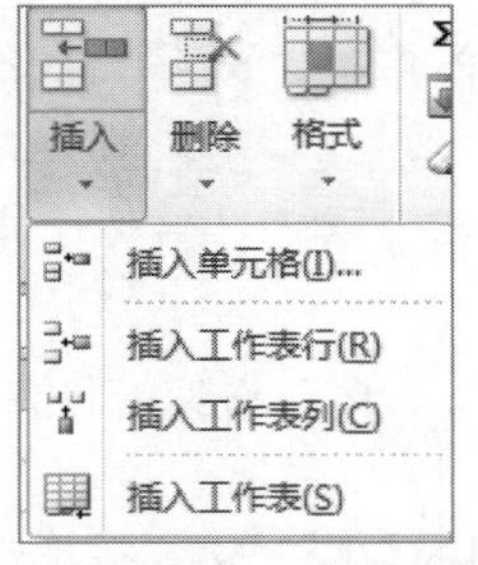

图 4-18 “插入”对话框

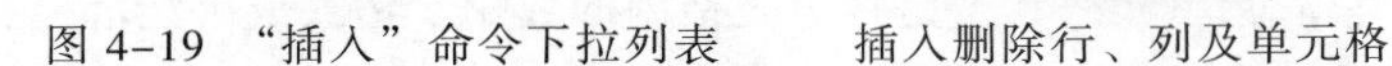
图 4-19 “插入”命令下拉列表　　插入删除行、列及单元格

方法二：在 Excel 工作表中选中一定数量的行或列，将鼠标指针移动到需插入行的行号或列标处，右击，从弹出的快捷菜单中选择“插入”命令，所选的行依次向下移动设定数量的行，或所选的列向右移动设定数量的列。

（3）删除单元格

删除单元格的操作是将单元格本身及其内容同时从工作表中移除，并自动调整其下方或右侧的单元格，填补删除后的空缺。

☞操作步骤如下：

① 选择要删除的单元格或单元格区域。

② 依次执行“开始”选项卡→“单元格”选项组→“删除”命令，从打开的下拉列表中选择“删除单元格”命令，或右击要删除的单元格或单元格区域，在弹出的快捷菜单中选择“删除”命令，打开“删除”对话框，如图 4-20 所示。

③ 选择“右侧单元格左移”或“下方单元格上移”选项，单击“确定”按钮即可。

（4）删除行和列

☞操作步骤如下：

① 选择要删除的行或列。

② 依次执行“开始”选项卡→“单元格”选项组→“删除”命令，从打开的下拉列表中选择“删除工作表行”或“删除工作表列”命令，或右击要删除的行或列，在弹出的快捷菜单中选择“删除”命令，打开“删除”对话框。

③ 选择“整行”或“整列”选项，单击“确定”按钮即可。

3. 数据的修改和清除

（1）数据的修改

对单元格中原有数据进行修改主要包括重新输入和部分修改两种方法。

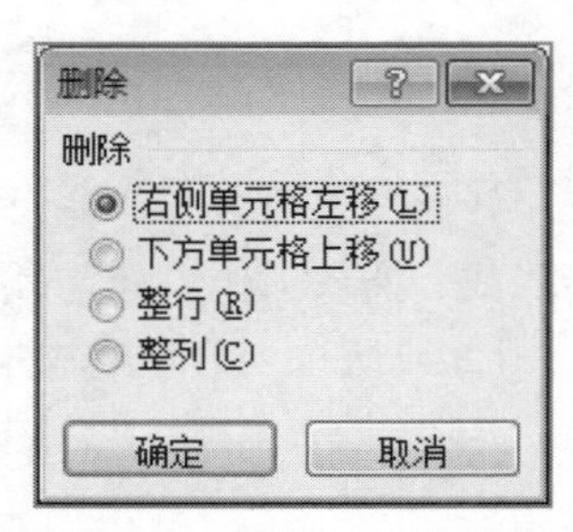

图 4-20 “删除”对话框

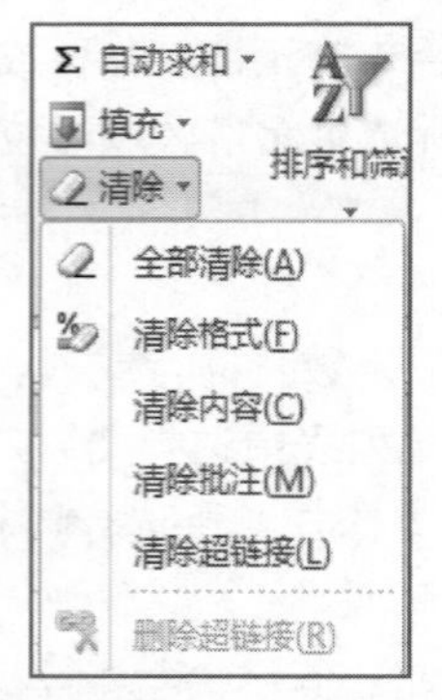

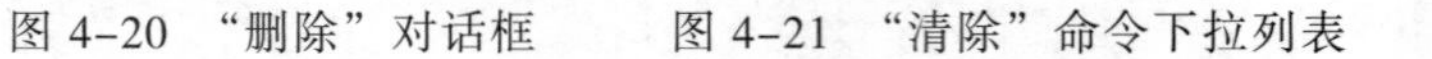
图 4-21 “清除”命令下拉列表

数据的移动和复制操作

☞操作方法是：

① 重新输入，单击选中单元格，当输入新数据的第一个字符时，单元格内原有的数据即被清除，由新的内容覆盖。

② 部分修改，双击单元格，进入单元格编辑状态，直接对需要修改的部分进行操作。

（2）数据的清除

清除单元格数据是将单元格内的数据、格式或批注清空，单元格本身并没有被删除。

☞操作方法是：

方法一：选择要清除内容的单元格或单元格区域，按【Delete】键或【Backspace】键可以直接清除单元格内的数据。

方法二：选择要清除内容的单元格或单元格区域，右击该区域，在弹出的快捷菜单中选择“清除内容”命令即可清除数据。

方法三：依次执行“开始”选项卡→“编辑”选项组→“清除”命令，弹出图 4-21 所示的下拉列表，从中选择一种要实现的清除操作。其中，“清除格式”命令只是将单元格的格式恢复到 Excel 默认的格式，并不改变单元格中的内容。

4. 数据的移动、复制和粘贴

移动或复制数据就是将工作表中某单元格或单元格区域中的数据移动或复制到同一个工作表中的另一单元格或单元格区域，也可以移动或复制到另一个工作表或另一个工作簿中。

（1）使用鼠标移动和复制

① 移动数据

☞操作方法是：

方法一：选中要移动内容的单元格或单元格区域，用鼠标指针指向被选单元格或单元格区域的边缘处，当鼠标指针形状变为✥时，按下鼠标左键将其拖动到目标单元格或单元格区域后松开鼠标左键，即可实现移动操作。

方法二：选中要移动内容的单元格或单元格区域，按住【Alt】键的同时进行拖动操作，可将所选内容移到其他工作表中。

② 复制数据

☞操作方法是：

方法一：选中要复制内容的单元格或单元格区域，用鼠标指针指向被选单元格或单元格区域的边缘处，当鼠标指针形状变为✥时，按住【Ctrl】键；当鼠标指针形状变成↖⁺时，拖动鼠标至目标位置后松开鼠标，可实现复制操作。但如果目标位置有内容的话，会被复制的内容覆盖。并且，这种方法比较适合短距离、小范围内的数据移动和复制。

方法二：选中要复制的行内容，将光标移至所选区域的边缘处，当鼠标指针形状变为 时，按下【Ctrl+Shift】组合键，当光标变成 时，拖动鼠标至目标位置后松开鼠标，既可在目标位置插入复制的行内容。

选择性粘贴

（2）使用命令移动和复制

☞操作方法是：

选择需要移动或复制的单元格或单元格区域，依次执行“开始”选项卡→“剪贴板”选项组→“剪切”或“复制”命令，或右击选中的单元格或单元格区域，从弹出的快捷菜单中选择“剪切”或“复制”命令，然后单击要移动或复制到的单元格或单元格区域的左上角的单元格，单击“粘贴”按钮即可。

（3）数据的选择性粘贴

除了复制单元格的全部内容以外，Excel 还可以有选择性地对特定内容进行复制。包括：粘贴全部（默认）、粘贴公式（不带格式）、粘贴数值（将公式转换为数值）、粘贴格式（只取格式）、转置粘贴（行列转置）等。

☞操作方法是：

在完成复制操作后，选定目标单元格，依次执行“开始”选项卡→“剪贴板”选项组→“粘贴”命令，从下拉列表中选择“选择性粘贴”命令，打开“选择性粘贴”对话框，如图 4-22 所示，从中选择要粘贴的目标格式即可。

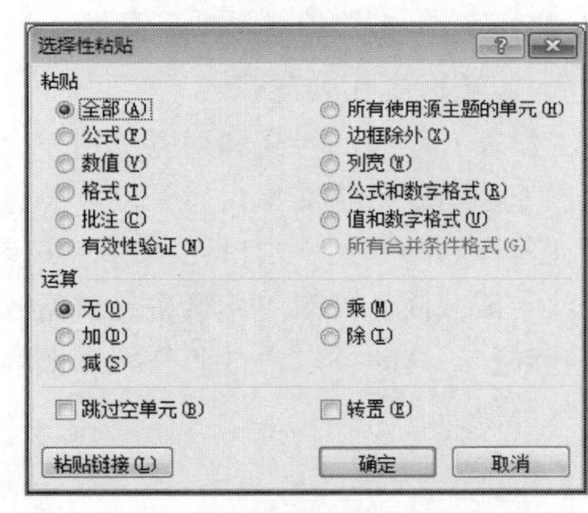

图 4-22　“选择性粘贴”对话框

5. 数据的查找和替换

数据的查找和替换是数据编辑过程中经常要使用的操作。在 Excel 中，查找和替换的对象可以是文字、数字、日期和公式等。

（1）数据的查找

☞操作步骤如下：

① 依次执行“开始”选项卡→“编辑”选项组→“查找和替换”命令，从下拉列表中选择“查找”命令，打开“查找和替换”对话框，如图 4-23 所示。

② 在“查找内容”文本框中输入要查找的数据内容。单击“选项”按钮可以完成以下设置：

- “范围”列表框：确定查找的范围是工作表还是工作簿。
- “搜索”列表框：确定优先查找的范围是按行还是按列。
- “查找范围”列表框：确定查找的元素是公式、值还是批注。

③ 设定在查找过程中字母是否“区分大小写”“区分全/半角”符号以及查找结果是否与“查找内容”中的内容完全匹配。

④ 设定好查找条件后，单击“查找下一个”按钮，在选定的范围内逐个查找包含查找内容的单元格，并将光标定位在这个单元格。也可选择“查找全部”，将所有查找结果显示在“查找和替换”对话框下方。

⑤ 查找完成后，单击“关闭”按钮即可。

（2）数据的替换

☞操作方法是：

替换功能与查找操作步骤类似，在如图 4-24 所示的“查找和替换”对话框的“替换”选项卡中，设置完查找内容，然后在“替换为”文本框中输入替换后的内容。如果要部分替换与查找内容相同的数据，可以单击“替换”按钮；如果要替换整张工作表中所有的与查找内容相同的数据，可以直接单击“全部替换”按钮。

图 4-23 “查找和替换”对话框“查找”选项卡　　图 4-24 “查找和替换”对话框“替换”选项卡

6. 设置行高和列宽

工作表有默认的行高和列宽，用户也可以根据工作表中的内容或格式需要来调整行高和列宽。比如，当输入的文本内容长度太长超过单元格的默认宽度时，文字内容会自动延伸到相邻的空白单元格内，如果相邻单元格中已有内容，那么文字内容就会被截断。如果单元格中是数值或日期时间，当列宽不足时，则会显示“#####”。这时可以通过调整列宽来解决这类问题。设置行高和列宽的操作步骤类似。

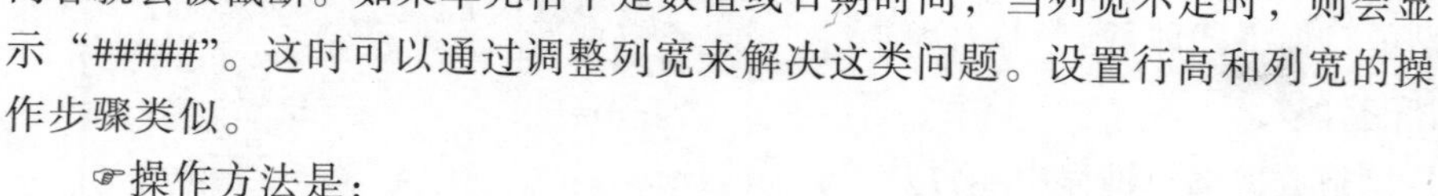

调整行高和列宽

☞操作方法是：

方法一：选定要调整行高的行，依次执行“开始”选项卡→“单元格”选项组→“格式”命令，在打开的下拉列表中选择“行高”命令，在打开的“行高”对话框中设定行高的精确值，单击“确定”按钮即可。

方法二：将鼠标指针移动到要设置调整行高的行标号的下边界处，当鼠标指针变成带↕箭头的时候，按住鼠标左键向上或向下拖动，调整到所需的行高后释放鼠标左键即可。

方法三：选定要调整的行后，依次执行“开始”选项卡→“单元格”选项组→“格式”命令，在打开的下拉列表中选择“自动调整行高”命令，即可根据行中的内容自动调整为最适合的行高。

7. 给单元格添加批注

为单元格添加批注，可以对单元格中存放的内容加以补充说明。添加了批注的单元格会在其右上角出现一个红色三角形，当光标移至此处时，会自动打开批注。

为单元格添加批注

（1）添加批注

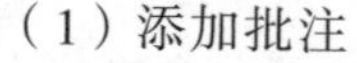

☞操作方法是：

选择要添加批注的单元格，依次执行“审阅”选项卡→“批注”选项组→“新建批注”命令，或按【Shift+F2】组合键，此时会为单元格添加一个批注。此时，批注文本框处于编辑状态，在其中输入注释信息。输入完成后，单击批注外的任意单元格即可确定输入。

（2）修改批注

对于已经添加的批注还可以进行内容修改、格式设置、文本框大小修改等操作。

☞操作方法是：

右击添加批注的单元格，在弹出的快捷菜单中选择“编辑批注”命令，进入批注编辑状态，可对添加的批注内容进行编辑和修改操作；将光标放在批注文本框边缘处，可以调整其大小；选中其中的文字，可以在“开始”选项卡中对文字进行“字体”“加粗”“倾斜”等格式设置。

（3）删除批注

☞操作方法是：

右击添加批注的单元格，在弹出的快捷菜单中选择“删除批注”命令，即可将添加的批注删除。

设置表格格式

4.2.5 工作表的格式化

本节主要介绍如何格式化单元格，包括字体、对齐方式、边框颜色、背景颜色以及使用条件格式和套用表格格式等内容。通过本节内容的学习，可以制作出外观更加美观、整洁的工作表。

1. 设置单元格格式

单元格的格式设置主要包括对数字、对齐方式、字体、边框、填充等设置。其中，对字体、对齐方式、数字的设置，可以通过“开始”选项卡中的“字体”“对齐方式”“数字”选项组中的相关命令进行简单的格式设置。如果要完成高级设置，需要用到“设置单元格格式”对话框。可以采用以下方法打开“设置单元格格式”对话框。

☞操作方法是：

依次执行“开始”选项卡→“单元格”选项组→“格式”命令，在打开的下拉列表中选择“设置单元格格式”命令，或右击选中的单元格区域，在弹出的快捷菜单中选择“设置单元格格式”命令，打开“设置单元格格式”对话框，如图 4-25 所示。在 6 个选项卡中分别进行数字、对齐、字体、边框、填充、保护设置。

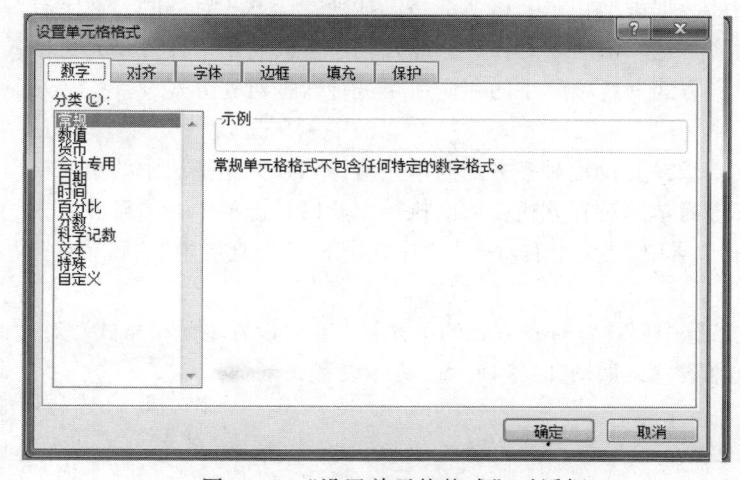

图 4-25 “设置单元格格式”对话框

设置对齐格式

（1）设置数据格式

Excel 2010 提供了十几种不同类别的数据格式，并将它们分成常规、数值、货币、日期、百分比、自定义等。如果不进行设置，所输入的数据默认采用“常规”数据格式，也可以根据需要更改数据格式。

☞操作方法是：

方法一：选择需要设置数字格式的单元格，依次执行“开始”选项卡→“数字”选项组→“数字格式”命令，从打开的下拉列表中选择需要的格式即可，如图 4-26 所示。如果需要更多数据格式的设置，可以通过选择“其他数字格式”命令来完成。

方法二：选择需要设置数字格式的单元格，打开“设置单元格格式”对话框中的“数字”选项卡，如图 4-27 所示。选定某一个数据类别后，右侧会显示该类别数据的格式以及相关设置，从中完成所需格式的设置。

图 4-26 “数字格式”下拉列表

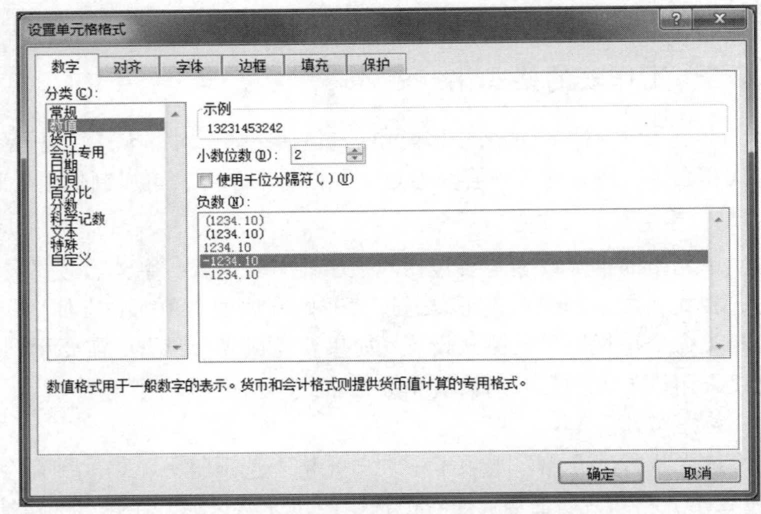

图 4-27 “设置单元格格式”对话框“数字”选项卡

（2）设置对齐方式

在 Excel 中，不同类型的数据类型在单元格中都是以某种默认方式对齐的，数字右对齐、文本左对齐、日期时间右对齐、逻辑值居中对齐等。此外，还可以利用“设置单元格格式”对话框或“格式”选项卡“对齐方式”选项组中的相应命令进行数据对齐方式设置。

☞操作方法是：

方法一：普通对齐方式。选择要设置对齐方式的单元格，如果只是把选中的单元格设置成左对齐、居中对齐或右对齐等简单的对齐方式，依次执行“开始”选项卡→“对齐方式”选项组，从中选择“文本左对齐”“居中”“文本右对齐”“顶端对齐”“垂直居中”“底端对齐”就可以完成对齐方式的设置。

方法二：特殊对齐方式。选中要设置对齐方式的单元格，在“设置单元格格式”对话框中，利用“对齐”选项卡进行详细设置，如图 4-28 所示。具体设置如下：

① 文本对齐方式

- “水平对齐”下拉列表框：设置单元格的水平对齐方式，包括常规、居中、靠左、靠右、跨列居中等，默认为“常规”方式。

- “垂直对齐”下拉列表框：设置单元格的垂直对齐方式，包括靠下、居中、靠上等，默认为“居中”对齐方式。

② 方向

“方向”选项组：通过鼠标的拖动或直接输入角度值，将选定单元格的文本进行-90°～+90°的旋转，从而实现单元格中的内容以各个角度进行显示。

③ 文本控制

- “自动换行”复选框：选中该复选框后，如果单元格中的内容超过单元格宽度时会自动换行。
- “缩小字体填充”复选框：选中该复选框后，如果单元格中的内容超过单元格宽度，单元格中的内容会自动缩小字体以被单元格容纳。
- “合并单元格”复选框：选中该复选框后，所选的单元格区域合并为一个单元格，单元格中数据的水平对齐方式也同时被设为居中。

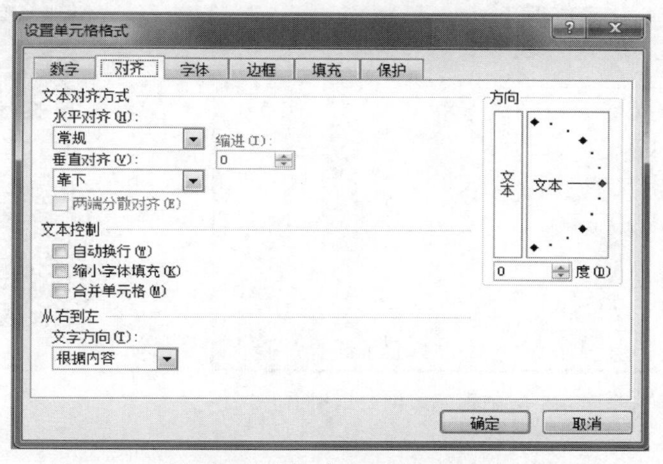

图 4-28 “设置单元格格式”对话框“对齐”选项卡

设置条件格式

设置字体格式

提示

（1）在向单元格输入内容过程中，也可以进行强制换行。当需要强行换行时，只需按【Alt+Enter】组合键，则输入的内容就会从下一行开始显示，而不管是否达到单元格的最大宽度。

（2）通常，单元格的合并操作可以通过“格式”选项卡“对齐”选项组中的“合并后居中”命令来实现，同时文本内容也水平居中显示。但是，如果合并单元格的选定区域包含多重数值时，合并到一个单元格后只能保留最左上角的数据。所以，合并单元格操作应该在数据输入之前进行。

（3）设置字体

☞操作方法是：

方法一：选择要设置字体的单元格区域，依次单击“开始”选项卡→“字体”选项组，从中通过相应命令可以设置字体、字号、加粗等格式。

方法二：在“设置单元格格式”对话框的“字体”选项卡中，进行字体的设置。

（4）设置边框

在 Excel 中，编辑工作表时的表格线是默认的网格线，在打印时无法输出显示。因此，需要给表格设置边框线，使打印出来的表格更加美观和直观。

☞操作方法是：

方法一：选择要设置背景色的单元格区域，依次执行“开始”选项卡→“字体”选项组→“边框”命令，在下拉列表中包含 13 种边框样式，从中选择合适的边框线即可。同时，还可以设置线条颜色和线型。或从下拉列表中通过选择“绘图边框”和“绘图边框网格”命令来实现手动绘制边框。

方法二：如果用户要设置边框的详细样式，可以在“设置单元格格式”对话框的“边框”选项卡中进行设置，如图 4-29 所示。

设置表格表框

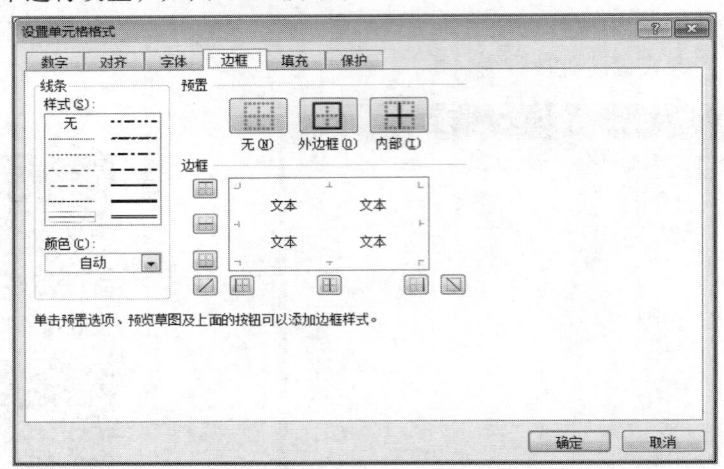

图 4-29 “设置单元格格式”对话框“边框”选项卡

设置填充颜色

（5）设置填充

工作表的背景颜色默认为白色，为了使表格中各部分的数据更加醒目、美观，需要为工作表设置不同的底纹图案或背景颜色。

☞操作方法是：

方法一：选择要设置背景色的单元格区域，依次执行“开始”选项卡→“字体”选项组→“填充颜色”命令，从下拉列表的“主题颜色”和“标准色”选项中选择合适的颜色。

方法二：如果要为单元格区域添加图案，在“设置单元格格式”对话框的“填充”选项卡中，不仅可以添加背景色，还可以设置图案颜色和图案样式。

2. 复制格式

在格式化单元格的过程中，有些格式设置操作是重复的，可以使用 Excel 提供的复制格式功能。

☞操作方法是：

选中用来复制格式的源单元格后，依次执行“开始”选项卡→“剪贴板”选项组→“格式刷”命令，用带格式刷的鼠标指针选择目标单元格区域，目标区域的格式即可变为与源单元格格式相同的格式；双击“格式刷”按钮，即可多次使用格式刷，复制格式到多个不同的单元格，再次单击“格式刷”按钮或者按【Esc】键，则取消了格式刷的使用。

3. 自动套用格式

用户除了自行设置边框、底纹外，还可以使用自动套用格式的方法快速格式化表格。自动套用格式是指从 Excel 中预先设定的一些表格格式选择所需样式，将这些格式快速、自动地应用到表格中，从而节约格式化的时间。如果采用了自动套用格式，原有格式会被取代。

☞操作方法是：

选择要格式化的单元格区域，依次执行“开始”选项卡→“样式”选项组→“自动套用格式”命令，从下拉列表中单击所要套用的格式，这样，所选格式就会自动应用到所选单元格区域中。

4. 使用条件格式

在实际工作中，经常需要查找工作表中某些符合特定条件的数据或对其设置格式，如果逐个操作，容易产生遗漏。这时，可以通过 Excel 中的条件格式功能将满足指定条件的单元格全部设置成相应的格式，以一种醒目的格式显示出来。

设置单元格样式

☞操作步骤如下：

选定要应用条件格式的单元格区域，依次执行“开始”选项卡→“样式”选项组→“条件格式”命令，从下拉列表中选择要设置的条件格式，如图 4-30 所示。主要包含以下几个命令：

① 突出显示单元格规则：是基于比较运算符来设置特定单元格区域的格式，主要包括大于、小于、介于、等于、文本包含、发生日期和重复值 7 种选项。

② 最前/最后规则：是根据指定的截止值查找单元格区域中的最高值或最低值，或查找高于、低于平均值或标准偏差的值。主要包括：值最大的 10 项、值最大的 10%项、值最小的 10 项、值最小的 10%项、高于平均值和低于平均值 6 种选项。

③数据条：帮助用户查看某个单元格相对于其他单元格的值，数据条的长度代表单元格值的大小。数据条越长，表示值越高；数据条越短，表示值越低。该命令主要包括渐变填充和实心填充 2 个选项，每个选项下又包括蓝色、绿色、红色、橙色、浅蓝色和紫色 6 个子选项。也可以在“数据条”级联菜单中选择“其他规则”命令，打开“新建格式规则”对话框，如图 4-31 所示，从中进行自定义的格式设置。

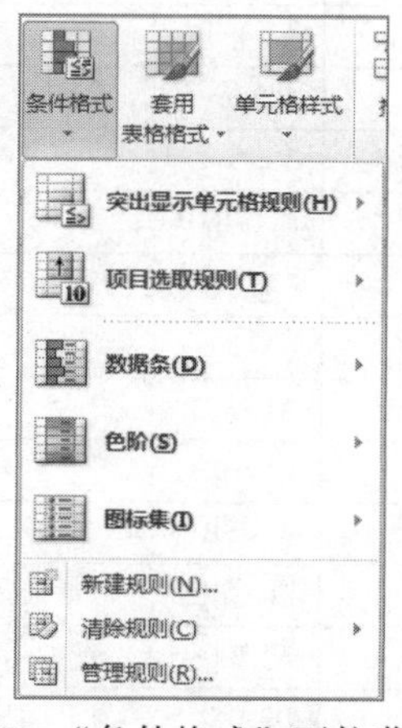

图 4-30 “条件格式”下拉菜单

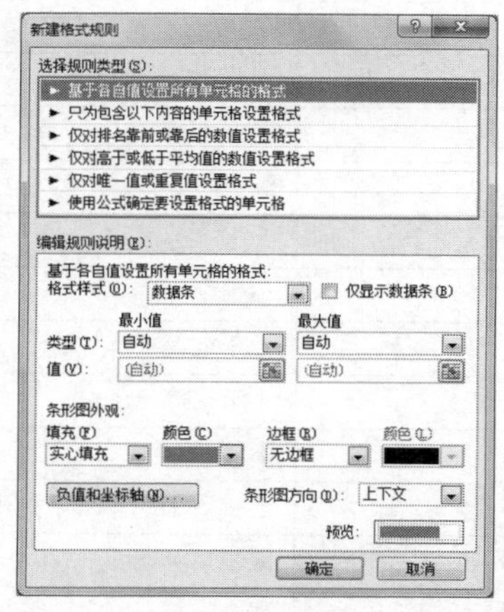

图 4-31 “新建格式规则”对话框

使用格式刷

套用表格格式

④ 色阶，作为一种直观的指示，可以帮助用户了解数据的分布与变化情况，分为三色色阶和双色色阶。

⑤ 图标集，对数据进行注释，并可按阈值将数据分为3～5个类别，每个图标代表一个值的范围。比如，在三向箭头图标集中，绿色的上箭头代表较高值，黄色的横向箭头代表中间值，红色的下箭头代表较低值。

4.3 公式和函数

Excel提供了强大的数据计算功能，该功能主要是通过公式和函数来实现的。通过公式和函数的使用，可以方便准确地处理单元格中的数据。并且，利用公式和函数所计算的结果不会受到单元格数据更新的影响，当数据源发生改变时，其计算结果会自动更新。通过本节的学习，可以了解并掌握Excel 2010强大的数据计算功能。

4.3.1 公式

Excel中的公式是由运算符和运算对象组合而成的，主要包含各种运算符、常量、函数、单元格引用及单元格或区域名称等。利用公式可以对工作表中的数据进行各种运算，在输入公式时必须以等号“=”开始。

公式的组成

1. 运算符

运算符是公式中不可或缺的组成部分，用于对不同数据对象进行特定类型的运算。Excel中的运算符主要包括算术运算符、比较运算符、文本运算符和引用运算符。运算符及其含义如表4-3所示。

表4-3 运算符及其含义

类型	运算符	含义	示例
算术运算符	+(加号)	加	3+4
	–(减号)	减	A2–B2
	*(星号)	乘	4*A1
	/(斜杠)	除	A1/4
	%(百分号)	百分比	40%
	^(脱字号)	乘方	3^2
比较运算符	=	等于	(A1+B1)=C1
	>	大于	“A” > “B”
	<	小于	A1<B1
	>=	大于或等于	A1>=B1
	<=	小于或等于	A1<=B1
	<>	不等于	A1<>B1
文本运算符	&(与字符)	连接两个或多个字符串	“计算机”&“基础”
引用运算符	:(冒号)	区域运算符	A1:B4
	,(逗号)	联合运算符	D3,D5
	(空格)	交叉运算符	B3:B10 A6:D6

（1）算术运算符

算术运算符用于完成基本的四则数学运算，如加、减、乘、除等。

公式中的运算符

（2）比较运算符

比较运算符用来比较两个数值，如果条件相符，其结果为逻辑真值"True"；如果条件不符，其结果为逻辑假值"False"。比如，A1中存放数值4,B1中存放数值2,C1中存放数值6,则"=(A1+B1)=C1"的运算结果为"True"；"="A">"B""的运算结果为"False"，因为"B"的ASCII码值大于"A"。

（3）文本运算符

使用文本连接符"&"可以将多个数据连接在一起。比如，"="计算机"&"基础""得到的运算结果为"计算机基础"。

（4）引用运算符

引用运算符用于单元格的引用操作，包括区域运算符、联合运算符、交叉运算符。

① ":"区域运算符：引用包括在两个引用之间的所有单元格。比如，"A1:B4"表示对当前工作表中A1～A4和B1～B4八个单元格组成的单元格区域的引用。

② ","联合运算符：将多个引用合并为一个引用。比如，"D3,D5"表示对当前工作表中D3和D5两个单元格的引用。

③ "空格"交叉运算符：对两个引用共有的单元格的引用。比如，"B3:B10 A6:D6"表示对同时隶属于"B3:B10"和"A6:D6"两个引用的单元格区域的单元格B6的引用。

提示

数值型数据只能进行+、–、*、/和^（乘方）等算术运算；日期时间型数据只能进行加减运算；字符串连接运算（&）可以连接字符串或数字，连接字符串时，字符串两边必须加双引号""""，连接数字时，数字两边的双引号可有可无。

2. 运算符的优先级

如果在一个公式中同时使用了多个运算符，Excel将按照一定的顺序进行运算，即运算符的优先级，见表4-4。对于不同优先级的运算符，按照表中从高到低的顺序进行计算；对于相同优先级的运算符，按照从左到右的顺序进行计算。如果要改变运算顺序，可以使用括号，即先进行括号内的运算，后进行括号外的运算。

表4-4　运算符的优先级别

运算符(优先级从高到低)	说　　明	运算符（优先级从高到低）	说　　明
:（冒号）	区域运算符	^（脱字号）	幂
（空格）	交叉运算符	*（星号）和/（斜杠）	乘和除
.（逗号）	联合运算符	+（加号）和一（减号）	加和减
-（负号）	取负	&（与字符）	文本运算符
%（百分号）	百分比	=、<、>、<=、>=、<>	比较运算符

3. 公式的输入

输入公式时必须以"="开头，在"="后直接输入公式其他部分。在Excel中有两种输入公式的方法：一种是在单元格里直接输入，按【Enter】键确定输入，或按【Esc】键取消输入；

另一种是在编辑栏中输入，按“输入”按钮✓确定输入，或按“取消”按钮×取消输入。在单元格中输入公式后，单元格中自动显示计算结果，可以按下快捷键【Ctrl+`】（反引号）显示公式，再次按下该快捷键显示计算结果。下面对公式输入举例说明。

① 常量运算：=5 ^ 2*10　，表示 5 的平方乘以 10。

② 引用单元格地址：=A2/(4*B2)，表示 A2 除以 4 与 B2 的积。

③ 使用函数：=sum(A2:F4)，表示对 A2～F4 单元格区域的值求和。

相对、绝对、混合引用

在公式输入过程中，如果要引用单元格地址，可以直接通过键盘输入地址值，也可以通过单击这些单元格，将单元格的地址引用到公式中。比如，在单元格 C2 中输入公式“ =A2+B2 ”可以按以下步骤输入：

① 选中单元格 C2，输入“=”进入公式编辑状态。

② 单击 A2 单元格，单元格 C2 中将变为“=B2”，接着输入“+”，最后单击 B2 单元格，此时单元格 C2 将变为“=A2+B2”。

③ 按【Enter】键确定输入，在输入公式的单元格中显示计算结果。

提示

（1）公式必须以等号开头，否则 Excel 会把输入的内容作为普通文本进行处理。

（2）公式中的运算符号必须是半角符号。

4. 单元格的引用

在公式中通过对单元格地址的引用来使用具体位置的数据。根据引用情况的不同，将引用分为 3 种类型：相对地址引用、绝对地址引用和混合地址引用。当对公式进行复制时，相对引用的单元格会发生变化，而绝对引用的单元格保持不变。此外，还可以在公式和函数中使用不同工作簿和不同工作表中的数据，或者在多个公式中使用同一个单元格的数据。

（1）相对地址引用

相对地址引用是基于包含公式和单元格引用的单元格的相对位置。如果将一个包含单元格地址的公式复制到一个新位置时，公式中的单元格地址也会随之改变。默认情况下，公式采用的是相对地址引用。

例如：在如图 4-32 所示的成绩中计算学生的总分，首先，在 F2 单元格中输入公式“=C2+D2+E2”，得出第一位同学的总分成绩。然后，拖动 F2 单元格的填充柄向下填充，其余同学的总分即可自动计算出来。由此可见，拖动输入公式单元格的填充柄实现的是公式的复制操作，公式中单元格的地址会自动更新，比如，F4 单元格中公式自动更新为“= C4+D4+E4”，如图 4-33 所示。Excel 中一般都采用相对地址来引用单元格，可以很方便地进行相同类型的计算。

（2）绝对地址引用

绝对地址引用是引用单元格的固定地址，通过对单元格地址的冻结来实现，即在行号和列标前面加上“$”符号，如“=$A$1”的形式。如果把含有单元格地址的公式复制到一个新位置时，公式中的固定单元格地址保持不变。

例如：在 F2 单元格中输入公式“= $C$2+$D$2+$E$2”，得出第一名同学的总分。但是在拖动 F2 单元格的填充柄向下填充时，公式不会变化，仍然是“= $C$2+$D$2+$E$2”，所有总分也都是 225，如图 4-34 所示。

SUM　=C2+D2+E2

	A	B	C	D	E	F
1	姓名	学号	数学	语文	英语	总分
2	杜红梅	102001	83	70		=C2+D2+E2
3	方旭东	102002	64	82	80	
4	韩智聪	102003	62	82	84	
5	张小萌	102004	83	100	84	
6	李红岩	102005	76	74	56	
7	魏晶晶	102006	64	82	60	
8	孙晓朝	102007	73	100	68	
9	陶晓	102008	66	78	88	
10	梁艳琳	102009	86	100	64	
11	温宁宁	102010	62	74	76	

图 4-32　在单元格中输入公式

SUM　=C4+D4+E4

	A	B	C	D	E	F
1	姓名	学号	数学	语文	英语	总分
2	杜红梅	102001	83	70	72	225
3	方旭东	102002	64	82	80	226
4	韩智聪	102003	62	82		=C4+D4+E4
5	张小萌	102004	83	100	84	267
6	李红岩	102005	76	74	56	206
7	魏晶晶	102006	64	82	60	206
8	孙晓朝	102007	73	100	68	241
9	陶晓	102008	66	78	88	232
10	梁艳琳	102009	86	100	64	250
11	温宁宁	102010	62	74	76	212

图 4-33　复制公式完成相对地址引用

F2　=$C$2+$D$2+$E$2

	A	B	C	D	E	F
1	姓名	学号	数学	语文	英语	总分
2	杜红梅	102001	83	70	72	225
3	方旭东	102002	64	82	80	225
4	韩智聪	102003	62	82	84	225
5	张小萌	102004	83	100	84	225
6	李红岩	102005	76	74	56	225
7	魏晶晶	102006	64	82	60	225
8	孙晓朝	102007	73	100	68	225
9	陶晓	102008	66	78	88	225
10	梁艳琳	102009	86	100	64	225
11	温宁宁	102010	62	74	76	225
12	刘宇	102011	66	80	60	225
13	张东升	102012	65	58	76	225
14	金雨含	102013	72	98	80	225
15	张雪	102014	64	84	72	225
16	魏爽	102015	66	78	56	225

图 4-34　单元格中绝对地址引用

函数的基本知识

sum 函数

（3）混合地址引用

混合地址引用是指在引用单元格地址时，既包含绝对地址引用，又包含相对地址引用，即在单元格的行号前添加“$”符号，或在列标前添加“$”符号。如果“$”符号放在列标前面，如“$A1”，则表示列的位置是“绝对不变”的，而行的位置将随目标单元格的变化而变化；反之，如果“$”符号放在行号前，如“A$1”，则表示行的位置是“绝对不变”的，而列的位置将随目标单元格的变化而变化。

例如：在 A2 单元格中输入混合地址引用“=A$1”，将 A2 复制到 B3，在 B3 单元格中自动将“=A$1”调整到“=B$1”。

（4）外部引用（链接）

在同一个工作表中单元格之间的引用被称作“内部引用”。而同一工作簿中不同工作表之间单元格的引用，或不同工作簿之间单元格的引用被称作“外部引用”，又称“链接”。

引用同一工作簿中不同工作表之间的单元格，书写格式为“=工作表名!单元格地址”。比如，在单元格中输入“=Sheet1!A1+ Sheet2!A2”，表示将 Sheet1 工作表中的 A1 单元格的数值与 Sheet2 工作表中的 A2 单元格的数值相加后放入该单元格中。

引用不同工作簿工作表中的单元格，书写为格式“=[工作簿名]工作表名!单元格地址”。比如，在单元格中输入“=[Book1]Sheet1!$A$1-[Book2]Sheet2!A2”，表示将 Book1 工作簿的 Sheet1 工作表中的 A1 单元格数值与 Book2 工作簿的 Sheet2 工作表中的 A2 单元格的数值相减后放入该单元格。

4.3.2 函数

在数据处理过程中会有一些特殊、复杂的运算，无法直接用公式来完成，或者使用公式表示起来非常烦琐。此时，可以使用 Excel 提供的大量内置函数，帮助用户进行复杂与烦琐的数据运算和数据处理工作。函数是 Excel 自带的已经定义好的公式，以特定的顺序使用参数进行计算。

1. 函数说明

Excel 中的函数包括常用函数、财务、统计、文本、逻辑、日期和时间、查找与引用、数学和三角函数等。Excel 除了包含大量内置函数以外，还允许用户自定义函数。

函数的一般格式为：函数名(参数 1,参数 2,参数 3,…)。

说明：函数是由函数名称和参数组成的，函数以函数名称开始，在函数名称后用左括号表示函数的开始，右括号表示函数的结束，在括号之间使用逗号来分隔函数参数。

Excel 提供了大量的内置函数，这里以图 4–35 所示的“学生成绩统计表”为例，列举一些常用函数的用法。有关其他函数及其用法，大家可以借助 Excel 2010 的帮助系统作进一步的了解。常用函数见表 4–5。

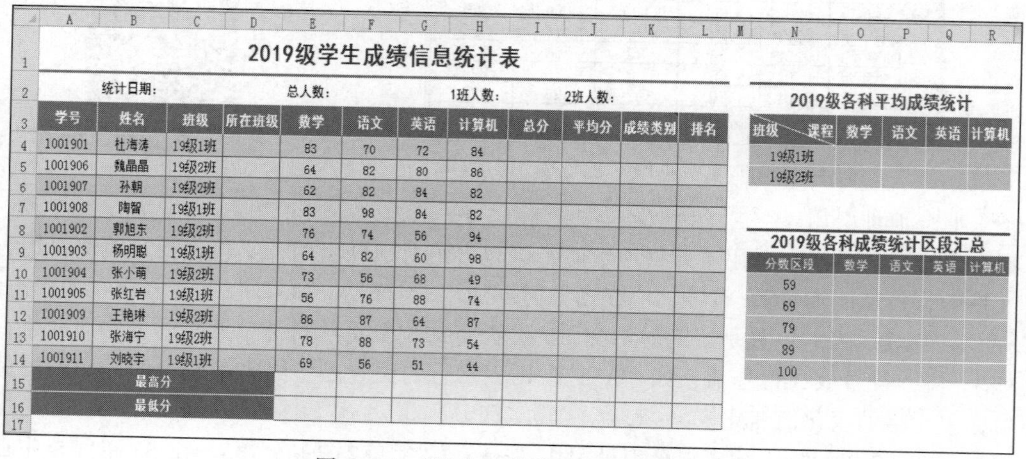

2019级学生成绩信息统计表

统计日期：　总人数：　1班人数：　2班人数：

学号	姓名	班级	所在班级	数学	语文	英语	计算机	总分	平均分	成绩类别	排名
1001901	杜海涛	19级1班		83	70	72	84				
1001906	魏晶晶	19级2班		64	82	80	86				
1001907	孙朝	19级2班		62	82	84	82				
1001908	陶智	19级1班		83	98	84	82				
1001902	郭旭东	19级2班		76	74	56	94				
1001903	杨明聪	19级1班		64	82	60	98				
1001904	张小萌	19级2班		73	56	68	49				
1001905	张红岩	19级1班		56	76	88	74				
1001909	王艳琳	19级2班		86	87	64	87				
1001910	张海宁	19级2班		78	88	73	54				
1001911	刘晓宇	19级1班		69	56	51	44				
最高分											
最低分											

2019级各科平均成绩统计

班级＼课程	数学	语文	英语	计算机
19级1班				
19级2班				

2019级各科成绩统计区段汇总

分数区段	数学	语文	英语	计算机
59				
69				
79				
89				
100				

图 4–35 “学生成绩统计表”工作表

表 4–5 常用函数

分　类	函　数	功　能	举　例
数学函数	ABS	返回指定数值的绝对值	ABS(−3)=3
	INT	数值型数据的整数部分	INT(4.9)=4
	ROUND	按指定的位数对数值进行四舍五入	ROUND(1.3415926,2) =1.34
	SIGN	返回指定数值的符号，正数返回 1，负数返回−1	SICN(−2)= −1
	PRODUCT	计算所有参数的乘积	PRODUCT(3,2.5) = 7.5
	SUM	对指定的常数或单元格区域中的数值求和	SUM(2,4) =6
	SUMIF	按指定条件对若干单元格求和	SUMIF(E4:E14,"<=60")=56
统计函数	AVERAGE	计算参数的算术平均值	AVERAGE(E4:H4) =77
	COUNT	对指定单元格区域内的数字单元格计数	COUNT(A4:A14)=11

续表

分　类	函　数	功　能	举　例
统计函数	COUNTA	对指定单元格区域内的非空单元格计数	COUNTA(A4:K4)=10
	COUNTIF	计算某个区域中满足条件的单元格数目	COUNTIF(E4:E14,"<60")=1
	FREQUENCY	统计一组数据在各个数值区间的分布情况	FREQUENCY(E4:E14,N10:N14)
	MAX	返回指定单元格区域中的最大值	MAX(E4:E14)=86
	MIN	返回指定单元格区域中的最小值	MIN(E4:E14)=56
	RANK. EQ	返回一个数字在数字列表中的排位	RANK.EQ(J4,J4:J14,0) =5
文本函数	LEFT	返回指定字符串从左边起的指定长度的子字符串	LEFT(C4,3)=19 级
	LEN	返回文本字符串的字符个数	LEN(C4)=5
	MID	从字符串中的指定位置起返回指定长度的子字符串	MID(A4,4,2)=19
	RIGHT	返回指定字符串从右边起的指定长度的子字符串	RICHT(C4,2)=1 班
	TRIM	去除指定字符串的首尾空格	TRIM("　student　") = student
日期和时间函数	DATE	将指定的序列值转换为日期	DATE(99,12,8) =1999/12/8
	DAY	获取指定日期的天数	DAY(DATE(99,12,8))=8
	MONTH	获取指定日期的月份	MONTH(DATE(99,12,8))=12
	NOW	获取当前的日期和时间	NOW()=2020/2/18 11:35
	TIME	返回代表指定时间的序列数	TIME(10,25,36)=10:25 AM
	TODAY	获取当前日期	TODAY() =2020/2/18
	YEAR	获取指定日期的年份	YEAR(DATE(99,12,8)) =1999
逻辑函数	AND	逻辑与	AND(E4>=60,E2<=100)=TRUE
	IF	根据条件的真假返回不同结果	IF(E4>=60,"及格","不及格")=及格
	NOT	逻辑非	NOT(E4>=60,E4<=100) = FALSE
	OR	逻辑或	OR(E4<0,E4>100) =FALSE

2. 函数使用

（1）在单元格中直接输入函数

☞操作方法是：

选中要输入函数的单元格，先输入“=”，然后输入函数名及参数（函数计算所涉及的单元格范围），输入完成后按【Enter】键确定输入。

average 函数

例如：在图 4-29 所示的学生成绩表中，要计算第一名学生的总分，即求“C2:E2”单元格区域数据的总和，并将结果存放在 F2 单元格中，可在 F2 单元格中输入“=SUM(C2:E2)”，输入完成后按【Enter】键确定输入。

（2）使用函数向导创建函数

Excel 的函数非常丰富，除了一些比较熟悉的常用函数以外，用户无法记住或了解所有函数的功能和结构，因此直接输入函数就非常困难。用户可利用“插入函数”按钮，或在函数列表框中选择函数，打开函数向导，在向导的引导下轻松创建函数。

☞操作步骤如下：

① 选定需要存放计算结果的单元格。

② 依次执行“公式”选项卡→“函数库”选项组→“插入函数”命令，或直接单击编辑栏左侧的“插入函数”按钮 f_x，打开“插入函数”对话框，如图 4-36 所示。或者在单元格中输入“=”后，从函数栏的函数下拉列表中选择所需函数，如图 4-37 所示，如果所需函数没有在列表中出现，可以单击“其他函数”命令选项，也可以打开“插入函数”对话框。

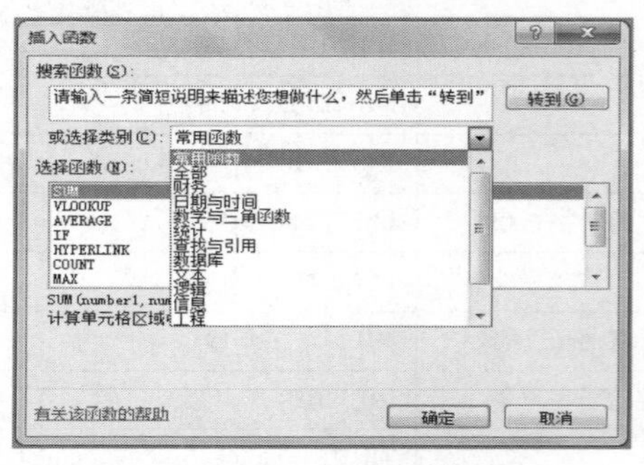

图 4-36 “插入函数”对话框

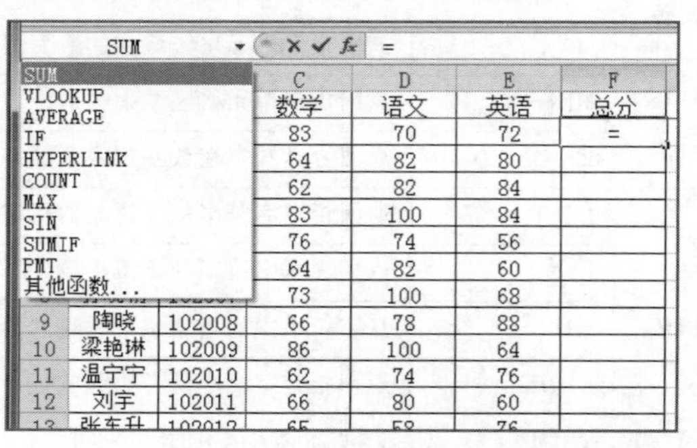

图 4-37 “函数栏”中函数列表

③ 在“插入函数”对话框中，单击“或选择类别”右侧的下拉列表按钮，可以选择函数类别。从“选择函数”列表中选择函数，此时在对话框的下方会出现所选函数的结构和功能说明。在“选择函数”列表中选择了所需函数后，单击“确定”按钮。

④ 在打开的“函数参数”对话框中输入参数或者单击“选择数据”按钮选择参数的引用位置，如图 4-38 所示。函数设置完成以后，单击“确定”按钮，该函数的计算结果即可出现在所选单元格中。

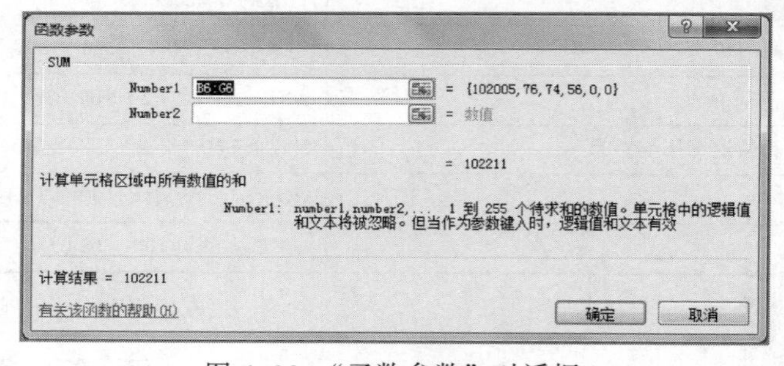

图 4-38 “函数参数”对话框

max、min 函数

提示

在“函数参数”对话框中设置函数时，Excel 一般会自动给出一个参数范围（比如左边或者上边连续单元格数据区域）。如果默认参数引用范围不符合要求，可以直接在参数框输入正确的引用位置；或者单击参数输入文本框右侧的折叠按钮，待“函数参数”对话框折叠后，可以在工作表中用鼠标重新选择参数范围，所选单元格的引用位置会出现在“函数参数”对话框中。设置完成后，再次单击折叠按钮或直接按【Enter】键，即可展开“函数参数”对话框进行后续操作。

（3）利用“自动求和”按钮

☞操作方法是：

选定与参与运算的数值所在行或列相邻的空白单元格，如图 4-32 所示的 F2 单元格。

依次执行“公式”选项卡→“函数库”选项组，单击“自动求和”命令，此时单元格中自动显示“=SUM(C2:E2)”。如果单元格的引用范围无误，直接按【Enter】键确定输入，即可得出求和结果；如果单元格的引用范围有误，用鼠标直接在正确区域上拖动，即可选取正确范围，然后按【Enter】键即可确定输入。

> **提示**
>
> “自动求和”按钮除了可以进行求和运算以外，单击右边的下拉按钮，在打开的下拉列表中还可以进行其他的函数运算。单击所需函数，即可求得该函数的运算结果。

（4）状态栏显示计算结果

如果需要快速知道一些单元格中数值的求和值、平均值、最大值、最小值、计数和数值计数，却不想占用某个单元格来存放公式，可以使用 Excel 中快速计算的功能，计算结果将显示在 Excel 的状态栏中，如图 4-39 所示。

☞操作方法是：

选中要参与计算的单元格区域，在状态栏上默认显示所选数据的求和值，如果想要得到其他运算值，右击状态栏在弹出的快捷菜单中选择所需运算即可。

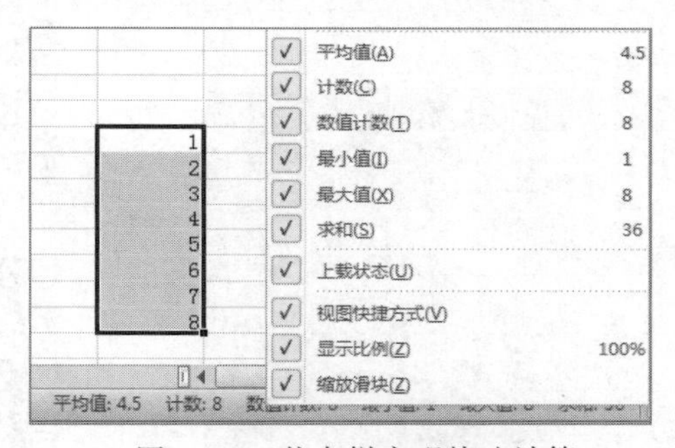

图 4-39　状态栏实现快速计算

count 函数

3. 函数举例

下面以图 4-40 中的“学生成绩统计表”工作表为例，详细介绍几个函数的使用方法，其他的信息如总分、平均分、最高分、最低分和总人数，读者可自己尝试使用函数求解。

2019级学生成绩信息统计表											
	统计日期：			总人数：			1班人数：		2班人数：		
学号	姓名	班级	所在班级	数学	语文	英语	计算机	总分	平均分	成绩类别	排名
1001901	杜海涛	19级1班		83	70	72	84				
1001906	魏晶晶	19级2班		64	82	80	86				
1001907	孙朝	19级2班		62	82	84	82				
1001908	陶智	19级1班		83	98	84	82				
1001902	郭旭东	19级2班		76	74	56	94				
1001903	杨明聪	19级1班		64	82	60	98				
1001904	张小萌	19级2班		73	56	68	49				
1001905	张红岩	19级1班		56	76	88	74				
1001909	王艳琳	19级2班		86	87	64	87				
1001910	张海宁	19级2班		78	88	73	54				
1001911	刘晓宇	19级1班		69	56	51	44				
最高分											
最低分											

图 4-40　“学生成绩统计表”

【例 4.1】在图 4-40 所示表中，使用函数对成绩类别进行划分：平均分小于 60 显示“不及格”；平均分大于或等于 60 且小于 70 显示“合格”；平均分大于或等于 70 且小于 85 显示“良好”；平均分大于或等于 85 显示“优秀”。

【解】本例需要用到 IF 函数。

语法：IF(Logical_Test，Value_if_true，Value_if_false)。

功能：执行真假值判断，根据逻辑计算的真假值，返回不同结果。

参数：“Logical_test”表示计算结果为“TRUE”或“FALSE”的任意值或表达式；“Value_if_true”为“TRUE”时返回的值。“Value_if_false”为“FALSE”时返回的值。

☞操作步骤如下：

① 选择存放第一名同学考试类别的单元格 K4。

② 在 K4 单元格中输入“=IF(J4<60,"不及格",IF(J4<70,"合格",IF(J4<85,"良好","优秀")))”，按【Enter】键后，即可看到判断结果。

③ 拖动 K4 单元格的控制柄，将公式复制到 K14 单元格，即可看到所有学生的成绩类别，如图 4-41 所示。

K4 =IF(J4<60,"不及格",IF(J4<70,"合格",IF(J4<85,"良好","优秀")))

2019级学生成绩信息统计表

学号	姓名	班级	数学	语文	英语	计算机	总分	平均分	成绩类别
1001901	杜海涛	19级1班	83	70	72	84	309	77	良好
1001906	魏晶晶	19级2班	64	82	80	86	312	78	良好
1001907	孙朝	19级2班	62	82	84	82	310	78	良好
1001908	陶智	19级1班	83	98	84	82	347	87	优秀
1001902	郭旭东	19级2班	76	74	56	94	300	75	良好
1001903	杨明聪	19级1班	64	82	60	98	304	76	良好
1001904	张小萌	19级2班	73	56	68	49	246	62	合格
1001905	张红岩	19级1班	56	76	88	74	294	74	良好
1001909	王艳琳	19级2班	86	87	64	87	324	81	良好
1001910	张海宁	19级2班	78	88	73	54	293	73	良好
1001911	刘晓宇	19级1班	69	56	51	44	220	55	不及格
最高分			86	98	88	98	347	86.75	
最低分			56	56	51	44	220	55	

图 4-41 使用 IF 函数判断“成绩类别”

if 函数

rank.eq 函数（1）

【例 4.2】在图 4-40 所示中，使用函数求出每位学生的平均分在全体同学平均分中的排名（按照由高到低的顺序）。

【解】本例题需要用到 RANK.EQ 函数。

语法：RANK.EQ(number,ref,[order])

功能：返回一列数字的数字排位。其大小与列表中其他值相关；如果多个值具有相同的排位，则返回该组值的最高排位。

参数：number 为要找到其排位的数字；ref 是对数字列表的引用，引用中的非数字型数据会被忽略；order 为可选项，如果 order 为 0（零）或省略，是将 ref 序列按降序排列；如果 order 不为 0，是将 ref 序列按升序排列。

☞操作步骤如下：

① 选择存放第一名同学排名序号的单元格 L4。

② 在 L4 单元格中插入函数“=RANK.EQ(J4,$J$4:$J$14,0)”，按【Enter】键后，即可看到第一位同学的排名序号。需要注意的是对单元格 J4 到 J14 的引用要采用绝对引用“$J$4:$J$14”，

从而保证该函数在复制过程中其引用区域单元格保持不变。

③ 选中 L4 单元格的控制柄向下拖动，将公式复制到 L14 单元格，即可看到所有学生的成绩排名，如图 4-42 所示。

L4　=RANK.EQ(J4,$J$4:$J$14,0)

2019级学生成绩信息统计表

学号	姓名	班级	数学	语文	英语	计算机	总分	平均分	排名
1001901	杜海涛	19级1班	83	70	72	84	309	77	5
1001906	魏晶晶	19级2班	64	82	80	86	312	78	3
1001907	孙朝	19级2班	62	82	84	82	310	78	4
1001908	陶智	19级1班	83	98	84	82	347	87	1
1001902	郭旭东	19级2班	76	74	56	94	300	75	7
1001903	杨明聪	19级1班	64	82	60	98	304	76	6
1001904	张小萌	19级2班	73	56	68	49	246	62	10
1001905	张红岩	19级1班	56	76	88	74	294	74	8
1001909	王艳琳	19级2班	86	87	64	87	324	81	2
1001910	张海宁	19级2班	78	88	73	54	293	73	9
1001911	刘晓宇	19级1班	69	56	51	44	220	55	11

图 4-42　使用 RANK.EQ 函数得出平均成绩的排名序号

rank.eq 函数（2）

right 函数

【例 4.3】在图 4-40 所示中，使用函数求每个班各个科目的平均成绩。

【解】本例题需要用到 AVERAGEIF 函数。

语法：AVERAGEIF(range,Criteria,[sum_range])

功能：对满足条件的单元格求平均值。

参数：range 是要计算平均值的一个或多个单元格，其中包括数字或包含数字的名称、数组或引用；Criteria 是以数字、表达式或文本形式定义的条件，用于定义要对哪些单元格计算平均值；sum_range 是要计算平均值的实际单元格集，如果忽略，则使用 range。

today、now 函数

☞操作步骤如下：

① 选择存放数据结果的单元格，如 O4 单元格。

② 在 O4 单元格中输入“=AVERAGEIF($C$4: $C$14, $C$4,E4:E14)”或“=AVERAGEIF($C$4: $C$14,"19 级 1 班",E4:E14)”，按【Enter】键后，即可看到判断结果。

③ 然后将公式复制到其他单元格即可，显示结果如图 4-43 所示。

O4　=AVERAGEIF($C$4:$C$14,$C$4,E4:E14)

2019级学生成绩信息统计表

统计日期：2020/4/6 14:29　总人数：11　1班人数：5　2班人数：6

学号	姓名	班级	所在班级	数学	语文	英语	计算机	总分	平均分	成绩类别	排名
1001901	杜海涛	19级1班	1班	83	70	72	84	309	77	良好	5
1001906	魏晶晶	19级2班	2班	64	82	80	86	312	78	良好	3
1001907	孙朝	19级2班	2班	62	82	84	82	310	78	良好	4
1001908	陶智	19级1班	1班	83	98	84	82	347	87	优秀	1
1001902	郭旭东	19级2班	2班	76	74	56	94	300	75	良好	7
1001903	杨明聪	19级1班	1班	64	82	60	98	304	76	良好	6
1001904	张小萌	19级2班	2班	73	56	68	49	246	62	合格	10
1001905	张红岩	19级1班	1班	56	76	88	74	294	74	良好	8
1001909	王艳琳	19级2班	2班	86	87	64	87	324	81	良好	2
1001910	张海宁	19级2班	2班	78	88	73	54	293	73	良好	9
1001911	刘晓宇	19级1班	1班	69	56	51	44	220	55	不及格	11

2019级各科平均成绩统计

班级 课程	数学	语文	英语	计算机
19级1班	71	76.4	71	76.4
19级2班	73.1667	78.167	70.833	75.33333

2019级各科成绩统计区段汇总

分数区段	数学	语文	英语	计算机
59				
69				
79				
89				
100				

图 4-43　使用 AVERAGEIF 函数得出每个班各个科目的平均值

【例 4.4】在该表中，使用函数统计各个科目成绩≤59，59<成绩≤69，69<成绩≤79，79<成绩≤89，成绩>89 的学生人数。

【解】本例题需要用到 FREQUENCY 函数。

语法：FREQUENCY(data_array, bins_array)

功能：计算数值在某个区域内的出现频率，然后返回一个垂直数组。

参数：data_array 是必需的，是对一个值数组或对一组数值的引用，要为它计算频率。如果不包含任何数值，将返回一个零数组；bins_array 是必需的，是一个区间数组或对区间的引用，其参数为 $A_1, A_2, A_3, \cdots, A_n$，则其统计的区间为 $X \leqslant A_1, A_1 < X \leqslant A_2, \cdots, A_{n-1} < X \leqslant A_n, X > A_n$，共 $n+1$ 个区间。

countif 函数

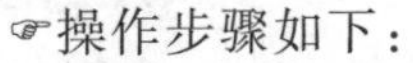

☞操作步骤如下：

① 按照题目要求，在空白单元格区域，如 N10 到 N15 单元格区域中输入区间的分割数据（59、69、79、89、100），如图 4-44 所示。

② 选中要显示统计结果数据的 O10 到 O15 单元格区域。

③ 在编辑栏中输入函数“=FREQUENCY(E4:E14,N10:N14)”。

④ 按下【Ctrl+Shift+Enter】组合键即可看到统计结果，如图 4-44 所示。

averageif 函数

O10 {=FREQUENCY(E4:E14,N10:N14)}

2019级学生成绩信息统计表

统计日期：2020/4/6 13:44 总人数：11 1班人数：5 2班人数：6

学号	姓名	班级	所在班级	数学	语文	英语	计算机	总分	平均分	成绩类别	排名
1001901	杜海涛	19级1班	1班	83	70	72	84	309	77	良好	5
1001906	魏晶晶	19级2班	2班	64	82	80	86	312	78	良好	3
1001907	孙朝	19级2班	2班	62	82	84	82	310	78	良好	4
1001908	陶智	19级1班	1班	83	98	84	82	347	87	优秀	1
1001902	郭旭东	19级2班	2班	76	74	56	94	300	75	良好	7
1001903	杨明聪	19级1班	1班	64	82	60	98	304	76	良好	6
1001904	张小萌	19级2班	2班	73	56	68	49	246	62	合格	10
1001905	张红岩	19级1班	1班	56	76	88	74	294	74	良好	8
1001909	王艳琳	19级2班	2班	86	87	64	87	324	81	良好	2
1001910	张海宁	19级2班	2班	78	88	73	54	293	73	良好	9
1001911	刘晓宇	19级1班	1班	69	56	51	44	220	55	不及格	11

2019级各科平均成绩统计

班级 课程	数学	语文	英语	计算机
19级1班	71			
19级2班	73.1667			

2019级各科成绩统计区段汇总

分数区段	数学	语文	英语	计算机
59	1			
69	4			
79	3			
89	3			
100	0			

图 4-44 使用 FREQUENCY 函数得出的统计结果

4. 单元格中显示的有关信息

用户在使用公式和函数计算时，由于不正确地调用函数或引用单元格等原因，常常会产生错误，导致结果无法正常显示。Excel 2010 针对不同的错误会在单元格中给出一个以#开头的错误信息，便于用户查找错误原因。下面列出 Excel 中常见的一些错误信息及解决方法。

（1）#####

产生原因：当单元格中输入的数据或公式所产生的结果过长，在单元格中显示不下时，会出现此错误值。

解决方法：可以通过拖动列之间的边界来增加列的宽度，或者调整字体的大小。

（2）#NULL!

产生原因：为两个并不相交的区域指定交叉点，由于使用了不正确的单元格引用或不正确的区域运算符，会出现此错误信息。例如，在单元格中输入函数“=SUM(A1:A5 B1:B5)”，该公式试图对同时属于两个区域的单元格求和，但由于“A1:A5”和“B1:B5”两个区域并无相交，没有共有的单元格，所以会出现#NULL!。

解决方法：如果要引用两个不相交的区域，可以使用联合运算符“,”（逗号）。例如，如果要对两个区域求和，可书写函数“=SUM(A1:A5,B1:B5)”。

（3）#NUM!

产生原因：当公式或函数中某个数字参数有问题时，将产生该错误值。例如，由于公式计算所得结果的数字太大或太小，Excel无法表示。

解决方法：检查文字是否超出限定区域，确认函数中使用的参数类型是否正确。

（4）#REF!

产生原因：当单元格引用无效时，产生错误值#REF!。

解决方法：更改公式中单元格的引用范围；或在删除被引用单元格，或粘贴包含公式的单元格之后，立即单击“撤销”按钮恢复单元格的内容。

（5）#DIV!

产生原因：当公式被0（零）除时，会产生错误值#DIV!。

解决方法：修改用作除数的单元格的引用，或在用作除数的单元格中输入不为零的值。

（6）#VALUE!

产生原因：当使用错误的参数或运算对象类型时，或者当自动更正公式功能不能更正公式时，将产生错误值#VALUE!。例如，单元格A1中输入一个数字，单元格A2中输入文本“hello”，则公式“=A1+A2”将返回错误#VALUE!。

解决方法：确认公式或函数中的参数或引用的单元格所包含的数值是否均为有效的数据，或运算符是否正确。

（7）#NAME?

产生原因：若在公式中出现了Excel不能识别的文本时将产生错误值#NAME？。

解决方法：确认使用的名称确实存在，如果所需的名称没有被列出，则添加相应的名称。如果名称存在拼写错误，则修改拼写错误。

（8）#N/A

产生原因：当在函数或公式中没有可用数值时，将产生错误值#N/A。

解决方法：在等待数据的单元格中填充数据。

4.4 数据处理

Excel具有强大的数据管理功能，可以对数据清单执行各种数据管理和分析功能，通过排序、分类汇总、筛选、数据透视表等数据库操作功能，快速整理和分析工作表中的数据。

4.4.1 数据清单

1. 数据清单相关概念

数据库是按照某种结构方式存储的数据集合，比如，财务报表、学生成绩表、客户信息表等等。在Excel中，数据清单被认为是数据库，是数据管理的模式。数据清单是一种包含行列标题的，由多行连续数据行组成的，且每行同列数据的类型和格式完全相同的二维表格。数据清单也被称为关系表，表中的数据是按某种关系组织起来的。

为了使Excel能够自动将数据清单当作数据库，创建数据清单应遵循以下规则：

① 同一列数据的类型和格式应当完全相同。

② 避免在数据清单中间出现空白行或列，但如果需要将数据清单和其他数据分开时，应

当在它们之间至少留出一个空白行或列。

③ 列标记应当设置在第一行，且列标记互不相同。

④ 尽量在同一张工作表中建立一个数据清单。

单字段排序

（1）字段、字段名

数据库中的每一列都是一个字段，每个字段的名字就是字段名，位于每一列的第一行，即列标志。字段中的数据被称为字段值，每一列字段值都具有相同的数据类型。数据库中的所有字段的集合就是数据库结构。

（2）记录

在数据清单中，信息是以记录的形式存储的，每一行数据都是一条记录，一条记录又是由多个字段值构成。

2. 创建数据清单

在 Excel 中要创建一个数据清单，首先要确定字段个数和字段名，建立好数据库结构。如表 4-6 中学生信息表的“学号”“姓名”“性别”等字段。

表 4-6 学生信息表

学号	姓名	性别	出生年月	所在系部	所在年级	班级	高考分数
1002001	杜海涛	男	2001/8/6	电子工程	20 级	1 班	620
1002002	郭旭东	男	2001/4/15	数信科学	20 级	2 班	654
1002003	杨明聪	男	2001/9/15	数信科学	20 级	2 班	641
1001904	张小萌	女	2000/3/25	数信科学	19 级	1 班	611
1002005	张红岩	女	2001/11/24	数信科学	20 级	1 班	632
1001906	魏晶晶	女	2000/3/19	电子工程	19 级	2 班	645
1002007	孙朝	男	2001/4/29	电子工程	20 级	2 班	628
1002008	陶智	男	2002/4/6	电子工程	20 级	1 班	652
1001909	王艳琳	女	2000/7/8	物理	19 级	1 班	659
1002010	张海宁	女	2001/9/1	物理	20 级	1 班	623
1001911	刘晓宇	女	2000/8/28	物理	19 级	2 班	641

（1）建立数据库结构

☞操作步骤如下：

① 新建一个空白的工作表，修改该工作表的名称，比如，修改工作表名为“学生信息”。

② 在工作表的首行输入相关字段名，比如，“学号”“姓名”“性别”等。

多字段排序

（2）输入数据

数据库结构建立好以后，便可以输入数据，在数据清单中输入数据的方法有两种。

☞操作方法是：

方法一：直接在单元格中输入数据，注意不同数据类型的输入方法。

方法二：使用记录单输入数据。“记录单”按钮并不显示在功能区中，需要添加至“快速访问工具栏”才可以使用。

（3）添加和使用记录单

① 添加“记录单”按钮。

☞操作步骤如下：

- 依次执行“文件”选项卡→“选项”命令，打开“Excel 选项”对话框，从该对话框左侧窗格中选择“快速访问工具栏”选项。
- 单击“从下列位置选择命令”的下拉按钮，从打开的下拉列表中选择“所有命令”，然后从命令按钮列表中选择“记录单”，单击“添加”按钮，这样命令就出现在右侧的列表中。
- 单击“确定”按钮，如图 4-45 所示。这样，“记录单”按钮即可添加到“快速访问工具栏”。

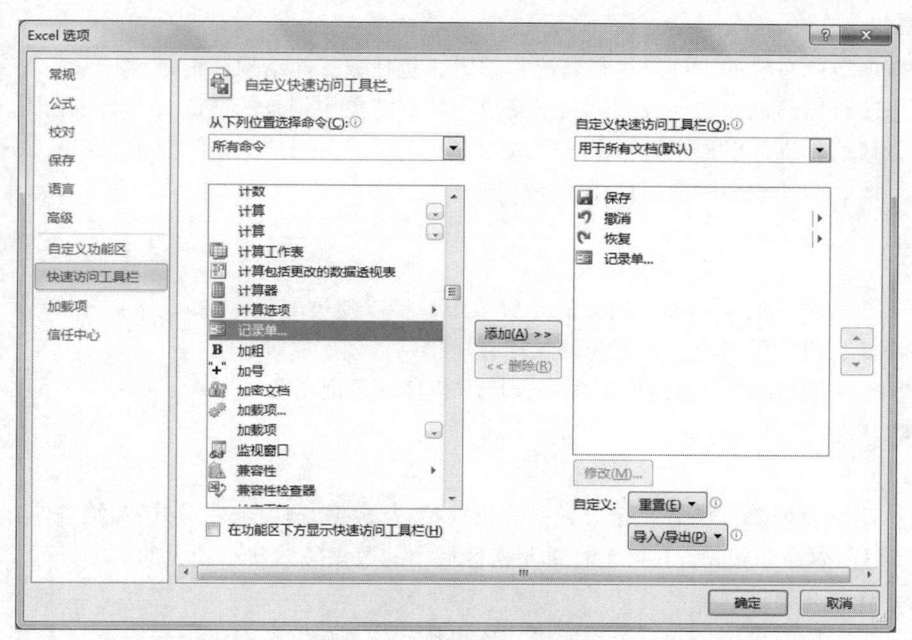

图 4-45　“Excel 选项”窗口

单字段自动筛选

多字段自动筛选

例题 4.5

② 使用“记录单”输入数据。

☞操作步骤如下：

- 选择数据清单中的任意一个单元格，单击“快速访问工具栏”中的“记录单”按钮。如果是该数据清单中还没有记录，需要单击任意一个字段名，会弹出如图 4-46 所示的“记录单”信息提示对话框。
- 单击“确定”按钮，关闭该对话框后，会弹出“学生信息”记录单对话框，如图 4-47 所示。
- 在第一个字段右侧的文本框中输入相应的字段值，按【Tab】键或单击选择下一个字段的文本框，接着输入其他字段值，直到输入完一条记录。
- 按【Enter】键或单击“新建”按钮，进入下一条记录的输入。
- 重复以上两步骤的操作，直至所有的记录输入完毕。
- 关闭该记录单对话框后会发现，已经在数据清单中添加上了相应的记录内容。

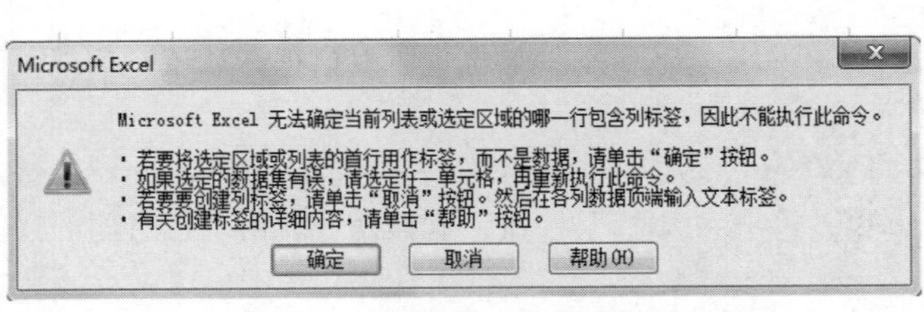

图 4-46 “记录单”信息提示对话框

图 4-47 “学生信息”记录单对话框

3. 编辑数据清单

对于建立好的数据清单在后期也可以进行修改和编辑，包括数据库结构和记录。

数据库结构的修改可以通过添加列或删除列来完成。数据清单中记录的修改可以直接在工作表的单元格中进行修改，也可以通过记录单来完成。在“记录单”对话框中不仅可以输入数据，还可以查看、修改、添加和删除数据记录。

4.4.2 数据排序

在工作表中输入数据时，通常不考虑数据的先后顺序，将以随机的顺序输入。Excel 2010 提供了强大的排序功能，用户可以将工作表中的数据有序排列，便于管理。

Excel 2010 的排序可以分为单字段排序、多字段排序和自定义排序三种方式。

1. 单字段排序

☞操作方法是：

方法一：在待排序字段中单击任意一个单元格，依次执行“数据”选项卡→“排序和筛选”选项组→“升序”A↓Z或“降序”Z↓A命令按钮。升序是将单元格区域中的数据按照从小到大的顺序排列，最小值位于最顶端，降序则相反。

方法二：在待排序字段中单击任意一个单元格，依次执行“开始”选项卡→“编辑”选项组→“排序和筛选”命令，从打开的下拉菜单中选择“升序”或“降序”排序。

> **提示**
>
> 如果采用方法一来排序，需在待排序字段中单击任意一个单元格，比如，按“性别”排序，单击该字段中的任意一个字段值即可。如果选中了多个单元格，会弹出如图 4-48 所示的“排序提醒”对话框，需要从中选择“扩展选定区域”选项，如果选择了“以当前选定区域排序”选项，就只会对“性别”列排序，其余列顺序不变，导致表格内容出错。

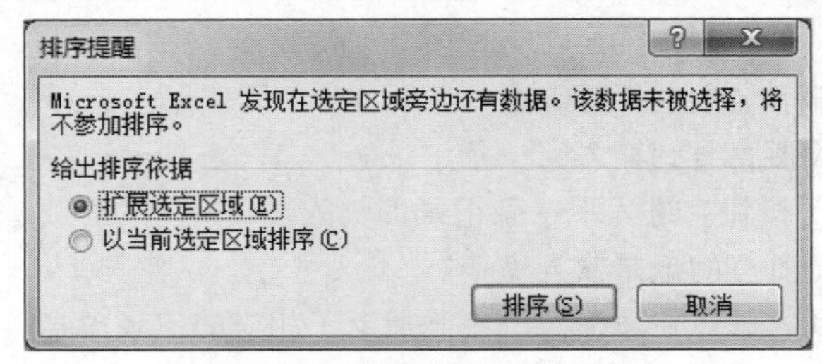

图 4-48 “排序提醒”对话框

单字段自动筛选例题 4.6

2. 多字段排序

在 Excel 中，数据清单还可以按照多列进行排序，多列排序需要用到“排序”对话框。

☞操作步骤如下：

① 选中数据清单中的任意一个单元格。

② 依次执行“数据”选项卡→“排序和筛选”选项组→“排序”命令，打开“排序”对话框，如图 4-49 所示。

③ 在“主要关键字”中指定排序列、排序依据和次序。如果还有排序字段，单击“添加条件”按钮增加“次要关键字”，并指定排序列、排序依据和次序。可以根据需要添加多个“次要关键字”。排序是先按照“主要关键字”进行，如果主要关键字的字段值相同，则按照“次要关键字”进行排序。

④ 在“排序”对话框中单击“选项”按钮，可打开“排序选项”对话框，如图 4-50 所示。在该对话框中可以决定是否要“区分大小写”，排序方向是“按行排序”或“按列排序”，排序方法是按“字母排序”或“笔划排序”。

图 4-49 “排序”对话框

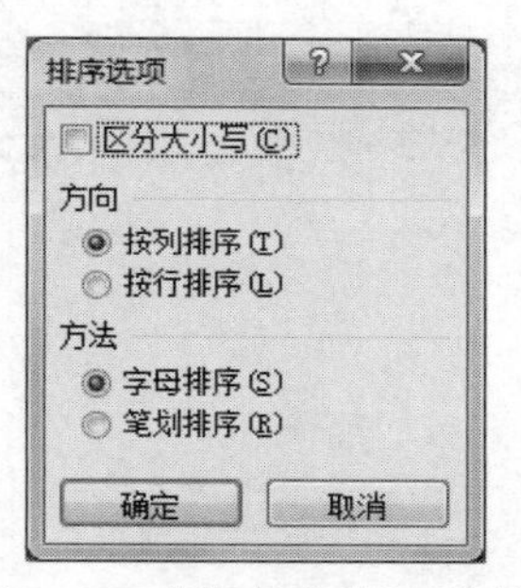

图 4-50 “排序选项”对话框

3. 自定义排序

在实际数据处理过程中，有时需要将数据清单中的内容按照特定的顺序排列，尤其是在对一些汉字信息的排序。例如，在对表 4-6 所示数据清单的“所在系部”列进行升序排序时，所得的排序结果是“电子工程→数信科学→物理”，如果需要按照“电子工程→物理→数信科学”的顺序排列的话，可以使用自定义排序功能。

☞操作步骤如下：

① 打开表 4-6 所示的“学生信息”工作表，单击数据清单的任何一个单元格。

② 依次执行“文件”选项卡→“选项”命令，在弹出的“Excel 选项”对话框中选择“高级”选项，在“常规”选项组中单击“编辑自定义列表”按钮，打开“自定义序列”对话框。在该对话框中添加自定义序列“电子工程，物理，数信科学”。

③ 依次执行“数据”选项卡→“排序和筛选”选项组→“排序”命令，在打开的“排序”对话框中单击“次序”下拉按钮，从下拉列表中选择“自定义序列”选项，打开“自定义序列”对话框。

④ 在“自定义序列”列表框中选择添加的自定义序列，单击“确定”按钮返回到“排序”对话框。此时，在“次序”下拉列表中显示“电子工程，物理，数信科学”和“数信科学，物理，电子工程”两个选项，分别表示升序和降序，如图 4-51 所示。

⑤ 选择“电子工程，物理，数信科学”选项，单击“确定”按钮，数据清单就可以按照自定义序列次序进行排列，如图 4-52 所示。

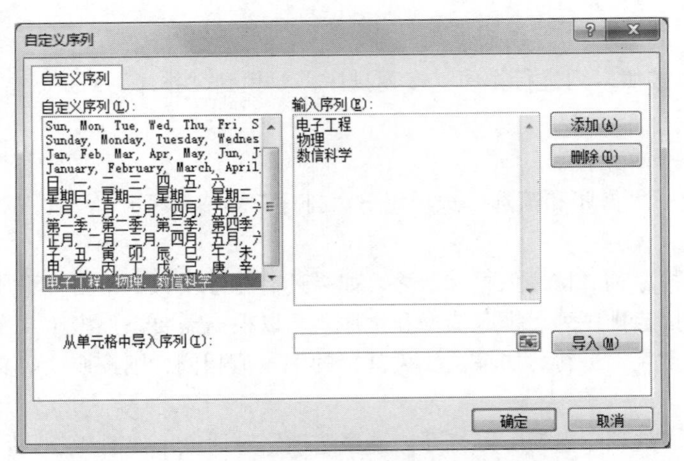

图 4-51 “自定义序列”对话框

单字段自动筛选例题 4.7

单字段自动筛选例题 4.8

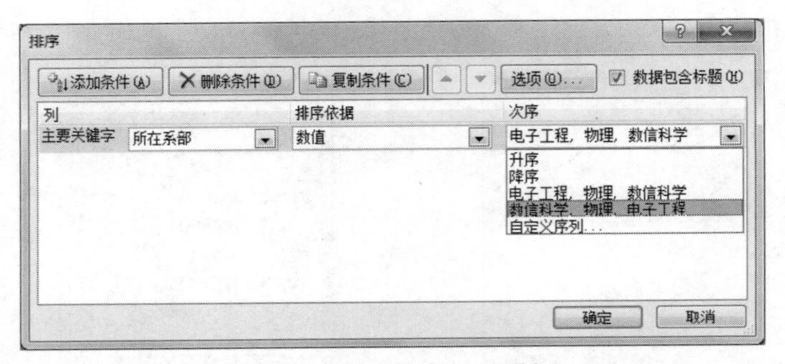

图 4-52 “排序”对话框

高级筛选条件区域

4.4.3 数据筛选

数据筛选是帮助用户从数据清单的大量数据中快速、准确地找出符合指定条件的数据。Excel 2010 提供了两种筛选方式：“自动筛选”和“高级筛选”。

1. 自动筛选

自动筛选是简单快捷的条件筛选，可以显示符合条件的记录，隐藏不符合条件的记录。

（1）进入自动筛选

☞操作方法是：

方法一：依次执行“数据”选项卡→“排序和筛选”选项组→“筛选”命令，此时会在所选字段的字段名单元格右侧显示“筛选”按钮▾，如图 4-53 所示。

方法二：执行“开始”选项卡→“编辑”选项组→“排序与筛选”按钮→“筛选”命令来进行自动筛选。

方法三：通过【Ctrl+Shift+L】快捷键也可以进入自动筛选。

> **提示**
>
> 如果要对数据清单中的部分列进行筛选，需要选中要进行筛选的列，再执行“自动筛选”；如果要对数据清单中的所有列都进行自动筛选，单击选中的数据清单中的任意一个单元格即可。

（2）设置自动筛选条件

☞操作过程如下：

① 当字段名单元格中出现筛选按钮▼后，单击该按钮，此时下拉列表中显示的是该字段所有的数据值，如图 4-54 所示。

	A	B	C	D	E	F	G	H
1	学号	姓名	性别	出生年月	所在系部	所在年级	班级	高考分数
2	1002001	杜海涛	男	2001/8/6	电子工程	20级	1班	620
3	1001906	魏晶晶	女	2000/3/19	电子工程	19级	2班	645
4	1002007	孙朝	男	2001/4/29	电子工程	20级	2班	628
5	1002008	陶智	男	2002/4/6	电子工程	20级	1班	652
6	1002002	郭旭东	男	2001/4/15	数信科学	20级	2班	654
7	1002003	杨明聪	男	2001/9/15	数信科学	20级	2班	641
8	1001904	张小萌	女	2000/3/25	数信科学	19级	1班	611
9	1002005	张红岩	女	2001/11/24	数信科学	20级	1班	632
10	1001909	王艳琳	女	2000/7/8	物理	19级	1班	659
11	1002010	张海宁	女	2001/9/1	物理	20级	1班	623
12	1001911	刘晓宇	女	2000/8/28	物理	19级	2班	641

图 4-53　添加自动筛选的数据清单

高级筛选

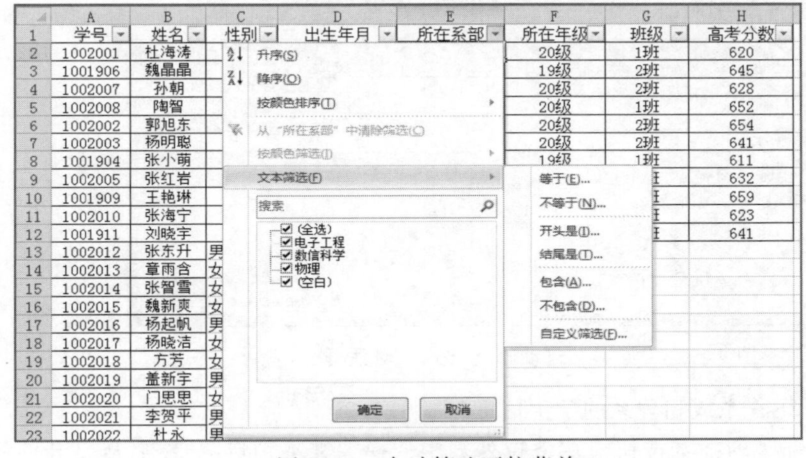

图 4-54　自动筛选下拉菜单

创建分类汇总

创建多重分类汇总

② 取消选择"(全选)"复选框后，从列表中选择要设为筛选条件的数据值，或者在"文本筛选"(字段是文本型数据时显示"文本筛选"，数值型数据显示"数字筛选"，日期时间型数据显示"日期筛选")的级联子菜单中选择筛选条件或选择"自定义筛选"，从打开的"自定义自动筛选方式"对话框中设置筛选条件，如图 4-55 所示。

③ 单击"确定"按钮，即可在数据清单中看到筛选后的记录。已经设置了筛选条件的字段名单元格后会显示按钮▼。

下面以表 4-6 的"学生信息"表为例，通过几个实例具体介绍一下自动筛选的条件设置方法。

【例 4.5】筛选出"电子工程"系"20 级"的学生信息。

【解】单击"所在系部"的筛选按钮，从下拉列表中取消"(全选)"复选框的选择后，选择"电子工程"字段值。然后，用同样的方法从"所在年级"中选择"20 级"。

【例 4.6】筛选出"高考分数"在前 10%的学生信息。

【解】单击"高考分数"的筛选按钮，从下拉列表中选择"数字筛选"，然后从打开的级联子菜单中选择"10 个最大的值"条件，此时会打开"自动筛选前 10 个"对话框，如图 4-56 所示。左边的下拉列表框中选择"最大"，中间的微调框设置为"10"，右侧的下拉列表框中选择"百分比"。

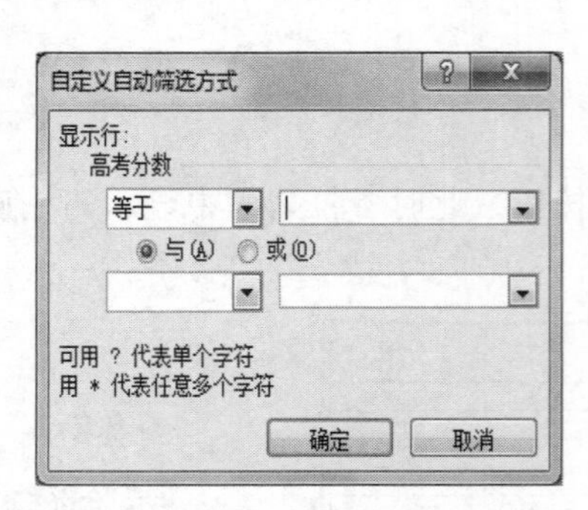

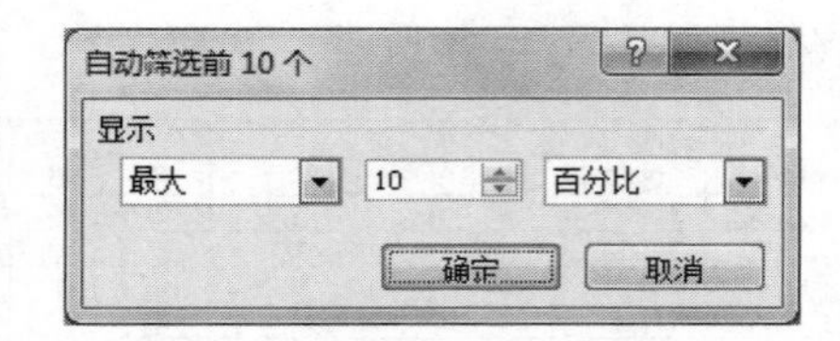

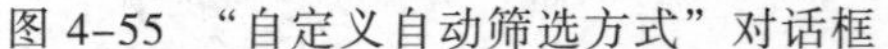

图 4-55 “自定义自动筛选方式”对话框　　图 4-56 “自动筛选前 10 个”对话框

【例 4.7】筛选出“高考分数”在 630 分以上（包括 630 分）的学生信息。

【解】单击“高考分数”的筛选按钮，从下拉列表中选择“数字筛选”，然后从打开的级联子菜单中选择“大于或等于”条件，此时，会打开“自定义自动筛选方式”对话框，如图 4-57 所示，左边的条件选择“大于或等于”，右侧输入数据值“630”。

图 4-57 “自定义自动筛选方式”对话框

【例 4.8】筛选出电子工程系或物理系的学生信息。

【解】单击“所在系部”的筛选按钮，从下拉列表中选择“文本筛选”，然后从打开的级联子菜单中选择“自定义筛选”条件，此时在打开的“自定义自动筛选方式”对话框中，上边的条件为“等于”“电子工程”，下边的条件为“等于”“物理”，两个条件之间选择“或”的关系。

（3）取消自动筛选

执行完筛选操作后，数据清单中不符合条件的记录会被隐藏，如果想要显示所有记录，可以有以下两种方法。

☞操作方法是：

方法一：取消个别字段的筛选。单击设置了筛选条件的字段的筛选按钮，从下拉列表中选择 “从‘**’中清除筛选”选项，即可取消基于该字段的筛选操作。

方法二：取消所有字段的筛选。依次执行“数据”选项卡→“排序和筛选”选项组→“取消”命令按钮，该数据清单中所有字段的筛选均被取消，所有的记录都可以显示出来。

（4）退出自动筛选

☞操作方法是：

依次执行“数据”选项卡→“排序和筛选”选项组→“筛选”命令，此时，该数据清单中的所有筛选按钮都被清除，从而退出自动筛选操作。

提示

（1）一次只能对工作表中的一个数据清单进行自动筛选操作。

（2）对一列数据进行自动筛选时，最多可以设置两个条件。

（3）在一个数据清单中，可以同时对多列数据进行筛选，但可筛选的记录范围只能从前一次筛选后所得的记录中进行，即两列之间的筛选条件是“与”的关系。

2. 高级筛选

自动筛选有时不能满足筛选需求，比如，一个列有三个筛选条件；或多列之间的条件是“或”的关系；或需要保留原数据清单的显示的同时，将筛选结果存放到其他数据区域。此时，就可以采用高级筛选。

（1）建立筛选条件

在进行“高级筛选”之前，首先必须要建立筛选条件区域。条件区域用来指定筛选出的数据必须满足的条件由两部分构成：筛选条件所涉及字段的字段名和具体筛选条件。关于条件区域建立的说明如下：

① 筛选条件字段名应当与数据清单中所对应的列标题一致，具体筛选条件应当至少有一个。

② 条件区域中的筛选条件，“列”与“列”之间的条件是“与”的关系，“行”与“行”之间的条件是“或”的关系。

③ 筛选条件区域和数据清单区域之间至少要由一个空行或空列隔开。

下面通过几个实例来说明条件区域的创建方法，如图 4-58 所示。

- 图 4-58（a）表示“所有的男生”的条件。
- 图 4-58（b）表示“所在系部是电子工程或物理系的学生”的条件。
- 图 4-58（c）表示“高考分数大于 630 的学生”的条件。
- 图 4-58（d）表示“高考分数在 620 到 650 之间的学生”的条件。
- 图 4-58（e）表示“所在年级是 20 级的 1 班的学生”的条件。
- 图 4-58（f）表示“所在系部是数信科学系或班级是 1 班的学生”的条件。

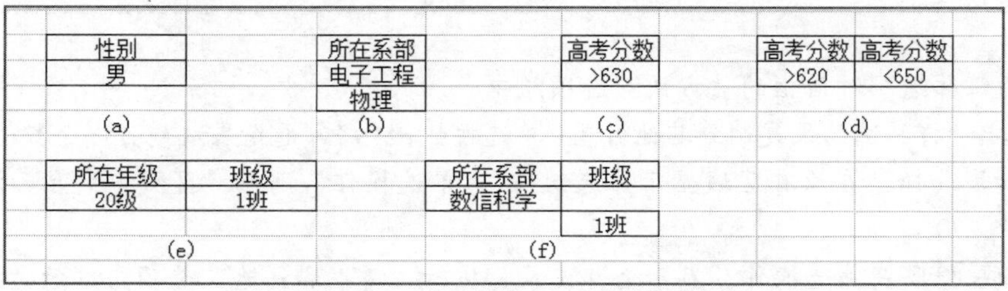

(a)

性别
男

(b)

所在系部
电子工程
物理

(c)

高考分数
>630

(d)

高考分数	高考分数
>620	<650

(e)

所在年级	班级
20级	1班

(f)

所在系部	班级
数信科学	
	1班

图 4-58　高级筛选条件区域建立实例

（2）高级筛选举例

下面结合一个具体实例说明高级筛选的操作方法。

【例 4.9】 在表 4-6 的“学生信息”数据清单中，筛选出“所在系部是数信科学系或班级是 1 班的学生”的记录。要求：条件区域建立在 B16:C18 ，筛选结果存放到以 E16 单元格为起始单元格的区域中。

☞操作步骤如下：

① 在 B16:C18 单元格区域中输入筛选条件。

② 单击数据清单区域中的任意一个单元格，依次执行“数据”选项卡→“排序和筛选”选项组→“高级”命令，打开“高级筛选”对话框，如图 4-59 所示。

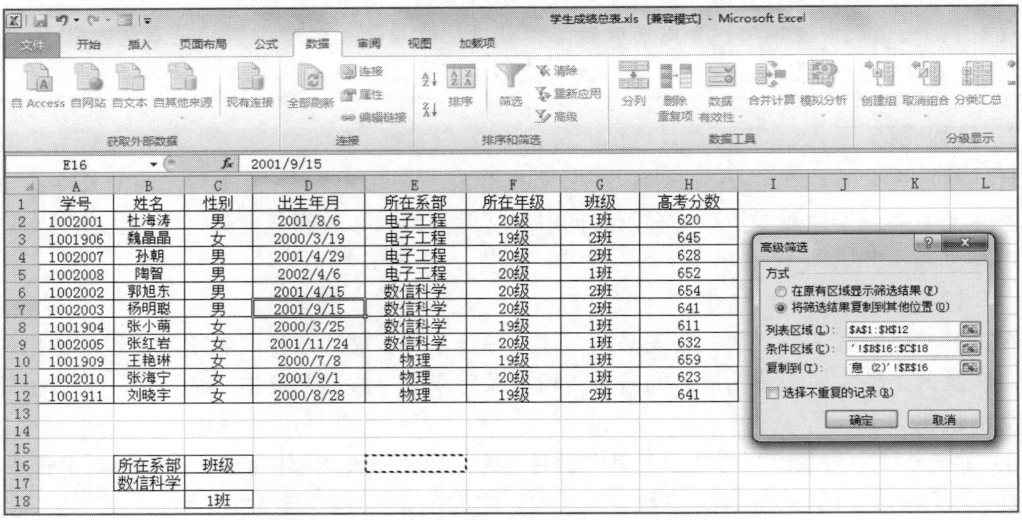

图 4-59 “高级筛选”对话框

③ 在“高级筛选”对话框的“列表区域”文本框中已自动选中该数据清单区域，如果需要重新选择，可以单击文本框右侧的折叠按钮，然后在数据清单的数据区域中用鼠标拖动选择。

④ 在“高级筛选”对话框的“条件区域”文本框中输入条件区域的引用地址 B16:C18；或者将光标置于文本框中后，直接用鼠标拖动选择满足存放条件的单元格区域。

⑤ 在“高级筛选”对话框的“方式”选项组中选择“将筛选结果复制到其他位置”单选按钮，然后在“复制到”文本框中输入筛选结果区域的起始单元格 E16；或者将光标置于该文本框中，直接用鼠标单击起始单元格 E16。

⑥ 单击“确定”按钮，即可完成数据的高级筛选。

提示

在“高级筛选”对话框的“方式”选项组中：

(1)选择“将筛选结果复制到其他位置”单选按钮，是将筛选结果放到另一个数据区域中。

(2)如果选择“在原有区域显示筛选结果”单选按钮，则原有区域中只显示满足筛选条件的记录。

(3)如果想取消筛选操作，显示全部记录，执行“排序和筛选”选项组中的“清除”命令即可。

4.4.4 数据分类汇总

分类汇总是先按照某一字段值对记录进行分类，即对字段进行排序，使相同的字段值排列到一起，然后在分类的基础上对各类别的相关数据分别进行统计，比如求和、求平均数、求个数、求最大值、求最小值等。因此，在进行分类汇总操作时，第一步是先按分类项进行排序，然后才可以进行汇总操作。通过分类汇总，使用户可以快速、有效地完成数据的统计分析工作。

1. 创建分类汇总

下面结合一个具体实例说明分类汇总的操作方法。

【例 4.10】在表 4-7 的“教职工信息”数据清单中，统计出不同职称的年龄平均值，即按“教师职称”字段汇总“年龄”字段的平均值。

表 4-7　教职工信息表

学院	姓名	性别	年龄	教师职称	在校工作年限
物理	杨起帆	男	43	副教授	12
物理	杨晓洁	女	44	讲师	11
物理	方芳	女	53	副教授	18
物理	盖新宇	男	49	教授	11
物理	门思思	女	38	讲师	5
数信科学	李贺平	男	52	教授	22
数信科学	杜永	男	29	讲师	2
数信科学	于蒙	男	55	教授	18
数信科学	刘娇	女	32	讲师	6
电子工程	王斌	男	40	副教授	11
电子工程	张超强	男	42	副教授	8
电子工程	林浩	男	39	讲师	3

☞操作步骤如下：

① 首先按“职称”字段进行排序。打开“教职工信息”数据清单，单击“教师职称”列中的任意一个单元格，依次执行“数据”选项卡→“排序和筛选”选项组→“升序”命令（根据需要选择“升序”或“降序”），完成对“教师职称”字段的升序排列。

② 依次执行“数据”选项卡→“分级显示”选项组→“分类汇总”命令，打开“分类汇总”对话框，如图 4-60 所示。

③ 在“分类字段”下拉列表中，选择要分类的字段为“教师职称”，在“汇总方式”列表框中选择“平均值”，在“选定汇总项”列表框中选择汇总字段为“年龄”。

④ 如果选中“汇总结果显示在数据下方”复选框，则分类汇总结果会显示在数据下方；如果选中“每组数据分页”复选框，则每个分类汇总后面会添加一个自动分页符。

⑤ 单击“确定”按钮即可完成分类汇总，其结果如图 4-61 所示。

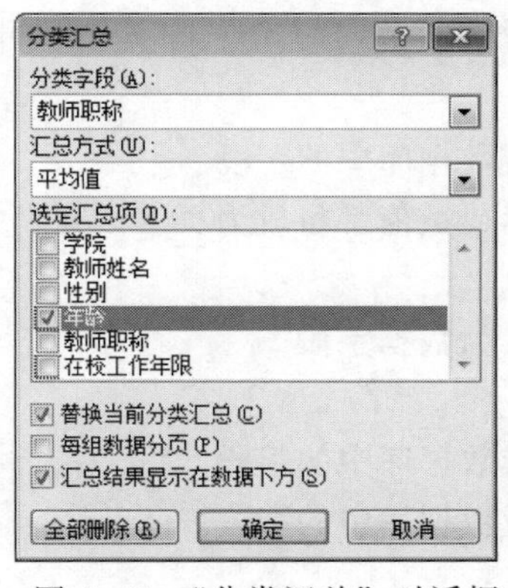

图 4-60 “分类汇总”对话框

	A	B	C	D	E	F
1	学院	教师姓名	性别	年龄	教师职称	在校工作年限
2	物理	杨起帆	男	43	副教授	12
3	物理	方芳	女	53	副教授	18
4	电子工程	王斌	男	40	副教授	11
5	电子工程	张超强	男	42	副教授	8
6				44.5	**副教授 平均值**	
7	物理	杨晓洁	女	44	讲师	11
8	物理	门思思	女	38	讲师	5
9	数信科学	杜永	男	29	讲师	2
10	数信科学	刘娇	女	32	讲师	6
11	电子工程	林浩	男	39	讲师	3
12	电子工程	王芳	女	33	讲师	4
13				35.833	**讲师 平均值**	
14	物理	盖新宇	男	49	教授	11
15	数信科学	李贺平	男	52	教授	22
16	数信科学	于蒙	男	55	教授	18
17				52	**教授 平均值**	
18				42.231	**总计平均值**	

图 4-61　分类汇总结果

【例 4.11】在表 4-7 的“教职工信息”数据清单中，统计出每个学院教职工的总人数，以及男、女教职工的人数。

多重分类汇总是对汇总后的数据再汇总。

☞操作步骤如下：

① 将分类的列字段按多列进行排序，对“学院”“性别”进行排序（升序或降序均可）。

② 在“分类汇总”对话框中，在“分类字段”下拉列表中选择“学院”，在“汇总方式”列表框中选择 “计数”，在“选定汇总项”列表框中选择“学院”。

③ 再次执行“分类汇总”命令，在“分类汇总”对话框中，在“分类字段”下拉列表中选择“性别”，在“汇总方式”列表框中选择“计数”，在“选定汇总项”列表框中选择“性别”。

④ 在“分类汇总”对话框中取消选中“替换当前分类汇总”复选框，单击“确定”按钮。

2. 快速分级浏览

创建了分类汇总以后会自动启动分级显示视图。在表格的左上角出现一排数字按钮 1 2 3。“1”为第一级内容，如图 4-61 所示的“总计平均值”；“2”为第一级和第二级内容，如图 4-61 所示的第一级汇总值“总计平均值”和第二级汇总值“副教授平均值”等，最后一级是明细数据值。通过单击这些按钮可以看到不同级别的内容。+按钮用于显示明细数据；-按钮则用于隐藏明细数据。

3. 删除分类汇总

对数据执行了分类汇总操作后，如果不再需要了，可以删除当前的分类汇总。

☞操作方法是：

将鼠标定位到分类汇总数据区域，依次单击“数据”选项卡→“分级显示”选项组→“分类汇总”按钮，在打开的“分类汇总”对话框中单击“全部删除”按钮，即可删除分类汇总。

4.4.5 数据透视表和数据透视图

数据透视表是一种可以快速汇总大量数据的交互式方法。当需要对多个字段进行分类汇总时，使用数据透视表则更加快捷、方便。

1. 数据透视表的组成

数据透视表一般由 7 部分组成：页字段、页字段项、数据字段、数据项、行字段、列字段和数据区，如图 4-62 所示。有关数据透视表的概念如下：

（1）页字段：是数据透视表中指定为页方向的源数据清单或数据库中的字段。

（2）页字段项：源数据清单或数据库中的每个字段、列条目或数值都将成为页字段列表中的一项。

（3）数据字段：含有数据的源数据清单或数据库中的字段称为数据字段。

（4）数据项：是数据透视表字段中的分类。

（5）行字段：是在数据透视表中指定行方向的源数据清单或数据库中的字段。

（6）列字段：是在数据透视表中指定列方向的源数据清单或数据库中的字段。

（7）数据区域：是含有汇总数据的数据透视表中的一部分。

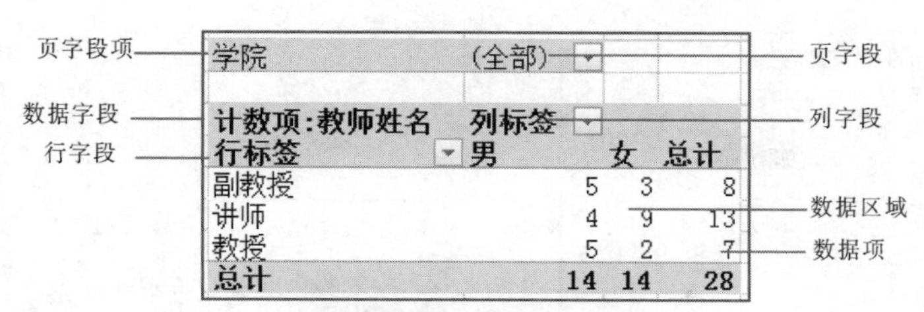

图 4-62　数据透视表实例

2. 创建数据透视表

下面结合一个实例具体说明创建数据透视表的操作方法。

【例 4.12】在表 4-7 的“教职工信息”数据清单中，在该工作表中以 I5 单元格为起始单元格的位置，创建一个数据透视表，如图 4-62 所示。

☞操作步骤如下：

① 从“教职工信息”源数据清单中选中任意一个单元格，依次执行“插入”选项卡→“表格”选项组→“数据透视表”命令，从下拉列表中选择“数据透视表”命令，打开“创建数据透视表”对话框，如图 4-63 所示。

② 确定数据源区域。在“请选择要分析的数据”选项组中，选中“选择一个表或区域”单选项，在“表/区域”文本框中输入或使用鼠标选取引用位置。通常，Excel 会自动识别数据源所在的单元格区域，如果不符合要求，可以将光标置于该文本框中后用鼠标拖动重新选取即可。

③ 确定数据透视表位置。在“选择放置数据透视表的位置”选项组中可选择数据透视表的创建位置是“新工作表”还是“现有工作表”。这里选择“现有工作表”单选项，然后在工作表中单击“I5”单元格。

④ 单击“确定”按钮，则将一个空的数据透视表添加到现有工作表的指定位置中，并在右侧窗格中显示数据透视表字段列表，如图 4-64 所示。

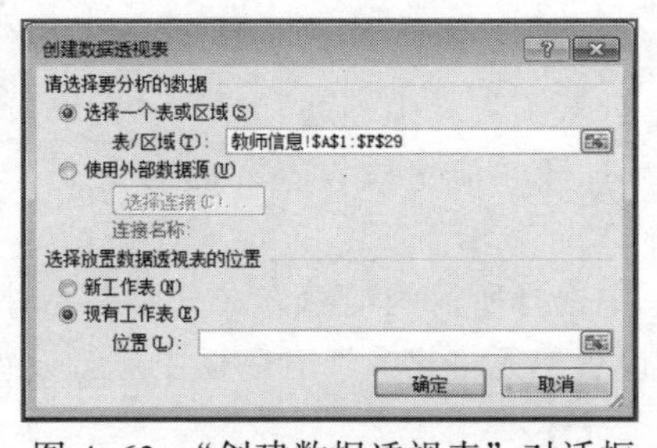

图 4-63　“创建数据透视表”对话框

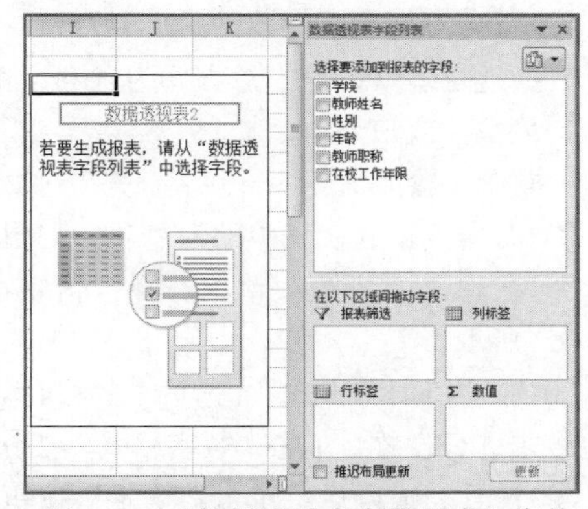

图 4-64　“数据透视表字段列表”窗格

⑤ 设置页字段、行字段、列字段以及计算项。将“学院” 字段拖至“报表筛选”区域；将“教师职称”字段拖至“行标签”区域；将“性别”字段拖至“列标签”区域；将“教师姓名”字段拖动至“数值”区域，即可得到数据透视表的结果。

用户可以在数据透视表中查看不同的数据项目，比如，单击“学院”右侧的下拉按钮，可以看到所有的学院信息列表如图 4-65 所示，选择“电子工程”学院，数据透视表中就会显示该学院的相关信息，如图 4-66 所示。

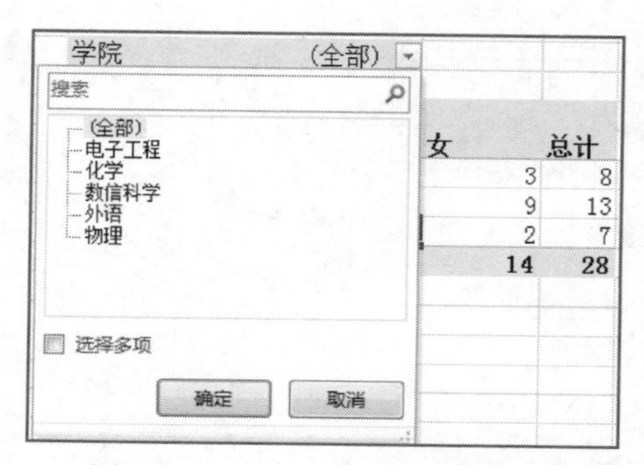

图 4-65 查看“学院”数据项目

学院	电子工程		
计数项:教师姓名	性别		
教师职称	男	女	总计
副教授	2		2
讲师	2	2	4
总计	4	2	6

图 4-66 查看“电子工程”数据项目

3. 数据透视表中添加或删除字段

在已经建立好的数据透视表中，可以根据实际需要进行字段的添加或删除。

☞操作方法是：

单击数据透视表区域中的任意一个单元格，在窗口右侧打开“数据透视表字段列表”窗格。如果要添加字段，则将要添加的字段按钮拖至相应的行标签、列标签或数值区域内；如果要删除某一字段，则将该字段按钮从行标签、列标签或数值区域内拖出即可。删除某个字段后，与该字段相关的数据也将从数据透视表中删除。

4. 数据透视表数据的更新

当建立了数据透视表的数据清单中的内容发生改变时，数据透视表中的内容不会随之改变，这时，需要更新数据透视表中的数据。

☞操作方法是：

单击数据透视表区域中的任意一个单元格，依次单击“数据透视表工具”选项卡→“选项”选项卡→“数据”选项组→“刷新”按钮，即可完成对数据透视表的更新。

5. 数据透视表中更改分类汇总方式

数据透视表默认的汇总方式为求和，用户可以根据需要设置其他汇总方式，比如计数、平均值、最大值或最小值。

☞操作步骤如下：

① 右击数据透视表中的汇总项，如图 4-66 所示的“计数项：教师姓名”。

② 在弹出的快捷菜单中选择“值字段设置”命令，打开“值字段设置”的对话框，如图 4-67 所示。

③ 在“值汇总方式” 选项卡的“计算类型”列表框中选择所需的汇总方式。如果要对数值的格式进行设置，单击“数字格式”按钮，从打开的“设置单元格格式”对话框中进行设置。

④ 设置完成以后，单击“确定”按钮即可。

6. 数据透视表中字段项互换

数据透视表创建完成后，有时需要调整字段项的位置，比如行字段与列字段的位置互换。

☞操作步骤如下：

① 单击数据透视表区域中的任意一个单元格。

② 在窗口右侧打开的“数据透视表字段列表”窗格中，单击要调整位置的字段按钮。

③ 从打开的快捷菜单中选择要调整到的位置。比如，单击行标签区域中的“教师职称”字

段，如图 4-68 所示，从快捷菜单中选择“移动到列标签”命令；单击列标签区域中的“性别”字段，从快捷菜单中选择“移动到行标签” 命令，从而实现行、列标签互换。

创建数据透视表

数据透视表选项分组

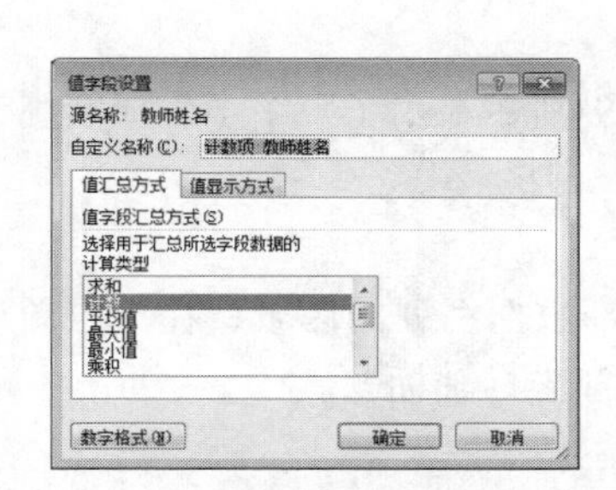

图 4-67 “值字段设置”对话框

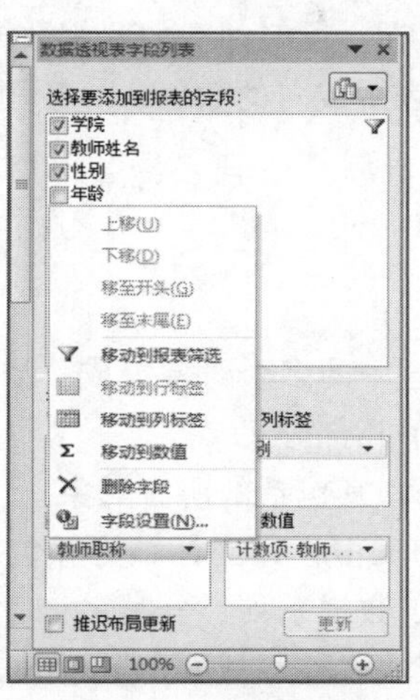

图 4-68 字段快捷菜单

数据透视表数据更新

数据透视表中添加、删除字段和更改汇总方式

创建数据透视图

7. 数据透视图的创建

对已经创建的数据透视表可以为其添加数据透视图，使汇总的数据更加直观。

☞操作方法是：

单击数据透视表区域中的任意一个单元格，依次执行“数据透视表工具”选项卡→“选项”选项卡→“工具”选项组→“数据透视图”命令，即可在当前工作表中添加与数据透视表数据相关的数据透视图。

4.5 图表的制作

在 Excel 中，图表是最常用的对象之一，它可以更加直观、形象地表示工作表中数据。相对于抽象的数据表，用户可以通过图表轻松的查看数据之间的差异，把握数据的变化趋势，了解数据的所占比重等。此外，图表与源数据保持关联，源数据发生变化，图表中的数据也会自动更新，从而使得数据变化一目了然。

Excel 2010 为用户提供了 11 种图表类型，每种图表类型又包含若干个子类型，其中常用的图表有以下六种：

① 柱形图：以长条显示数据值，适合用于一个或多个数据系列的差异比较。

② 条形图：与柱形图相似，方向不同。

③ 折线图：数据系列用点来表示并用直线连接，适合显示数据的变化趋势。

④ 饼图：将圆划分为若干个扇形，着重表示每个值占总值的比例。

⑤ 面积图：突出显示在一段时间内的几组数据的变化。

⑥ XY 散点图：用于表示成对的数值，一般用于科学计算。

4.5.1 图表的创建

1. 图表的结构

图表由图表区和绘图区中的多个对象组成，如图 4-69 所示显示了一个学生成绩统计的图表。图表对象主要包括以下几部分：

① 图表区：整个图表和其包括的所有对象。

② 绘图区：在二维图表中，以坐标轴为界包含了全部数据系列的区域；在三维图表中，绘图区以坐标轴为界包含了数据系列、分类名称、刻度线和坐标轴标题。

③ 图表标题：是图表的名称，一般是置于图表的顶端并居中。

④ 图例：是用不同的颜色或形状标识不同的数据系列。

⑤ 坐标轴：为图表提供计量和比较的参考线，分为分类轴（水平轴或 X 轴）和数值轴（垂直轴或 Y 轴）。

⑥ 数据系列：是在图表中绘制的相关数据标记，来源于工作表中的一行或一列，或不连续的单元格数值数据。

⑦ 网格线：方便查看和计算数据的线条，是坐标轴上刻度线的延伸，并贯穿绘图区。

⑧ 刻度线：坐标轴上的短度量线，用于区分图表上的数据分类数值或数据系列。

⑨ 数据标志：在数据系列上显示的数值、数据系列名称、百分比的标志。

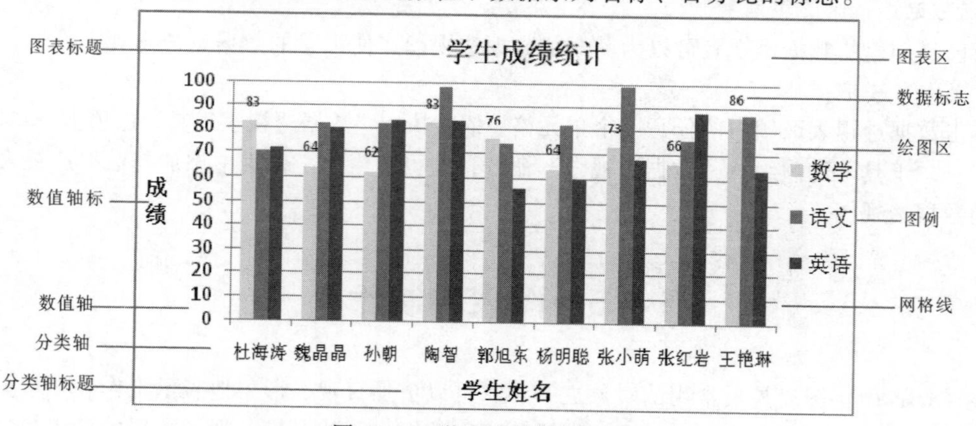

图 4-69 学生成绩统计图表

2. 图表的创建

Excel 中将图表按照图表和工作表的位置关系分为嵌入式图表和图表工作表两类。嵌入式图表是图表和工作表数据位于同一工作表中，随工作表一同保存。图表工作表是单独存放在一张工作表中，即一张图表构成整个工作表。

【例 4.13】 为图 4-70 所示的数据清单创建一个嵌入式图表，图表类型为“柱形图”，子类型为“簇状柱形图”，创建完成后如图 4-69 所示。

	A	B	C	D	E	F
1	姓名	数学	语文	英语	计算机	总分
2	杜海涛	83	70	72	75	76.5
3	魏晶晶	64	82	80	59	75.3
4	孙朝	62	82	84	73	79.7
5	陶智	83	98	84	80	88.3
6	郭旭东	76	74	56	83	77.7
7	杨明聪	64	82	60	72	72.8
8	张小萌	73	99	68	66	80.0
9	张红岩	66	76	88	66	76.7
10	王艳琳	86	87	64	75	82.5

图 4-70　学生成绩表

图表的基本概念

☞操作步骤如下：

① 选择用于创建图表的相应的数据区域，该实例中选择数据区域为 A1:D10。如果数据区域是不连续的，可以在按住【Ctrl】键的同时进行不连续区域的选择。

② 依次执行“插入”选项卡→“图表”选项组，从中可以选择所需图表类型。该实例中选择“柱形图”，然后单击其下拉按钮，从下拉列表中选择所需子类型，将光标在子类型上停留片刻便可以看到子类型的名称。或者，依次执行“插入”选项卡→“图表”选项组→“创建图表”按钮，打开如图 4-71 所示的“插入图表”对话框，从中可以选择更多的图表类型。这样就可以为数据清单创建一个嵌入式图表，如图 4-72 所示。

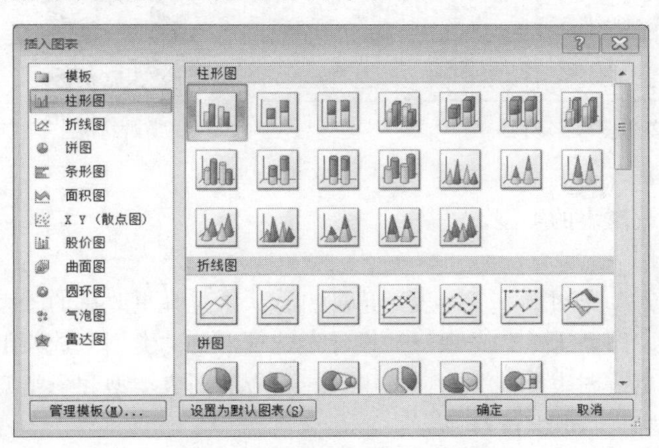

图 4-71　“插入图表”对话框

创建图表

更改图表类型

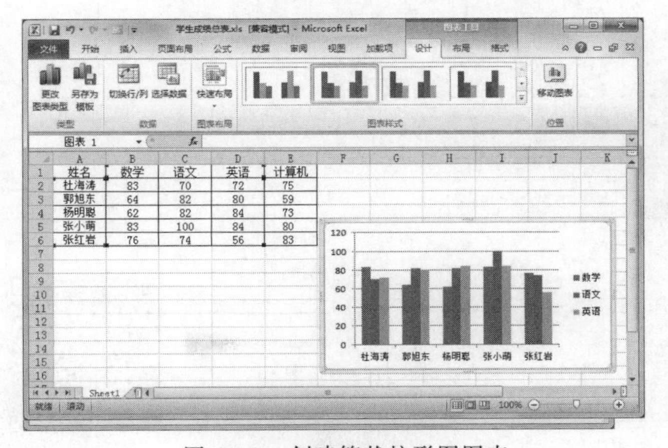

图 4-72　创建簇状柱形图图表

更改数据源

更改图表位置

4.5.2 图表的编辑和格式化

在图表创建好之后，其默认格式不一定符合要求，这就需要对图表进行编辑修改。也可以为了使图表更加美观，对图表进行格式化设置。比如，可以添加图表标题、调整图例位置、更改系列颜色、添加网格线等。

1. 图表的编辑

（1）调整图表位置

在 Excel 2010 中默认情况下创建的图表为嵌入式图表，图表和数据源在同一个工作表中，用户可以根据需要将图表放在单独的工作表中。

☞操作方法是：

选择图表后，依次执行“图表工具”选项→“设计”选项卡→“位置”选项组→“移动图表”命令，在打开的“移动图表”对话框中选择图表位置，如图 4-73 所示。

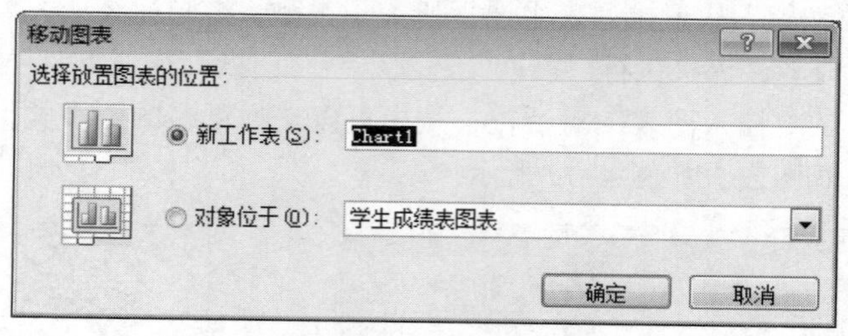

图 4-73 “移动图表”对话框

图表标题

（2）更改图表类型

图表创建之后，用户可以更改图表的类型。

☞操作方法是：

选择图表后，依次执行“插入”选项卡→“图表”选项组，从中选择更改后的图表类型；或者，在选择图表后，依次执行“图表工具”选项→“设计”选项卡→“类型”选项组→“更改图表类型”按钮，在打开的“更改图表类型”对话框中选择相应的图表类型和子类型，单击“确定”按钮即可看到修改后的结果，如图 4-74 所示。

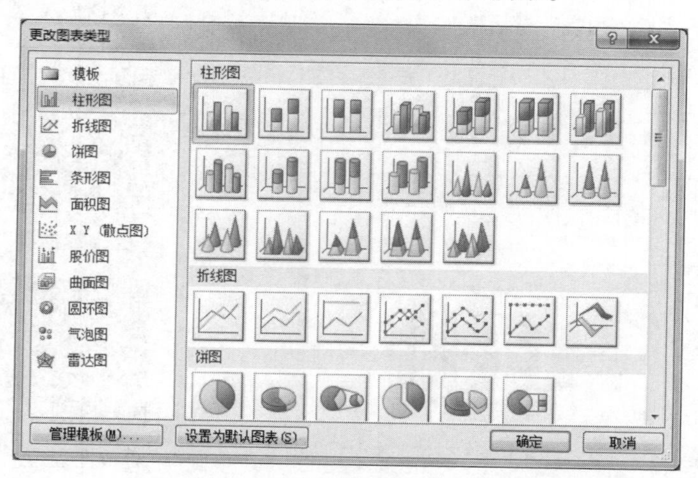

图 4-74 “更改图表类型”对话框

图表图例

（3）修改数据源

图表创建之后，如果需要添加或删除图表数据，不必重新创建图表，可直接修改数据源。

☞操作方法是：

方法一：选择图表后，在工作表的对应数据区域会自动以蓝色边框显示，将鼠标指针放在数据区域的任何一个控制点上，拖动鼠标便可添加或删除数据区域。

方法二：选择图表，依次执行“图表工具”选项→“设计”选项卡→“数据”选项组→“选择数据”按钮，打开“选择数据源”对话框，如图 4-75 所示。在“图表数据区域”文本框中可以重新选择数据区域；单击“切换行/列”按钮可以快速将分类轴和数值轴互换；在“水平（分类）轴标签”列表框中可以对分类轴进行编辑；在“图例项（系列）”列表框中通过“添加”“编辑”和“删除”按钮进行相应的操作。

①　“添加”按钮：单击该按钮，打开图 4-76 所示对话框，将光标定位在“系列名称”文本框中，在表格中选择要添加的字段名所在的单元格，比如，“计算机”所在的单元格“E1”；然后将光标定位在“系列值”文本框中，在表格中选择要添加的字段值所在的单元格，比如，计算机成绩所在的单元格区域“E2:E10”。

②　“编辑”按钮：对已经添加的数据系列进行编辑。

③　“删除”按钮：将选定的数据系列删除。或者，在图表中单击某一系列，按【Delete】键，也可以删除该数据序列。

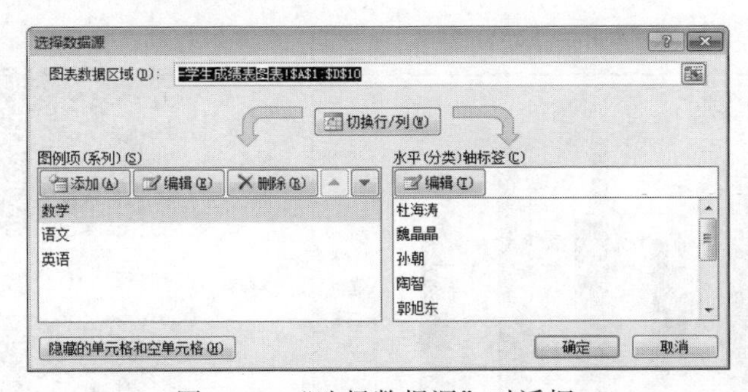

图 4-75　“选择数据源”对话框

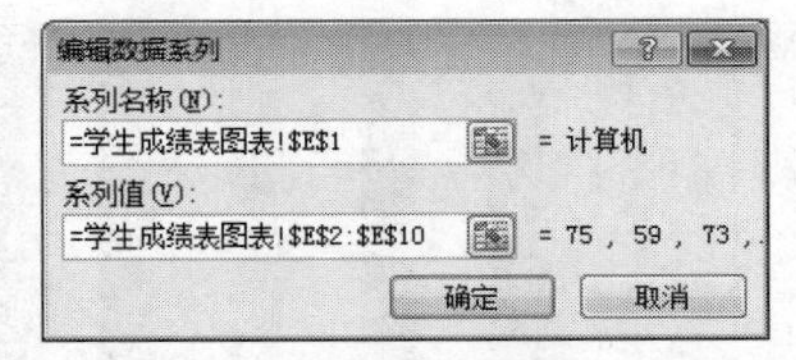

图 4-76　“编辑数据系列”对话框

2. 图表的布局

图表的布局设置包括对图表标题、坐标轴标题、图例、数据标签等图表元素的设置。

☞操作方法是：

选中图表，依次执行“图表工具”选项→“布局”选项卡→“标签”选项组，通过相应的命令按钮来编辑图表标题、坐标轴标题以及图例的位置等，如图 4-77 所示。

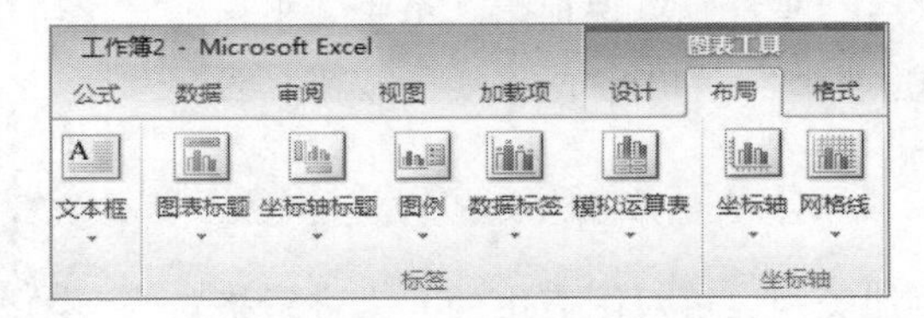

图 4-77　“标签”选项组

图表标签

（1）图表标题和坐标轴标题

为图表添加标题内容，比如图表标题和坐标轴标题，可以使图表更易于理解。图表标题用于说明图表的主题内容；坐标轴标题包括纵坐标标题和横坐标标题，用于说明所表示的数据内容。

① 添加图表标题：单击如图 4–77 所示的“图表标题”按钮，在打开的下拉菜单中选择“居中覆盖标题”或“图表上方”命令。

② 添加坐标轴标题：单击图 4–77 所示“坐标轴标题”按钮，在打开的下拉菜单中选择“主要横坐标标题”或“主要纵坐标标题”命令，分别对横坐标标题和纵坐标标题进行设置。在“主要横坐标标题”中选择“坐标轴下方标题”，此时在图表下方会出现一个标有“坐标轴标题”的文本框，重新输入所需文字即可。主要纵坐标轴标题的设置方法与横坐标相同。

（2）图例

选中图表，单击“标签”选项组中的“图例”按钮，在其下拉菜单中可选择图例添加、修改的位置，也可以选择“无”来删除图例。

（3）数据标签

为了使系列中图形所代表的数据值更加直观，可为图表系列添加数据标签。选中图表，单击“标签”选项组中的“数据标签”按钮，在其下拉菜单中可以选择数据标签显示的方式。

（4）模拟运算表

让图表数据源显示在图表下方可以更加直观、准确的观察数据的变化。选中图表，单击“标签”选项组的“模拟运算表”按钮，可在图表下添加该图表所对应的整个数据表，就像工作表的数据一样，添加完的效果如图 4–78 所示。

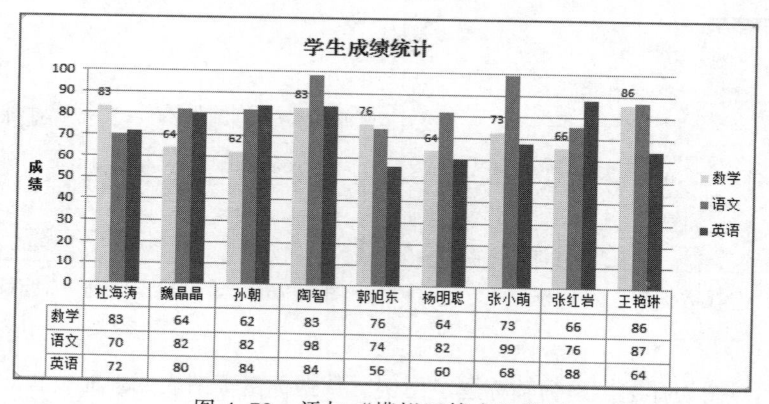

图 4–78 添加“模拟运算表”效果

字体格式

图表坐标轴格式

（5）坐标轴与网格线

坐标轴与网格线指绘图区的线条，它们都是用于度量数据的参照框架。选中图表，依次执行“图表工具”选项→“布局”选项卡→“坐标轴”选项组，单击“坐标轴”按钮，在其下拉菜单中可进行更改坐标轴的布局和格式。同理，单击“网格线”按钮，可在其下拉菜单中取消或显示网格线。

3. 图表格式的设置

创建图表后，为了使图表看起来更加美观，可对图表中的元素进行格式设置。图表的格式设置是指对图表中的各种图表元素，如绘图区、图例、标题等进行字体、颜色、外观等格式的设置。

图表数据标签

☞操作方法是:

方法一:选中图表,依次单击“图表工具”选项卡→“格式”选项卡→“形状样式”选项组,其中提供了很多预设的轮廓、填充颜色与形状效果的组合,用户可以很方便地进行设置。

图表填充效果

方法二:根据需要对各个图表元素进行分别设置。选中图表中的某个元素,依次单击“图表工具”选项卡→“格式”选项卡→“当前所选内容”选项组,此时“图表元素”文本框中会显示所选对象的名称;也可以单击右侧的下拉按钮,从打开的下拉列表中选择要更改格式样式的图表元素,如“垂直(值)轴”。然后单击“设置所选内容格式”,在打开的“设置坐标轴格式”对话框中,可以对坐标轴的格式进行设置,比如在“坐标轴选项”中可设置坐标轴的最大值、最小值和主要刻度单位等,如图 4-79 所示。

方法三:右击某个图表元素,比如在图表的空白处右击,在弹出的快捷菜单中选择“设置图表区格式”命令,打开“设置图表区格式”对话框,如图 4-80 所示,从中可对绘图区的边框颜色、样式和填充效果等进行设置。

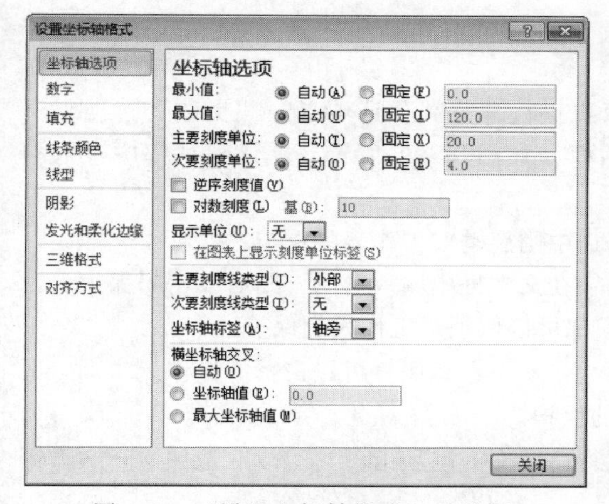

图 4-79 “设置坐标轴格式”对话框

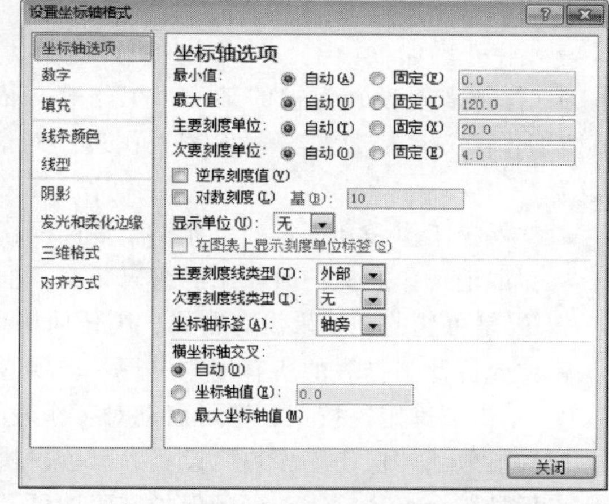

图 4-80 “设置图表区格式”对话框

方法四:若要对图表元素的字体、字形、字号及颜色等进行设置,右击要设置格式的文本,在弹出的快捷菜单中选择“字体”命令;或者在“开始”选项卡的“字体”选项组中,设置需要的字体、字形和字号等。

4.6 工作表的安全和打印

4.6.1 工作表的安全

当 Excel 工作表中包含有重要保密数据,不想让他人修改或看到时,就需要对数据进行保护,可以通过以下几种方法来实现。

1. 保护工作簿

在 Excel 中,可以对工作簿中工作表结构和工作簿窗口显示方式设置保护,防止被修改。

☞操作步骤如下：

① 依次执行“审阅”选项卡→“更改”选项组→“保护结构和窗口”命令，打开“保护结构和窗口”对话框，如图 4-81 所示。

② 选中“结构”复选框，可保护工作簿的结构，在该工作簿中将不能对工作表进行复制、移动、删除、插入、隐藏、取消隐藏、查看隐藏或重命名等操作。

③ 选中“窗口”复选框，可保护工作簿的窗口，使得工作簿窗口保持固定的位置和大小，不能进行移动、调整大小或关闭操作。

④ 输入“密码”后，单击“确定”按钮，在打开的“确认密码”对话框中重新输入一次密码，单击“确定”按钮。

⑤ 保存工作簿后，即可完成设置。当其他用户要取消工作簿保护时，需要输入该密码，否则不能取消工作簿保护。

2. 保护工作表

保护工作表是指对工作表设置允许用户进行的操作，从而有效保护工作表的数据安全。默认情况下，工作簿中的所有单元格和图表都为“锁定”状态，即在默认下直接设置保护工作表，将保护当前整个工作表或图表。

☞操作步骤如下：

① 打开需要设置保护的某一个工作表，依次执行“审阅”选项卡→“更改”选项组→“保护工作簿”命令，打开“保护工作表”对话框，如图 4-82 所示，在该对话框中进行相关设置。

- “保护工作表及锁定的单元格”复选框：选中则启动对工作表的保护。
- “取消工作表保护时使用的密码”文本框：在文本框中输入密码，则启动密码保护。密码是可选的，如果没有密码，则任何用户都可以取消对工作表的保护。
- “允许此工作表的所有用户进行”选项区域：从中选择用户可以进行的操作。

② 单击“确定”按钮，即可启动对工作表的保护。

如果要取消“保护工作表”设置，可依次执行“审阅”选项卡→“更改”选项组→“撤销工作表保护”命令，输入正确的保护密码即可。

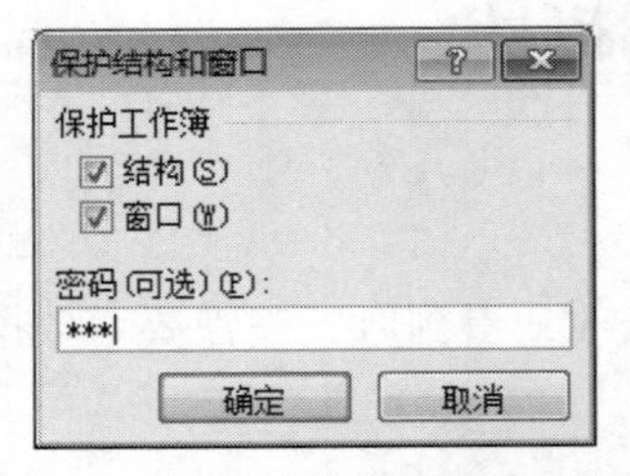

图 4-81 “保护结构和窗口”对话框

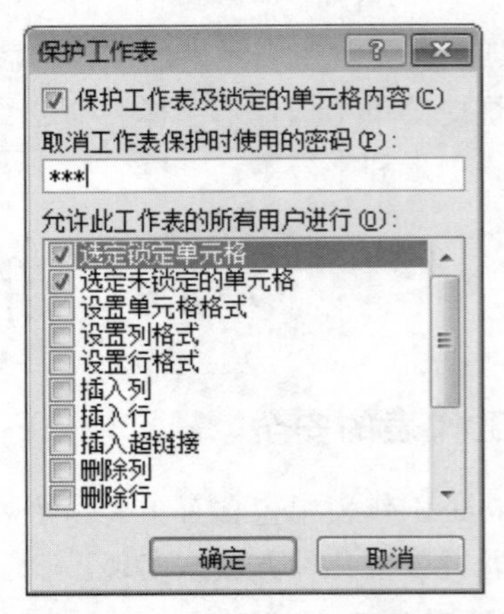

图 4-82 “保护工作表”对话框

提示

如果已经设置了工作表保护，但保护操作不起作用，可以通过以下方法来解决：

打开已经设置了保护但不起作用的工作表，选中该工作表的所有单元格后右击，从弹出的快捷菜单中选择 “设置单元格格式”命令，打开“设置单元格格式”对话框，在“保护”选项卡中选中“锁定”和“隐藏”复选框，然后再进行“保护工作表”的操作。

3. 保护允许用户编辑区域

“保护允许用户编辑区域”是指设置保护工作表操作后，允许用户在输入密码后，对特定的单元格区域进行编辑。

☞操作步骤如下：

① 依次执行“审阅”选项卡→“更改”选项组→“允许用户编辑区域”命令（该命令只有在未设置工作表保护时才可以使用），打开“允许用户编辑区域”对话框，如图 4-83 所示。

② 单击“新建”按钮，打开“新区域”对话框，从中建立允许用户编辑的区域。重复进行以下操作，建立用户通过密码可以访问的每一个区域，如图 4-84 所示。

- 在“标题”文本框中，输入保护区域的标题名称。
- 在“引用单元格”文本框中，系统自动引用用户选择的单元格区域。
- 在“区域密码”文本框中，输入访问该区域所需的密码。

③ 单击“确定”按钮，返回“允许用户编辑区域”对话框。

④ 建立“允许用户编辑区域”后，必须设置保护工作表，才能保护允许用户编辑的区域。

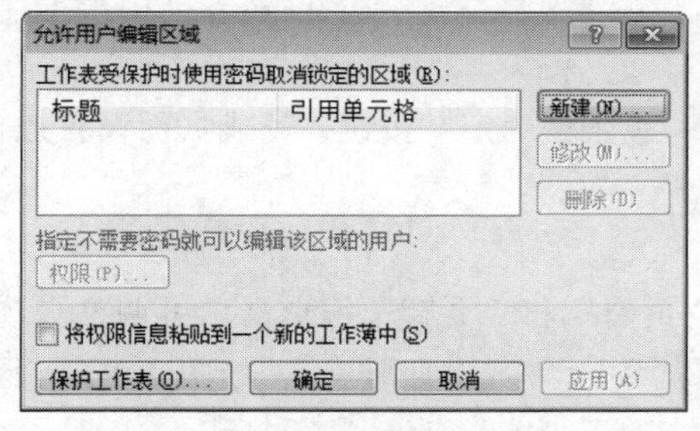

图 4-83 “允许用户编辑区域”对话框

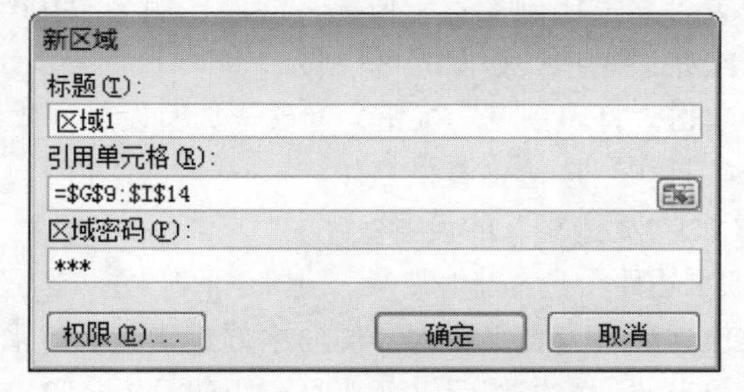

图 4-84 “新区域”对话框

4. 保护文件

为了提高整个 Excel 工作簿文件的安全性，可以对该文件的打开和修改权限进行密码保护。

☞操作步骤如下：

① 打开某工作簿后，依次执行“文件”标签→“另存为”命令，打开“另存为”对话框。

② 在打开的“另存为”对话框中，单击“工具”按钮，从下拉列表中选择“常规选项”命令，打开“常规选项”对话框。

③ 在“常规选项”对话框中，为文档设置“打开权限密码”或“修改权限密码”，如图 4-85 所示。

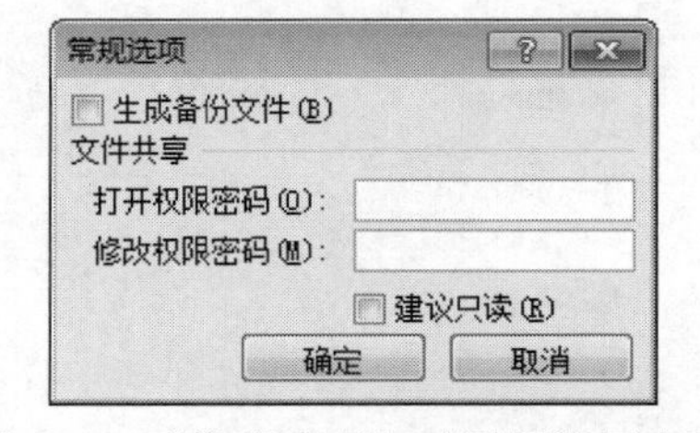

图 4-85 “常规选项”对话框设置密码

④ 设置完成后，单击“确定”按钮即可为工作簿添加密码保护。

提示

（1）如果设置了文件的“打开权限密码”，在打开该文件时，Excel 会提示用户输入打开文件的密码，密码正确方可打开文件，否则不能打开该文件。

（2）如果设置了文件的“修改权限密码”，任何人都可以打开该文件，但只有输入了正确的修改密码，才能获得文档的修改权限，否则只能以只读的方式打开，即使修改了文档内容也不能按原文件名称进行保存。

4.6.2 工作表的打印

1. 页面设置

如果用户不想采用 Excel 提供的默认页面设置，或有特殊的需要，如改变纸张大小、页边距、打印方向、缩放比例等，可通过“页面设置”对话框来完成。

☞操作方法是：

方法一：依次执行“页面布局”选项卡→“页面设置”选项组，从中选择要设置的选项，如“页边距”“纸张方向”或“纸张大小”等。

方法二：依次执行“页面布局”选项卡→“页面设置”选项组，单击右下角的按钮，打开“页面设置”对话框。“页面设置”对话框包括了“页面”“页边距”“页眉/页脚”和“工作表”4 个选项卡。

（1）“页面”的设置

“页面”选项卡中，在“方向”区域中选择打印方向为“纵向”或“横向”；在“缩放”区域中设置缩放比例，正常情况下缩放比例为“100%”；在“纸张大小”下拉列表框中根据需要选择纸张的大小，如图 4-86 所示。

单击“打印预览”按钮，可预览页面设置的效果；单击“确定”按钮，完成页面设置操作；单击“打印”按钮可直接打印。

（2）“页边距”的设置

“页边距”选项卡中，在“上”“下”“左”“右”“页眉”和“页脚”编辑框中可调整页边距的数值；也可设置打印内容的居中方式，包括“水平居中”和“垂直居中”，如图 4-87 所示。

单击“确定”按钮，完成页边距的设置；单击“打印”按钮，直接进行打印。

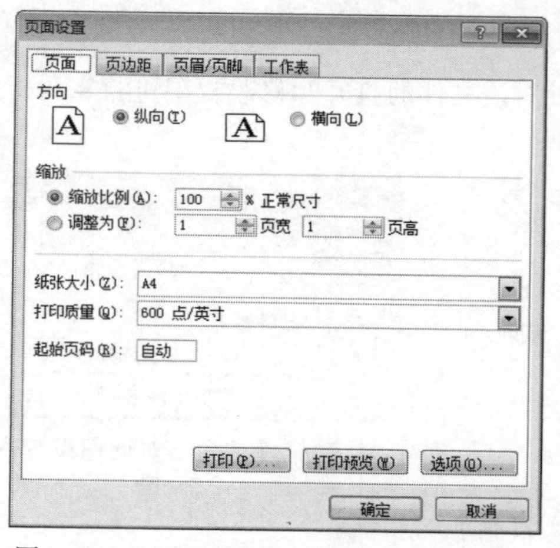

图 4-86 “页面设置”对话框“页面”标签

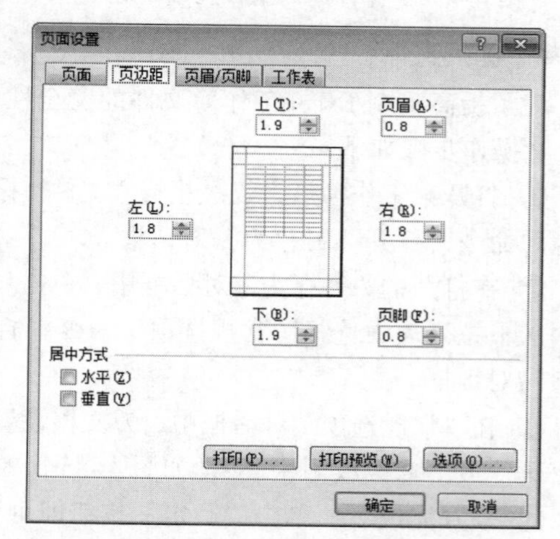

图 4-87 “页面设置”对话框“页边距”标签

（3）“页眉/页脚”的设置

在“页眉/页脚”选项卡中，单击“自定义页眉”或“自定义页脚”按钮，分别弹出“页眉”或“页脚”对话框，从中可以输入页眉/页脚内容（如图 4-88 所示的“页眉”对话框），比如，在“左”“中”或“右”的编辑栏中，插入日期、时间、页码或页数等内容。

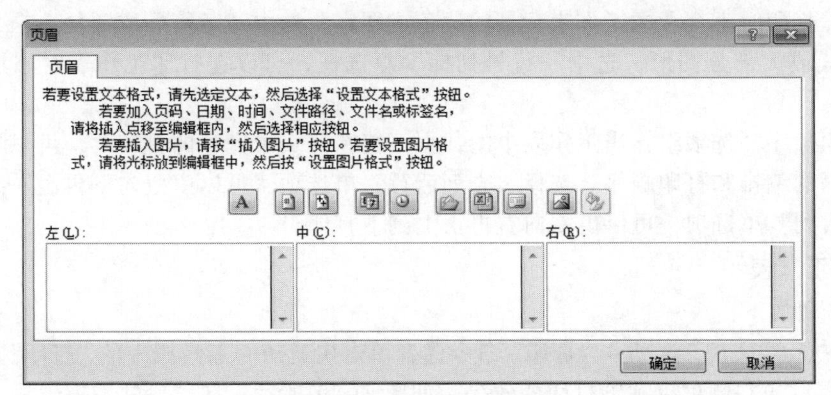

图 4-88 “页眉”对话框

（4）“工作表”的设置

“工作表”选项卡（见图 4-89）中，可进行打印区域、打印标题的设置，以及是否在打印时显示网格线、行号列标和打印顺序等的设置，如图 4-90 所示。

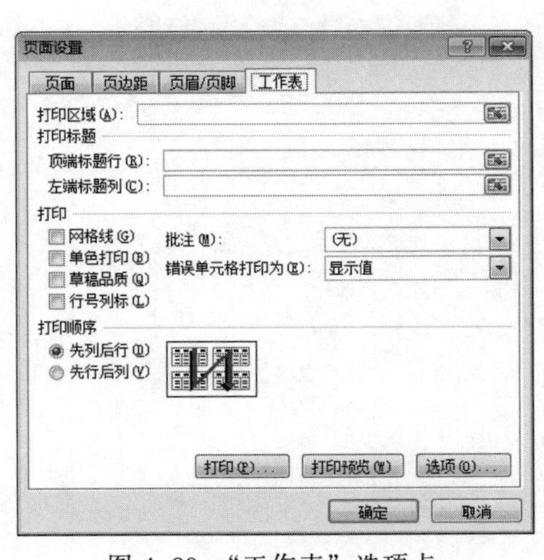

图 4-89 “工作表”选项卡

图 4-90 “打印”窗格

① “打印区域”文本框：如果要对工作表中特定的区域进行打印，单击“打印区域”文本框右侧的“选择数据”按钮，打开“页面设置-打印区域:”对话框。此时，在工作表中按住鼠标左键选择打印区域，然后，单击“返回对话框”按钮返回“页面设置”对话框。

②“打印标题”选项组：当一个工作表的数据需要多页打印时，设置“打印标题”选项组，可以在每一页上都打印出行或列标题。在“顶端标题行”文本框中可以指定工作表中哪一行作为行标题；在“左端标题列”文本框中可以指定工作表中哪一列作为列标题。

③“打印”选项组：选中“网格线”复选框，可以在工作表上打印网格线；选中“单色打印”复选框，打印时不会考虑工作表背景的颜色或图案；选中“草稿品质”复选框，打印时不会打印网格线或大部分图形；选中“行号列标”复选框，可以在打印工作表时添加上行号和列标。

④“打印顺序”选项组：当工作表中的数据不能在一页中完整的打印时，可以用这个选项组来控制页码的编排和打印顺序。选择“先列后行”单选项，可以由上向下再由左到右打印；选择“先行后列”单选项，可以由左向右再由上到下打印。

2. 打印工作表

☞操作步骤如下：

① 依次执行“文件”选项→“打印”命令或者单击快速访问工具栏中的“打印预览和打印”按钮，在窗口的右侧可以预览打印的效果，如图 4-89 所示。在“份数”编辑框中可调整打印份数；在“打印活动工作表”下拉列表中选择“打印活动工作表”“打印整个工作簿”或“打印选定区域”；在“页数”中选择打印的页数范围。

② 设置完成后，单击“打印”按钮即可打印。

第5章 PowerPoint 2010 文稿演示工具

在信息化不断发展的今天，人们需要一种可以在很多场合能够直观、形象、通俗表达信息和传递信息的工具。PowerPoint 2010 作为办公自动化软件 Microsoft Office 2010 的主要组件之一，可以制作包括文字、图形、声音、视频图像等多种多媒体信息的精美电子演示文稿，日益获得人们青睐，成为人们工作生活的重要组成部分，在制作策划方案、项目竞标、毕业论文、产品推介、发言稿、教育培训等领域都可以见到它的身影。

由 PowerPoint 2010 制作的文件被称为演示文稿。一个演示文稿由一张或者多张幻灯片构成，可以分为片头、封面、前言、目录、过渡页、图表页、文字页、封底、片尾动画等。一个好的演示文稿应该能够结合主题、突出重点、直观、形象、通俗易懂，给观众留下深刻印象。

本章就来介绍一下如何使用 PowerPoint 2010 软件制作演示文稿。

学习目标

- 学会创建、编排多种版式的幻灯片。
- 掌握幻灯片的背景设置及模板的套用。
- 学会在幻灯片中绘制按钮、图形及图文贯穿的运用。
- 学会通过幻灯片母板对演示文稿进行修饰和美化操作。
- 熟练掌握超链接和多媒体技术的运用。
- 熟练设置幻灯片的动画效果和动画路径。
- 掌握幻灯片的放映和打包操作。

5.1 PowerPoint 2010 的基本知识

5.1.1 PowerPoint 2010 的基本概念

1. 演示文稿

通常，人们把利用 PowerPoint 制作出来的文档统称为演示文稿。演示文稿以文件的形式存放，扩展名是.pptx。在演示文稿中，包括了幻灯片、备注信息、文字、图形、声音、动画等多种信息，用来介绍、阐述计划或观点。演示文稿不仅可以在投影仪或者计算机上进行演示，还可以打印出来，或制作成胶片，以便应用到更为广泛的领域当中。

2. 幻灯片

演示文稿中创建和编辑的每一页称为幻灯片，幻灯片是演示文稿的独立放映单元。演示文稿就是由一张张幻灯片构成的。

3. 对象

演示文稿中的每一张幻灯片是由若干对象组成的，对象是幻灯片重要的组成元素。幻灯片中的文字、图表、组织结构图及其他可插入元素，都是以一个个的对象的形式出现在幻灯片中。用户可以选择对象，修改对象的内容或大小，移动、复制或删除对象；还可以改变对象的属性，如颜色、阴影、边框等。所以，制作一张幻灯片的过程，实际上是编辑其中每一个对象的过程。

4. 版式

版式用来规定幻灯片上对象的布局，包含了要在幻灯片上显示的全部内容，如标题、文本、图片、表格等对象的格式和位置设置。演示文稿中内置的幻灯片版式有“标题幻灯片”“两栏内容”和“图片和标题”等，每种版式都预定了幻灯片的布局形式，默认版式为“标题幻灯片”。在这些版式中，除了“空白”版式外，都包含有占位符，不同版式的占位符是不同的。不同对象的占位符都是用虚线框表示并且包含相关提示文字，可以根据这些提示在占位符中插入标题、文本、图片、图表、组织结构图等内容。

5. 占位符

占位符是出现在幻灯片上的虚线框，框内标有“单击此处添加标题”或“单击此处添加文本”等提示信息。只要用鼠标单击虚线框内部，这些提示信息就会自动消失，并进入编辑状态。

占位符相当于各种版式中的容器，可容纳如文本（包括标题、正文文本和项目符号列表）、表格、图表、SmartArt 图形、视频、声音、图片及剪贴画等内容。占位符的大小和位置都是可以调整和修改的，如果不需要也可以将其删除。

6. 母版

母版是指一张具有特殊用途的幻灯片，其作用是定义每张幻灯片共同具有的一些统一特征。这些特征包括文字的位置与格式、背景图案、是否在每张幻灯片上显示页码及日期等。因此，对母版的修改会反映到基于该母版的所有幻灯片上。如果要使个别的幻灯片外观与母版不同，直接修改该幻灯片即可。

7. 模板

模板是事先定义好格式的演示文稿的外观设计方案，它包括了幻灯片版式、主题字体、主题颜色、背景风格、配色方案、主题效果等。PowerPoint 2010 自带很多的模板，适用于不同的演讲内容和场合。PowerPoint 的模板可以以文件的形式保存在指定的文件夹中，其扩展名为.potx。

5.1.2 PowerPoint 2010 的启动和退出

基本概念

1. PowerPoint 2010 的启动

☞启动 PowerPoint 2010 的常用方法主要有以下几种：

方法一：双击桌面上的 PowerPoint 2010 快捷方式图标，启动 PowerPoint 程序，可自动创建一个空白的 PowerPoint 演示文稿。

方法二：单击“开始”菜单，依次执行“所有程序”→“Microsoft office” →“Microsoft PowerPoint 2010” 命令，可以启动 PowerPoint 程序。

方法三：双击任意一个已存在的 PowerPoint 演示文稿，系统将直接启动 PowerPoint 2010 程序打开此文档。

视图方式

2. PowerPoint 2010 的退出

☞退出 PowerPoint 2010 的常用方法主要有以下几种：

方法一：单击 PowerPoint 2010 窗口右上角的“关闭”按钮。

方法二：在 PowerPoint 窗口中，单击标题栏左上角的 PowerPoint 控制按钮，从打开的菜单中单击“关闭”命令。

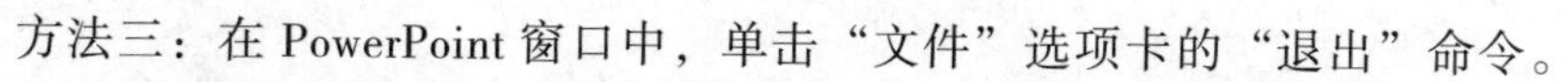

方法三：在 PowerPoint 窗口中，单击“文件”选项卡的“退出”命令。

方法四：使用快捷键【Alt+F4】。

5.1.3 PowerPoint 2010 的操作界面

PowerPoint 2010 具有与前面介绍过的 Word 2010、Excel 2010 相似的工作界面。其工作界面除了标题栏、菜单栏、功能区（选项卡、组、命令按钮）、滚动条、状态栏、视图切换按钮和任务窗格等元素外，还包括其特有的幻灯片编辑窗格、备注窗格、幻灯片预览窗格，如图 5-1 所示。

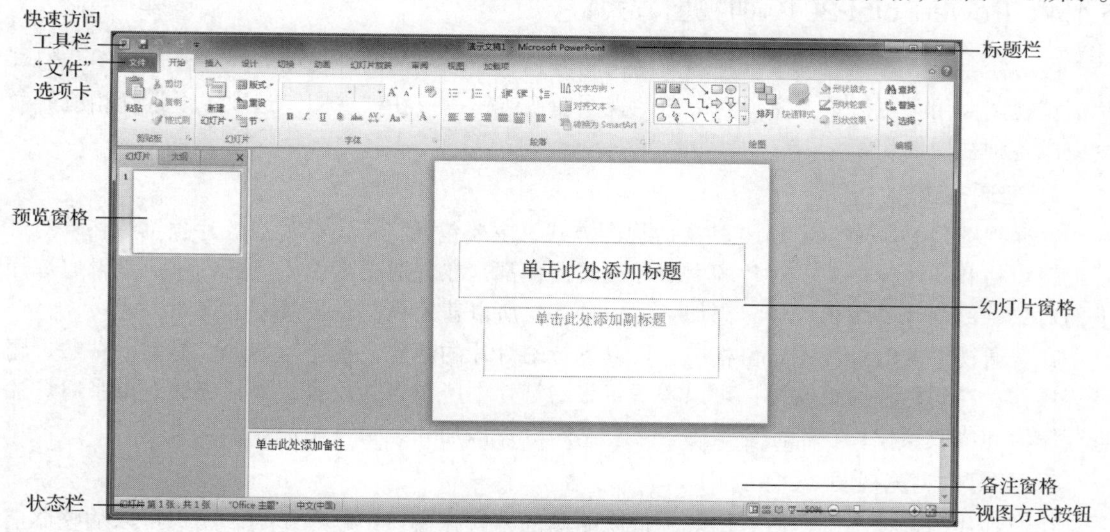

图 5-1 PowerPoint 工作界面

下面主要介绍其特有的界面元素。

1. 幻灯片窗格

幻灯片窗格是演示文稿制作的最重要的窗口，位于工作窗口中间。对对象的编辑和修改工作大都是在该窗格中完成，可以在幻灯片中添加和编辑文本、图片、视频、声音、表格、图表、文本框等多种对象，并可以创建超链接和制作动态效果等。

2. 备注窗格

备注窗格位于窗口的最下端，在备注窗格中可以为幻灯片添加备注信息，对演示文稿的制作和演示起辅助作用。在备注窗格中不能添加图片、图形等信息。

3. 幻灯片预览窗格

在窗口的最左端是幻灯片预览窗格，包括“幻灯片”和“大纲”两个选项卡。

在“幻灯片”选项卡下，任务窗格中显示的是演示文稿中所有幻灯片的缩略图。选中其中一张幻灯片，该幻灯片就会出现在编辑窗格中成为当前幻灯片。在该窗格中，可以对幻灯片进行选择、添加、删除、复制、粘贴操作，也可以通过鼠标拖动完成幻灯片的顺序调整，但不能进行文本的编辑操作。

在“大纲”选项卡下，任务窗格中显示的是该演示文稿中每张幻灯片的大纲结构，只包括文字内容，不显示图片、视频、声音、表格等其他信息。在该窗格中，可以对文本直接进行编辑和修改，也可以通过鼠标拖动完成幻灯片的顺序调整。

4. 状态栏

状态栏位于工作窗口的底部，显示幻灯片编号、主题名称、语言信息、视图切换按钮、缩放级别、幻灯片自适应窗口按钮等有关命令或信息。

视图切换按钮包括四个：“普通视图”按钮、“幻灯片浏览视图”按钮、“阅读视图”按钮、“幻灯片放映视图”按钮，通过单击这些按钮可以完成幻灯片视图方式的切换。

“幻灯片自适应窗口”按钮，可将幻灯片编辑窗口大小适应于当前窗口大小。

5.1.4 PowerPoint 2010 的视图方式

PowerPoint 2010 中提供了多种不同的视图方式，最常用的两种视图方式是普通视图和幻灯片浏览视图。用户可以单击窗口右下角的视图切换按钮，或在“视图”选项卡下选择相应的命令完成各种视图的切换。

1. 普通视图

普通视图是 PowerPoint 2010 默认的视图方式，主要包括三个窗格：幻灯片预览窗格、幻灯片编辑窗格和备注窗格。幻灯片的大部分编辑操作都是在普通视图中完成的，包括编辑幻灯片上的对象、幻灯片的编辑操作、添加备注信息等，所以普通视图是最基本的视图方式。

在普通视图的幻灯片预览窗格中，可以进行幻灯片的新建、选择、移动、复制、粘贴、删除等操作；在幻灯片编辑窗格，可以查看每张幻灯片中所包含的内容，并且能够对单张幻灯片进行编辑和修改操作；在备注窗格中，可以给幻灯片添加和编辑备注信息。

2. 幻灯片浏览视图

在幻灯片浏览视图下，所有幻灯片按缩略图的方式在窗口中顺序排列，用户可以从整体上看到演示文稿的外观效果。在该视图下，用户可以同时对多张幻灯片进行选中、移动、复制、粘贴、删除等操作，还可以进行幻灯片背景、配色方案的编辑。另外，在这里定义幻灯片的切换方式也很方便。

幻灯片缩略图下方的标识，表示该张幻灯片包含动画；幻灯片缩略图下方的时间标识，如 00:06，表示该幻灯片可以通过“设置自动换片时间”控制幻灯片的切换时间。

3. 阅读视图

在阅读视图中，可以使幻灯片以适应窗口大小的方式进行播放，保留了标题栏和状态栏，但并不进入全屏放映。这种视图方式下，用户可以只在自己的计算机上查看演示文稿的放映效果，而观众无法（如通过投影仪）观看演示文稿的放映。

4. 备注页视图

在备注页视图下，可以显示和编辑备注信息，便于打印预览。在该视图中，上方是幻灯片缩略图，下方是备注页方框。可通过单击备注页方框进入编辑状态，在其中输入备注信息和修改原有的备注信息。当然，除了文本以外，用户还可以为每张备注页添加图形、图片、表格等信息。

如果在备注页视图中无法看清输入的备注信息，可以在“视图”选项卡中，通过调整“显示比例”值来放大页面。

5. 母版视图

母版视图包括了幻灯片母版、讲义母版和备注母版。母版规定了演示文稿（幻灯片、讲义及备注）的字体、背景、效果、日期、占位符和页码格式等。母版主要体现演示文稿的外观，包含了演示文稿中的共有信息。因此，在幻灯片母版、备注母版或讲义母版上可以对与演示文稿关联的每张幻灯片、备注页或讲义的样式进行全局更改。

6. 幻灯片放映视图

在幻灯片放映视图中，用户可查看幻灯片放映中视觉和听觉的播放效果，包括文字、图形、幻灯片切换、动画设置、声音播放等效果，即幻灯片播放的最终效果。演示文稿中所有幻灯片放映完后自动返回到普通视图方式，恢复到编辑状态。如果要在幻灯片播放过程中停止播放，按【Esc】键即可。

5.2　PowerPoint 2010 的基本操作

5.2.1　演示文稿的创建和保存

1. 演示文稿的创建

新建演示文稿

在 PowerPoint 2010 中，用户可以创建不包含任何内容的空白演示文稿，也可以根据需要利用模板、主题等创建演示文稿。

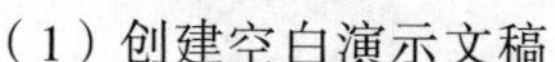
（1）创建空白演示文稿

☞操作方法是：

方法一：在桌面双击 PowerPoint 2010 快捷方式，启动 PowerPoint 2010 软件，即可自动创建一个空白演示文稿，包括一张空白的幻灯片，版式为“标题幻灯片”，默认文件名为“演示文稿1.pptx”。

方法二：在桌面空白处或文件系统的任意文件夹中右击，在打开的快捷菜单中选择“新建”命令，从其级联菜单中选择“Microsoft PowerPoint 演示文稿”命令，即可在指定位置创建一个名为“新建 Microsoft PowerPoint 文档”的演示文稿。这样创建的文档不包含幻灯片，在幻灯片编辑窗口的“单击此处添加第一张幻灯片”单击，即可添加第一张幻灯片。

方法三：在 PowerPoint 窗口中，依次执行“文件”选项卡→“新建”命令→“空白演示文稿”命令，在右侧窗口中单击“创建”按钮，即可创建一个空白演示文稿。

方法四：在 PowerPoint 窗口中，利用快捷键【Ctrl+N】，可以新建一个空白演示文稿，文档名由系统按照顺序自动生成。

（2）根据模板创建演示文稿

在 PowerPoint 2010 中为用户提供了很多精美的演示文稿模板，这些模板中的幻灯片已经预先设计好了文字格式、背景图案、动画效果和配色方案，用户只要根据需要输入实际内容即可。“设计模板”主要包括“内置模板”和“Office.com 网站上模板”，用户也可以自行下载模板。

① 使用内置模板

☞操作方法是：

在 PowerPoint 窗口中，依次执行“文件”选项卡→“新建”命令→“可用的模板和主题”中“样本模板”命令，在“样本模板”列表中选择一个模板，最后在右侧窗口单击“创建”按钮，即可创建一个演示文稿，如图 5-2 所示。

② 使用 Office.com 网站上模板

☞操作方法是：

在 PowerPoint 窗口中，依次执行“文件”选项卡→“新建”命令→“Office.com”命令，在“Office.com 模板”列表中选择一个模板，待该模板下载完后，单击“创建”按钮即可，如图 5-3 所示。用户也可以在搜索栏内进行模板搜索，比如，输入“产品”，可搜索出产品类的模板。

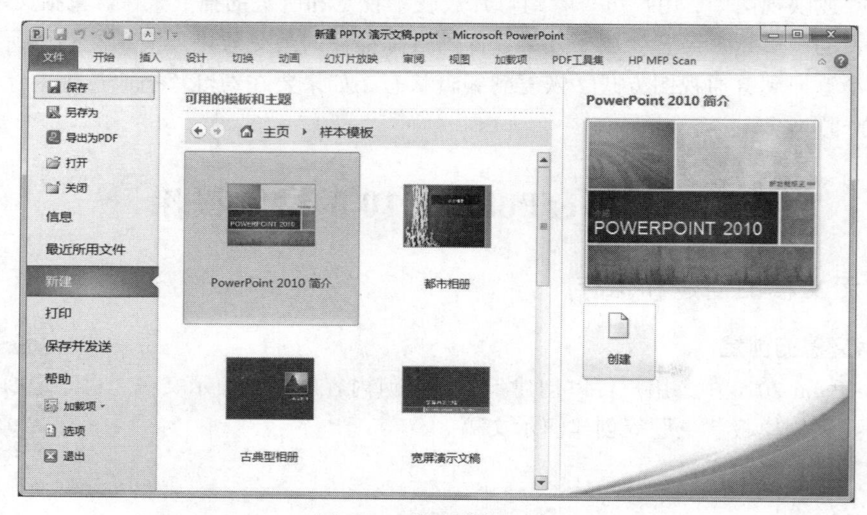

图 5-2 样本模板列表

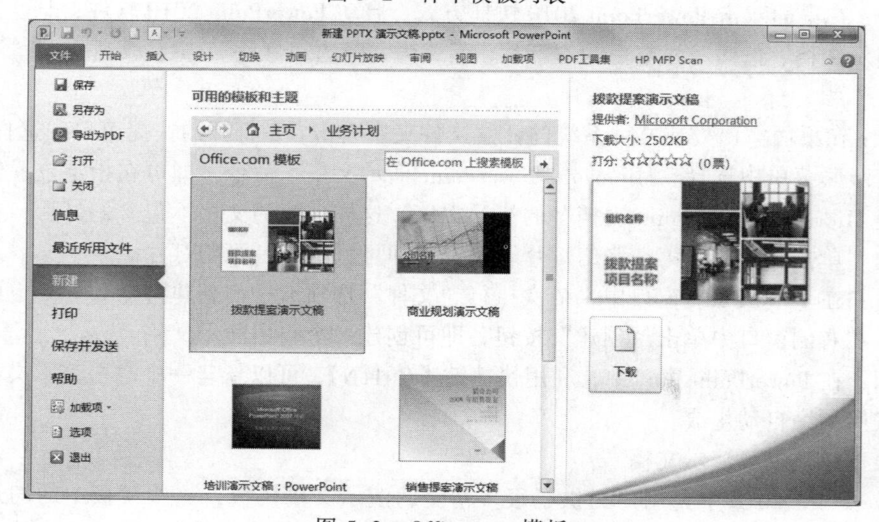

图 5-3 Office.com 模板

③ 使用本机上的模板

☞操作方法是:

在PowerPoint窗口中，依次执行“文件”选项卡→“新建”命令→“可用的模板和主题”中“我的模板”选项，在打开的“新建演示文稿”对话框中选择模板，然后单击“确定”按钮，即可将该模板应用到演示文稿中。

(3) 根据现有文稿创建演示文稿

用户可以在现有演示文稿的基础上创建新的演示文稿，新演示文稿可以延续现有文稿的格式和版式，且现有文稿不会被修改。

☞操作方法是:

在PowerPoint窗口中，依次执行“文件”选项卡→“新建”命令→“可用的模板和主题”中“根据现有内容创建”选项，在打开的“根据现有内容创建演示文稿”对话框中选择已经存在的演示文稿，然后单击“确定”按钮即可。

(4) 根据主题创建演示文稿

幻灯片主题是预先对幻灯片中的标题、文字、背景等项目进行设定，用户可使用主题快速为演示文稿建立统一的格式。

☞操作方法是:

在PowerPoint窗口中，依次执行“文件”选项卡→“新建”命令→“可用的模板和主题”中“主题”选项，在列表中选择一个主题后单击“创建”按钮即可。

2. 演示文稿的保存

☞操作方法是:

方法一：单击工作窗口左上角“快速启动工具栏”中的“保存”按钮即可。

方法二：执行“文件”选项卡中的“保存”命令，若为第一次保存，会弹出“另存为”对话框，需要输入文件名，选择保存位置，最后单击“保存”按钮即可。

3. 关闭演示文稿

☞操作方法是:

单击标题栏右侧的“关闭”按钮，或者执行“文件”选项卡中的“退出”命令。

5.2.2 幻灯片的基本操作

在普通视图的预览窗格和幻灯片浏览视图中都可以进行幻灯片的选取、添加、删除、复制和粘贴操作。下面介绍如何在“普通视图”下“幻灯片”预览窗格的“幻灯片”选项卡下的窗格中完成幻灯片的基本操作。

1. 选取幻灯片

选择、添加幻灯片

☞操作方法是:

方法一：选择单张幻灯片：用鼠标单击该幻灯片即可。

方法二：选择连续的多张幻灯片：先选中第一张幻灯片，然后按住【Shift】键的同时，单击要选中的最后一张幻灯片即可。

方法三：选择不连续的多张幻灯片：先选中第一张幻灯片，然后按住【Ctrl】键的同时，单击其他不连续的幻灯片即可。

2. 添加幻灯片

添加幻灯片之前，先选中一张幻灯片作为当前幻灯片，添加的幻灯片会出现在当前幻灯片之后。

☞操作方法是：

方法一：选择一张幻灯片作为当前幻灯片，依次执行“开始”选项卡→“幻灯片”选项组→“新建幻灯片”按钮，则在当前幻灯片后插入一张新的幻灯片，该幻灯片具有与之前幻灯片相同的版式。或者，单击“新建幻灯片”按钮旁的下拉按钮，可在打开的下拉列表中选择一个版式，会添加具有该版式的幻灯片。

方法二：选择一张幻灯片作为当前幻灯片，按回车即可在当前幻灯片之后添加一个与前一页幻灯片版式相同的幻灯片。

3. 复制与粘贴幻灯片

先选择待复制的幻灯片，如果选择的是一张幻灯片则复制该幻灯片。也可以同时选择多个幻灯片，可以实现一次性粘贴多个幻灯片的操作。

☞操作方法是：

方法一：在 PowerPoint 窗口中，选择一个或多个幻灯片，依次执行“开始”选项卡→“剪贴板”选项组→“复制”或“粘贴”命令，实现幻灯片的复制或粘贴操作。

方法二：在 PowerPoint 窗口中，选择一个或多个幻灯片，依次执行“插入”选项卡→“幻灯片”选项组→“新建幻灯片”命令，在打开的下拉列表中选择“复制所选幻灯片”命令，即可将所选幻灯片粘贴至指定幻灯片之后。

方法三：在用鼠标拖动幻灯片的同时按住【Ctrl】键，移动到指定位置后释放鼠标，即可将选中的幻灯片复制到新的位置。

4. 重新排列幻灯片的次序

通过对一个或多个幻灯片的移动操作，实现对幻灯片次序的重新排列。

☞操作方法是：

方法一：单击要改变次序的一张或多张幻灯片，这些幻灯片的外框会出现加粗的边框，用鼠标拖动幻灯片到目标位置后，释放鼠标，就可以把幻灯片移动到新位置上。

方法二：通过“剪切”和“粘贴”命令来改变幻灯片的顺序。

5. 删除幻灯片

☞操作方法是：

选中要删除的幻灯片按【Delete】键；或者右击选中的幻灯片，在弹出的快捷菜单中选择“删除幻灯片”命令，该幻灯片即被删除。

6. 重用幻灯片

如果想要将其他演示文稿中的幻灯片插入到当前演示文稿中，可以使用重用幻灯片命令。

☞操作步骤如下：

① 在当前演示文稿中选择一张幻灯片，则插入的幻灯片出现在该幻灯片之后。

② 在 PowerPoint 窗口中，依次单击“开始”选项卡→“幻灯片”选项组→“新建幻灯片”下拉按钮，在打开的下拉列表中选择“重用幻灯片”命令，打开“重用幻灯片”任务窗格，如图 5-4 所示。

③ 单击“浏览”按钮，其下拉菜单中列出了“浏览幻灯片库”和“浏览文件”两个命令。

④ 选择“浏览文件”命令，打开“浏览”对话框，从中选择要使用的演示文稿，然后单击“打开”按钮，这时“重用幻灯片”窗格中列出了该文件中的所有幻灯片，如图 5-5 所示。单击所需幻灯片，该幻灯片便可插入到当前幻灯片之后。如果选中“保留源格式”复选框，则插入的幻灯片将保留其原有格式。

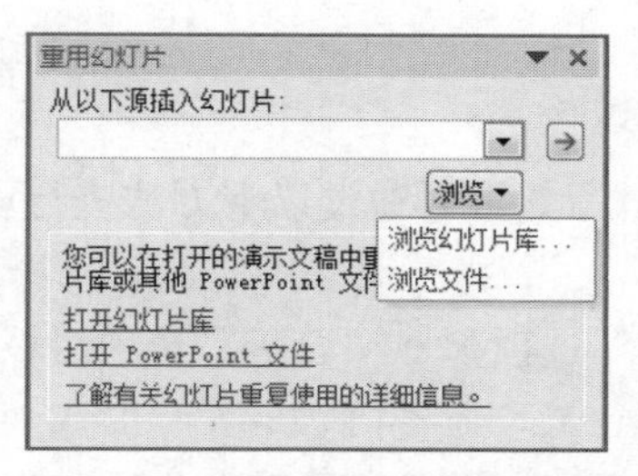

图 5-4　重用幻灯片任务窗格

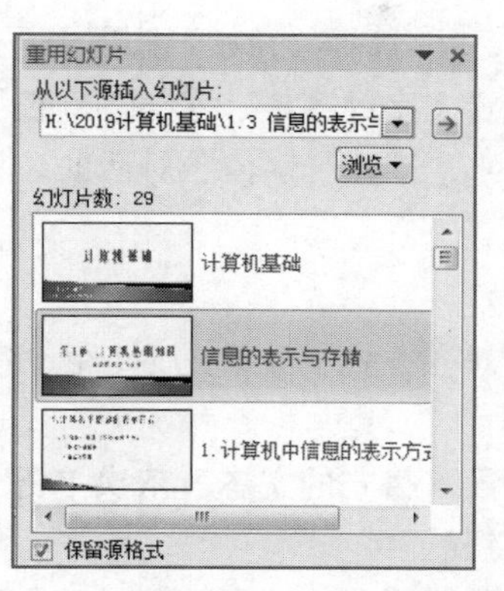

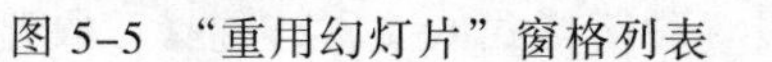

图 5-5　“重用幻灯片”窗格列表

复制、移动幻灯片

5.2.3　文本的编辑和格式设置

1. 文本的输入

文本是演示文稿的不可或缺的组成部分，几乎所有的演示文稿都会有文字。合理添加文本可以使演示文稿内容更加清楚。因此，文本的添加是制作幻灯片的基础。可以采用以下方法添加文本。

☞操作方法是：

方法一：使用占位符输入文本。在存在占位符的幻灯片中，单击幻灯片中带有“单击此处添加标题”或“单击此处添加文字”提示文字的占位符，提示文字会被闪烁的光标所代替，然后输入所需标题或文本内容即可，如图 5-6 所示。

方法二：通过插入文本框的方式输入文本。依次执行“插入”选项卡→“文本”选项组→“文本框”按钮→“横排文本框”或“竖排文本框”命令，如图 5-7 所示。将光标移至需要绘制文本框的位置后，按住鼠标左键拖动鼠标，即可绘制一个文本框。在文本框中输入所需文字即可。

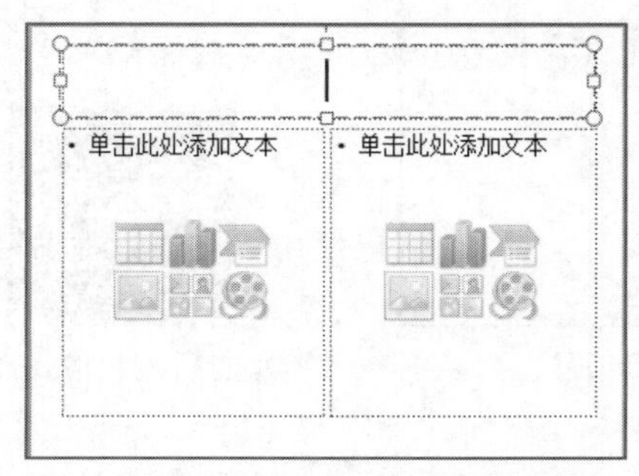

图 5-6　幻灯片版式中的占位符

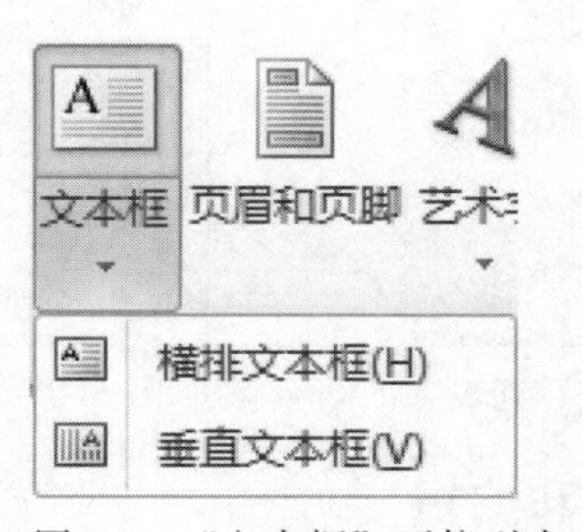

图 5-7　“文本框”下拉列表

删除重用幻灯片

2. 文本的格式设置

☞操作步骤如下：

① 如果要设置文本格式，首先要选中相应文本，若单击占位符的边框则可对其中的所有文字进行相同的格式设置；如果只对部分文字进行格式设置，可选中这部分文本再进行格式设置。

② 在 PowerPoint 窗口中，选择“开始”选项卡，通过“字体”选项组中的相应命令选项进行文字的格式设置，如设置文字的字体、字号、颜色及阴影效果等；或者，单击“字体”选项组右下角的对话框启动器，打开“字体”对话框，从中进行更为具体的设置。

3. 段落的格式设置

（1）段落的格式设置

段落的格式设置包括对齐方式、行距、段间距、缩进方式等，可以通过以下方法进行设置。

☞操作方法是：

方法一：选中要设置段落格式的文本，依次单击“段落”选项卡→“段落”选项组，从中选择要设置的段落格式按钮。

方法二：选中要设置段落格式的文本，选择“段落”选项卡，单击“段落”选项组右下角的对话框启动器，打开“段落”对话框，从中完成相应的段落格式设置。

（2）项目符号和编号

在演示文稿的占位符中，除了标题文本以外，文本的前面都会自动添加系统默认的项目符号，如果要重新添加或编辑项目符号及项目编号，可以通过以下方法来实现。

☞操作方法是：

方法一：选择要添加项目符号或编号的文本，依次执行“开始”选项卡→“段落”选项组→“项目符号”或“项目编号”命令，文本会自动添加默认的项目符号或编号。

方法二：选择要添加项目符号或编号的文本，依次执行“开始”选项卡→“段落”选项组→“项目符号”或“项目编号”命令，单击命令右侧的箭头，打开“项目符号”（见图 5-8）或“项目编号”（如图 5-9 所示）下拉列表，从中选择所需样式即可。

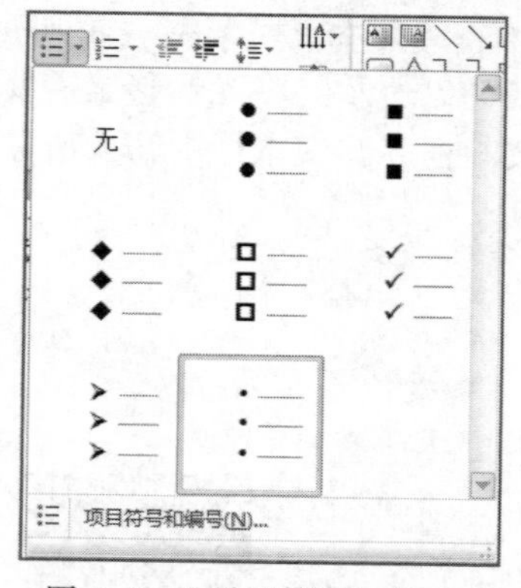

图 5-8 “项目符号”列表

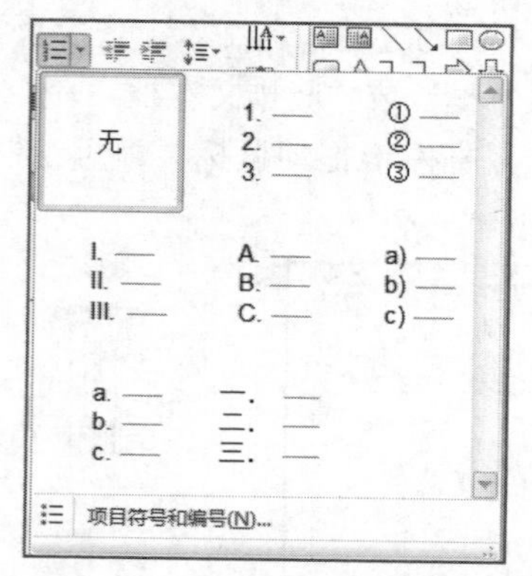

图 5-9 “项目编号”列表

图片的插入和格式设置

5.2.4 对象的插入和编辑

除了文本信息外，用户还可以为幻灯片添加图片、艺术字、表格、SmartArt 图等可视化对象，以及音频、视频、动画等多媒体对象。通过对多种对象的合理使用，观众可以从视觉和听觉方面获得感知，使幻灯片的播放效果更加生动、具体。由于这些对象插入的方法大同小异，下面就介绍几个具有代表性的对象的插入和编辑方法。

1. 图片插入和编辑

（1）插入图片

选中一张幻灯片，依次执行“插入”选项卡→“图像”选项组→“图片”命令，打开“插入图片”对话框，从本地磁盘中选择一个图片文件，然后单击“插入”按钮，即可插入图片。

（2）编辑图片

选中所插入的图片后，会出现“图片工具”“格式”选项卡，从中选择“颜色”“艺术效果”“图片边框”和“图片效果”等命令，完成对图片的编辑操作。

2. 表格插入和编辑

（1）插入表格

选中一张幻灯片，依次执行“插入”选项卡→“表格”选项组→“表格”命令，设置好表格的行数和列数后，表格就出现在当前幻灯片中。

图表的插入和格式

（2）编辑表格

选中所插入的表格，在“表格工具”的“设计”“布局”选项卡中，可以对表格进行边框、样式、对齐方式、单元格大小等编辑操作。

3. 图表插入和编辑

（1）插入图表

选中一张幻灯片，依次执行“插入”选项卡→“插图”选项组→“图表”命令，此时会打开“图表类型”对话框。从对话框中选择所需图表类型后，单击“确定”按钮，会自动打开该图表所对应的 Excel 电子表格。在电子表格中输入或编辑相应的数据值后，对应的图表就出现在当前幻灯片中。

（2）编辑图表

右击插入的图表，在弹出的快捷菜单中选择“编辑数据”命令，打开该图表所对应的 Excel 电子表格，可以重新进行数据的编辑和修改。除此以外，还可以选择“更改系列图表类型”“设置数据系列格式”和“添加数据标签”等命令，对图表进行格式设置。

4. 声音插入和编辑

（1）插入音频

在演示文稿中，可以插入三种音频类型：文件中的音频、剪贴画音频和录制音频。下面详细介绍如何在演示文稿中插入这三类音频文件。

音频的插入和编辑

① 插入音频文件

☞操作方法是：

选中一张幻灯片，依次执行“插入”选项卡→“媒体”选项组→“音频”命令，从下拉列表中选择“文件中的音频”命令。在打开的“插入音频文件”对话框中选中要插入的音频文件后，单击“插入”按钮，即可在当前幻灯片中插入所选音频。

② 插入剪贴画音频

☞操作方法是：

选中一张幻灯片，依次执行“插入”选项卡→“媒体”选项组→“音频”命令，从打开的下拉列表中选择“剪贴画音频”命令。在打开的“剪贴画”窗格中单击要插入的音频，即可将该音频添加到当前幻灯片中，同时会出现一个喇叭标志和声音控制工具条，如图 5-10 所示。

③ 录制音频

如果用户需要为某张幻灯片添加解说、旁白等音频，可以自行录制音频。

☞操作方法是：

选中需要录制音频的幻灯片，依次执行“插入”选项卡→“媒体”选项组→“音频”命令，从打开的下拉列表中选择“录制音频”命令，会打开“录音”对话框，如图 5-11 所示。单击按钮开始录制，单击按钮停止录制，单击按钮播放音频。录制完成以后，单击“确定”按钮就可以将录制的音频插入到当前文件夹中。

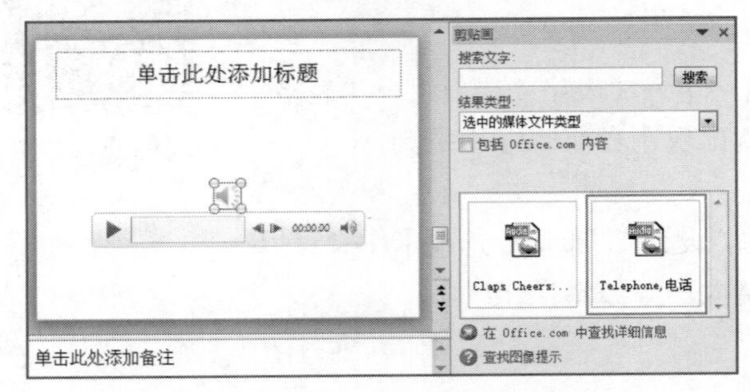

图 5-10 “插入剪贴画音频”窗格

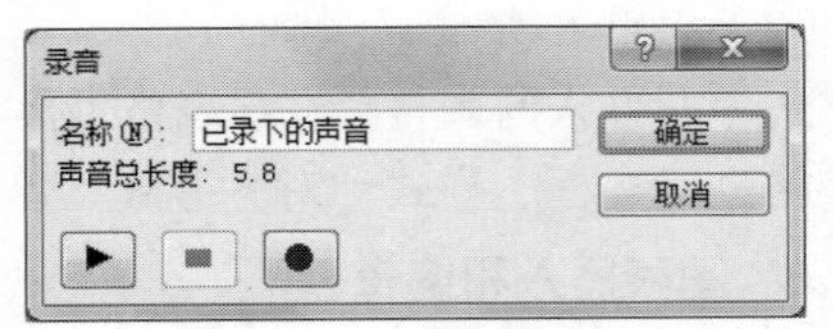

图 5-11 “录音”对话框

（2）编辑音频

单击幻灯片中的喇叭标志，此时会出现“音频工具”选项卡，如图 5-12 所示。在“格式”和“播放”选项卡中，可以对音频进行裁剪、音量调整、循环播放等设置。

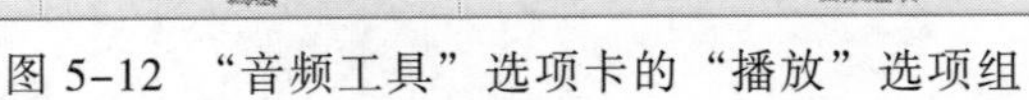

图 5-12 “音频工具”选项卡的“播放”选项组

视频的插入和格式设置

① 音频剪辑

☞操作方法是：

依次执行“音频工具”选项卡→“播放”选项组→“剪裁音频”命令，打开“剪裁音频”对话框，如图 5-13 所示。如果要修剪剪辑的开头，单击最左侧的绿色标记，出现双向箭头时，将箭头拖动到所需的音频剪辑起始位置；如果要修剪剪辑的末尾，单击最右侧的红色标记，出现双向箭头时，将箭头拖动到所需的音频剪辑结束位置。

② 音频播放设置

☞操作方法是：

依次执行“音频工具”选项卡→“播放”选项卡→“音频选项”选项组，如图 5-14 所示。在此选项组中可对音频进行以下播放设置：

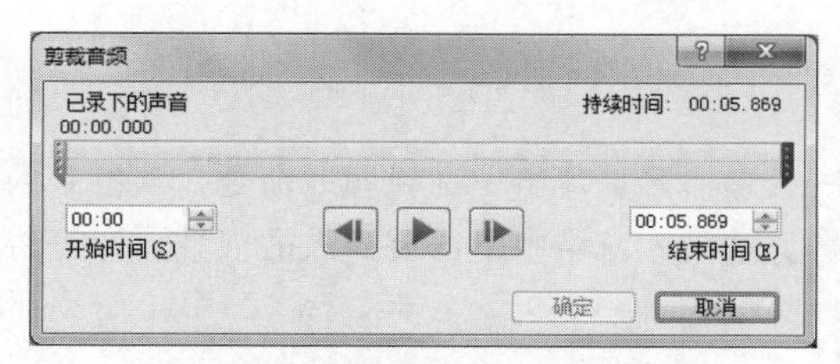

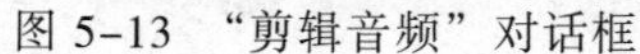
图 5-13 “剪辑音频”对话框

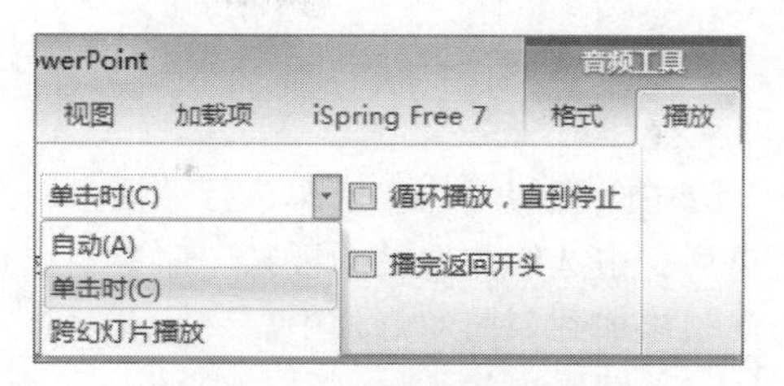

图 5-14 音频选项设置

- 自动：使该幻灯片放映时自动开始播放音频剪辑。
- 单击时：在幻灯片上单击音频剪辑来实现手动控制播放。
- 跨幻灯片播放：在演示文稿中单击，切换到下一张幻灯片时播放音频剪辑。
- 循环播放：直到停止，连续播放音频剪辑，直到跳转到下一张幻灯片为止。
- 播完返回开头：播放完成后返回音频剪辑。
- 放映时隐藏：放映幻灯片时隐藏声音标记。

③ 设置背景音乐

☞操作方法是：

依次执行“音频工具”选项卡→“播放”选项卡→“音频选项”选项组，从“开始”选项组中选择“跨幻灯片播放”，同时选中“循环播放，直到停止”和“放映时隐藏音频图标”复选框。这时在演示文稿放映过程中音乐会持续播放，直到按下【Esc】键退出幻灯片放映模式为止。

5. 视频插入和编辑

（1）插入视频

在演示文稿中，可以插入来自文件的视频、来自网站的视频和剪贴画视频，下面主要介绍如何插入来自文件的视频和剪贴画视频。

① 插入视频文件

☞操作方法是：

选中一张幻灯片，依次执行“插入”选项卡→“媒体”选项组→“视频”命令，从打开的下拉列表中选择“文件中的视频”命令，会打开“插入视频文件”对话框，从中选择要插入的视频文件后，单击“插入”按钮，即可在当前幻灯片中插入视频，如图 5-15 所示。

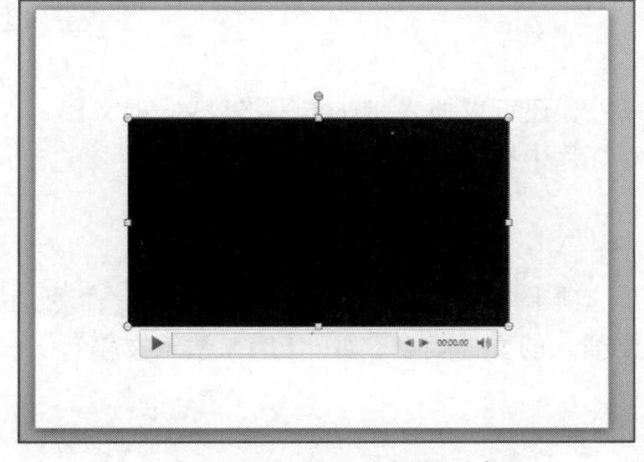
图 5-15 插入的视频对象

对象的插入和编辑

② 插入剪贴画视频

☞操作方法是：

选中一张幻灯片，依次执行“插入”选项卡→“媒体”选项组→“视频”命令，从打开的下拉列表中选择“剪贴画视频”命令。在打开的“剪贴画”窗格中单击要插入的视频，即可将该视频添加到当前幻灯片中。

（2）编辑视频

单击所插入的视频，此时会出现“视频工具”选项卡，如图 5-16 所示。在“格式”和“播放”选项卡中，可以对视频进行裁剪、音量调整、循环播放等设置。

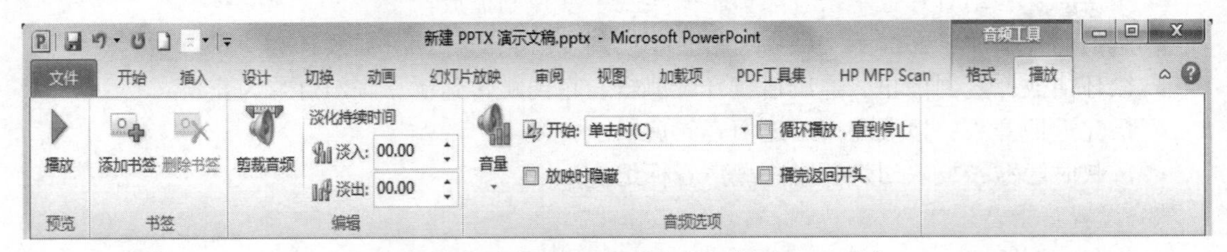

图 5-16 “视频工具”选项卡的“播放”选项卡

① 全屏播放

选中所插入的视频对象，依次执行“视频工具”选项卡→“播放”选项卡→“视频选项”选项组，选中“全屏播放”复选框，即可实现视频全屏播放。

② 显示和隐藏媒体控件

选中所插入的视频对象，依次执行“幻灯片放映”选项卡→“设置”选项组→“显示媒体控件”复选框命令，设置视频播放时是否显示媒体控件。

③ 隐藏视频

在放映演示文稿时，可以先隐藏视频。

☞操作方法是：`

选中所插入的视频对象，依次执行“视频工具”选项卡→“播放”选项卡→“视频选项”选项组→“未播放时隐藏”命令。这样在幻灯片播放时就看不到该视频对象了。

如果需要看到视频的播放，则需要创建一个自动或触发的动画来启动视频播放，否则在幻灯片放映的过程中将永远看不到该视频。该操作请参阅 5.4.1 中关于如何设置动画属性的章节内容。

6. 演示文稿的插入和编辑

在幻灯片中除了可以插入以上对象以外，还可以插入 Excel 表格、Word 文档、PowerPoint 演示文稿等，下面介绍一下如何在一张幻灯片中插入一个演示文稿。

（1）插入演示文稿

☞操作方法是：

选中一张幻灯片，依次执行“插入”选项卡→“文本”选项组→“对象”命令，从打开的“插入对象”对话框（见图 5-17），选择要插入的文件类型，如“PPTX 演示文稿”，此时，会在当前幻灯片中插入一个新的演示文稿。

（2）编辑演示文稿

☞操作方法是：

双击已经插入的演示文稿，进入演示文稿编辑状态，对此嵌入的演示文稿可以如平常创建的演示文稿一样进行相应的编辑操作，如图 5-18 所示。

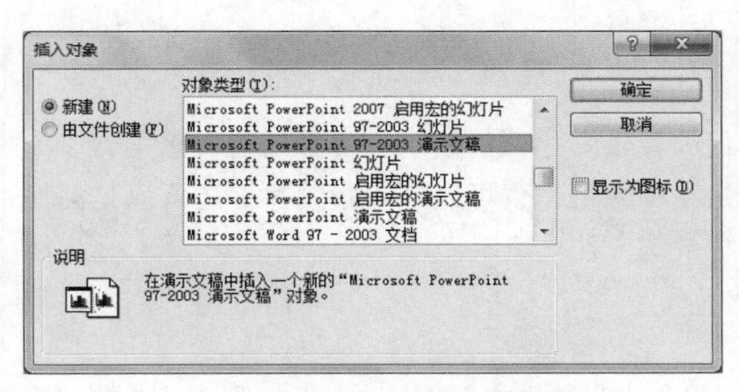

图 5-17　“插入对象”对话框

图 5-18　在幻灯片中插入幻灯片对象

5.2.5　页眉和页脚

页眉和页脚是指显示在幻灯片、备注或讲义页面顶部或底部的文本内容，在幻灯片中有着相当重要的作用，主要包括日期和时间、幻灯片编号、页脚内容等。下面介绍一下页眉和页脚的添加和编辑方法。

☞操作方法是：

在 PowerPoint 窗口中，依次执行“插入”选项卡→“文本”选项组→“页眉和页脚”命令，打开“页眉和页脚”对话框，如图 5-19 所示。选中“日期和时间”“幻灯片编号”或“页脚”复选框，即可添加相应内容。删除页眉和页脚内容只需将相应的复选框取消选中即可。其中，“应用”和“全部应用”按钮分别代表将设置的页眉和页脚内容应用到当前幻灯片或全部幻灯片。

①“日期和时间”：选中“日期和时间”复选框后，如果希望每次打开、运行或打印演示文稿时日期和时间随计算机系统的日期和时间更新，则选中“自动更新”单选按钮；如果要显示固定的日期和时间，则选中“固定”单选按钮，然后手动输入日期和时间。

②“幻灯片编号”：选中该复选框可以在幻灯片的指定位置添加编号。

③“页脚”选项：选中该复选框后，在文本框中添加的文本信息会作为固定信息添加到幻灯片中。

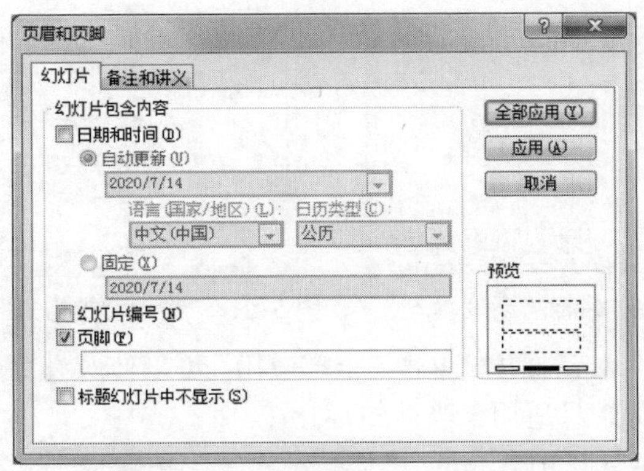

图 5-19　“页眉和页脚”对话框

5.3 演示文稿的修饰和美化

5.3.1 设置幻灯片背景

背景是幻灯片一个重要元素，一个赏心悦目的背景图片可以使幻灯片更加富有感染力，大大提升观赏效果。能够作为幻灯片背景的可以是某种颜色，也可以是一张图片，还可以是渐变或是纹理等。下面具体介绍一下为幻灯片添加背景的方法。

☞操作步骤如下：

① 选中要添加背景的幻灯片。

② 依次执行“设计”选项卡→“背景”选项组→“背景样式”命令，在下拉列表中选择“设置背景格式”命令；或者右击幻灯片，在快捷菜单中选择“设置背景格式”命令，打开“设置背景格式”对话框，单击“填充”选项。

③ 根据需要选择“纯色填充”“渐变填充”“图片或纹理填充”或“图案填充”。

- 如果要添加渐变颜色背景，选中“渐变填充”单选按钮（见图5-20），通过“预设颜色”命令可以将系统提供的渐变颜色设为背景；也可以调整颜色的类型、方向和角度，自定义颜色、亮度和透明度；此外，还可以在渐变光圈选项中通过添加、删除和移动渐变光圈来设置多种颜色的渐变效果。
- 如果要将图片作为填充背景，可以选择“图片或纹理填充”单选按钮，如图5-21所示，然后单击“文件”按钮，打开“插入图片”对话框（见图5-22），从中选择一张图片，单击“插入”按钮。

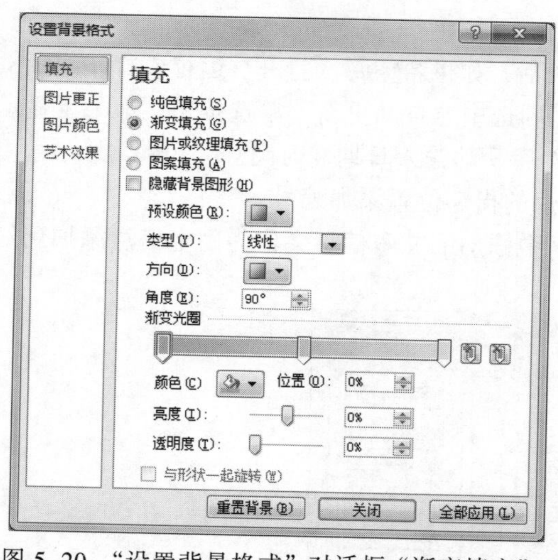

图5-20 “设置背景格式”对话框“渐变填充”

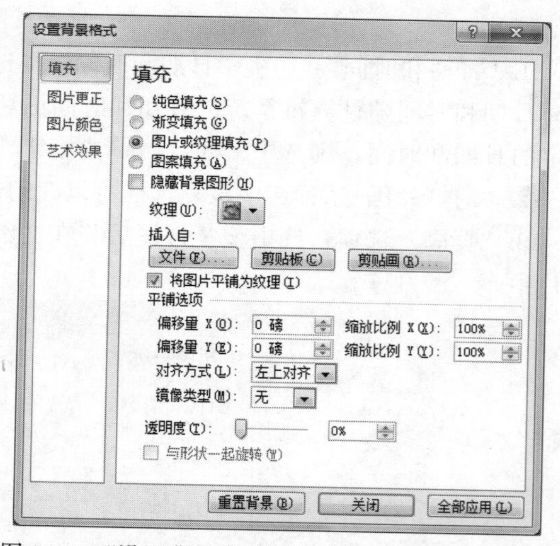

图5-21 “设置背景格式”对话框“图片或纹理填充”

④ 在“设置背景格式”对话框中，单击“全部应用”可以使所设背景应用到所有幻灯片中；单击“关闭”按钮使所设背景只适用于当前幻灯片。

⑤ 如果要删除或替换背景图片，单击“重置背景”按钮取消背景，然后重新设置背景即可。

添加背景

应用主题

图 5-22 “插入图片”对话框

5.3.2 应用主题

幻灯片由主题颜色、主题字体和主题效果三者构成一个主题，设定统一的风格。PowerPoint 提供了多种内置的主题，用户根据自身喜好选择相应的主题样式，便可轻松、快捷地更改演示文稿的整体外观，统一风格。用户也可以自己设置和修改主题颜色、字体和效果。

1. 应用内置主题

☞操作方法是：

在 PowerPoint 窗口中，依次执行“设计”选项卡→“主题”选项组，主题组中列出了部分主题样式，也可以单击“更多”按钮▾，打开所有主题样式，如图 5-23 所示。从主题组中选择一个主题应用到当前演示文稿中，风格即可进行统一化设置。

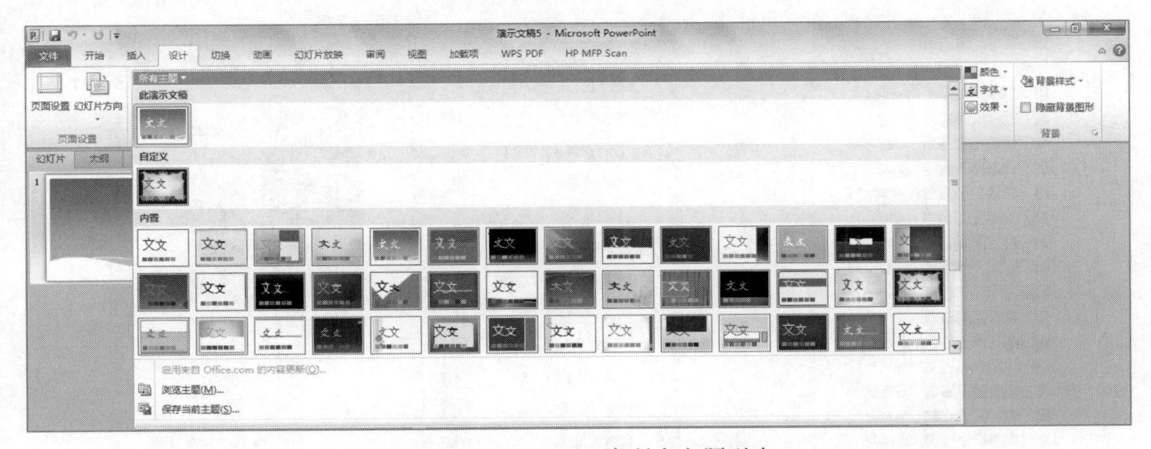

图 5-23 PowerPoint 中所有主题列表

如果要设置主题的应用范围，可在选择的主题上右击，在弹出的快捷菜单中选择相应的命令。

①“应用于所有幻灯片”：将所选的主题应用于该演示文稿中所有的幻灯片。

②“应用于选定幻灯片”：将所选的主题只应用于当前选定的幻灯片。

③“设置为默认主题”:将所选的幻灯片主题设置为默认的主题样式，同时会发现该主题出现在主题列表的自定义组中，如果在当前窗口中新建演示文稿，就会自动采用该主题样式。

④ “添加到快速访问工具栏”:将主题列表添加到快速访问工具栏中，便于访问。

2. 自定义主题样式

在 Powerpoint 提供的内置主题样式的基础上，用户也可以自定义修改和添加主题颜色、字体和效果（位于“主题”选项列表的右侧），使主题样式更加丰富。

① 主题颜色：文件中使用的颜色的集合，包含 12 种颜色槽，可以很得当地处理浅色背景和深色背景。

② 主题字体：每个 Office 主题均定义了两种字体，一种用于标题；另一种用于正文文本。

③ 主题效果：应用于文件中元素的视觉属性的集合，指定如何将效果应用于图表、SmartArt 图形、形状、图片、表格、艺术字的外观。

下面就以如何设置主题颜色为例，介绍自定义主题样式的创建方法。

☞操作步骤如下：

① 在 Powerpoint 窗口中，依次执行“设计”选项卡→“主题”选项组→“颜色”命令，从列表中可以选择不同的主题配色方案。这些配色方案包括 8 种不同项目的颜色设置，如文本、背景、强调文字等颜色。选择一种主题配色方案后，颜色会自动匹配到幻灯片的对应项目中，如图 5-24 所示。

② 如果要部分修改主题样式，从列表中选择“新建主题颜色”命令，在打开的“新建主题颜色”对话框中包含了“文字/背景”“强调文字颜色”及超链接的颜色设置。比如，“超链接”代表设置了超链接的文字的颜色；“已访问的超链接”是超链接文字被单击使用后的颜色，如图 5-25 所示。

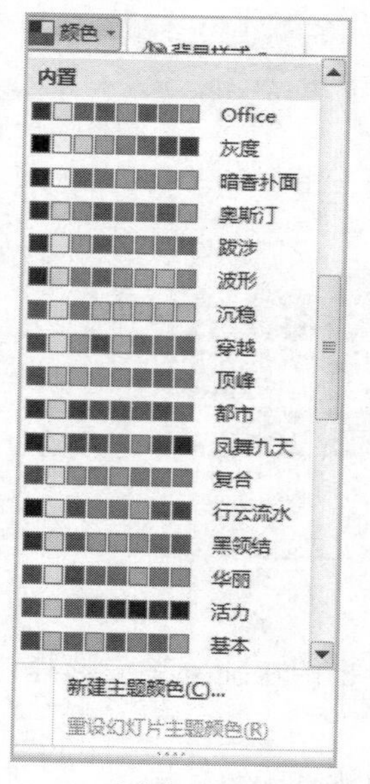

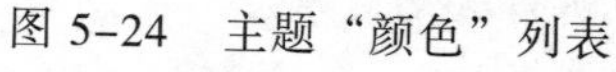
图 5-24　主题“颜色”列表

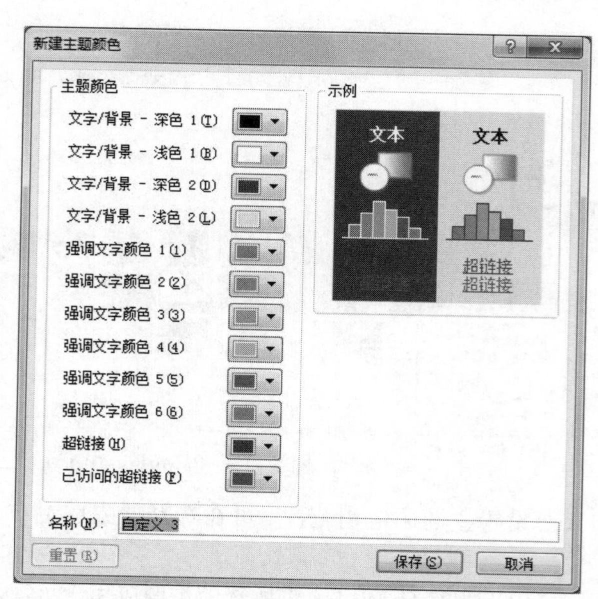

图 5-25　“新建主题颜色”对话框

③ 单击需要修改的颜色色块的下拉按钮，从颜色列表中选择所需颜色。

④ 最后，在“名称”文本框中输入新主题的名称，单击“保存”按钮即可。此时，演示文稿中的主题颜色就更改为自定义的颜色。同时，该主题样式作为新主题出现在主题组中。

主题字体和主题效果的设置方法与主题颜色的设置方法类似，不再赘述。

5.3.3 使用母版

母版是指演示文稿中每张幻灯片的预设格式和布局信息，包括了演示文稿的主题（背景颜色、字体和图形设置等文档外观）和幻灯片版式（标题和副标题文本、列表、图片、表格、图表、自选图形和视频等元素的排列方式）信息。

母版中并不包括实际内容，它只是在幕后为幻灯片提供各种格式设置。先将主题应用到幻灯片母版，然后再将幻灯片母版应用至幻灯片。通过使用幻灯片母版，用户可以快速对演示文稿中的每张幻灯片进行统一的格式更改，提高效率。

PowerPoint 2010 提供了 3 种母版类型：幻灯片母版、讲义母版和备注母版。

1. 幻灯片母版

幻灯片母版是最常用的母版，是所有母版的基础，用于控制所有基于该母版版式的幻灯片格式。每一个主题都拥有一套完整的母版，即对应于该主题的一张幻灯片母版和一系列版式母版。进入幻灯片母版视图后，左侧缩略图窗格包括：幻灯片母版和版式母版。第 1 张是幻灯片母版，负责设置所有幻灯片的标题和内容占位符的通用格式；其余的 11 张是版式母版，位于幻灯片母版下方，负责不同版式中的标题和内容占位符格式。

对母版幻灯片的格式设置是通过修改占位符的格式实现的。这些幻灯片母版中有 5 种占位符，分别是标题区、文本区、日期区、页脚区和编号区。

（1）添加和删除版式母版

系统默认提供的 11 个版式母版是可以添加和删除的，用户可以根据需要自行修改。

☞操作步骤如下：

① 在 PowerPoint 窗口中，依次执行“视图”选项卡→“母板视图”选项组→“幻灯片母板”命令，进入幻灯片母版视图。

② 在窗口左侧的版式缩略图窗格中，右击一个版式母版，在弹出的快捷菜单中通过“插入版式”和“删除版式”命令，完成添加或删除版式操作。如果该版式母版已经在普通视图中被使用，就不允许删除。

（2）添加幻灯片母版

☞操作方法是：

在 PowerPoint 幻灯片母版视图中，依次执行“幻灯片母版”选项卡→“编辑母版”选项组→“插入幻灯片母版”命令，便会添加一套自定义的母版。这套母版同样包含 11 种版式母版，可对这些版式进行与默认母版相同的设置。自定义母版的应用与默认母版相同，在普通视图的“开始”选项卡中，单击“新建幻灯片”按钮或“版式”按钮，可找到自定义的母版版式。

（3）使用母版

☞操作步骤如下：

① 进入母版编辑界面。在 PowerPoint 窗口中，依次执行“视图”选项卡→“母版视图”选项组→“幻灯片母版”命令，自动打开“幻灯片母版”选项卡，如图 5-26 所示。

② 修改母版。在幻灯片母版视图中向第 1 张幻灯片母版添加内容可实现演示文稿中的所有幻灯片都添加该内容，修改母版视图中第 3 张幻灯片的标题格式可实现第 2 张和第 3 张幻灯片的标题格式一同随之改变。比如，选择第 1 张幻灯片母版添加 1 张图片；选择第 3 张幻灯片母版，选中标题占位符后，在“开始”选项卡中，将标题字体格式设置为“黑体”“加粗”和“绿色”。

③ 退出幻灯片母版视图。依次执行“幻灯片母版”选项卡→“关闭母版视图”按钮，退出幻灯片母版编辑状态后，在幻灯片窗格可看到该演示文稿中的所有幻灯片都添加相同图片，第 2、3 页幻灯片标题格式被修改为“黑体”“加粗”和“绿色”。

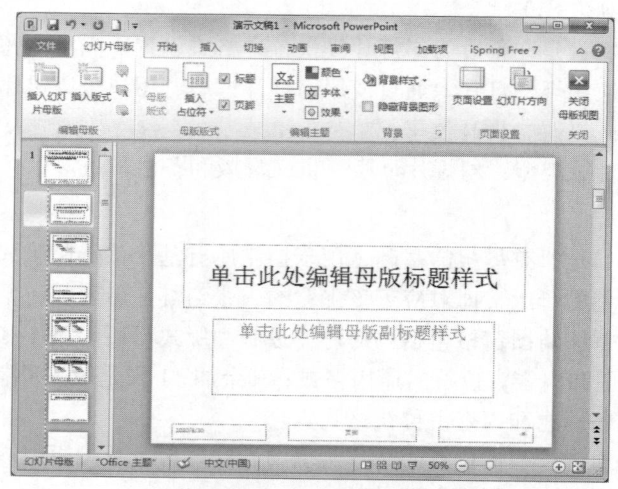

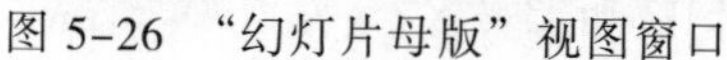
图 5-26 “幻灯片母版”视图窗口

使用母版

提示

（1）查看不同版式母版的应用范围。

- 将鼠标移动到左侧版式缩略图窗格第 1 张幻灯片母版上，出现文字提示“Office 主题幻灯片母版：由幻灯片 1-3 使用”（当前演示文稿共 3 页，1-3 表示应用于全部幻灯片）。
- 将鼠标移动到左侧版式缩略图窗格第 2 张幻灯片版式上，出现文字提示“标题幻灯片版式：由幻灯片 1 使用”。
- 将鼠标移动到左侧版式缩略图窗格第 3 张幻灯片版式上，出现文字提示“标题和内容版式：由幻灯片 2-3 使用”。
- 将鼠标移动到左侧版式缩略图窗格第 3 张之后的幻灯片版式上，出现文字提示“××版式：任何幻灯片都不使用”，表示当前演示文稿中没有幻灯片使用该版式。

（2）幻灯片母版中插入的对象，如文本框、图片等，在普通视图下不能编辑，只有进入母版视图才可以进行编辑。

2. 讲义母版

讲义母版是用来控制以讲义形式打印的幻灯片格式，包括页面设置、幻灯片方向、每页幻灯片数量和背景样式等，也可以增加页码、页眉和页脚等。

3. 备注母版

备注母版是控制幻灯片的备注页面的版式和文字的格式。

5.3.4　设置幻灯片版式

在 PowerPoint 2010 中，新创建的演示文稿采用的是系统默认的版式，用户可以根据需要更改幻灯片的版式。

☞操作方法是：

选择要修改版式的幻灯片，依次执行“开始”选项卡→“幻灯片”选项组→“版式”命令，打开“Office　主题”下拉列表，如图 5-27 所示；或右击要更改版式的幻灯片，选择“版式命令”，从下拉列表选择所需版式单击即可，如图 5-28 所示。

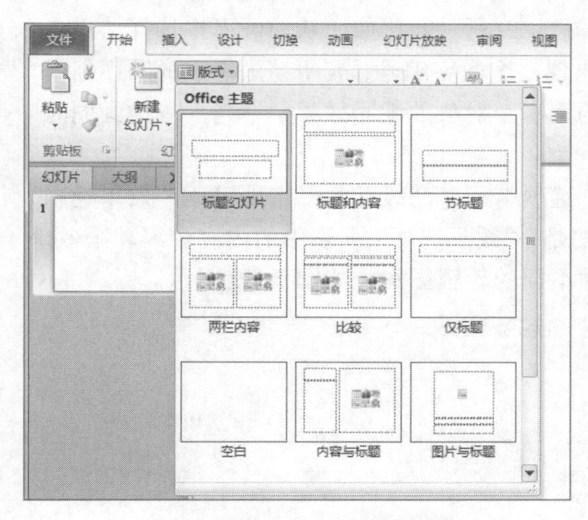

图 5-27　Office 主题版式

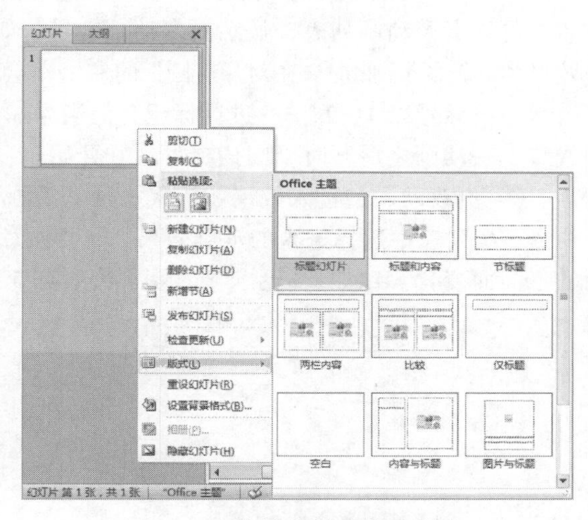

图 5-28　快捷菜单中修改版式

5.4　动画设计和交互式制作

之前章节主要从“静态”角度介绍如何对演示文稿进行修饰和美化，本节将从“动态”角度介绍修饰和美化的方法，包括幻灯片的动画效果、切换效果、放映效果、交互演示等内容。适当添加和设置这些动态效果，不仅可以突出重点、充实内容，还可以大大提高演示文稿在放映时的趣味性，吸引观众的注意力。

5.4.1　动画效果设计

Microsoft PowerPoint 2010 包括强大的动画制作功能，可以为演示文稿中的文本、图片、形状和其他对象添加动画效果，使对象的进入、退出、移动路线等形成动态视觉效果。

PowerPoint 2010 中有以下四种不同类型的动画效果，这些动画可以单独使用，也可以将多种效果组合在一起使用。

① 进入：为对象添加一种动态效果，使对象以某种效果进入幻灯片放映演示文稿。比如，飞入、擦除或弹跳进入。

② 退出：为对象添加一种动态效果，使对象以这种效果方式退出幻灯片放映视图。比如，飞出、消失或淡出退出。

③ 强调：对已出现在幻灯片上的对象添加某种效果进行强调显示。比如，对象缩小、放大、更改颜色等。

④ 动作路径：为对象添加动作路径，使对象能够沿直线、弧线或三角形等路径移动。

1. 为对象添加动画效果

（1）为对象添加进入、退出、强调效果

☞操作步骤如下：

① 选中幻灯片中要设置动画的对象，比如，选中幻灯片中的一个图形“圆”。

② 依次执行“动画”选项卡→“动画”选项组，在动画库列表中列出部分动画。单击按钮，可以展开动画列表，显示更多动画效果，如图5-29所示。比如，从动画库中选择“进入”效果为“轮子”，此时，在对象“圆”的左上角会出现一个数字编号，表明动画播放的顺序编号。通常，该标号以1、2、3…进行标记，但当添加的第一个对象的动画效果是“与上一动画同时”或“上一动画之后”时，则该标号从0开始。

③ 更改动画的进入效果。依次执行“动画”选项卡→“高级动画”选项组→“效果选项”命令，从列表中选择进入的动画效果。需要注意的是，“效果选项”列表中的内容会因动画效果的不同而变化。比如，“轮子”的效果选项有5种不同的轮辐图案，如图5-30所示。

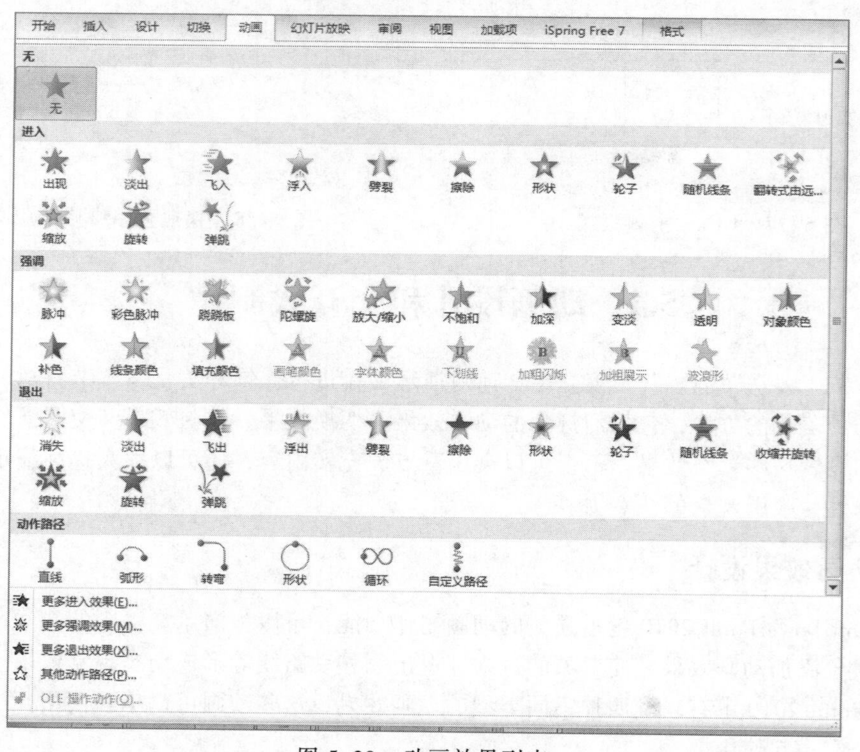

图5-29 动画效果列表

④ 对播放动画可以进行时间控制。依次执行“动画”选项卡→“计时”选项组，从中可以设置动画的“开始”“持续时间”和“延迟”效果，如图5-31所示。

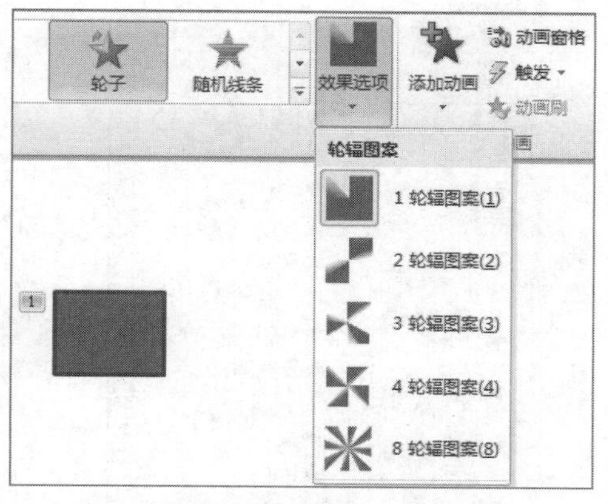

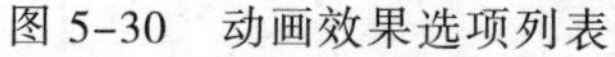
图 5-30　动画效果选项列表

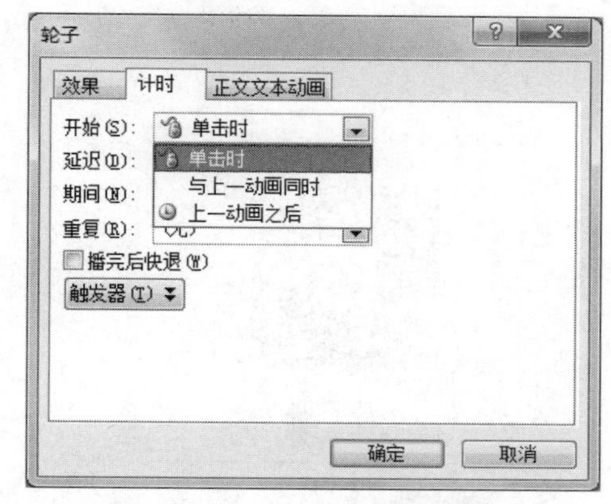

图 5-31　“计时“效果设置

- “开始”方式：当幻灯片中包括多个对象时，可根据播放次序设置播放的开始时间，“开始”下拉列表框中有 3 种选择：

单击时，当鼠标单击时开始播放该动画。

与上一动画同时，上一项动画开始播放的同时，该动画自动播放。

上一动画之后，上一项动画播放结束后，该动画自动开始播放。

- “持续时间”，从数值框中指定动画播放的时间长度，单位是秒。
- “延迟”时间，从数值框中指定经过几秒后开始播放动画。

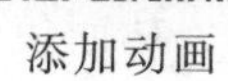
添加动画

⑤ 在“动画”选项卡下单击左侧“预览”命令，可在幻灯片窗格中预览动画的播放效果。

⑥ 如果还需为这张图片添加动画效果，依次执行“动画”选项卡→“动画”选项组→“添加动画”命令，从动画库中根据需要添加“强调”“退出”等动画效果。比如，从动画库中选择“强调”效果为“陀螺旋”，“退出”效果为“飞出”，即可为同一对象添加多种类型的动画效果。

（2）为对象添加动作路径

☞操作步骤如下：

① 在演示文稿中，选中幻灯片中要设置动画路径的对象，比如，选择幻灯片中的一个图形“圆”。

② 依次执行“动画”选项卡→“高级动画”选项组→“添加动画”命令，从打开的下拉列表中的“动作路径”组中可以采用系统提供的路径，也可以自由绘制路径。

- 采用系统提供的路径：选中要添加动作路径的对象，只要单击所需路径就可以给对象添加该动作路径，比如，“直线”“弧形”“转弯”和“形状”等。
- 自由绘制路径：选择“动作路径”中的“自定义路径”命令。当鼠标变成十字形状时，单击鼠标开始绘制路径，之后通过单击鼠标来改变路径的方向，最后双击鼠标停止绘制。绘制结束后自动出现预览效果。

③ 绘制完动作路径后，在路径开始处出现绿色三角形，结束处出现红色三角形，通过调整首尾三角形的位置可以调整路径的开始、结束和路径长短，如图 5-32 所示。

提示

若要选择更多动画效果，在动画库列表中选择“更多进入效果”“更多强调效果”“更多退出效果”和“更多动作路径”，打开图 5-33 所示对话框。

动画设置

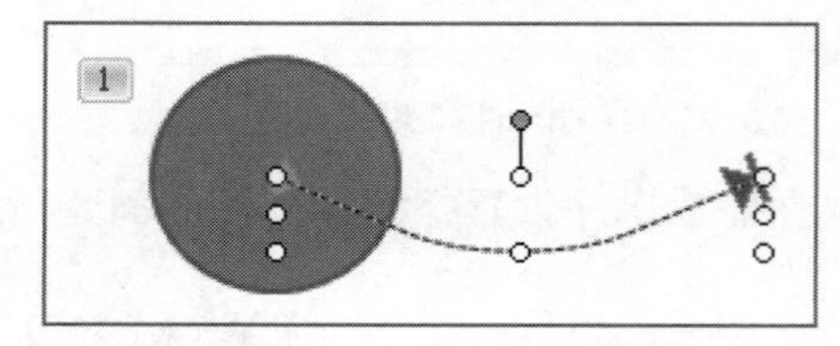

图 5-32　动画路径绘制

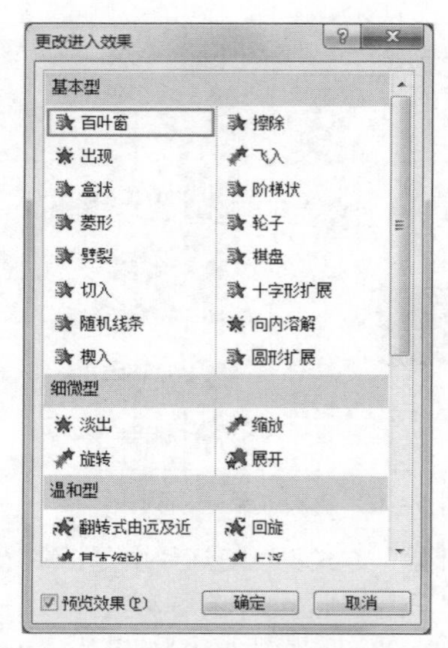

图 5-33　“添加进入效果”对话框

（3）设置动画播放次序

当为一张幻灯片中的多个对象均设置了动画效果后，有时需要对动画播放的先后顺序进行调整，从而使多个动画播放起来更加流畅，衔接更加合理。

☞操作方法是：

方法一：选中要调整动画播放顺序的对象，依次执行“动画”选项卡→“计时”选项组，通过单击“向前移动”或“向后移动”命令来调整所选对象的动画播放顺序。

方法二：依次执行“动画”选项卡→“高级动画”选项组→“动画窗格”命令，在窗口右侧打开“动画窗格”。在窗格中可以看到当前幻灯片中所有对象的动画效果列表。在动画效果列表中，各个对象按照添加动画的先后顺序依次排列，并显示所有标号，该标号与对象左上方的标号一一对应。将鼠标移至列表中某一个动画上，按住鼠标左键拖动至目标位置后松手，即可调整动画的播放次序，如图 5-34 所示。

2. 设置动画属性

当一张幻灯片中的动画设置完成之后，为使演示效果更加连贯、流畅、生动，有时需要调整动画属性，比如，动画开始方式、动画持续时间、动画重复次数、声音播放等。

设置动画属性

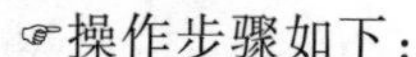

☞操作步骤如下：

① 在 PowerPoint 窗口中，依次执行“动画”选项卡→“高级动画”选项组→“动画窗格”命令，在窗口右侧动画效果列表中，单击任意一个动画后面的下拉按钮▼，出现一个下拉列表，如图 5-35 所示。

② 选择“效果选项”命令，在“效果”选项卡中完成动画“平滑开始”“平滑结束”和“声音”等设置，如图 5-36 所示。

③ 选择“计时”命令，在“计时”选项卡中完成“开始”“延迟”和“重复”等设置，如图 5-37 所示。单击“触发器”按钮，选择“单击下列对象时启动效果”，从右侧的下拉列表中选择一个对象或动作按钮来触发该对象的动画播放。

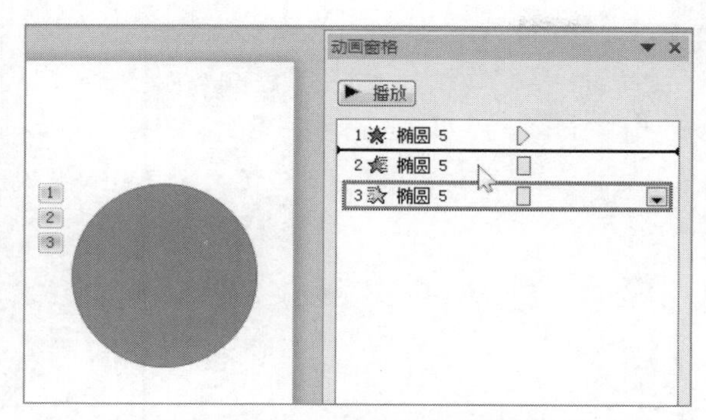

图 5-34 “动画窗格”中调整动画顺序

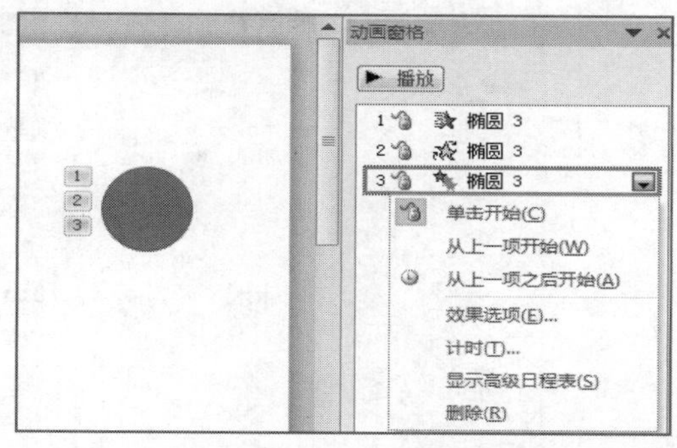

图 5-35 “动画窗格”中对象效果下拉列表

④ 设置完成后单击“确定”按钮即可。

图 5-36 “效果”选项卡

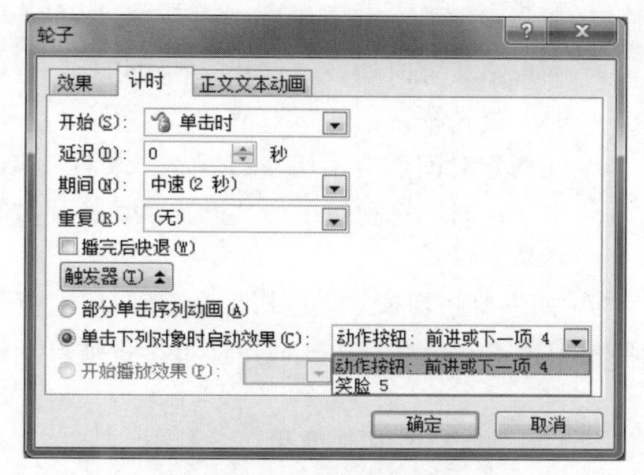

图 5-37 “计时”选项卡

5.4.2 幻灯片切换效果设计

幻灯片切换效果是指演示文稿在播放时，幻灯片进入和退出屏幕时的动画效果，即一张幻灯片代替另一张幻灯片的动态视觉效果。PowerPoint 2010 提供多种幻灯片切换效果，用户不仅可以设置动态效果，还可以设置幻灯片的切换时间、声音等。

（1）添加幻灯片切换效果

☞操作步骤如下：

① 在当前演示文稿中选择要设置切换效果的幻灯片。

② 依次执行“切换”选项卡→“切换到此幻灯片”选项组，单击该选项组右侧的按钮，可以看到各种不同类型的切换效果，如图 5-38 所示。

添加超链接

③ 从幻灯片切换效果列表中选择一种切换效果，比如“华丽型”中的“立方体”，使该切换效果应用于当前幻灯片。

④ 单击“效果选项”命令，从下拉列表选择该切换效果的具体设置，比如“立方体”效果对应的选项内容为自右侧、自底部、自左侧、自顶部。

⑤ 设置当前幻灯片的切换效果的持续时间时，依次执行“切换”选项卡→“计时”选项组→“持续时间”命令，键入所需时间。

⑥ 设置幻灯片切换的方式是自动还是鼠标控制：

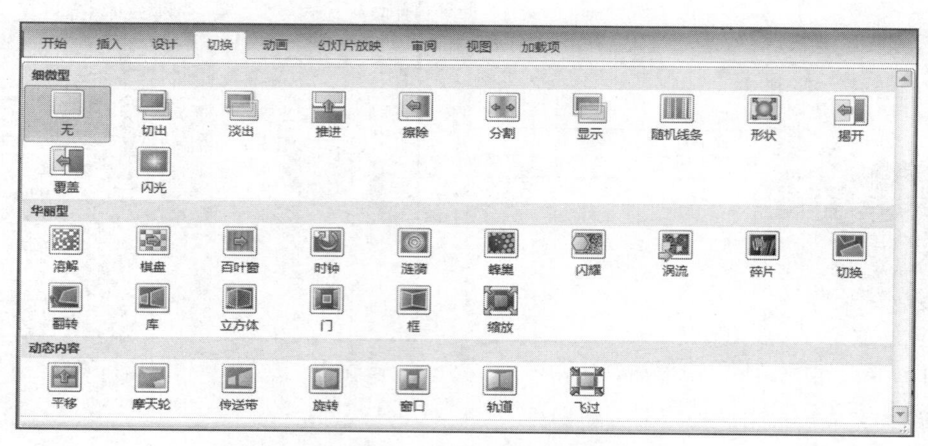

图 5-38 幻灯片切换效果列表

- 在单击鼠标时切换幻灯片：在“切换”选项卡上的“计时”选项组中，选中“单击鼠标时”复选框。
- 在指定时间后自动切换幻灯片：取消“单击鼠标时”复选框的选择，在“切换”选项卡上“计时”选项组中的“设置自动换片时间”框中，输入所需切换的秒数。

⑦ 如果要将切换效果应用于全部幻灯片，在“切换”选项卡→“计时”选项组中单击“全部应用”命令即可，否则只是将该切换设置应用于当前幻灯片。

添加动作按钮

（2）删除幻灯片切换效果

☞操作方法是：

如果要删除切换效果，依次执行“切换”选项卡→“切换到此幻灯片”选项组的效果库中选择“无”。若要删除演示文稿所有幻灯片的切换效果，再依次执行“切换”选项卡→“计时”选项组→“全部应用”命令。

5.4.3 交互式演示文稿设计

在演示文稿放映过程中，有时需要根据用户的选择来演示不同的内容或者改变放映流程，比如幻灯片之间的随意跳转、播放一段音频、打开一个网页等，就需要带有交互功能的演示文稿。PowerPoint 2010 提供了“超链接”和“动作设置”功能来实现交互效果。本小节就来学习一下如何创建交互式演示文稿。

1. 超链接

超链接是 PowerPoint 中经常使用的交互功能，可以轻松实现从一张幻灯片到另一张幻灯片、一个网页或一个文件的交互。超链接目的地不仅可指向同一个演示文稿中的任意一张幻灯片，还支持指向其他演示文稿、Word 文档、Excel 电子表格、某个 URL 地址等。利用超链接功能，可以使幻灯片的放映更加灵活，内容更加丰富。可用于创建超链接的对象是多样的，比如文本、图片、图形等。

超级链接只能在放映演示文稿时激活，而不能在幻灯片编辑创建时激活。激活后，当鼠标移到添加了超级链接的对象时，指针形状变为👆形，表示单击它可以链接到超链接对象。比如：

超级链接指向演示文稿中的另一张幻灯片，单击超链接对象后，目标幻灯片将成为当前幻灯片；如果超级链接指向某个网页或其他类型文件（如 Office 文件、视频等），或者新建某种类型的文档，则在相应的应用程序中打开目标页或目标文件。

（1）添加超链接

☞操作步骤如下：

① 在幻灯片中选择要设置超链接的对象，如一段文字或一张图片。

② 依次执行“插入”选项卡→“链接”选项组→“超链接”命令，打开“插入超链接”对话框。

③ 在“链接到”列表中可选择不同的链接对象，主要有以下几种：

- 链接到本文档中的某张幻灯片：选择“本文档中的位置”选项，然后选择该文档中的目标幻灯片，如图 5-39 所示。
- 链接到某个文件或网页：选择“现有文件或网页”选项，然后在“地址”文本框中输入超链接的目标地址、网址或邮件地址位置，如图 5-40 所示。
- 链接到电子邮件地址：选择“电子邮件地址”选项，然后在出现的右侧窗格中的“电子邮件地址”文本框中输入邮件地址。

④ 单击“确定”按钮即可完成超链接的创建。

⑤ 在幻灯片放映视图中，当鼠标移至超链接对象时，鼠标指针形状变为手形，单击该对象，就会链接到目标地址。

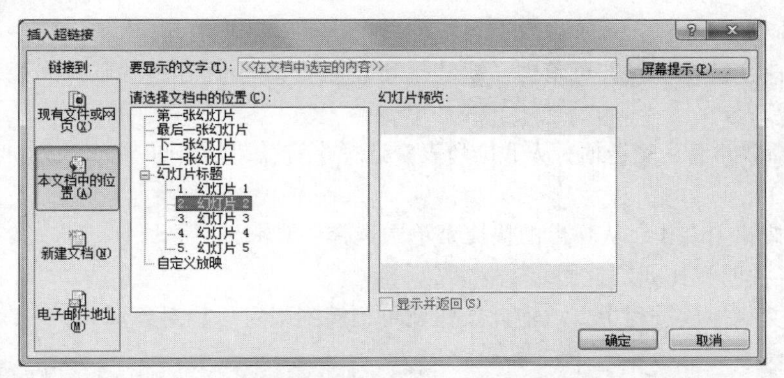

图 5-39　“插入超链接”对话框中链接到“本文档中的位置”

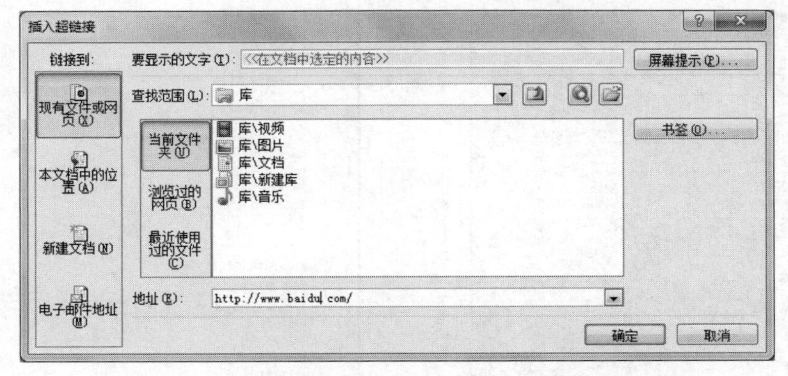

图 5-40　“插入超链接”对话框中链接到“现有文件或网页”

（2）编辑和删除超链接

对已经添加的超链接，用户可进行编辑和修改，如改变超链接的目标地址，也可以删除超链接。

☞操作方法是：

方法一：要进行编辑或者删除超链接，可在包含“超链接”的对象上右击，从弹出的快捷菜单中选择“编辑超链接”或“取消超链接”选项来实现。

方法二：在 PowerPoint 窗口中，依次执行“插入”选项卡→“链接”选项组→“超链接”命令，在打开的“插入超链接”对话框中，重新设置链接对象或者选择“删除链接”按钮。

2. 动作按钮

动作按钮是 PowerPoint 2010 提供的一组具有特定含义的按钮，可以实现演示文稿的交互功能。动作按钮可以作为激活链接的对象，在演示文稿播放时单击动作按钮就可以跳转到某页幻灯片，或声音、视频等文件，使交互界面更加友好。

☞操作步骤如下：

① 选择一张要插入动作按钮的幻灯片。

② 依次执行“插入”选项卡→“插图”选项组→“形状”命令，从下拉列表中选择“动作按钮”组中的按钮，如“前进或下一项”。当鼠标形状变为＋时，将鼠标移动到幻灯片中需要放置按钮的位置后，按住鼠标左键并拖动鼠标绘制出一个按钮，按钮大小符合要求后松开鼠标，此时会自动打开“动作设置”对话框，如图 5-41 所示，并显示单击鼠标时的动作为“超链接到第一张幻灯片”。

③ 如果要改变链接位置，可单击“超链接到:”下方箭头▼，打开下拉列表，从中选择正确的链接位置或对象。

④ 选中“播放声音”复选框，从下拉列表中选择声音效果，如图 5-42 所示，然后单击“确定”按钮。

⑤ 在动作按钮上右击，从弹出的快捷菜单中选择“编辑文字”命令，进入文本编辑状态后为按钮添加文本说明，比如“返回”。

⑥ 在演示文稿播放过程中，点击此按钮就可跳转到指定目标对象。

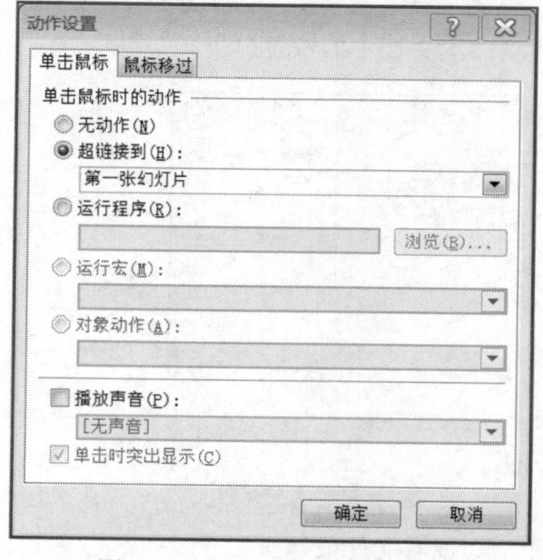

图 5-41 “动作设置”对话框

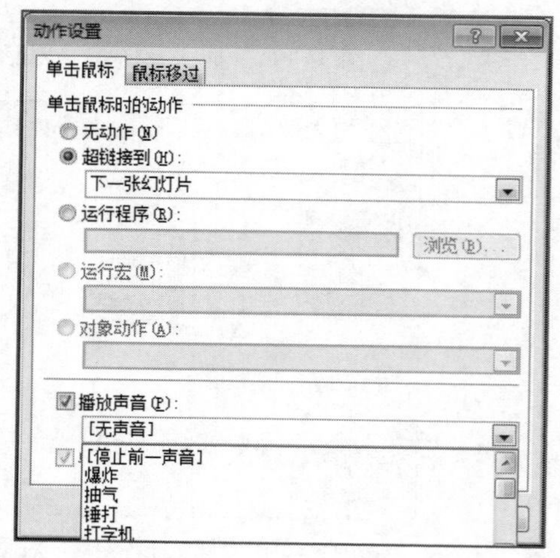

图 5-42 “动作设置”窗口中设置“播放声音”

5.5　演示文稿的放映

5.5.1　幻灯片放映设置

PowerPoint 2010 演示文稿有多种放映方式，使用者可以根据自己的需要灵活设置，以适应不同场合下的放映要求。下面介绍如何对放映方式进行设置。

☞操作方法是：

在 PowerPoint 窗口中，依次执行“幻灯片放映”选项卡→“设置”选项组→“设置放映方式”命令，打开“设置放映方式”对话框，如图 5-43 所示。完成相应设置后，单击“确定”按钮。然后通过播放演示文稿查看设置效果。

1. 放映方式

① 演讲者放映（全屏幕）：以全屏幕方式显示，放映过程中可以通过右击打开快捷菜单，对放映过程进行控制，还可以选择绘图笔进行勾画；或通过【Page Down】键和【Page Up】键完成幻灯片上下页的切换。

② 观众自行浏览（窗口）：以窗口形式显示，只保留顶端标题栏和底端状态栏。播放过程中，可以利用鼠标滚轴进行上下页切换；或使用鼠标右键打开快捷菜单进行幻灯片切换；或利用状态栏上的“上一张”或“下一张”按钮进行浏览。此外，还可以利用状态栏上“菜单”中的“复制幻灯片”命令将当前幻灯片复制到 Windows 的剪贴板上，如图 5-44 所示。

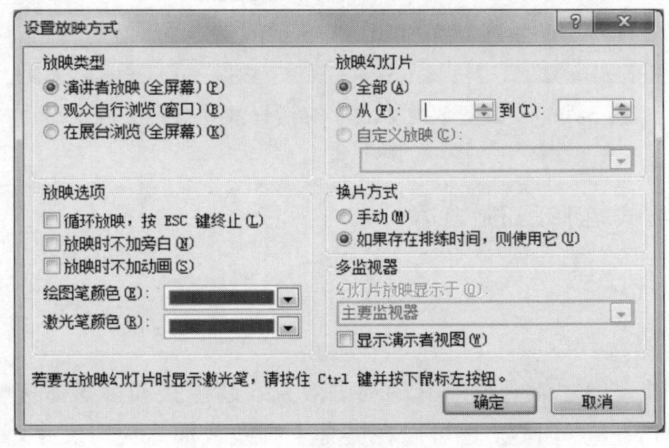

图 5-43 “设置放映方式”对话框

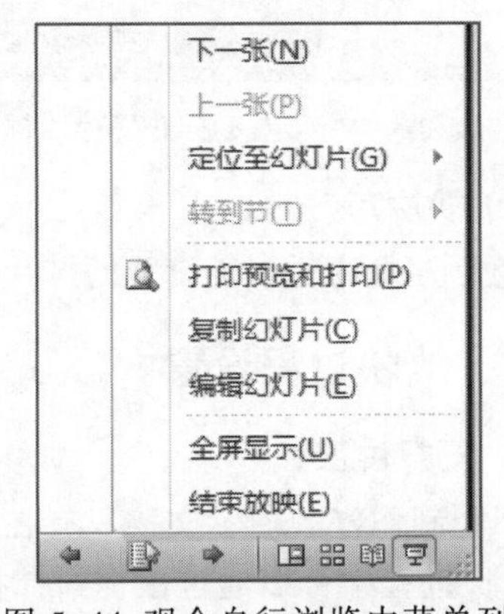

图 5-44 观众自行浏览中菜单列表

③ 在展台浏览（全屏幕）：以全屏形式在展台上做演示，在放映过程中，除了保留鼠标指针用于指示或选择对象外，其余功能全部失效，终止放映按【Esc】键。这样可保证演示文稿在播放过程中不能被现场修改，从而保证演示画面不会被破坏。

2. 放映选项

① 循环放映，按【Esc】键终止：在演示文稿放映过程中，当最后一张幻灯片放映结束后，会自动跳转到第一张幻灯片继续播放，只有按【Esc】键才会终止放映。

② 放映时不加旁白：在演示文稿放映过程中，不播放任何旁白。

③ 放映时不加动画：在演示文稿放映过程中，不播放任何动画，所有动画失效。

3. 绘图笔颜色和激光笔颜色

在播放过程中，可以使用绘图笔和激光笔，并可设置两种笔的颜色。

4. 幻灯片放映范围

① 全部放映：该演示文稿中的所有幻灯片全部播放。

② 部分放映：通过“从”和“到”两个选项指定演示文稿中开始和结束播放的幻灯片。

③ 自定义放映：如果事先将演示文稿中的某部分幻灯片选中，通过执行“幻灯片放映”选项卡→“设置”选项组→“自定义幻灯片放映”选项→“自定义放映”命令，对这些选中的部分幻灯片进行了组合和命名，如图 5-45 所示，那么，在“自定义放映”下拉列表中将会显示该自定义幻灯片组的名称，如图 5-46 所示的“组合 1”“组合 2”，选择某一个组的名称，则只放映这组幻灯片。

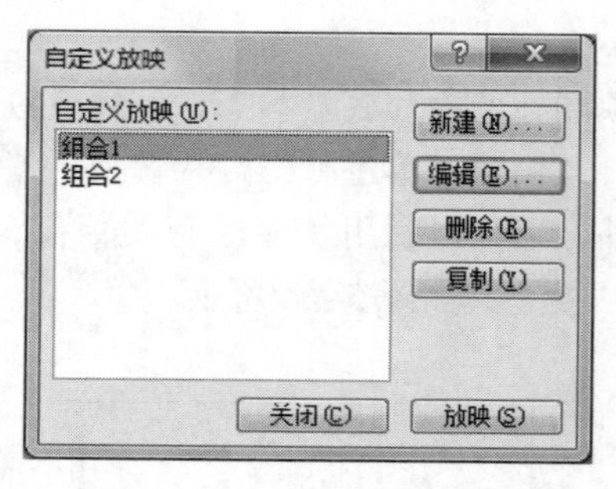

图 5-45 “自定义放映”对话框

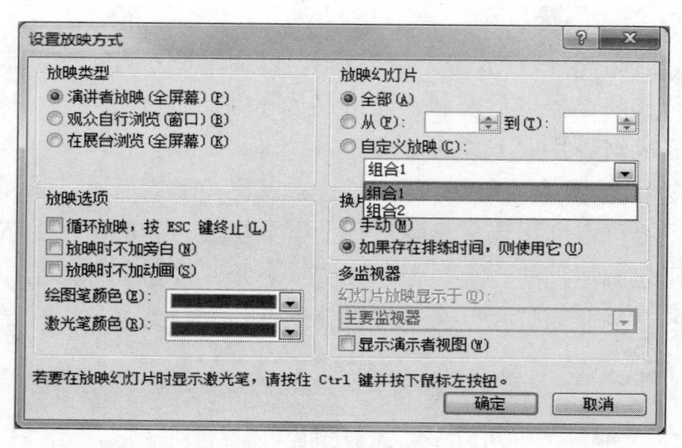

图 5-46 “设置放映方式”对话框的“自定义放映”

5. 换片方式

换片方式选项用于设置幻灯片的切换方式是手动还是自动。

5.5.2 放映过程设置

1. 幻灯片放映

一个制作好的演示文稿只有在播放的过程中才能显示所有的动画效果、超链接和多媒体信息。放映过程中可以通过鼠标指针指出幻灯片重点内容，也可以在屏幕上画线或加入说明文字。幻灯片的放映方法有以下几种。

☞操作方法是：

方法一：单击视图切换按钮中的“幻灯片放映”按钮。

方法二：依次执行“幻灯片放映”选项卡→“开始放映幻灯片”选项组→“从头开始”或“从当前幻灯片开始”命令按钮。

方法三：按【F5】键从第一张幻灯片开始放映；按【Shift+F5】组合键从当前幻灯片开始放映。

2. 在幻灯片间跳转

在幻灯片播放过程中，有时并不是按照顺序播放，而是要跳转到指定的某一页幻灯片。

☞操作方法是：

方法一：右击正在播放的幻灯片，从弹出的快捷菜单中选择“下一张”命令，从当前幻灯片跳转到下一张幻灯片；选择“上一张”命令，从当前幻灯片跳转到上一张幻灯片；选择“定位”命令，可以根据幻灯片标题将幻灯片定位于选定幻灯片的位置。

方法二：使用鼠标滚轴控制跳转到“下一张”或“上一张”幻灯片。

方法三：使用键盘控制幻灯片的切换。控制键及对应动作见表 5-1。

表 5-1　控制键控制幻灯片跳转

切换动作	操作键
切换到下一张	→、↓、Page Down、空格、回车
切换到上一张	←、↑、Page Up
切换到第一张	Home
切换到最后一张	End

3. 放映过程中绘图笔的使用

在利用 PowerPoint 对演示文稿进行放映与讲解的过程中，演示者有时需要对某部分内容进行标注。为此，PowerPoint 提供了“画笔”功能，方便用户在放映时随意勾画，以突出重点，引起注意。

☞操作方法是：

① 在放映的幻灯片上右击，在弹出的快捷菜单中选择“指针选项”命令，选择“笔”或“荧光笔”命令，鼠标将变成相应笔的形状。按住鼠标左键即可在幻灯片上任意书写。其常用命令如下：

- 选择“笔”命令，可以画出较细的线条。
- 选择“荧光笔”命令，可以为文字涂上荧光底色，以加强和突出某段文字。
- 选择“橡皮擦”命令，可以逐步将线条擦除，更改书写的内容。
- 选择“擦除幻灯片上的所有墨迹”命令，可以一次性清除当前幻灯片上的所有线条。
- 选择“墨迹颜色”命令，可以为画笔设置一种新的颜色。

② 执行“结束放映”命令时，会弹出对话框提示“是否保留墨迹注释”，如果需要保留绘制线条，单击“保留”按钮；如果不需要保留，则单击“放弃”按钮。

4. 结束放映

☞操作方法是：

在演示文稿放映过程中，按【Esc】键就可以退出幻灯片放映过程，回到普通视图；也可以单击鼠标右键，在快捷菜单中选择“结束放映”命令，退出幻灯片放映过程。

5.5.3　设置放映时间

1. 排练时间的设置

（1）设置播放时间

如果将幻灯片设为自动放映，可以根据每页幻灯片的内容多少设置不同的放映时间，时间到后会自动切换到下一页幻灯片。

☞操作方法是：

选中一张幻灯片，依次执行“切换”选项卡→“计时”选项组→在“换片方式”下，选中“每隔”复选框，然后输入该幻灯片在屏幕上显示的秒数。对需要设置排练时间的每张幻灯片重复执行该操作。

（2）排练计时

☞操作步骤如下：

① 在 PowerPoint 窗口中，依次执行“幻灯片放映”选项卡→“设置”选项组→“排练计时”命令，幻灯片进入放映状态，左上角出现时间显示框。在该框中有两个时间，第一个时间表示当前幻灯片排练计时的时间，当幻灯片切换到下一页时，该时间从 0 重新开始计时；第二个时间表示本演示文稿排练计时的总时间，在演示文稿排练过程中，该时间不断累加。按钮表示跳转到下一张幻灯片；按钮表示暂停排练计时；按钮表示当前幻灯片重新排练计时。

② 排练完毕结束放映时，弹出图 5-47 所示提示框，询问用户是否保留幻灯片排练时间，单击“是”按钮进行保存。

③ 放映该演示文稿，幻灯片以排练效果自动进行播放。

图 5-47 “排练结束”提示框

2. 关闭排练计时

如果不希望在幻灯片放映时使用排练计时，可以关闭幻灯片排练计时。关闭幻灯片排练时间并不会将其删除，而是在幻灯片放映过程中不会自动切换，需要手动切换幻灯片。用户可以随时再次打开这些排练时间，而无需重新创建。

☞操作步骤如下：

① 在“普通”视图下，依次执行“幻灯片放映”选项卡→“设置”选项组→“设置放映方式”命令，弹出“设置放映方式”对话框。

② 在该对话框中，将“换片方式”设置为“手动”。

③ 若要重新使用排练时间，在对话框的“换片方式”中，单击“如果存在排练时间，则使用它”单选按钮即可。

5.5.4 演示文稿打包

如果希望制作好的演示文稿复制到其他计算机上也能够正常放映，需要保证演示计算机上安装有 PowerPoint 2010 软件。如果需要脱离 PowerPoint 2010 环境放映演示文稿，可以使用“打包成 CD”命令压缩演示文稿，使 TrueType 字体、链接文件等都包含在压缩包中。压缩包可以复制到指定文件夹也可以复制到 CD 碟内。

（1）打包演示文稿

☞操作步骤如下：

① 打开需要打包的演示文稿。

② 依次执行“文件”选项卡→“保存并发送”选项→“将演示文稿打包成 CD”命令，打开“打包成 CD”对话框，如图 5-48 所示。

③ 单击“选项”按钮，打开“选项”对话框，如图 5-49 所示。选定“链接的文件”和“嵌入的 TrueType 字体”复选框。为了更有效地保护压缩包，还可设置打开演示文稿的密码或修改演示文稿的密码，然后单击“确定”，回到“打包成 CD”对话框。

④ 单击“复制到文件夹”按钮，则弹出图 5-50 所示对话框，在“文件夹名称”本文框中输入文件名，单击“浏览”按钮，修改保存“位置”，然后单击“确定”按钮，回到“打包成 CD”对话框。

⑤ 如果要将演示文稿打包保存到指定文件夹中，单击“复制到文件夹”按钮；如果要将演示文稿打包刻录成 CD，单击“复制到 CD”按钮，这要求光驱带刻录功能，在光驱里放张空白光碟直接刻录就可以了。

（2）运行演示文稿

在其他计算机上播放时，只需要在 CD 或打包所在的文件夹中运行“play.bat”文件，就能运行该演示文稿了。

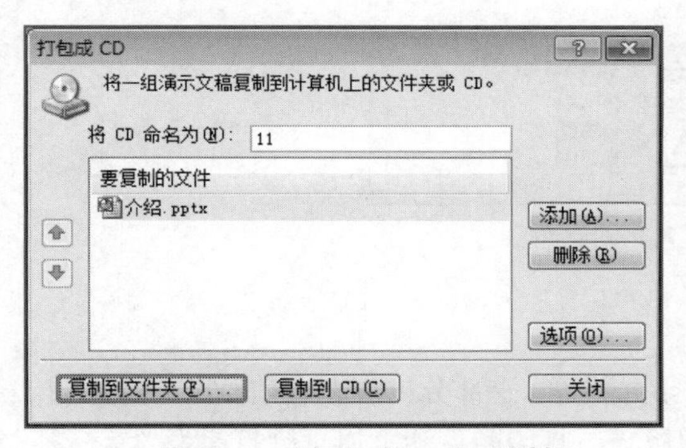

图 5-48　“打包成 CD”对话框

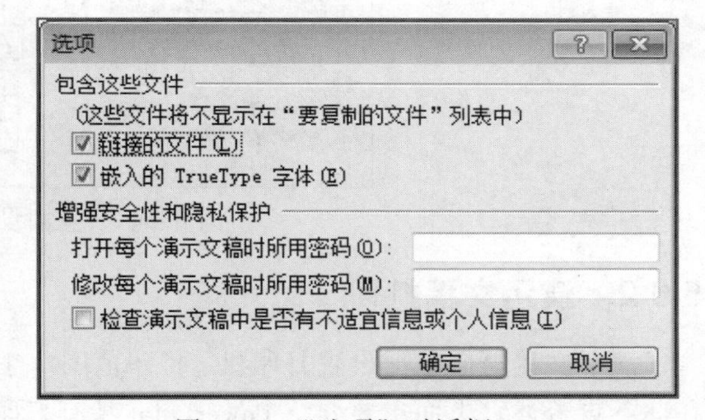

图 5-49　“选项”对话框

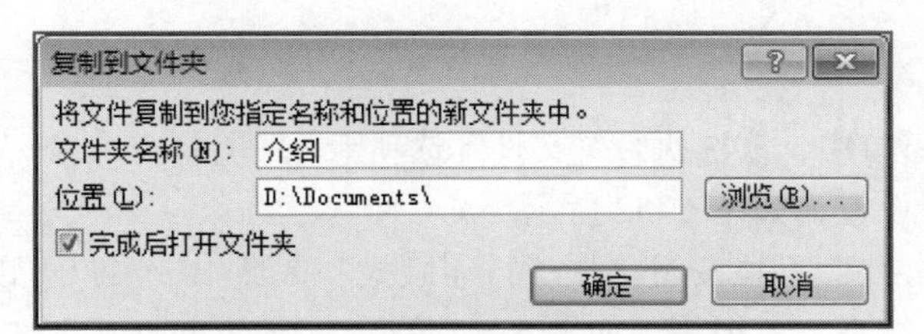

图 5-50　“复制到文件夹”对话框

5.6　演示文稿的打印与页面设置

创建了演示文稿，除了可以在计算机上演示之外，还可以将其直接打印出来，打印是保存和传播演示文稿的一种重要方式。为了取得较好的打印效果，打印之前，建议首先进行页面设置，然后再执行打印操作。

5.6.1　演示文稿的页面设置

幻灯片在播放或打印时会对其页面大小有所要求，比如，要按 A4 纸张大小进行打印，而且幻灯片内容要正好占满整张纸，纸张上不能有空白部分，该如何进行设置呢？除了手动输入页面的宽度和高度以外，还可以在“页面设置”对话框中进行尺寸的设置。

☞操作步骤如下：

① 在 PowerPoint 窗口中，依次执行“设计”选项卡→“页面设置”命令，弹出“页面设置”对话框，如图 5-51 所示。在该对话框中进行相关的设置，主要包括：

- 幻灯片大小：在该选项的下拉列表中可选择幻灯片的打印尺寸，除“自定义”选项外，其他选项具有默认的宽度和高度值。如果选择“自定义”选项，用户可自行设置幻灯片的高度和宽度。
- 幻灯片编号起始值：设置第一张幻灯片的编号起始值。
- 方向：设置“幻灯片”和“备注、讲义和大纲”的打印方向，有“横向”和“纵向”两种选项，默认方向为“横向”。

② 单击“确定”按钮完成页面设置。

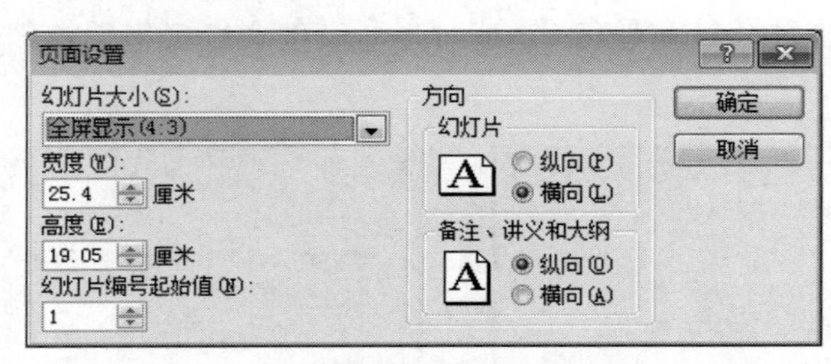

图 5-51 “页面设置”对话框

5.6.2 演示文稿打印

演示文稿打印包括设置打印机、打印范围、打印页数等，这部分内容在之前章节中介绍过，在此不再赘述。下面主要介绍 PowerPoint 特有打印版式、打印颜色和页眉页脚打印设置。

1. 设置打印版式

☞操作步骤如下：

① 在 PowerPoint 窗口中，依次执行“文件”选项卡→“打印”命令，用户可以在打印设置窗口中对打印参数进行设置，如图 5-52 所示。

② 单击“整页幻灯片”下拉按钮，在“打印版式”区域中，用户可以选择要打印的版式，比如，整页幻灯片、备注页、大纲等，如图 5-52 所示。“整页幻灯片”选项指一张打印纸上只打印一张幻灯片，使用“讲义”方式可在一张纸上打印多张幻灯片，在“讲义”区域中可设置每页纸要打印的幻灯片张数，可选数目为 1、2、3、4、6、9，以及幻灯片放置方式是水平放置还是垂直放置（见图 5-53）。同时，在该列表中还可以进行以下操作：

- 幻灯片加框，在幻灯片周围打印一个边框。
- 根据纸张调整大小，根据打印机选择的纸张打印幻灯片。

2. 设置打印颜色

单击“颜色”下拉按钮，用户可以设置打印的颜色。比如，用户需要打印灰度演示文稿，可以单击“颜色”下拉按钮，选择“灰度”选项，如图 5-54 所示。

图 5-52　打印幻灯片窗格

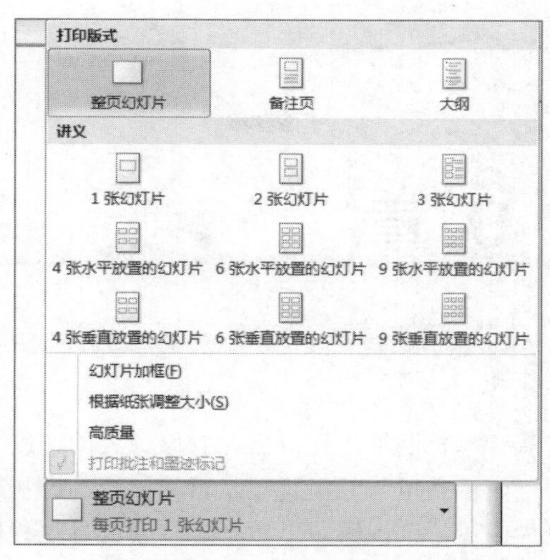

图 5-53　打印设置窗口“打印版式”和“讲义”列表

3. 设置页眉和页脚

若要使打印的幻灯片包含有页眉和页脚，或者需要更改原有的页眉和页脚，可单击“编辑页眉和页脚”按钮，然后在弹出的“页眉和页脚”对话框（见图 5-55）中设置页眉和页脚。

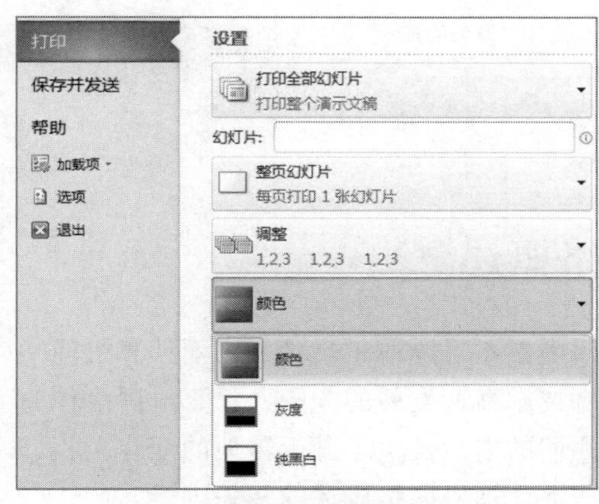

图 5-54　打印颜色设置

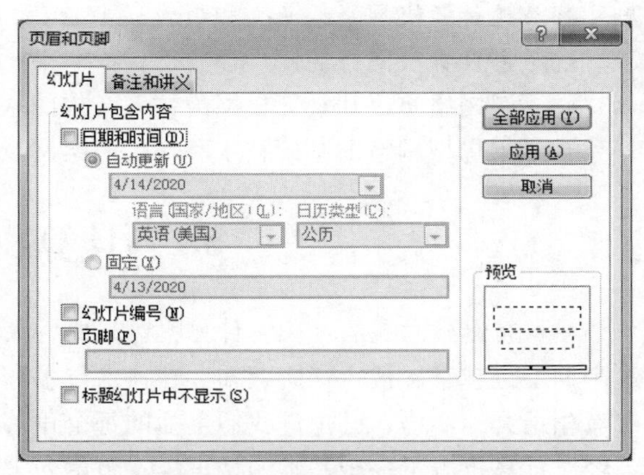

图 5-55　“页眉和页脚”对话框

第6章 计算机网络

自从计算机网络出现以后，它以惊人的速度发展并应用到人类社会的各个领域。计算机网络是现代通信技术与计算机技术紧密结合的产物，是信息化社会重要的组成部分，它的发展水平已成为衡量一个国家技术水平和社会信息化程度的标志之一。

本章首先从计算机网络的形成与发展历史出发，介绍网络的基本概念，然后对网络通信协议、局域网基本技术、因特网基本技术和接入技术进行了详细介绍。

学习目标

- 了解计算机网络的发展过程。
- 掌握计算机网络的基本概念。
- 掌握计算机网络的分类和组成。
- 掌握计算机网络的硬件和软件构成。
- 了解网络协议和计算机网络体系结构的基本知识。
- 了解局域网络的基础技术和常用的组网技术。

6.1 计算机网络概述

在科技迅猛发展的今天，计算机已然成为人们生活中必不可少的工具之一，而计算机网络这个词汇也越来越被大家所熟知。在通信技术和计算机技术高速发展的今天，计算机网络作为二者相结合的产物，已走进我们生活的每个角落，使人们的生活发生了翻天覆地的变化，我们已经对计算机有了一个基本的认识，本节就先来学习一下计算机网络概述的相关内容。

6.1.1 计算机网络的定义和发展

1. 计算机网络的定义

计算机网络是通信技术和计算机技术相结合的产物，是指将地理上分散的、具有独立功能的多台计算机及外部设备，通过通信线路互连起来，在功能完善的网络操作系统、网络管理软件及网络通信协议的管理和协调下，实现资源共享和数据通信的一种计算机系统。简单来说，计算机网络就是由通信线路相互连接的众多独立工作的计算机所构成的集合体。

2. 计算机网络的发展

随着计算机技术和通信技术的不断发展，计算机网络经历了由简单到复杂、由单机到多机的快速发展过程，总体来说可以分成以下四个阶段。

第一阶段：面向终端的计算机网络。

在20世纪50年代初出现的计算机网络是具有通信功能的单机系统，又称为“主机-终端网络阶段”。该计算机系统以主机为中心，通过计算机实现与远程终端的数据通信，即用一台中央主机连接大量的地理位置分散的终端，其终端不具备自主处理的能力。20世纪50年代初，美国的半自动地面防空系统（SAGE），将远距离的雷达和其他测量设备通过通信线路汇集到一台旋风计算机上，第一次实现了利用计算机远距离的集中控制和人机对话。SAGE系统的诞生被誉为计算机通信发展史上的里程碑。从此，计算机网络开始逐步形成和发展。

这一阶段网络系统存在的问题主要有：数据处理和通信处理都需要通过主机完成，数据的传输速率受到了限制；系统的可靠性和性能完全取决于主机的可靠性和性能；主机的通信开销较大，通信线路利用率低，对主机依赖性大。

第二阶段：多台计算机互连的计算机网络。

在主机—终端系统中，随着终端设备的增加，主机负荷不断加重，处理数据效率明显下降，数据传输率较低，线路的利用率也低。20世纪60年代中期，计算机网络发展进入以通信子网为中心的网络阶段，又称为“计算机-计算机网络阶段”。它是由若干台计算机相互连接成一个系统，即利用通信线路将多台计算机连接起来为用户提供服务，实现了计算机与计算机之间的通信。它的产生标志着计算机网络的兴起，并为Internet的形成奠定了基础。

最早的“计算机—计算机网络”是美国国防部高级研究局于20世纪60年代末联合计算机公司和大学共同研制而组建的高等研究计划署网络（Advanced Research Projects Agency Network，ARPANET）。ARPANET中采用的许多网络技术，如分组交换、路由选择等，是Internet的前身，标志着计算机网络的兴起。

这一阶段主要有两个标志性成果：提出分组交换技术和形成TCP/IP协议雏形。

虽然这个阶段有两大标志性成果，并建立了计算机与计算机的互联与通信，实现了计算机资源的共享，但是由于没有形成统一的互联标准，使网络在规模与应用等方面受到了限制。

第三阶段：面向标准化的计算机网络。

自ARPANET兴起后，计算机网络得到迅猛发展，各大厂商和公司都研制自己的计算机网络系统并提供服务，但由于他们各自研制的网络系统没有一个统一的标准，网络中只能存在同一厂商生产的计算机，不同厂商的产品不能实现互联。人们迫切需要一种开放性的标准化实用网络环境，这样应运而生了两种国际通用的最重要的体系结构，即国际标准化组织的OSI体系结构和TCP/IP体系结构。

20世纪70年代末，国际标准化组织（International Standards Organization，ISO）成立了专门的工作组来研究计算机网络的标准。ISO制订了计算机网络体系结构的标准及国际标准化协议，于1984年正式颁布了“开放系统互连参考模型（Open System Interconnection/Reference Model，OSI/RM）”，简称OSI参考模型或OSI/RM。该模型按层次结构划分为七个子层，也称为OSI七层模型，是目前计算机网络系统结构的基础。

在ARPANET的基础上，形成了以TCP/IP为核心的因特网。任何一台计算机只要遵循TCP/IP协议族标准，并有一个合法的IP地址，就可以接入到Internet。TCP和IP是Internet所采用的协议族中最核心的两个，分别称为传输控制协议（Transmission Control Protocol，TCP）和互联网协议（Internet Protocol，IP）。

这样，用户在组装一台计算机时，可以自由选购兼容产品，而不必局限于只购买一家公司

的产品。标准化的制定与实施，不仅促进了企业的竞争，同时也大大加速了计算机网络的发展，计算机网络在各个领域得到了越来越广泛的应用，并为这些领域带来了巨大的工作效率和经济效益。

第四阶段：面向全球互连的计算机网络

20 世纪 90 年代初至今，是计算机网络飞速发展的阶段。这个阶段的计算机网络，其主要特点是综合化、高速化、智能化和全球化。1993 年美国政府发布了名为“国家信息基础设施行动计划”的文件，其核心是构建国家信息高速公路。随之，各个国家都建立了自己的高速因特网，这些因特网的互联构成了全球互联网，并且渗透到社会的各个层次，极大地促进了计算机网络技术的迅猛发展。目前，计算机的发展已经完全与网络融为一体，体现了“网络就是计算机”的口号。

6.1.2 计算机网络的组成和分类

1. 计算机网络的组成

计算机网络在逻辑上通常由两部分组成，分别是通信子网和资源子网。

（1）通信子网

通信子网是指在计算机网络中实现网络通信功能的设备及其软件的集合，是网络的内层，负责数据信息的传输。通信设备、网络通信协议、通信控制软件等属于通信子网，主要为用户提供数据的传输、转接、加工、变换等。主要包括中继器、集线器、网桥、路由器、网关等硬件设备。

（2）资源子网

资源子网是计算机网络中面向用户的部分，负责全网络面向应用的数据处理工作。资源子网由上网的所有主机及其外部设备组成，具体包括主机系统、用户计算机（又称工作站）、网络打印机、终端控制器、网络存储系统、各种软件资源与信息资源等。

2. 计算机网络的分类

计算机网络有很多种分类方法，下面主要介绍以下三种分类方法。

（1）按网络的地域范围划分

① 局域网（Local Area Network，LAN）

局域网通常是指通讯范围在十千米以内的，通过网络传输介质将网络服务器、工作站、打印机和其他网络互联设备连接起来，实现资源共享和信息交换的网络系统。局域网的覆盖范围比较小，如一个家庭、一个单位内部、一幢楼房内的网络等。局域网在计算机数量配置上没有太多的限制，少的可以只有两台，多的可达几百台。由于局域网性能更稳定、用户数少、配置容易、传输速率高，所以得到充分的应用和普及，是我们最常见、应用最广的一种网络。局域网主要采用双绞线或同轴电缆作为传输介质。

② 城域网（Metropolitan Area Network，MAN）

城域网通常是指通信距离大约在千米到数十千米之间的，延伸到整个城市的网络连接。城域网的作用范围在广域网与局域网之间，为中等区域规模，适合一个地区、一个城市或一个行业系统使用。城域网主要借助通信光纤或微波作为传输介质，将多个局域网连接起来形成大型网络。

③ 广域网（Wide Area Network，WAN）

广域网也称为远程网，其通信距离一般在数十千米以上，其覆盖范围可以是一个地区、省或国家，也可以是几个国家乃至整个世界。因特网就是典型的广域网，是将成千上万个局域网和城域网互联形成的规模空前的超级计算机网络。广域网由于其地理上的距离可以超过几千公里，所以信息衰减非常严重，传输速率慢。

④ 个人区域网络（Personal Area Network，PAN）

个人区域网络，也被称为无线个人区域网（Wireless Personal Area Network，WPAN）是利用无线电或红外线代替传统的有线电缆，实现个人信息终端的智能化互联，组建个人化的信息网络，就是在个人工作的地方把属于个人使用的电子设备，如笔记本式计算机、平板电脑、打印机、数码相机以及扫描仪等，用无线技术连接起来。整个网络的范围大约为10m。

（2）按拓扑结构划分

计算机网络拓扑结构是指计算机网络中各种互联设备的物理布局，主要由通信子网决定。简单地说，就是指这些计算机与通信设备是如何连接在一起的。计算机网络的拓扑结构主要包括星形、总线形、环形、树形和网状形等。

① 总线形拓扑

总线形拓扑结构是各工作站和服务器，用一根公共总线连接起来，如图6-1（a）所示。总线形的通信介质通常采用同轴电缆。其优点是结构简单、便于安装、可扩充性好；使用的电缆少，成本低。缺点是故障检测比较困难；单点故障会导致整个网络瘫痪。

② 星形拓扑

星形拓扑结构是指网络中设有中央节点，其他节点（工作站、服务器）以星形方式连接到中央节点上的辐射式互联结构，中央节点对设备间的信息交换和通信实施控制和管理，如图6-1（b）所示。其优点是结构简单，每台设备直接与中央节点相连，一台计算机出现故障不会影响到其他计算机通信；控制简单，便于建网和增减设备；网络延迟时间较短，传输误差较低。缺点是成本高、可靠性较低、资源共享能力较差，并且中心节点的故障会导致整个网络瘫痪。

③ 环形拓扑

环形拓扑结构是将网络中各节点通过一条首尾相连的通信链路连接起来的一个闭合环形结构网，如图6-1（c）所示。数据在环路中沿着一个方向从一个节点传到另一个节点。其优点是结构简单，系统中各工作站地位相等；建立网络比较容易，能实现数据传送的实时控制。其缺点是环路封闭，不便于扩充；任何一个节点发生故障，将会造成全网瘫痪。

④ 树形拓扑

树形结构网络是天然的分级结构，又被称为分级的集中控制式网络，如图6-1（d）所示。其特点是任意两个节点之间不产生回路，每个链路都支持双向传输；通信线路总长度短、网络成本低；结构比较简单、易于扩充；寻找路径比较方便。但除了叶节点及其相连的线路外，任何一个节点或链路出现故障都会使系统受到影响。

⑤ 网状形拓扑

网状形结构是指网络中的每台设备之间均有点到点的链路连接，是一种极端的方案，如图6-1（e）所示。由于不再需要竞争公用线路，通信变得非常简单；系统可靠性高，容错能力强。缺点是网络连接实现起来成本比较高、结构比较复杂、不易于管理和维护，在局域网中很少使用。

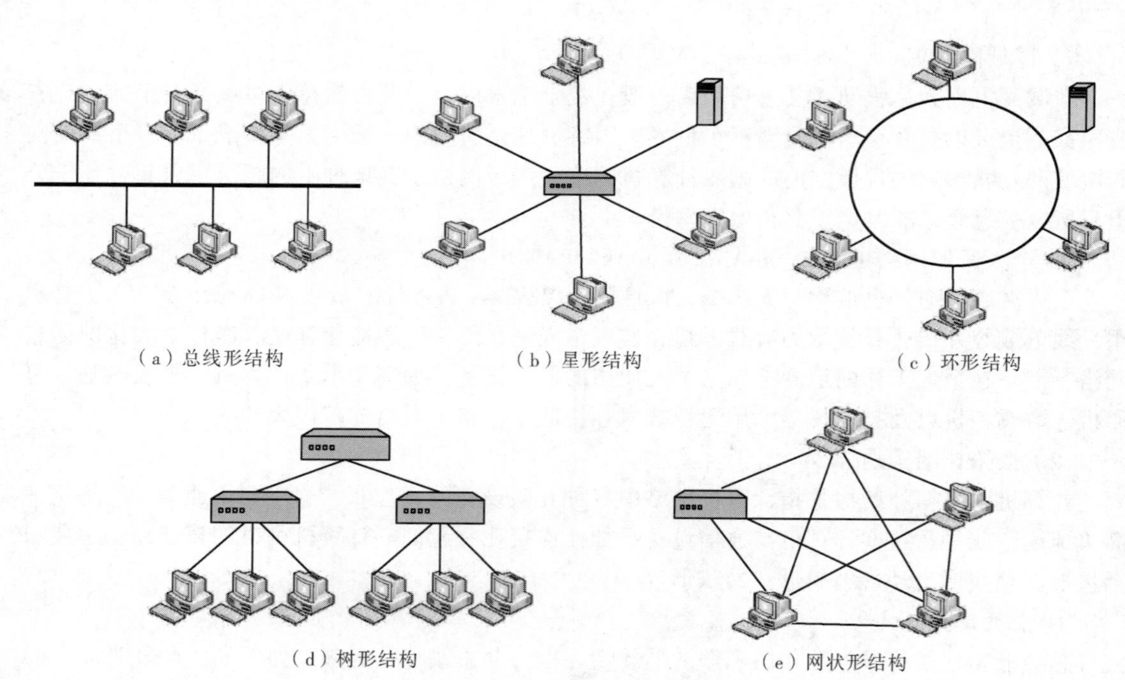

图 6-1　网络拓扑结构

（3）按传输介质划分

① 有线网

现在的计算机网络大多数都是有线网，以有线介质作为传输数据的媒体。有线通信介质主要是同轴电缆、双绞线和光纤。

② 无线网

无线网络是指采用无线电技术实现各种通信设备互联的网络。无线通信介质主要是无线电波、微波和红外线等。根据无线网络覆盖范围的不同，可以将无线网络划分为无线广域网、无线局域网、无线城域网和无线个人局域网。无线网的可移动性强、易扩展、联网方式方便灵活，但不能满足高速网络通信要求，使用的频率难以控制，信号容易受自然环境变化的干扰。

除此以外，计算机网络还有其他的分类方式：按照通信方式的不同，分为点对点通信方式和广播式通信方式；按照使用范围不同，分为公用网和专用网；按照速率分为低、中、高速；按照网络控制方式不同，分为集中式和分布式；按照网络应用范围不同，分为校园网、企业网、内联网和外联网。

6.1.3 计算机网络的功能和特点

1. 计算机网络的功能

计算机网络的功能主要包括：

（1）资源共享

资源共享是计算机网络最重要的目的，也是最具吸引力的一点。计算机资源包括硬件资源、软件资源和数据资源。硬件资源的共享可以提高设备的利用率，避免设备的重复投资，比如，利用计算机网络共享网络打印机；软件资源和数据资源的共享可以充分利用已有的信息资源，减少软件开发过程中的劳动，避免大型数据库的重复建设。

（2）数据通信

计算机网络可以实现计算机之间的数据信息传递。数据通信是依照一定的通信协议，利用数据传输技术在两个计算机之间传递数据信息的一种通信方式和通信业务，如传真（Fax）、电子邮件（E-mail）、远程登录（Telnet）、实时通信工具与信息浏览等通信服务。数据通信能力是计算机网络最基本的功能。另外，数据通信总是与远程信息处理相联系，是包括科学计算、过程控制、信息检索等内容的广义的信息处理。

（3）集中管理

计算机网络技术的发展和应用，已使得现代的办公手段、经营管理等发生了变化。目前，已经有许多管理信息系统、办公自动化系统等。通过这些系统可以实现日常工作的集中管理，提高工作效率，增加经济效益。

（4）分布式处理

网络技术的发展，使得分布式计算成为可能。一方面，对于一些大型的任务，可以分为若干个部分，通过网络分散到多个计算机上进行分布式处理，然后再集中起来，解决问题，从而使整个系统的效能大为加强；另一方面，计算机网络促进了分布式数据处理和分布式数据库的发展。

（5）提高计算机的可靠性

提高计算机的可靠性表现在网络中的多台计算机可以通过网络彼此间相互备用，一旦有单个部件或少数计算机出现故障，其任务可转由其他计算机代为处理，从而提高系统的可靠性。如果网络中某一条传输线路出现故障，也可以通过其他无故障线路传递信息，保障网络通信的正常运行。另外，网络中的工作负荷被均匀地分配给网络中的各个计算机系统，当某个系统的负荷过重时，网络能自动将该系统中的一部分负荷转移至其他负荷较轻的系统中去处理。

2. 计算机网络的特点

计算机网络具有以下特点：

① 网络是计算机及相关外围设备组成的一个集合，计算机是网络中信息处理的主体。

② 每台计算机及相关外围设备通过通信介质互连在一起，实现信息交换。

③ 网络系统中的每台计算机都是分布在不同地理位置的独立的计算机，任意两台计算机之间不存在主从关系。

④ 网络系统中不同类型的计算机之间进行通信必须遵循共同的网络协议。

6.2 计算机网络系统的构成

计算机网络系统除了用于科学计算与数据处理的计算机系统外，还包括将它们连接起来的传输介质与网络设备，以及数据通信的软件系统——网络协议。计算机网络是由网络硬件和网络软件两部分组成的。

6.2.1 计算机网络硬件

1. 计算机网络的传输介质

网络传输介质是指在网络中传输数据信息的载体，是网络的基本构件。常用的传输介质包括有线和无线两大类。有线传输介质包括电话线、同轴电缆、双绞线、光纤等，目前使用最广泛的是双绞线和光纤。无线传输介质包括红外线、激光、微波、卫星等。

（1）有线传输介质

① 双绞线

双绞线通常由 4 对双绞线组成，每一对双绞线是由两根绝缘铜导线相互扭绕而成，故称为双绞线，如图 6-2 所示。双绞线既可以传输模拟信号也可以传输数字信号，适合于短距离数据通信，是目前局域网组网中应用最多的传输介质。

双绞线分为屏蔽双绞线（Shielded Twisted Pair，STP）和非屏蔽双绞线（Unshielded Twisted Pair，UTP）两种。屏蔽双绞线外包铝箔，抗干扰能力较好，具有更高的传输速度，但价格相对较贵。虽然非屏蔽双绞线相对于屏蔽双绞线传输速度偏低，抗干扰能力较差，但由于其价格便宜且安装方便，因而得到了广泛应用。

UTP 根据传输质量和用途的不同可以分为 UTP-3、UTP-5、UTP-6、UTP-7 等，也有超 5 类和超 6 类 UTP。其中，UTP-3 常用于传输速率小于 10Mbit/s 的以太网中；UTP-5 传输速率为 100Mbit/s；UTP-6 俗称 6 类线，提供 2 倍于超 5 类的带宽，最适用于传输速率为 1Gbit/s 的应用。6 类布线的传输性能高于 5 类、超 5 类标准，是目前使用最多的一种电缆。

双绞线一般用于星形拓扑结构的网络布线连接，需要用水晶头（RJ-45）插接。水晶头有两种接法：EIA / TIA568B 标准和 EIA / TIA568A 标准，如图 6-3 所示。计算机通过两端安装有 RJ-45 头的双绞线连接到中心交换机、集线器等网络设备上。

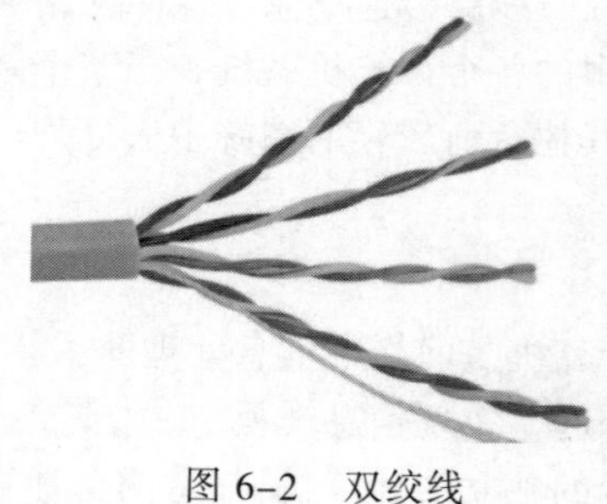

图 6-2　双绞线

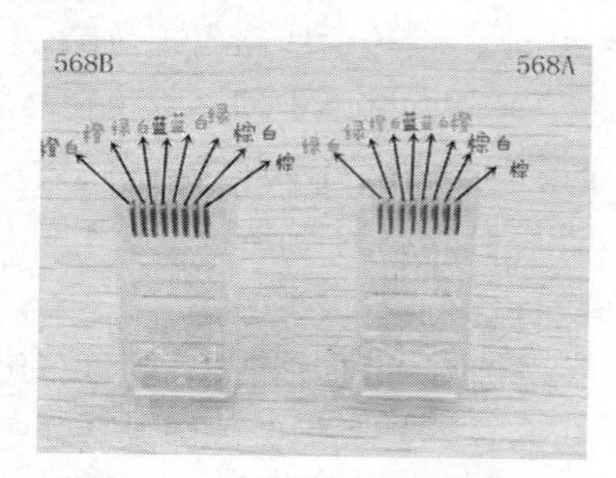

图 6-3　水晶头的两种接法

② 同轴电缆

同轴电缆由绕在同一轴线上两个导体组成，即一根空心的外圆柱导体和一根位于中心轴线的内导线，如图 6-4 所示。内导线和圆柱导体及外界之间用绝缘材料隔开。具有抗干扰能力强、连接简单、传播速度快等特点，是中、高档局域网的首选传输介质。其缺点是体积大、成本高，由于不能承受压力、缠结和严重的弯曲，所以对布线技术要求很高。按直径的不同，同轴电缆分为粗缆和细缆两种。

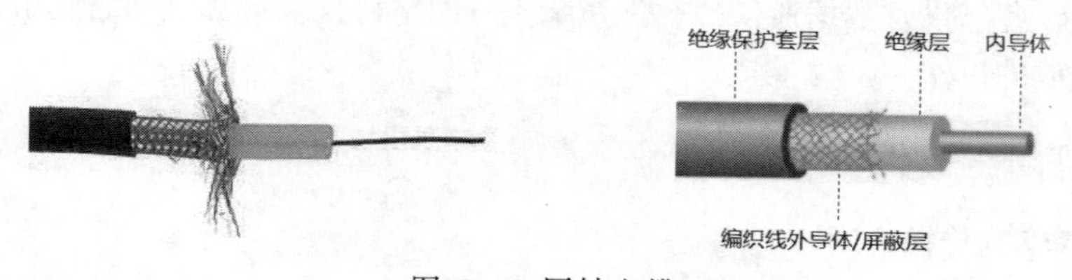

图 6-4　同轴电缆

③ 光纤

光导纤维简称光纤，又称为光缆，将传送的数据由电信号转换为光信号进行通信，如图 6–5 所示。多数光纤在使用前必须由几层保护结构包覆，包覆后的缆线被称为光缆。每组玻璃导线束只传送单方向的信号。与其他两种传输介质相比，光纤具有不受外界电磁场的影响、信号衰减小、频带极宽、传输速度快、体积小、重量轻等优点，主要用于传输距离较长、布线条件特殊的主干网连接。

光纤由光导纤维纤芯、包层和保护套组成，如图 6–6 所示。纤芯是最内层部分，它由非常细的光导纤维组成，材料一般是塑料或者二氧化硅。每一根光导纤维都由各自的包层包着，包层是玻璃或塑料涂层。最外层是保护套，它包着一根或一束已加包层的光导纤维。保护套由加固纤维材料和能吸收光信号的外壳组成，用于使光纤能够弯曲而不至于断裂，同时用它来防止外界带来的其他危害。

图 6–5　光纤

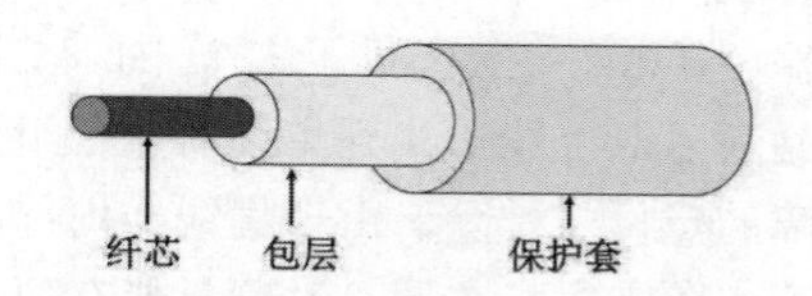

图 6–6　光纤的组成

根据光信号在光纤里传播的方式不同，可将光纤分为多模光纤和单模光纤。多模光纤，采用任何入射角度大于临界值的光束都能在内部反射的原理，将许多不同的光束使用不同的反射角进行传播，传播距离相对较近，如图 6–7（b）所示；单模光纤的直径较小，光波按照直线传播，只能传输一种模式的光，传输距离比多模光纤远很多，适合长距离传输，如图 6–7（a）所示。多模光纤纤芯的直径一般为 50 μm 或 62.5 μm；单模光纤纤芯的直径为 8 μm 或 10 μm。在使用光纤传输数据时，通常在光纤的一端采用发射装置，例如，发光二极管或激光将光脉冲传送至光纤，光纤另一端的接收装置则使用光敏元件检测脉冲。

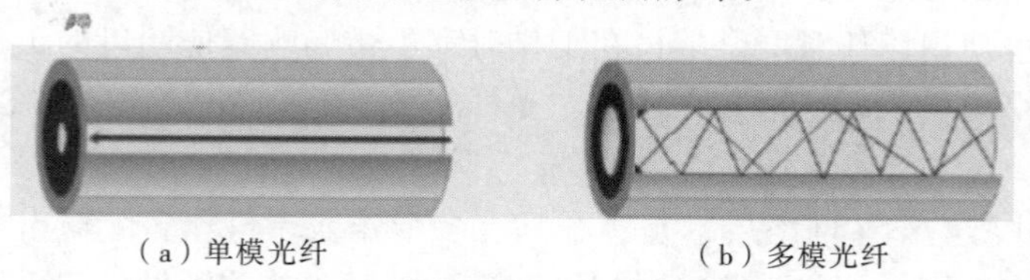

（a）单模光纤　　（b）多模光纤

图 6–7　单模光纤和多模光纤

虽然目前光纤价格比较昂贵，但由于光纤的制作材料（石英）来源十分丰富，随着光纤通信技术的进步，成本会不断降低；而电缆所需的铜原料有限，价格会越来越高。因此，光纤也逐渐在局域网中得到普遍采用。

通信介质在局域网中的分布：

- 光缆主要用于网络设备的互联。
- 同轴电缆和双绞线主要用于网络设备到桌面主机的连接。
- 同轴电缆用于总线形局域网布线，双绞线用于星形局域网布线。

（2）无线传输介质

无线传输介质主要包括微波、红外线、无线电、卫星和激光等。无线介质的带宽最多可以达到几十 Gbit/s，如微波为 45 Gbit/s，卫星为 50 Gbit/s。室内传输距离一般在 200 m 以内，室外为几十千米到上千千米。无线介质和相关传输技术是目前网络的重要发展方向之一。

无线网特别是无线局域网的优点是：由于无线介质无需物理连接，方便安装和使用，因此摆脱了时间和空间方面的限制，前期安装和后期维护的成本费用低。无线局域网的不足之处是：它的数据传输率一般比较低，远低于有线局域网；容易受到障碍物、天气和外部环境的影响，误码率也比较高；站点之间相互干扰比较厉害。

2. 计算机网络的互联设备

随着计算机技术的网络化和集成化的发展，人们迫切需要更广泛的资源共享和数据通信，越来越多的局域网相互连接组成一个大的网络，这样网络被称为互联网。在实现网络互联时，除了计算机设备和传输介质外，还需要合适的网络服务设备，如中继器、集线器、网桥、路由器、交换机、网关等。

① 集线器

集线器（Hub）一般提供了多个 RJ-45 连接端口，用于局域网中多个工作站之间的连接。多个工作站通过双绞线连接到集线器上，组成星形拓扑结构的局域网，既便于网络布线，也方便后期故障的定位与排除。由于集线器内部的各端口是以总线的形式连接，因此集线器的所有端口都共享一条带宽，在同一时刻只能有两个端口传送数据，其他所有端口不能发送数据，但都可以接收到数据。

② 交换机

交换机（Switch）意为“开关”，其功能和集线器类似，是一种将两个局域网连接起来并按 MAC 地址转发帧的设备，工作在数据链路层，如图 6-8 所示。交换机可以实现更大范围局域网的互联，扩大网络地理范围，互联不同类型的局域网，提高局域网的性能。通过对交换机的配置还可以设置虚拟局域网，将不同物理位置的计算机设为同一局域网。此外，交换机还可以在数据传输过程中实现自动寻址、放大数据、整形数据、过滤短帧等。

交换机在同一时刻可进行多个端口对之间的数据传输，其每个端口都是一条独占的带宽，无须同其他设备竞争使用，任意两个端口在工作时都不会影响其他端口的工作。目前，最常见的交换机是以太网交换机、电话语音交换机、光纤交换机等。

③ 路由器

路由器（Router）工作在网络层，是一个具有多个输入端口和多个输出端口的专用设备，如图 6-9 所示，是多个同类网络互联、局域网和广域网互联的关键设备，可以将局域网和广域网组成更大的互联网。路由器作为互联网的枢纽，具有判断网络地址和选择路径、数据转发和数据过滤的功能。当数据从一个子网传输到另一个子网时，路由器会根据信道情况自动选择和设定路由，为数据选择最佳传输路径，按前后顺序发送信号。

路由器分为本地路由器和远程路由器，本地路由器通常可直接连接网络传输介质，如双绞线、同轴电缆、光纤；远程路由器用来连接远程转输介质，并要求有相应的设备，如电话线要配备调制解调器，无线介质要配备无线接收机、发射机等。

④ 网关

网关（Gateway）又称网间连接器、协议转换器，是指一种使两个不同类型的网络系统或软件可以进行通信的软件或硬件接口，即一个网络连接到另一个网络的“关口”。网关负责不同通信协议、数据格式，甚至不同体系结构的网络系统之间的转换工作。最常用的功能是将一种协议转变为另一种协议，通过硬件和软件完成由于不同操作系统的差异引起的不同协议之间的转换。网关是一种复杂的网络互联设备，在网络层以上实现网络互连。它既可以用于广域网，也可以用于局域网。

图 6-8　交换机

图 6-9　路由器

⑤ 网卡

网卡（Network Interface Card，NIC）又称网络适配器，工作在数据链路层，使用户可以通过电缆或无线相互连接，主要功能包括数据的封装与解封、链路管理、数据编码与译码。网卡是计算机局域网中最重要的连接设备之一，是主机系统与局域网之间的硬件接口，计算机只有安装了网卡才能接入网络。网卡连接到计算机的扩展总线，并且与网络电缆相连接，实现主机和通信介质之间的数据发送和接收。

有线网卡有不同的分类。按网络接口不同，分为以太网的 RJ-45 接口（见图 6-10）、细同轴电缆的 BNC 接口、粗同轴电 AUI 接口、FDDI 接口、ATM 接口等。而且有的网卡为了适用于更广泛的应用环境，提供了两种或多种类型的接口，如有的网卡会同时提供 RJ-45、BNC 接口或 AUI 接口。按带宽划分，主要有 10 Mbit/s 网卡、100 Mbit/s 以太网卡、10 Mbit/s/100 Mbit/s 自适应网卡、1000 Mbit/s 千兆以太网卡、万兆以太网卡等。

无线网卡主要分为内置集成的无线网卡，如笔记本式计算机、智能手机等内部均集成有无线网卡；另外一种就是外置无线网卡，如常见的 USB 无线网卡（见图 6-11）、PCI 无线网卡等。

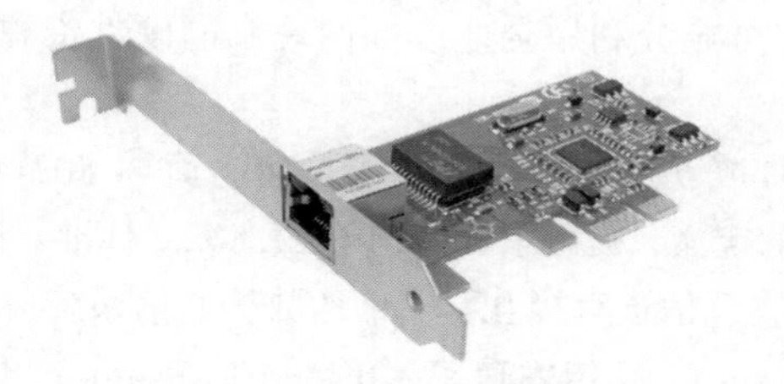

图 6-10　RJ-45 接口网卡

图 6-11　无线网卡

6.2.2　计算机网络软件

1. 网络操作系统

网络操作系统是为了使网络上的计算机方便而有效的共享网络资源，所提供各种服务的操作系统软件，是网络用户和计算机网络的接口。网络操作系统除了具备单机操作系统的功能外，还可提供高效可靠的网络通信能力，提供远程管理、文件传输、电子邮件等多项网络服务功能。常用的网络操作系统有 Windows NT（如 Windows 2000 Server、Windows Server 2003、Windows 2008）、Net Ware、UNIX（包括 Linux）系列等。

2. 网络协议

网络协议是指计算机网络中任意两个结点之间交换信息时所必须遵守的规则的集合。如同人与人之间相互交流需要遵循一定的语言规范一样，为了在计算机网络中实现两个结点之间的数据通信，人们制定了必须共同遵守的规则，这些规则就是网络协议（Network Protocol）。一台计算机只有在遵守网络协议的前提下，才能在网络上与其他计算机进行正常的通信。

为了更好地促进互联网络的研究和发展，国际标准化组织（International Organization for Standardization，ISO）制定了开放系统互连（Open Systems Interconnection Reference Model，OSI/RM）参考模型，简称 OSI 参考模型。OSI 参考模型是一个具有 7 层协议结构的开放系统互连模型，使全球范围的计算机可进行开放式通信。每一层是一个模块，完成自己单独的功能，并具有自己的通信协议，通信双方只有在共同的层次间才能相互联系，如图 6-12 所示。

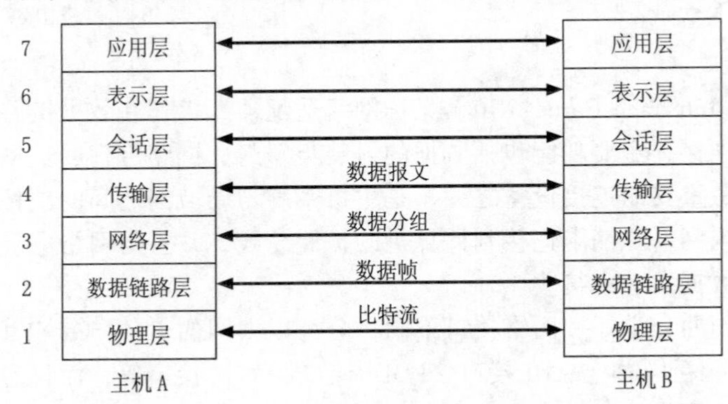

图 6-12　OSI 参考模型的体系结构

6.3　计算机局域网络

6.3.1　局域网技术概述

计算机局域网是目前最常使用的网络之一，通过它可充分利用企业或部门现有的硬件资源，提高工作效率，节约上网开支。

美国电气和电子工程协会（IEEE）于 1980 年 2 月成立局域网标准化委员会（简称 802 委员会）专门对局域网的标准进行研究，并提出了局域网的定义，提出了局域网 IEEE 802.2 标准。局域网是允许中等地域内的众多独立设备通过中等速率的物理信道直接互联通信的数据通信系统。

局域网具有如下特点：网络覆盖范围小（0.1～25 km）、高传输速率（0.1～100 Mbit/s）、低传输误码率（10^{-11}～10^{-8}）。

6.3.2　局域网的常用组网技术

在局域网上，经常是在一条传输介质上连有多台计算机，如总线形和环型局域网，大家共享使用一条传输介质，而一条传输介质在某一时间内只能被一台计算机所使用，那么在某一时刻到底谁能使用或访问传输介质呢？这就需要有一个共同遵守的方法或原则来控制、协调各计算机对传输介质的同时访问，这种方法就是介质访问控制方法。目前，在局域网中常用的传输介质访问方法有：令牌法、以太法、异步传输模式法、FDDI 法等，因此可以把局域网分为令牌环网（Token Ring）、ATM 网、以太网（Ethernet）、FDDI（光纤分布式数据接口）网、无线局域网等。

1. 令牌环

令牌环局域网是以环状拓扑结构为基础的，是环形网络的典型代表。这种网络结构最早由

IBM 推出，但现在被其他厂家采用。在令牌环网络中，拥有令牌的设备允许在网络中传输数据，这样可以保证在某一时间内网络中只有一台设备可以传送信息。

令牌环网不是采用竞争机制获取信道的使用权，而是采用令牌环介质访问控制。当环上的一个工作站希望发送数据时，必须首先等待一个称作令牌（token）的比特控制信号。工作站一旦收到令牌，且令牌的状态为“空”时，工作站便可以发送数据了，同时将令牌的状态置为“忙”。工作站在发送完数据后释放令牌，将令牌的状态置为“空”，以便出让给其他工作站使用。

2. 异步传输模式

异步传输模式（Asynchronous Transfer Mode，ATM）网络技术是二十世纪九十年代初开始发展的，采用信元（cell）传输信息。ATM 信元是固定长度的分组，共有 53 个字节，分为 2 个部分。前面 5 个字节为信头，主要完成寻址的功能；后面的 48 个字节为有效载荷，用来装载来自不同用户，不同业务的信息。ATM 的传输介质常常是光纤，但 100 米以内的传输距离也可以采用同轴电缆或 5 类及以上的双绞线。

异步传输模式是一种有特色、有发展前途和应用价值的网络技术，它最主要的特点是高带宽和适用于多媒体（如语音、数据、图像、视频等）通信。异步传递模式是现代高速宽带信息传输和交换技术发展过程中的一个重要里程碑。

3. 以太网

以太网是在 20 世纪 70 年代研制开发的一种基带局域网技术，是以载波侦听多路访问和冲突检测（CSMA/CD）方式工作的网络，使用同轴电缆传输，最初速率仅为 2.94 Mbit/s，也就是 367 KB/s。以太网具有简单方便、价格低、速度高、扩展性能好等优点，已成为迄今为止最普遍的局域网技术。以太网标准是由 IEEE 802.3 工作组制定的，因此以太网也被称为 IEEE 802.3 局域网。

以太网有两类：第一类是传统以太网，第二类是交换式以太网。传统以太网是以太网的原始形式，运行速度从 3～10 Mbit/s 不等；而交换式以太网使用了一种称为交换机的设备连接不同的计算机，正是广泛应用的以太网。

以太网自发布以来的 10 Mbit/s 标准，一直发展到了后来的快速以太网（100 Mbit/s）、千兆以太网（1000 Mbit/s）、万兆以太网（10 Gbit/s）乃至现在的 400 Gbit/s 的标准，一直朝着高速的方向发展。随着视频串流和云游戏需求的增长，近日，由谷歌、博通、思科、Arista 及微软等 25 家公司组成的以太网联盟宣布了一个全新的 800 Gbit/s 规范，属于 802.3 标准下的 802.3ck 规范，将网络传输速度提升到了 100 GB/s。但距 800 Gbit/s 网络真正推广使用还有段距离。

4. 无线局域网

伴随着有线网络的广泛应用，以快捷高效、组网灵活为优势的无线网络技术也在飞速发展。无线局域网是计算机网络与无线通信技术相结合的产物。通俗地说，无线局域网（Wireless Local-Area Network，WLAN）就是在不采用传统缆线的同时，提供以太网或者令牌网络的功能。

无线局域网利用电磁波在空气中发送和接收数据，而无需线缆介质。无线局域网的数据传输速率现在已经能够达到 54 Mbit/s，传输距离可远至 20 km 以上。它是对有线联网方式的一种补充和扩展，使网上的计算机具有可移动性，能快速方便地解决使用有线方式不易实现的网络联通问题。与有线网络相比，无线局域网具有安装便捷、使用灵活、经济节约、易于扩展的优点。

第7章 Internet应用

在信息化社会的今天，因特网的快速发展使人们的生活发生了翻天覆地的变化。人们可以在因特网（Internet）上冲浪，浏览自己感兴趣的内容；可以通过接收和发送E-mail，快速传递信息；可以使用即时通信工具如QQ、微信等，与朋友聊天、视频通话；可以足不出户就进行购物，并通过网络实时关注物流状态；可以随时随地观看各大名校名师的讲座，等等。Internet彻底改变了人们的生活、学习、工作方式，已经成为我们生活中不可或缺的一部分。

本章就先从介绍因特网的基本概念开始，详细介绍网络的基本概念和接入技术，然后为大家介绍因特网的基本应用，比如，如何在网上快速找到自己想要的信息、如何收发电子邮件、如何创建自己的博客等等。通过本章的学习，大家一定会对因特网的使用有更深入的了解。

学习目标

- 了解因特网的相关概念，包括TCP/IP、IP地址、子网掩码和域名地址。
- 了解网络接入的基本技术。
- 掌握因特网信息浏览的基本概念和基本操作。
- 了解搜索引擎的概念，掌握信息检索的方法。
- 掌握利用FTP进行文件传输的方法。
- 学会使用电子邮箱收发邮件。
- 了解因特网的其他服务与扩展应用，包括即时通信和即时通信工具、博客、电子商务。

7.1 因特网的基本技术

7.1.1 因特网的定义和发展

1. 因特网的定义

因特网是由美国开发的互联网工程，是一组全球信息资源的总汇。因特网本身并不是一种具体的物理网络技术，而是一种形象化的“虚拟”概念。因特网以相互交流信息资源为目的，主要采用TCP/IP协议组，利用分组变换技术，通过计算机网络、数据通信网及公用电话交换网等连接而成的一个庞大的信息资源和资源共享的集合。因特网的结构是开放且易于扩展的，它将分布在世界各地的主机上信息集合起来，通过采用WWW方式，使用户可以获取丰富的、海量的信息资源。

2. 因特网的发展

Internet的起源主要可分为以下几个阶段：

（1）Internet 的雏形阶段

20 世纪 60 年代，美国军方为了将美国的几个军事及研究用的计算机主机连接起来，由国防部高级计划研究署(Advanced Research Project Agent，ARPA)出资赞助大学研究员开展网络互联技术的研究。1969 年，研究人员在四所大学之间建立一个命名为 ARPANET 的实验网络，供科学家们进行计算机联网实验用，人们普遍认为这就是因特网的前身。

作为 Internet 的第一代主干网，ARPANET 虽已退役，但发展 Internet 时沿用了 ARPANET 的技术和协议，而且在 Internet 正式形成之前，已经建立了以 ARPANET 为主的国际网，这种网络之间的连接模式，也是随后 Internet 所用的模式。

（2）Internet 的发展阶段

1985 年，美国国家科学基金会（NSF）开始利用 ARPANET 网技术，在美国建立用于支持科研和教育的全国性规模的计算机网络 NSFnet，并以此作为基础，与美国主要地区和各主要大学及研究机构联网。NSFnet 是从一开始就使用 TCP/IP 协议的网络。

到 1986 年，NSFnet 初步形成了一个由主干网、地区网和校园网组成的三级网络结构。各主机接入校园网，校园网接入主干网，主干网接入地区网，这掀起了一个与 Internet 连接的高潮。

NSFnet 扩大了网络容量，主要是大学和科研机构加入，成为 Internet 上用于科研和教育的主干部分，代替了 ARPANET 的骨干地位。1989 年 MILNET（由 ARPANET 分离出来纯军事用的网络）实现和 NSFnet 连接后，就开始采用 Internet 这个名称。

（3）Internet 的商业化阶段

20 世纪 90 年代初，商业机构开始进入 Internet，使 Internet 开始了商业化的新进程，也成为 Internet 发展的强大推动力。1990 年，ARPANET 停止运营，Internet 已彻底商业化了。这种把不同网络连接在一起的技术的出现，使计算机网络的发展进入一个新的时期，形成由网络实体相互连接而构成的超级计算机网络，人们把这种网络形态称为 Internet（互联网络）。近些年来，Internet 已成为最活跃的领域，成为一种不可抗拒的潮流，改变着人类的生活方式。

7.1.2 TCP/IP

1. TCP/IP 模型

因特网采用的体系结构是 TCP/IP 模型，该模型是 20 世纪 80 年代中期美国国防部为其研究性网络 ARPANET 开发的网络体系结构。ARPANET 最初采用的是一种被称为网络控制协议（Network Control Protocol，NCP）的网络协议，当无线网络和卫星出现以后，该协议暴露出很多的缺点，尤其是仅能用于所有计算机都运行相同操作系统的环境中。随着网络的发展和用户对网络的需求不断提高， NCP 协议不能充分支持 ARPANET 网络，于是设计者们就提出了新的网络体系结构，用于将不同的通信网络进行无缝连接。1980 年，可以在各种硬件和操作系统上实现互联操作的 TCP/IP 协议研制成功。1982 年，ARPANET 开始采用 TCP/IP 协议。这种网络体系结构后来被称为 TCP/IP 参考模型。

TCP/IP 采用层次结构，由应用层、传输层、网络层和接口层四层组成，与 OSI 参考模型的对应关系如图 7-1 所示。

① 网络接口层主要负责通过物理网络将 IP 数据报传送给网络层，或从物理网络接收数据帧。

② 网络层主要提供无链接的数据报传输服务，进行网络连接的建立、终止以及 IP 地址的寻找。

③ 传输层主要由 TCP（传输控制协议）和 UDP（用户数据报协议）实现应用程序之间的通信。

④ 应用层主要提供面向用户的接口和服务支持。

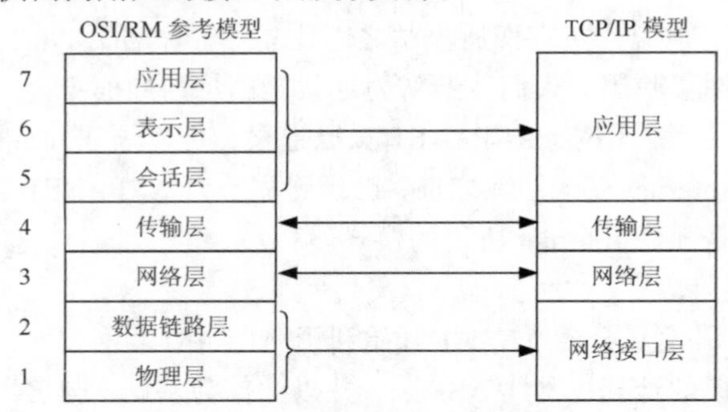

图 7-1　OSI 与 TCP/IP 参考模型

2. TCP/IP 协议簇

TCP/IP（Transmission Control Protocol/Internet Protocol）是一种网际互联通信协议，是能够在多个异构网络和异种计算机间实现信息传输的协议簇。该协议簇包含了 FTP、IP、SMTP、TCP、UDP 在内的 100 多个相互关联的协议，由于 TCP 和 IP 是其中最核心的两个协议，故把因特网协议簇称为 TCP/IP 协议。在任何一台计算机或终端上，只要安装了 TCP/IP 协议，无论运行的是何种操作系统，就能够接入 Internet 并实现相互通信。

TCP/IP 协议采用分组交换的通信方式。数据在传输时被分成若干段，每个数据段就是一个基本传输单位，好比把一封长信，分装在几个信封中邮寄出去。

（1）IP 协议

网际协议（Internet Protocol，IP）负责 Internet 上网络之间的通信，并详细定义了数据从一个网络传输到另一个网络应当遵循规则的细节，是 TCP/IP 协议的核心。为了使连接到因特网上的所有计算机都能够彼此通信，就需要使用同一种语言，IP 协议就是这种语言。IP 协议能够适应多样化的网络硬件，任何一个网络只要可以从一个地点向另一个地点传送二进制数据，就可以使用 IP 协议加入因特网。

数据从一个网络传到另一个网络之前，IP 协议在发送端将数据分成一个个数据包，数据包中包括了 IP 源地址、IP 目的地址和数据。这样，路由器就可根据数据报中提供的 IP 地址决定它在 Internet 中的传输路径，通过路由器的多次转发，直至发送至目的主机。

（2）TCP 协议

传输控制协议（Transmission Control Protocol，TCP）把数据分成若干个数据报，并给每个数据报加上一个报头（好比信封），上面标有数据报的编码，便于在接收端将数据还原。

TCP 协议解决了 Internet 分组交换通道中数据流量超载和传输拥堵的问题，也可以在互联网络上提供可靠的传输服务。TCP 通过下列方式来提供可靠性：

① TCP 在发出一个数据报后，会启动一个定时器，等待目的端确认收到这个数据报。如果得不到及时的确认，将重新发送该数据报。

② TCP 将保持它首部和数据的检验和。这是一个端到端的检验和，目的是检测数据在传输过程中的任何变化。如果收到段的检验和有差错，TCP 将丢弃这个报文段和不确认收到此报文段（通知发出端超时并重发）。

③ TCP 报文段是作为 IP 数据报来传输，而由于数据报的传输路径（路由）多变，会造成 IP 数据报到达目标地后可能会出现顺序颠倒，TCP 将对收到的数据报按照原来的顺序重新排序后交给应用层。

④ 如果由于网络硬件故障等原因造成 IP 数据报重复发送，TCP 的接收端会自动监测并丢弃重复的数据报。

7.1.3　IP 地址

为了使接入 Internet 网络的不同计算机之间实现通信，每台计算机都必须有一个与其他计算机不重复的唯一地址，这个地址就相当于计算机的名字。IP 地址是在 Internet 网络上设备的名字，是 IP 协议提供的统一的地址格式。目前，IP 地址在 Internet 中唯一的通信地址，也是全球认可的通用地址格式。常见的 IP 地址分为 IPv4 与 IPv6 两大类。

1. IPv4 地址

IPv4 地址是由长度为 32 位的二进制数组成，通常被分割为 4 个“8 位二进制数”，也就是 4 个字节，比如：11011110.00011110.11100110.00001010。

由于使用二进制数表示的 IP 地址不方便书写和记忆，通常将 32 位的二进制地址以“点分十进制”的形式表示成“xxx.xxx.xxx.xxx”。其中，xxx 都是范围在 0～255 之间的十进制整数。比如前面的二进制 IP 地址转换成相应的十进制表示形式为：222.30.230.10，具体转换过程如图 7-2 所示。

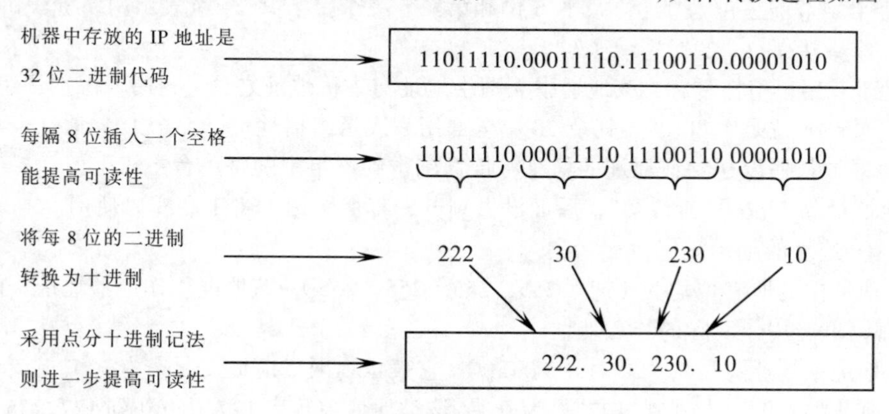

图 7-2　IPv4 的“点分十进制”表示方法

每个 IP 地址包含网络号和主机号两部分。网络号用于识别一个逻辑网络，其位数决定了可以分配的网络数；主机号用于识别逻辑网络中一台主机的一个链接，其位数决定了网络中最大的主机数。然而，由于整个互联网所包含的网络规模可能比较大，故将 IP 地址空间划分成不同的类别，每一类具有不同的网络号位数和主机号位数。

IP 地址中网络部分通常分成 A、B、C、D 和 E 五大类，如图 7-3 所示。

A 类地址（用于大型网络）：第一个字节标识网络地址，后三个字节标识主机地址；A 类地址中第一个字节首位总为 0，其余 7 位表示网络标识，A 类地址第一个数为 0～127。

B 类地址（用于中型网络）：前两个字节标识网络地址，后两个字节标识主机地址；B 类地址中第一个字节前两位为 10，余下 6 位和第二个字节的 8 位共 14 位表示网络标识，因此，B 类地址第一个数为 128～191。

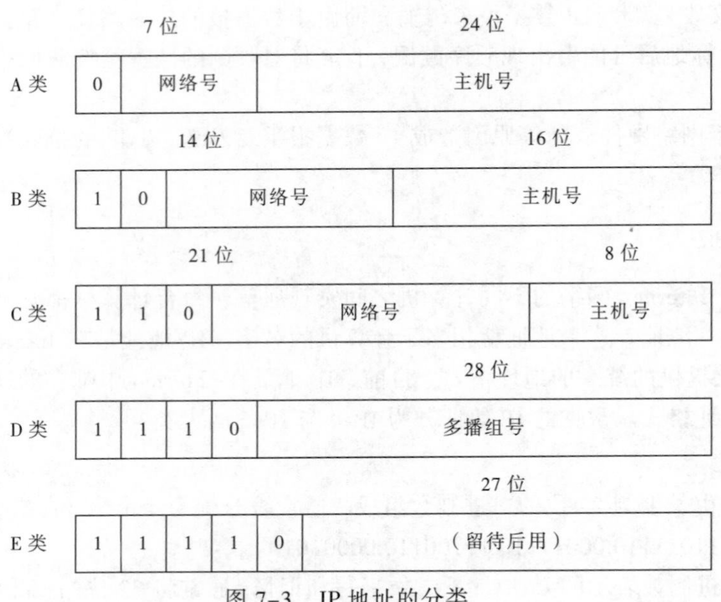

图 7-3 IP 地址的分类

C 类地址（用于小型网络）：前三个字节标识网络地址，最后一个字节标识主机地址；C 类地址中第一个字节前三位为 110，余下 5 位和第二、三个字节共 21 位表示网络标识，因此，C 类地址第一个数为 192～223。

D 类地址：用于组播传输，该地址中无网络地址与主机地址之分。它用来识别一组计算机。其格式为：最高 4 位是“1110”，其余 28 位全部用来表示组播地址。一个 D 类地址表示一组主机的共享地址，任何发送到该地址的信息将传送副本到该组中的每一台主机上。

E 类地址最高 5 位为“11110”，后面没做划分，都保留用于将来和实验使用。

此外，IP 地址的编码规定：

① IP 地址中的所有位均为 1 时（255. 255. 255. 255），该地址用作广播地址，向网上所有结点广播，不能用作实际的结点地址。

② IP 地址中的所有位均为 0 时（0.0.0.0），它表示本网络地址。

③ IP 地址中不能以十进制“127”作为开头，该类地址中数字 127.0.0.1 到 127.255.255.255 用于回路测试。

④ IP 地址中的第一个 8 位组也不能全置为“0”，全“0”表示本地网络。

2. IPv6 地址

随着互联网的迅速发展，IPv4 定义的有限地址空间将被耗尽，严重制约了互联网的应用和发展。2011 年 2 月，国际互联网名称与数字地址分配机构（ICANN）的全球最后一批 IPv4 地址分配耗尽。为了扩大地址空间，全球互联网权威机构 IETE （即互联网工程任务组）设计了的下一代 IP 协议，即 IPv6，用于替代 IPv4。IPv6 采用 128 位地址长度，是 IPv4 地址长度的 4 倍，几乎可以不受限制地提供地址。按保守方法估算 IPv6 实际可分配的地址，则整个地球的每平方米面积上仍可分配 1000 多个地址。

IPv6 不仅能解决网络地址资源数量不足的问题，而且能解决端到端 IP 连接、服务质量、安全性、多播、移动性、即插即用等问题。随着互联网的飞速发展和互联网用户对服务水平要求的不断提高，IPv6在全球将会越来越受到重视。

IPv4的“点分十进制”表示格式不再适用，IPv6采用十六进制表示方法，主要有三种：冒分十六进制表示法、0位压缩表示法和内嵌IPv4地址表示法。其中，“冒分十六进制表示法”的格式为×:×:×:×:×:×:×:×，其中每个×表示地址中的16bit，以十六进制表示，如AB1D:2F01:20E5:6709:AB1D:2F01:20E5:6709。

3. 子网掩码

子网掩码（Subnet Mask），又称网络掩码、地址掩码、子网络遮罩，它是一种用来指明一个IP地址哪一部分是网络地址，哪一部分是主机地址，使路由器能够正确判断任意一个IP地址是否是本网段的，从而正确地进行路由。子网掩码不能单独存在，它必须结合IP地址一起使用。

子网掩码是一个32位的二进制数，其对应网络地址的所有位都置为1，对应于主机地址的所有位都置为0。对于A类地址来说，默认的子网掩码是255.0.0.0；对于B类地址来说默认的子网掩码是255.255.0.0；对于C类地址来说默认的子网掩码是255.255.255.0。

4. 域名DNS

因特网上的每个节点都使用IP地址唯一标识，并且可以通过IP地址被访问。但即使将32位的二进制IP地址表示成4个0～255的十位数形式，也依然太长、太难记，于是人们发明了域名。DNS是域名系统“Domain Name System”的缩写，是因特网上解决网上机器命名的一种系统，是因特网的一项核心服务。域名可将一个IP地址关联到一组有意义的字符上去，这样，人们不需要去记住IP数串就可以访问互联网。

用户访问一个网站的时候，既可以输入该网站的IP地址，也可以输入其域名，对访问者而言，两者是等价的。比如：Web服务器的IP地址是“222.30.230.10”，其对应的域名是“mzxy.hebtu.edu.cn”，不管用户在浏览器中输入的是“207.46.230.229”还是“mzxy.hebtu.edu.cn”，都可以访问其Web网站。

7.2 因特网的接入技术

任何一个用户要想使用Internet提供的服务，必须将计算机以某种方式连入Internet。本节介绍接入Internet的几种方式。

7.2.1 Internet接入概述

1. Internet的接入方式

目前，Internet的接入方式主要有两类：有线接入和无线接入。有线接入包括基于传统公用电话网（Public Switched Telephone Network，PSTN）的拨号接入、局域网接入、ADSL接入以及基于有线电视网的Cable Modem接入等，这类接入方式利用已有的传输网络从而可以提供经济实用的接入。FTTH等光纤接入方式虽然需要重新铺设线路，但却提供了远远高于前几种接入方式的传输速率。无线接入则包括IEEE 802.11 b/g/n、WiFi、Blue Tooth等众多的无线接入技术。相对于有线接入来说，无线接入的用户上网更加自由和方便。

2. ISP

服务提供商（Internet Service Provider，ISP）是提供Internet服务的机构，是用户接入Internet

的入口点。ISP一般具有以下3个方面的功能：为用户提供Internet接入服务；为用户提供各类信息服务；为申请接入Internet的用户计算机分配IP地址。

7.2.2 Internet接入技术

1. 电话拨号

个人在家里或单位使用计算机接入Internet，可采用的方法是电话拨号（也称为SLIP/PPP）方式。电话拨号可以得到与专线上网相同的Internet服务。通过SLIP/PPP连接到ISP的主机上后，用户计算机就成了Internet上的一个节点，享有Internet的全部服务。SLIP是一种比较老的连接方式，目的是提供通过串行线路（如电话线）访问Internet的方法，优点是实现起来比较容易。

2. 局域网

如果本地的用户计算机较多，而且有很多用户需要同时使用Internet，那么可以先把这些计算机组成一个局域网，再使用路由器通过专线与ISP相连，最后通过ISP的连接通道接入Internet。因此，有时也将这种接入方式称为专线接入。

3. ADSL

非对称数字用户线（Asymmetric Digital Subscriber Line，ADSL）即非对称数字用户环路技术，是一种通过标准双绞电话线给家庭、办公室用户提供宽带数据服务的技术。它利用分频技术，把普通电话线路所传输的低频信号和高频信号分离，即在同一条电话线上同时传送数据和语音信号，数据信号不通过电话交换机设备，直接进入互联网，从而实现电话、数据业务互不干扰，素有“网络快车”的美誉。ADSL上网无须拨号，只需接通线路和电源即可，并且可以同时连接多个设备，包括ADSL Modem、普通电话机和个人计算机等。

ADSL最大特点是不需要改造信号传输线路，完全可以利用普通铜质电话线作为传输介质，配上专用的Modem即可实现数据高速传输。由于其下行速率高、频带宽、性能优、安装方便、不需要缴付额外的电话费等特点而一度深受广大用户喜爱。

4. 混合光纤同轴技术

电缆调制解调器（Cable Modem）是近年发展起来的又一种家庭计算机入网的新技术，它是一种利用我们大家最常用的、“四通八达”的有线电视网（Community Antenna Television，CATV）来提供数据传输的广域网接入技术。Cable Modem充分发挥了有线电视网同轴电缆的宽带优势，利用一条电视信道高速传输数据。

CATV与HFC是一种电视电缆技术。CATV是由广电部门规划设计的用来传输电视信号的网络，其覆盖面广，用户多。但有线电视网是单向的，只有下行信道，因为它的用户只要求接收电视信号，而并不上传信息。如果要将有线电视网应用到Internet业务中，则需要对其进行改造，使之具有双向功能。

混合光纤同轴电缆网（Hybrid Fiber Coax，HFC）是在CATV网的基础上发展起来的，除可以提供原CATV网提供的业务外，还能提供数据和其他交互型业务。HFC是对CATV的一种改造，在主线部分用光纤代替同轴电缆作为传输介质。

5. 光纤接入

光纤由于其大容量、保密性好、长距离、抗电磁干扰和雷击、重量轻等诸多优点，使光纤通信很好地适应了当今电力通信发展的需要。主干网络线路迅速光纤化，光纤在接入网中的广泛应用也是一种必然趋势。光纤接入技术实际上就是在接入网中全部或部分采用光纤传输介质，构成光纤用户环路（或称光纤接入网 OAN），实现用户高性能宽带接入的一种方案。

光纤接入所用的设备主要有两种，一种是部署在电信运营商机房的局端设备，称为光线路终端（OLT），另一种是靠近用户端的设备，称为光网络单元（ONU）。

光纤到户（Fiber To The Home，FTTH）是光接入网的应用类型之一，光网络单元（ONU）放在用户家中，即将光纤接到家庭中。将光纤直接接至用户家，其带宽、波长和传输技术种类都没有限制，适于引入各种新业务，是最理想的业务透明网络，是光纤接入网发展的最终方式。此外，光纤接入还有 FTTB（Fiber To The Building）光纤到大楼，FTTC（Fiber To The Curb）光纤到路边，FTTD（Fiber To The Desktop）光纤到桌面，等等。

6. 无线接入技术

伴随着互联网的蓬勃发展和人们对宽带需求的不断增多，人们希望能够在任何时候、从任何地方接入 Internet 或 Intranet，以收发电子邮件、召开视频会议、观看视频、读取信息、编辑共享文档等。移动智能设备（智能手机、平板电脑等）的大量普及，使得移动用户的数量与日俱增，促使电信公司和 Internet 服务提供商为用户提供更广泛的服务，在信息传送领域中出现无线网络和 Internet 结合的一种新的趋势，也就是无线接入技术。

无线接入技术，使用 WLAN、Wi-Fi、Bluetooth、移动通信等技术建立设备之间的通信链路，为设备之间的数据通信提供基础，也称为无线连接，常用的实现无线连接的设备有无线路由器、蜂窝设备等。

（1）无线局域网

无线局域网（Wireless LAN，简称 WLAN）是计算机网络与无线通信技术相结合的产物。它具有移动性强、组网灵活、扩容方便、可与多种网络标准兼容、应用广泛等优点。WLAN 既可满足各类便携机的入网要求，也可实现计算机局域网远端接入、电子邮件、图文传真等多种功能。

（2）Wi-Fi

Wi-Fi，在中文里又称“行动热点”，是无线局域网（WLAN）中的一部分。从 1999 年推出以来一直是生活中较常用的访问互联网的方式之一。但是，Wi-Fi 信号也是由有线网提供的，比如家里的光猫、小区宽带等，只要接一个无线路由器，就可以把有线信号转换成 Wi-Fi 信号。

（3）蓝牙

蓝牙（Bluetooth）是一种实现多种设备之间无线连接的协议。通过这种协议能使智能手机、平板电脑、笔记本式计算机、打印机等众多设备之间进行信息交换。蓝牙应用于手机与计算机的连接，可实现数据共享、因特网接入、无线免提、同步资料、影像传递等功能。

（4）移动通信技术

5G 移动网络是新一代通信技术的发展方向，与早期的 2G、3G 和 4G 移动网络一样，属于数字蜂窝网络。其优势在于：数据传输速率最高可达 10 Gbit/s，是 4G 网络的 10 倍以上，在 5G 网络环境好的情况下，1～3 s 就可以下载一部 1G 的电影；具有更快的响应时间，仅为 4G 的十分之一（4G 网络为 30～70 ms）；网络连接容量更大，即使 50 个客户在一个地方同时上网，也能有 100 Mbit/s 以上的速率体验。

7.2.3 IP 地址设置

计算机在接入 Internet 时，必须有唯一一个能够标识其身份的方法，IP 地址就是每台计算机在 Internet 中的一个身份标识。因此，必须对计算机进行参数设置后，才能够访问 Internet 网络。

如果是接入无线网络，计算机通常不需要设置 IP，系统默认的是“自动获得 IP 地址”和“自动获得 DNS 服务器地址”。但是，在接入时可能需要输入用户名和密码。

☞设置 IP 地址的操作步骤如下：

① 右击桌面上的“计算机网络”图标，在弹出的快捷菜单中选择“属性”命令，打开“网络和共享中心”窗口，如图 7-4 所示。

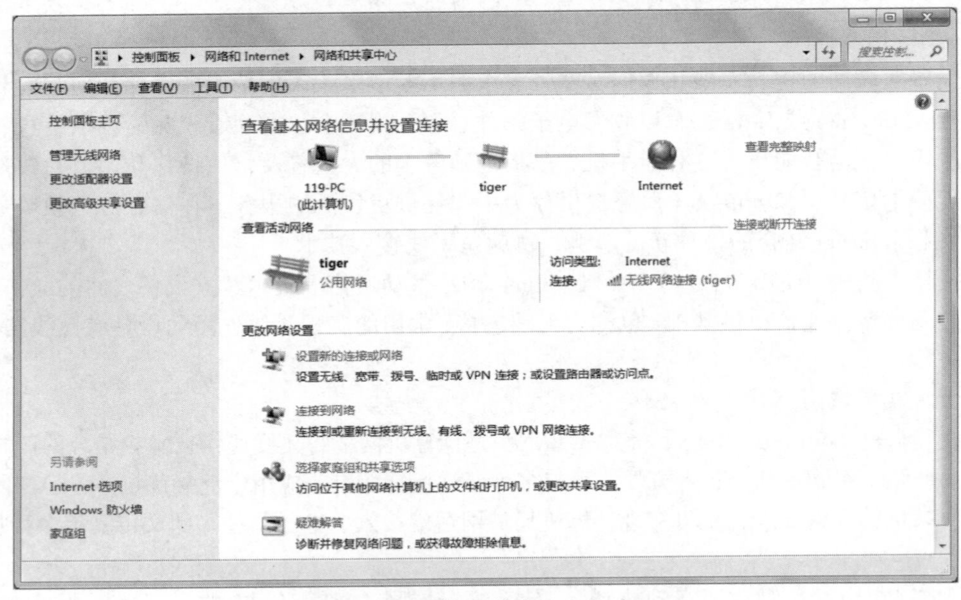

图 7-4 “网络和共享中心”窗口

② 单击左上方的“更改适配器配置”选项，弹出计算机网络连接窗口，如图 7-5 所示。

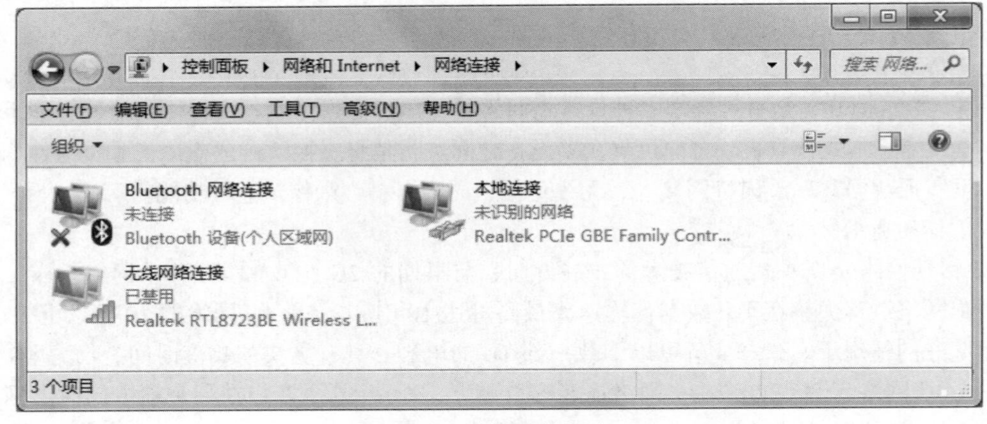

图 7-5 “网络连接”窗口

③ 右击“本地连接”图标，从弹出的快捷菜单中选择“属性”命令，打开“本地连接 属性”对话框，如图 7-6 所示。

④ 在“此连接使用下列项目”列表中选择“Internet 协议版本 4 （TCP/IPv4）”，单击“属性”按钮，弹出“Internet 协议版本 4（TCP/IPv4）属性”对话框，如图 7-7 所示。

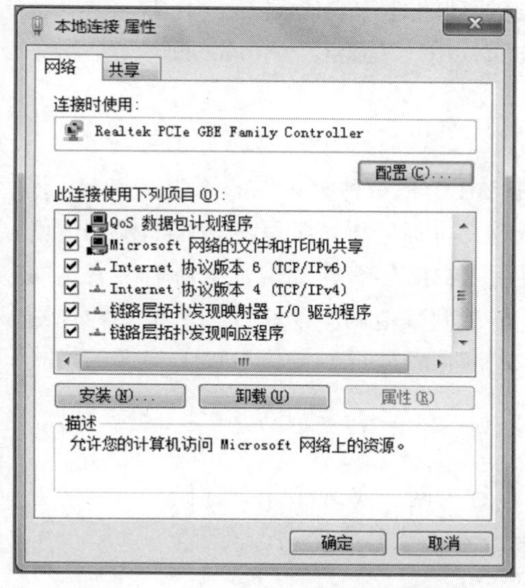

图 7-6 “本地连接 属性”对话框

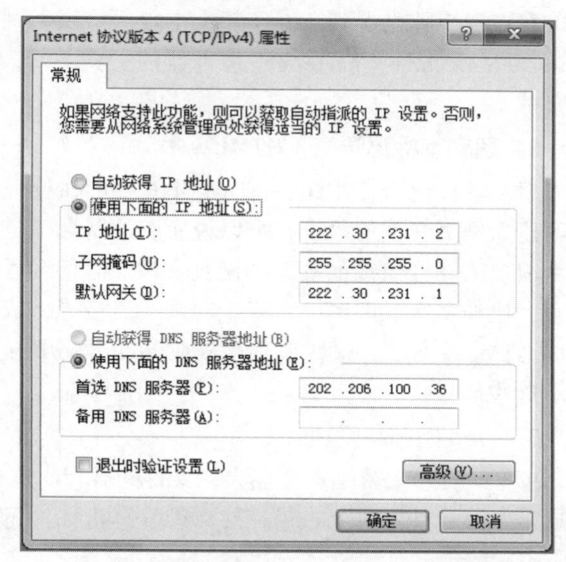

图 7-7 “Internet 协议版本 4（TCP/IPv4）属性”对话框

⑤ 在 IP 地址中输入相应的 IP 地址，比如“222.30.230.2”。在同一个局域网中，IP 地址的前 3 段一般都是相同的，只有最后一位不相同。子网掩码设置成“255.255.255.0”，默认网关可以省略，DNS 一般无需配置。

⑥ 设置完成后单击“确定”按钮即可。

7.3 因特网的应用

7.3.1 因特网信息浏览的基本概念和术语

万维网（World Wide Web，WWW），又被称为“环球网”，简称 WWW，是 Internet 上集文本、声音、图像、视频等多媒体信息于一身的全球信息资源网络，是 Internet 上的重要组成部分。WWW 包括了一套标准的、易为人们掌握的超文本开发语言 HTML、信息资源的统一定位格式 URL 和超文本传送通信协议 HTTP。下面来介绍一下 WWW 的相关概念。

1. 统一资源定位器（URL）

统一资源定位器（Uniform Resource Locator，URL）是因特网的万维网服务程序上用于指定信息位置的表示方法，是 WWW 页的地址。

URL 由下述几部分组成：

应用协议类型://信息资源所在主机名（域名或 IP 地址）/路径名/…/文件名

应用协议类型：指出 WWW 客户程序用来操作的工具，如“http://”表示 WWW 服务器，“ftp://”表示 FTP 服务器，“gopher://”表示 Gopher 服务器。

信息资源所在主机名：指出 WWW 页所在的服务器域名或 IP 地址。

路径：指明服务器上某资源的位置（其格式与 Windows 系统中的格式一样，通常有“目录/子目录/文件名”这样的结构组成），路径并非总是需要的。

例如：地址“http://www.hebtu.edu.cn/a/sdxb/xxgk/xxjj/index.html”，就是一个典型的 URL 地址。客户程序首先看到 http（超文本传送协议），便知道处理的是 HTML 链接。其中，主机名“www.hebtu.edu.cn”表示 Web 服务器的主页，“a/sdxb/xxgk/xxjj/”是路径，“index.html”是超文本文件。

2. 超文本标记语言（HTML）

超文本标记语言（Hyper Text Mark-up Language，HTML）是一种标识性的语言。HTML 是一种建立网页文件的语言，可以说所有的网页都是基于超文本标记语言编写的。HTML 文件就是由 HTML 命令组成的静态的网页文件。信息编写者使用 HTML 语言将在网页上所需要表达的信息，比如文字、图形、声音、动画、表格等，或者是链接到其他网页的超链接，按某种规则写成 HTML 文件，将这些信息存放在 Web 服务器上。客户浏览器就可以按照 HTML 定义的格式显示这些信息。

3. Web 网站与网页

WWW 实际上就是一个庞大的文件集合体，这些文件称为网页或 Web 页，存储在因特网上的成千上万台计算机上，提供网页的计算机称为 Web 服务器，或称为网站、网点。

4. 主页

网站的第一个网页称为主页。WWW 是通过相关信息的指针链接起来的信息网络，由提供信息服务的 Web 服务器组成。在 Web 系统中，这些服务信息以超文本文档的形式（网页）存储在 Web 服务器上。在每个 Web 服务器上都有一个主页（Home-page），它把服务器上的信息分为几大类，通过主页上的链接来指向不同的网页。主页反映了服务器所提供的信息内容的层次结构，通过主页上的提示性标题（链接指针），可以转到主页之下的各个层次的其他各个网页，如果用户从主页开始浏览，可以完整地获取这一服务器所提供的全部信息。

5. 超文本传输协议（HTTP）

超文本传输协议（Hyper Text Transfer Protocol，HTTP）是 Web 服务器与客户端浏览器或其他程序之间的应用层通信协议，即在 Web 服务器和用户计算机之间必须使用一种特殊的语言。在 Internet 上的 Web 服务器上存放的都是超文本信息，为了将网页的内容准确无误地传送到用户的计算机上，客户机需要通过 HTTP 协议传输所要访问的超文本信息。

用户在阅读网页内容时使用一种称为浏览器的客户端软件，这类软件使用 HTTP 协议向 Web 服务器发出请求，将网站上的信息资源下载到本地计算机上，再按照一定的规则显示到屏幕上，成为图文并茂的网页。

6. 超媒体

在网页中，信息的呈现形式除了文本信息以外，还有包括声音、图像和视频（或称动态图像）等，统称为多媒体。在多媒体的信息浏览中引入超文本的概念，就是超媒体。

7.3.2 浏览器的基本操作

浏览器（Browser）是用户通向 WWW 的桥梁和获取 WWW 信息的窗口。通过浏览器，用户可以浏览网页、访问网站、收发电子邮件，可以在浩瀚的 Internet 海洋中搜索和浏览自己感兴趣的所有信息。目前，常用的工具便是微软公司的 Internet Explorer（简称 IE）浏览器，另外，也有 360 浏览器、火狐浏览器、QQ 浏览器等。这些浏览器在使用界面和支持功能上各有特点，但对于初学者来说，从基本的使用角度上讲并没有本质性的区别，只要掌握其中的一种使用即可。下面以 IE 浏览器为例介绍浏览器的主要概念和基本应用。

1. IE 浏览器简介

☞打开 IE 浏览器的方法是：

依次执行“开始”→“所有程序”→“Internet Explorer”命令，或者在 Windows 桌面上双击 IE 浏览器的图标，即可打开 IE 窗口，如图 7-8 所示。IE 窗口主要由标题栏、地址栏、网页选项卡、菜单栏、状态栏和搜索栏等组成。

图 7-8 IE 浏览器窗口

2. IE 浏览器的使用

下面以 IE 浏览器为例，简单介绍一些浏览器的使用技巧。

（1）浏览网页

打开 IE 浏览器之后，在地址栏里输入要访问的网址，然后按回车键即可访问该网站。比如，如果要访问 WWW 网页，在地址栏里先输入“http://”（也可以不输入，浏览器会自动添加），然后输入 WWW 网站的域名或 IP 地址；如果要连接 FTP 服务器，就要先输入“ftp://”，然后输入 FTP 服务器的域名或 IP 地址。如果要访问用户之前打开过的网站，可以单击地址栏的下拉按钮，列表中将显示所有最近打开的网站地址，从中选取一个网址即可链接到对应的网站。

（2）刷新网页

如果长时间地在网上浏览，较早浏览的网页可能已经被更新，特别是一些提供实时信息的 WWW 网页或者 FTP 网站。为了得到最新的网页信息，可通过执行“查看”菜单中的“刷新”命令或单击【F5】键，实现对网页的更新。

（3）停止某个网页（Web）的下载

在浏览网页的过程中，如果遇到网络阻塞，会使访问速度减慢，导致网页经过很长时间也未能完全显示，那么可以通过单击浏览器地址栏右侧的“停止”按钮来停止对当前网页的载入。

（4）建立和使用收藏夹

在浏览 WWW 时，用户可以将经常访问或将喜欢的网页添加到“收藏夹”中保存，这样在以后访问该网页时，就不需要再次输入该网页的网址，直接通过收藏夹就可以快速访问所需的网页或站点。将当前网页添加到收藏夹的方法如下：

① 打开“收藏夹”菜单，从下拉列表中单击“添加到收藏夹”命令，打开“添加收藏”对话框，如图 7-9 所示。

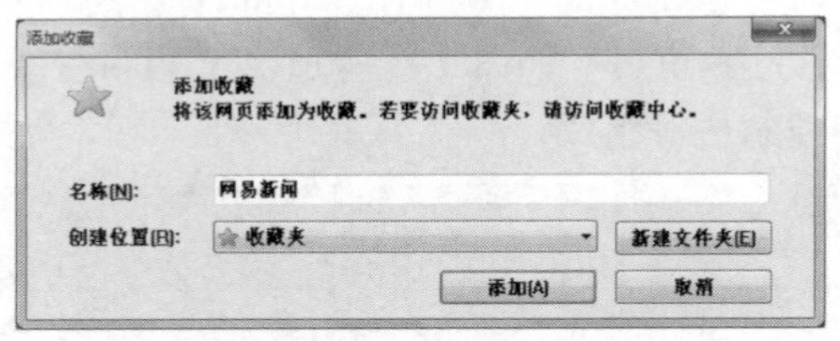

图 7-9 “添加收藏”对话框

② 此时，在“添加收藏”对话框的“名称”文本框中会显示当前收藏网页的名称，用户也可根据需要编辑或输入新的名称。

③ 在“创建位置”下拉列表中选择网页所在分组（文件夹），或通过单击“新建文件夹”来创建新的分组，然后单击“添加”按钮即可将当前网页存入“收藏夹”中。

④ 若要将某个网页从收藏夹中删除，只需单击“收藏夹”菜单，在打开的菜单中选择要删除的网页，右击该网页从快捷菜单中选择“删除”命令即可。

（5）使用历史记录快速浏览访问网页

如果用户需要重复访问某一网页，却忘记将该网页添加到收藏夹或收藏夹栏，此时，可以从历史记录列表中查找所需网页，如图 7-10 所示。在历史记录列表中保留了过去一天、一周或三周之前曾经浏览过的网页和 Web 站点。

图 7-10 查看历史记录

打开“查看”菜单，选择“浏览器栏”命令，从子菜单中单击“历史记录”命令，即可打开历史记录列表，其中列出了在今天、昨天甚至几个星期前曾经访问过的网页。其中的网页默认按访问时间顺序排列。单击某个星期，即可将其展开，从中单击所需访问的 Web 页，即可转到该网页。

（6）保存网页内容

① 保存网页

在浏览网页时，如果想在无法上网的计算机上也可以查看某一网页，用户可以将该网页保存到本地计算机中，以便随时查阅。

☞操作方法是：

方法一：打开“文件”菜单，选择“另存为”命令，在打开的“保存网页”对话框中选择保存网页的路径，并输入网页名称，然后在“保存类型”下拉列表框中选择保存网页的类型，单击“保存”按钮，即可完成当前网页的保存。

方法二：如果想要保存某个网页而不在当前网页中单击超链接打开，可右击要保存的网页链接，在弹出的快捷菜单上选择“目标另存为”命令即可，保存类型为.htm。

网页的保存类型通常有以下 4 种。

- Web 页（全部）：保存后的网页会保留布局和排版的全部信息，包括页面中的图像信息。保存完成后，会在保存的目录下生成一个.html 或.htm 文件和一个文件夹，文件夹中包含了网页的图像和其他信息。可以用 IE 打开并脱机浏览此类文件。
- Web 档案（单一文件）：保存后的网页会保留布局和排版的全部信息，但只会生成文件类型为.htm 单一文件。相比前一种保存方式更易管理。可以用 IE 打开并脱机浏览此类文件。
- Web 页（仅 HTML 文档）：保存后的网页不包含网页中的图像信息和其他相关信息，只有文字信息。保存文件类型为.htm 和.html。可以用 IE 打开并脱机浏览此类文件。
- 文本文件：保存后的网页会生成一个单一的文本文件，网页中的所有多媒体信息全部丢失，保存文件类型为.txt。

② 保存网页中的图片

打开图片所在的源地址（网页），右击要保存的图片，在弹出的快捷菜单中选择“图片另存为”命令。此时会打开“保存图片”对话框，从中选择图片要保存的位置，为图片命名，以及选择图片的保存类型.jpg 或.bmp。

③ 保存网页中的文本

在网页上可直接拖动鼠标选中要复制的文本信息，然后在选中的文字区域内右击，在弹出的快捷菜单中选择“复制”命令，即可将文本复制到剪贴板。然后将剪贴板的文字内容粘贴到其他软件中保存起来。

3. 配置 IE 浏览器

一般情况下，用户在建立“连接”以后，基本上不需要什么配置就可以上网浏览了。但是浏览器的默认配置并非对每一个用户都适用，有时我们需要对浏览器进行一些手动配置，让它更好地工作。

（1）设置 IE 访问的默认主页

用户每次打开 IE 浏览器都会自动打开一个 Web 页，这个网页就被称为主页。浏览器会有一个默认的主页，用户也可以根据自己的需要，将经常访问的 Web 页设置为主页。这样，以后每次启动 IE 浏览器时，IE 浏览器会首先访问用户设定的主页内容。

☞操作步骤如下：

① 在 IE 浏览器中打开要设置为主页的 Web 页。

② 在 IE 浏览器窗口中，依次执行“工具”菜单→“Internet 选项”命令，打开“Internet 选项”对话框，选择“常规”选项卡，如图 7-11 所示。

③ 在“主页”选项组中，单击“使用当前页”按钮，即可将当前正在浏览的 Web 页设置为主页，也可以在文本框中直接输入需要设置为主页的网站地址。单击“使用默认值”按钮，将恢复该浏览器的默认的主页设置；单击“使用空白页”按钮，则每次启动该浏览器时都会显示一个空白窗口，不会载入任何网站。

④ 设置完成后单击“确定”按钮即可。

（2）配置临时文件夹

用户所浏览的网页存储在本地计算机中的一个临时文件夹中，当再次浏览时，浏览器会检查该文件夹中是否有这个文件，如果有的话，浏览器将把该临时文件夹中的文件与源文件的日期属性作比较，如果源文件已经更新，则下载整个网页，否则显示临时文件夹中的网页。这样可以提高浏览速度，而无须每次访问同一个网页时都重新下载。

☞操作步骤如下：

① 在 Internet 浏览器窗口中，依次执行“工具”菜单→“Internet 选项”命令，打开“Internet 选项”对话框，如图 7-11 所示。

② 在“常规”选项卡中，单击“浏览历史记录”栏中的“设置”按钮，打开“网站数据设置”对话框，如图 7-12 所示，从中设置“检查所存网页的较新版本”，包括以下选项：

- “每次访问网页时”单选按钮：用户每次访问一个网页时都不访问缓存中的临时文件，而是直接向服务器发出访问请求，从而保证访问到网页的最新内容。

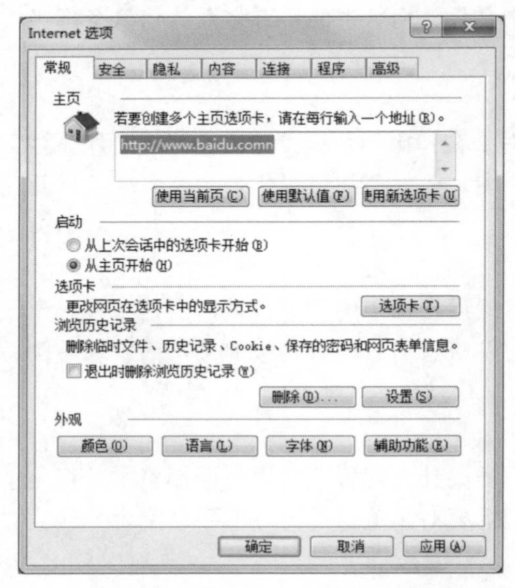

图 7-11 “Internet 选项”对话框

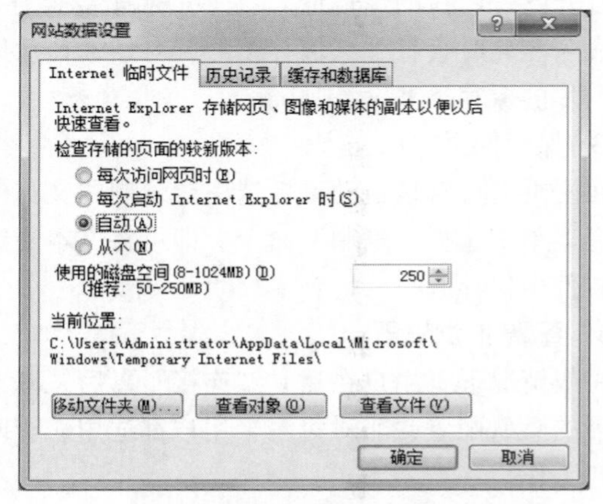

图 7-12 “网站数据设置”对话框“Internet 临时文件”选项卡

- “每次启动 Internet Explorer 时”单选按钮：表示在浏览器每次启动时，如果是第一次访问一个页面，直接向服务器发出访问请求。但是，在浏览器运行期间对该页面的后续访问是直接使用缓存中的内容。这样可以保证每次启动浏览器后看到的都是最新的网页内容。
- “自动”单选按钮：让浏览器自动判断是否需要调用缓存中的临时文件，推荐选项。
- “从不”单选按钮：只要临时文件夹中有该网页，浏览器将不会向服务器发出访问请求，而是调用缓存中的临时文件显示给用户，此种方法速度最快，但浏览的很可能是过期的内容。

③ 在“网站数据设置”对话框中，设置“使用的磁盘空间”来改变 Internet 临时文件夹的大小，从而保证有足够的磁盘空间来存放临时文件。这样，在打开经常访问的网站时，大量的网页信息直接从本地临时文件夹中读取而无需从网站重新下载，从而提高了访问速度。

④ 单击“查看文件”按钮可以打开临时文件所存放的文件夹。

⑤ 设置完成后单击“确定”即可。

（3）设置历史记录保存天数以及删除历史记录

通过查看历史记录，用户可以快速找到之前访问过的网页。网页默认的历史天数是 20 天，用户可自行设定网页保存在历史记录中的天数。

☞操作步骤如下：

① 在 Internet 浏览器窗口中，依次执行“工具”菜单→“Internet 选项”命令，打开“Internet 选项”对话框。

② 在“常规”选项卡中，单击“浏览历史记录”栏中的“设置”按钮，打开“网站数据设置”对话框。选择“历史记录”选项卡，在“在历史记录中保存网页的天数”中设置要保留的天数，如图 7-13 所示。

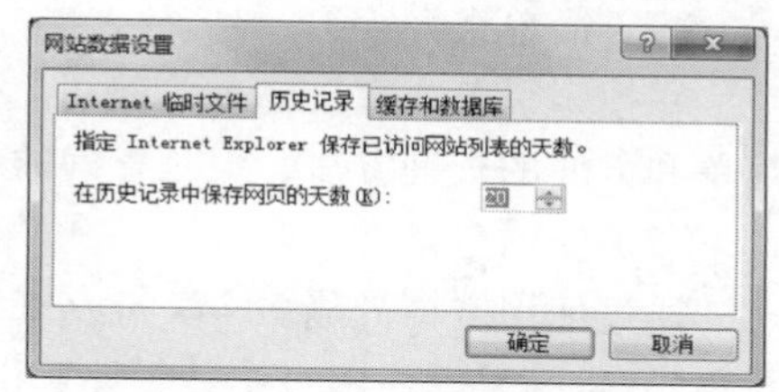

图 7-13　“网站数据设置”对话框“历史记录”选项卡

7.4　信息检索与搜索引擎

在大数据时代，网络上的信息只能用浩如烟海来形容，这使得人们在面对海量信息时往往无所适从，很难得到自己想要的信息资源。本节主要介绍如何使用搜索引擎快速检索到所需信息。

7.4.1　信息检索的概念

信息检索就是用户在网络上进行信息查询和获取的主要方式，是获取信息的方法和手段。信息检索有广义和狭义之分。广义的信息检索全称为“信息的存储与检索”，是指将信息按一定的方式组织和存储起来，并根据用户的需要找出有关信息的过程。狭义的信息检索为“信息存储与检索”的后半部分，通常称为“信息查找”或“信息搜索”，是指从信息集合中找出用户所需要的有关信息的过程。狭义的信息检索包括 3 个方面的含义，即了解用户的信息需求、信息检索的技术或方法、满足信息用户的需求。

7.4.2　常用搜索引擎

随着网络信息的迅速膨胀，用户希望能快速并且准确的查找到自己所要的信息。搜索引擎就是指根据用户需求和一定的算法，运用特定的策略从互联网中搜集信息，并对信息进行组织和处理之后，将用户检索的信息反馈给用户的系统。换言之，搜索引擎就是一种特殊的网站。这些网站将网络信息资源进行了组织和整理，并按照社会科学、教育、商业、娱乐等建立分类目录。在搜索引擎的帮助下，用户可以利用关键词、高级语法等信息检索方式快速捕捉到相关度极高的匹配信息。

搜索引擎是伴随互联网的发展而产生和发展的，几乎每个人上网都会使用搜索引擎。常用的搜索引擎有 Baidu（百度）、Google（谷歌）、360 搜索、Sogou（搜狗）等，其中，百度和谷歌是搜索引擎的主要代表，也是目前较为成功的搜索引擎系统。一般情况下，用户可以通过百度和谷歌搜索引擎来完成搜索。

7.4.3 搜索引擎使用

搜索引擎可以为计算机用户提供快捷方便的信息检索服务，因此，掌握搜索引擎的使用技巧可以使用户加快信息查询的速度，使查询结果更加精确。

下面介绍信息搜索的常用技巧：

（1）简单查询

在搜索引擎中直接输入关键词，然后单击“搜索”，系统会很快返回查询结果。这虽然是最简单和方便的查询方法，但是查询的结果可能包含着许多无用的信息。

（2）使用空格

通过使用空格分隔多个关键字来缩小搜索范围。比如，在搜索引擎中输入“计算机基础 教材”，搜索结果返回网页中关于计算机基础教材的相关网址，但结果仍不是很准确。

（3）使用双引号（" "）

如果要实现精确的查询，可以在查询的关键词上加半角双引号。比如，在搜索引擎中输入“"计算机基础"”，搜索结果返回网页中有“计算机基础”这个关键字的网址，而不会返回诸如“计算机技术学习基础”之类网页，如图 7-14 所示。

图 7-14 使用“" "”的搜索

（4）使用加号（+）

在关键词的前面使用加号，即该关键词必须出现在搜索结果中的网页上。比如，在搜索引擎中输入“+搜索引擎+技巧”就表示要查找的内容必须要同时包含“搜索引擎、技巧”这两个关键词，如图 7-15 所示。

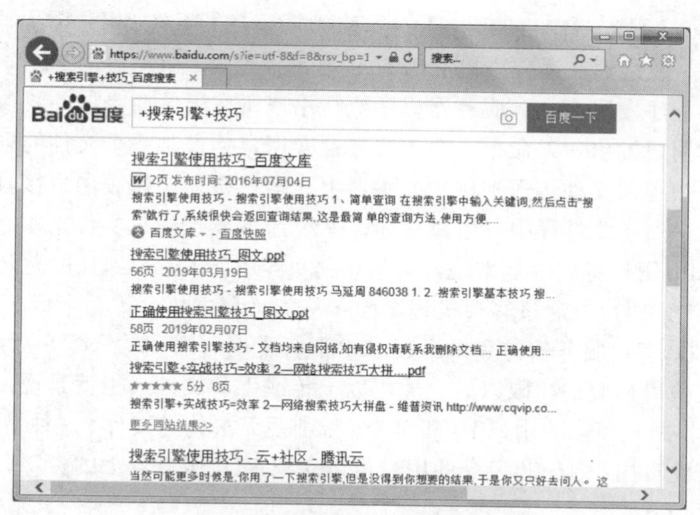

图 7-15　使用“+”的搜索

（5）使用减号（-）

在关键词的前面使用减号，可以使查询结果中不出现该关键词。比如，在搜索引擎中输入“教学视频 -广告”，表示最后的查询结果中一定不包含“广告”。注意在减号前面要加空格。

（6）使用通配符（*和?）

通配符包括星号（*）和问号（?），*号代表任意多个字符，?号代表任意一个字符，主要用在英文搜索引擎中。比如：输入“computer*”，就可以找到“computer、computers、computerised、computerized”等单词，而输入“loo?”，则只能找到“loom”“look”等单词。

（7）使用布尔检索

布尔检索是指通过标准的布尔逻辑关系来表达关键词与关键词之间逻辑关系的一种查询方法。当用户输入多个关键词时，各个关键词之间的关系可以用逻辑关系词来表示，即“AND”和“OR”的方法。使用“AND”关键词表示它所连接的两个关键词必须同时出现在查询结果中，如“计算机基础 AND 教材”；使用“OR”关键词则表示所连接的两个关键词中任意一个出现在查询结果中就可以，如“光纤 OR 双绞线”。

7.5　利用 FTP 进行文件传输

7.5.1　文件传输协议

文件传输就是指将一个文件从一台计算机传输到另一台计算机上。在 Internet 网上，用户如果要从服务器上获取文件副本并下载到本地计算机上，或将本地计算机上的一个文件上传到

服务器实现资源的共享，就需要使用支持文件传输的协议。文件传输协议(File Transfer Protocol，FTP)是Internet网上两台计算机传送文件的协议，用于控制文件的双向传输，是Internet上使用最早的协议之一。使用FTP传输的文件被称为FTP文件，提供文件传输服务的服务器称为FTP服务器。

与大多数Internet服务一样，FTP也是一个客户机/服务器系统。用户需要通过一个支持FTP协议的客户机程序，连接到在远程主机上的FTP服务器程序。用户启动FTP客户软件，通过客户机程序向服务器程序发出命令，服务器程序执行用户所发出的命令，并将执行的结果返回到客户机。比如说，用户发出一条命令，要求服务器向用户传送某一个文件的副本，服务器会响应这条命令，并将指定的文件传送到用户的机器上。客户机程序代表用户接收到这个文件，将其存放在用户目录中。在此过程中，用户从远程FTP服务器上拷贝文件至本地计算机上，称为下载文件(download)；用户将文件从本地计算机中拷贝至FTP服务器上，称为上传文件(upload)。用Internet语言来说，用户可通过客户机程序向（从）远程主机上传（下载）文件。

用户在使用FTP客户服务软件登录远程FTP服务器时，必须输入用户ID和口令登录，只有在远程服务器上获得相应的权限以后，才可以上传或下载文件。也就是说，要想同哪一台计算机传送文件，除非拥有登录的用户ID和口令，否则便无法传送文件。这种情况违背了Internet的开放性。为了使没有用户ID和口令的用户可以获取FTP服务器上的资源，就衍生出了匿名FTP。

通过匿名FTP机制，用户无需成为注册用户，就可以连接到远程服务器上，进行文件的下载。系统管理员建立了一个特殊的用户ID，名为anonymous。Internet上的任何人在任何地方都可使用该用户ID。通过FTP程序连接匿名FTP主机的方式同连接普通FTP主机的方式差不多，只是在要求提供用户ID时必须输入anonymous，并输入任意的字符串作为口令。习惯上，用自己的E-mail地址作为口令，使系统维护程序能够记录下来谁在存取这些文件。

7.5.2 从FTP网站下载文件

目前，流行的浏览器软件中都内置了对FTP协议的支持，用户可以通过浏览器窗口实现对FTP浏览器的访问和文件下载操作。用户在浏览器或资源管理器的地址栏中输入如下格式的URL地址“ftp://[用户名：口令@]ftp服务器域名：[端口号]”，这样就可以访问一个FTP服务器。如果用户匿名访问该服务器，可以省略用户名和口令。

☞操作步骤如下：

① 打开IE浏览器，在地址栏中输入要访问的FTP网站的地址，比如，输入河北师范大学附属民族学院的教学FTP服务器网址“ftp://222.30.230.12”，按【Enter】键后，输入“用户名”和“口令”即可进入该FTP站点。

② 在打开的FTP网页窗口中，显示最高一层文件夹列表，包含了文件或目录的名称，以及文件大小、日期等信息。

③ 双击某个目录名称进入子目录，查找所需文件。右击需要下载的文件，在弹出的快捷菜单中选择“复制到文件夹”命令，打开“浏览文件夹”对话框，从中选择要复制到的文件夹，单击“确定”按钮，即可开始下载所选文件。也可以通过在FTP服务器上复制，找到目标文件夹后粘贴的操作完成文件的下载。

④ 待全部下载工作完成后，在硬盘中的指定文件夹中就可以找到所下载的文件副本。

7.5.3　使用专用工具传输文件

目前，除了浏览器提供的 FTP 文件传输功能以外，还有很多专用的 FTP 客户端工具，比如 FlashFXP、FlashGet、CuteFTP 等。下面就以 FlashFXP 工具为例进行介绍。

FlashFXP 是一款功能强大的 FXP/FTP 软件，集成了其他优秀的 FTP 软件的优点，具有目录比较、支持色彩文字显示、多目录选择文件、暂存文件夹等功能。其界面友好，简单易用。下面介绍 FlashFXP 客户端的配置方法。

☞操作步骤如下：

① 进入 FlashFXP 程序界面后，在右侧的远程浏览器中，单击最左边的“连接”命令，从下拉列表中单击“快速连接”命令，如图 7-16 所示。

② 打开“快速连接”对话框，如图 7-17 所示。在该对话框中进行以下内容的输入。

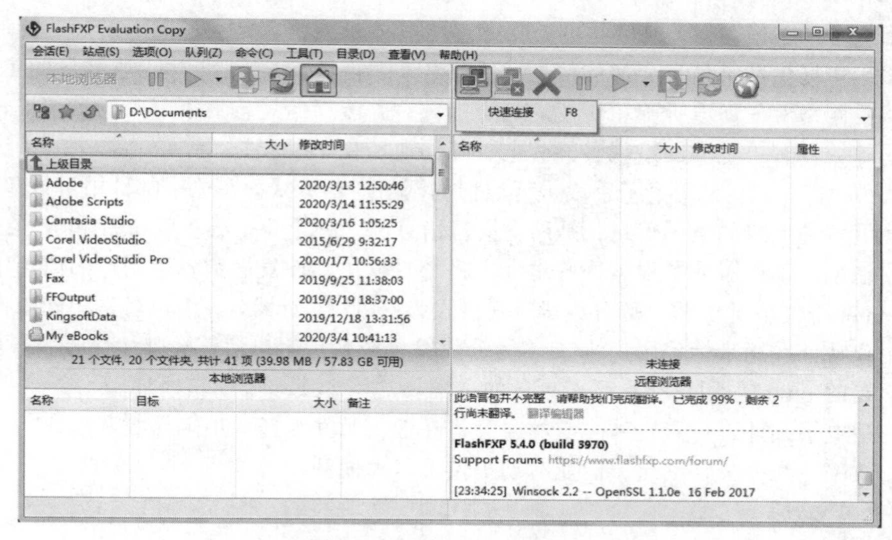

图 7-16　FlashFXP 主窗口

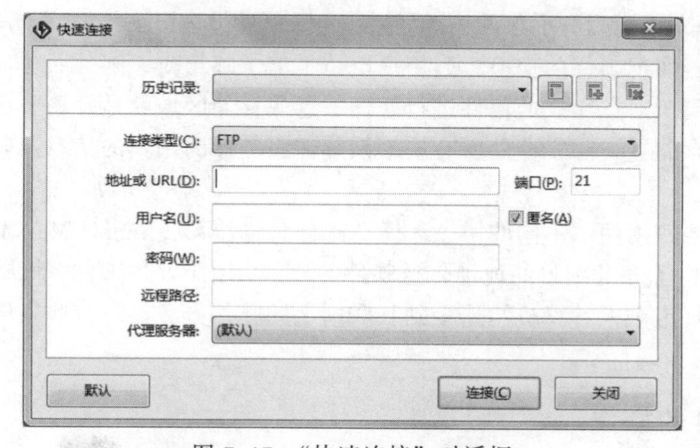

图 7-17　“快速连接”对话框

- “地址或 URL 栏”：输入要连接的 FTP 服务器的 IP 地址。
- “端口”：FTP 服务的监听端口，默认为 21。

- “用户名”：与服务器建立连接时进行身份验证，该用户必须是FTP服务器的合法用户。如果FTP服务器允许匿名访问，则选择匿名即可。
- “口令”：用户口令，在连接FTP服务器时，需要对用户口令进行核对。
- “远程路径”：指定连接服务器时进入的目录。

③ 然后单击“连接”按钮，连接成功以后，即可访问FTP服务器共享的目录。

7.6 电子邮件的使用

7.6.1 电子邮箱与电子邮件

1. 电子邮件

电子邮箱（E-mail Box）是邮箱网络化的一个具体系统，它是通过网络邮局这样的信息交换所为网络用户提供网络信息交换的信息场所。电子邮箱具有“接收”和“发送”的主要功能，可以自动接收网络上任何电子邮箱所发的电子邮件，并能存储规定大小以内的多种格式的电子文件。电子邮箱具有单独的网络域名，其电子邮局地址在@后标注。

电子邮件（E-mail）是用电子手段进行通信的网络通信方式。在电子邮件中可以包括文字、图像和声音等多种形式的电子信息，是网上交流信息的一种重要工具。E-mail和普通的邮件一样，也需要地址。邮件服务器根据这些地址，将每封电子邮件发送到各个用户的信箱中。一个完整的Internet邮件地址由两个部分组成，其格式为：用户名@域名。用户名是相同邮件服务器下的唯一用户特征，用来标识用户；“@”为分隔符；域名是用户信箱的邮件接收服务器域名。拥有电子信箱的Internet用户都有属于自己的、唯一的一个或多个邮箱地址。

用户使用电子邮件，可以突破时空的限制，在任何时间、任何地点接收和发送信件，大大提高了工作效率，为办公自动化，商业活动提供了很大便利。

2. 邮件服务器

电子邮件服务器是在因特网上提供电子邮件服务的服务器，是处理邮件交换的软硬件设施的总称，包括电子邮件程序、电子邮件箱等。它可为用户提供全由E-mail服务的电子邮件系统，人们通过访问服务器实现邮件的交换。当用户申请了电子邮箱时，邮件服务器就会为该用户分配一块存储区域，用于对该用户的信件进行处理，这块存储区域就是邮箱。因此，邮件服务器必须提供大容量的存储器，用于存储所有属于该邮件服务器的用户的信息及其信件，并对这些数据信息进行管理。

邮件服务器需要使用两个不同的协议。简单邮件传输协议（Simple Mail Transfer Protocol，SMTP）是一组用于由源地址到目的地址传送邮件的规则，用于发送邮件；邮局协议（Post Office Protocol，POP）是规定个人计算机与连接到互联网上的邮件服务器进行收发邮件的协议，用于接收邮件。

7.6.2 电子邮件的操作

要使用电子邮箱，用户首先需要在网上申请一个免费邮箱。目前，可供用户申请邮箱的通用邮件服务器有很多，比较著名的有网易、新浪、搜狐、QQ等。用户可以根据自己的喜好，选择合适的邮箱服务器（网站）申请电子邮箱。虽然不同的网站其界面各有不同，但电子邮件的申请过程和操作界面类似。下面就以网易电子邮箱的申请为例，为大家介绍电子邮箱的申请和使用方法。

1. 邮箱的申请

以网易 163 邮箱为例，先进入网易 163 邮箱主页，单击网页中的“注册免费邮箱”链接，即可跳转到注册页面，如图 7–18 所示。

☞操作步骤如下：

① 打开 IE 浏览器，在地址栏输入网址 www.163.com，回车进入网易站点。在邮件地址栏中输入邮箱名字（填写未被注册过的名字），在口令栏中输入邮箱口令（在以后登录邮箱时需要使用最初填写的邮箱名称和口令），在手机号码栏中输入需要完成验证的手机号码，选中同意服务条款选项，单击“立即注册”。

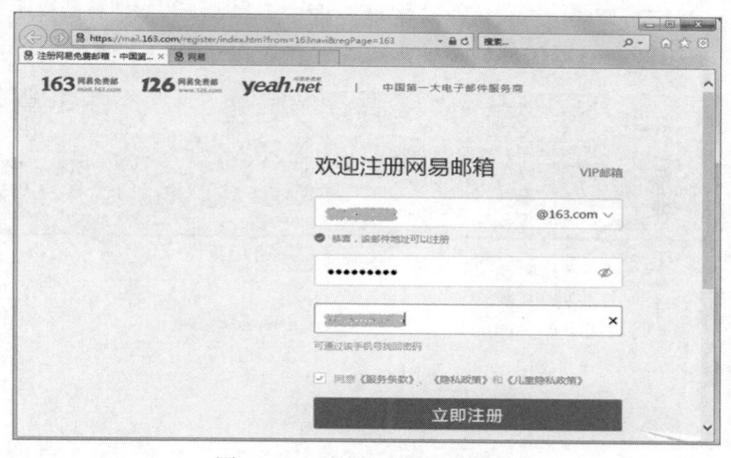

图 7–18　注册网易电子邮箱

② 进行手机验证，如图 7–19 所示。在网易邮箱中，需要用手机扫二维码，通过手机进行短信验证（有的网站通过手机接收验证码进行注册验证）。

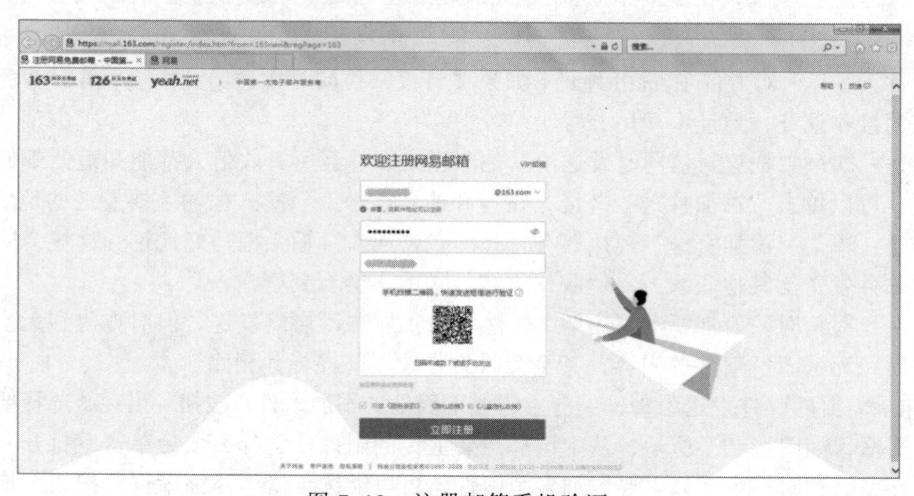

图 7–19　注册邮箱手机验证

③ 按照图 7–20 所示进行手机验证完成后，电子邮箱即可注册成功。

2. 发送电子邮件

下面就以刚申请的邮箱为例，介绍如何发送电子邮件。

☞操作步骤如下：

① 在浏览器的地址栏中输入 mail.163.com 后回车，进入 163 邮箱登录界面，输入用户名和口令，单击“登录”按钮，登录邮箱，如图 7-21 所示。

② 单击界面中的“写信”按钮，进入撰写邮件界面，如图 7-22 所示。

③ 在“收件人”输入栏中输入接收邮件的人的 E-mail 地址，如：76178758@qq.com，在“主题”框中输入主题。在正文编辑区中书写信件的相关内容，并且可以进行以下邮件设置：

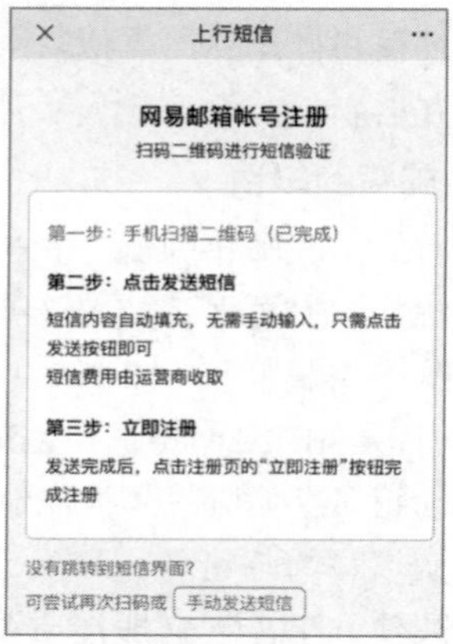

图 7-20　网易邮箱账号注册短信验证

图 7-21　登录邮箱界面

- 收件人：写上对方的 E-mail 地址。如果要将该邮件同时发送给几个人，可以在此输入所有的接收地址，地址中间用分号（;）分隔。
- 抄送：如果想把这封信同时发送给其他联系人，并且所有收信人都能知道此邮件的抄送人，可以单击“添加抄送”链接，在打开的“抄送人”输入框输入要发送的地址。
- 密送：单击“添加密送”链接，在打开的“密送人”输入框写好地址，这样会同时将这封邮件发送给其他联系人，但收件人和抄送人不会看到密送人。
- 主题：写信时一般都要书写主题，虽然不写主题并不影响发送，但对方收到无主题的信件后，无法了解信件的内容，甚至会认为是垃圾邮件将其删除。

④ 如果需要随邮件发送附件，单击主题栏下面的“添加附件”按钮，出现“选择要加载的文件”对话框，如图 7-23 所示，从中选择想要上传的附件，选择完成后单击“打开”按钮即可将该文件添加到附件中。如果要添加多个附件，可以继续单击“添加附件”按钮，依次将要发送的文件添加到附件中。一般情况下，对于多个文件的附件，建议将这些文件压缩成一个压缩文件，这样只需添加一个附件即可。

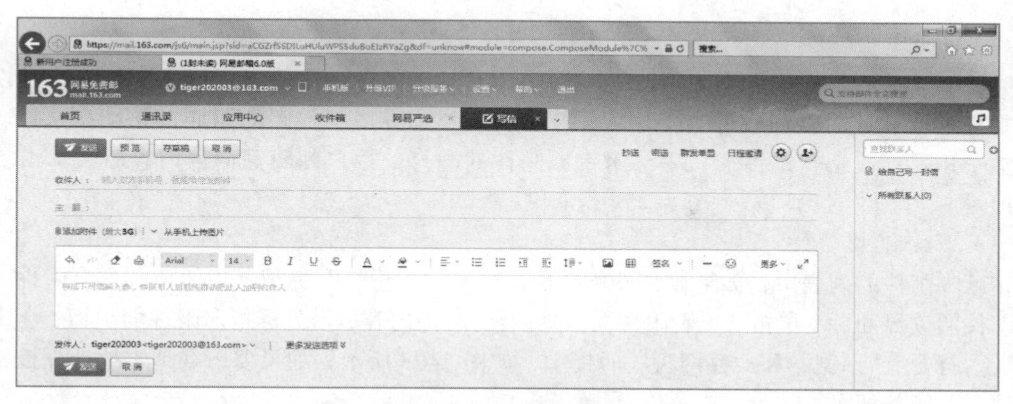

图 7-22　写邮件界面

图 7-23　添加附件界面

⑤ 添加好附件之后，单击“发送”按钮，会显示邮件发送成功界面。如果写好的邮件暂时不发送，可以单击“存草稿”按钮，将邮件暂时保存在“草稿箱”中。

3. 对收到的电子邮件的处理

（1）阅读邮件

在邮箱页面，单击左侧的“收件箱”选项，在右侧可以看到已收邮件的列表，未读邮件的字体加粗显示，如图 7-24 所示。选择要阅读的邮件，单击其主题，即可打开该邮件。

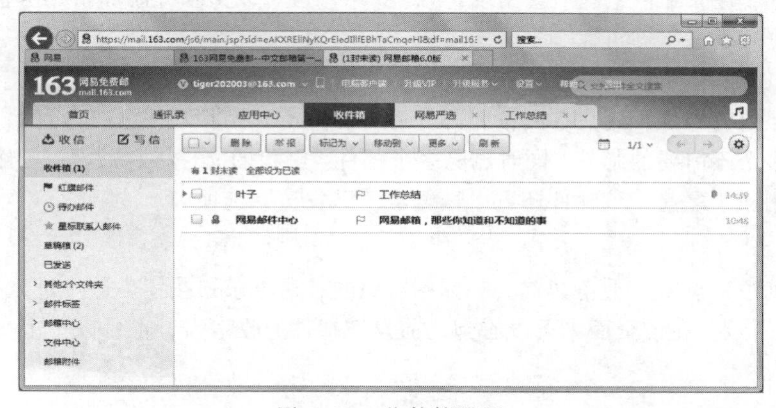

图 7-24　收件箱界面

（2）回复电子邮件

回复电子邮件是指给发来邮件的人写回信。在阅读邮件窗口单击“回复”按钮，可以进入写邮件界面，此时在“收件人”输入栏中会自动添加发来邮件人的地址，并且在原邮件主题前加“Re:”。在编辑邮件窗口中会附带原邮件的内容，用户编辑完回信内容后，单击“发送”即可。

（3）下载附件

在已收邮件的列表中，如果该邮件标题后面带有“回形针”标记，说明该邮件有附件。进入该邮件阅读界面后，单击“查看附件”，即可看到附件内容，用鼠标指向附件的图标，会出现“下载”“打开”“预览”和“存网盘”的提示，如图 7–25 所示。如果要下载到本地计算机，单击“下载”链接即可。

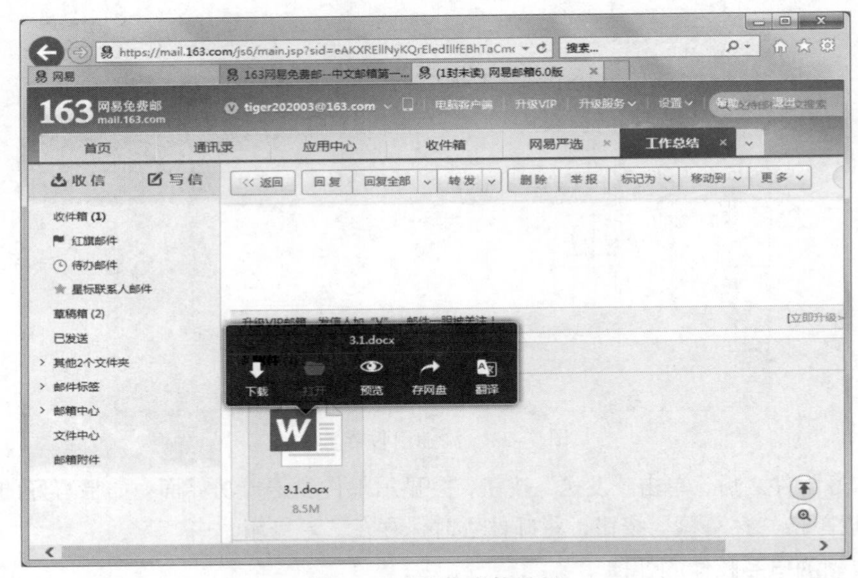

图 7–25　下载附件界面

（4）转发电子邮件

在阅读邮件窗口单击“转发”按钮，即可进入转发邮件界面。在“收件人”输入栏中输入需要转发的地址，在原邮件主题前会出现“Fw:”。用户也可以为邮件添加新的内容，包括附件，编辑完成后单击“发送”即可。

（5）删除电子邮件

对于无需保留的邮件，用户在阅读完邮件后可以单击“删除”按钮将其删除，也可以在邮件列表中选中多个不需要的邮件，同时删除多个邮件。删除的文件被存放至“已删除”选项中。在执行“彻底删除”之前，该邮件还可以恢复至“已发送”选项中。

4．通讯录

在邮箱首页中，点击左上角“首页”标签右面的“通讯录”按钮，即可进入通讯录管理界面，如图 7–26 所示。在该页面中可以看到之前发送邮件的收信人，也可以单击“新建联系人”按钮添加联系人。

图 7–26 编辑通讯录界面

5. 邮箱设置

用户可以对自己的邮箱进行个性化设置，比如更换邮箱的背景、分栏显示邮件列表和正文、自动回复、自动转发等。在邮箱首页中，单击最上方的“设置”按钮，选择“常规设置”命令，进入到设置界面，如图 7–27 所示。在该页面中，用户可以完成一些常规设置。也可以单击“换肤”命令，进入到皮肤界面，选择自己喜欢的主题，为邮箱更换背景。

图 7–27 设置邮箱界面

7.6.3 Outlook Express 的使用

本地邮箱工具是利用电子邮件应用程序收发邮件。相对于网页版的邮箱，本地邮箱工具更加方便快捷，管理更有效，对邮件所提供的管理也更丰富。用户可以在本地配置电子邮箱，配置完成后，即可通过邮箱客户端程序来对自己的邮件进行管理。比如，用户可以将自己的收件提取出来，也可以将其打印出来。目前，使用最广泛的本地邮箱工具有微软的 Outlook Express、腾讯的 Foxmail 等。

Outlook Express 是基于 Internet 标准的电子邮件通信程序，是 Windows 操作系统的一个收、发、写、管理电子邮件的自带软件，具有强大的电子邮件处理功能。它不仅具有访问 Internet 电子邮件账号、接收、回复和发送电子邮件等基本功能，还具有许多特殊的功能，可以使用户在管理和使用电子邮件时更加方便，并能给电子邮件添加更多、更丰富的内容。其工作界面如图 7-28 所示。对此软件的使用不再详细介绍，读者可自行尝试学习。

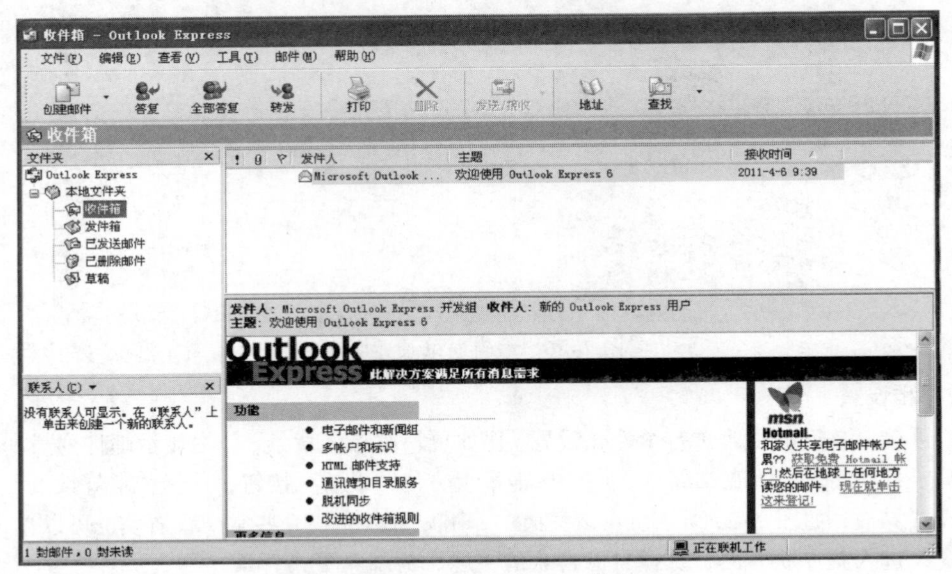

图 7-28　Outlook Express 工作界面

7.7　因特网的其他服务与扩展应用

7.7.1　网络即时通信工具

1. 即时通信的概念

即时通信（Instant Messaging，IM）是指能够即时发送和接收互联网消息的业务。自 1998 年以后，即时通信的功能日益丰富，逐渐集成了电子邮件、博客、音乐、电视、游戏和搜索等多种功能。即时通信不再是一个单纯的聊天工具，它已经发展成集交流、资讯、娱乐、搜索、电子商务、办公协作和企业客户服务等为一体的综合化信息平台。即时通信在 2003 年后与 WWW、E-mail 共同成为互联网使用的主流。近些年，随着移动互联网的发展，移动化的互联网即时通信得到了快速发展。

2. 即时通信工具

最早的即时通信软件是 ICQ，ICQ 是英文中 I seek you 的谐音，意思是我找你。三名以色列青年于 1996 年 7 月成立 Mirabilis 公司，并在 11 月份发布了最初的 ICQ 版本，在六个月内有 85 万用户注册使用。1998 年当 ICQ 注册用户数达到 1200 万时，被 AOL 看中，以 2.87 亿美元的价格买走。目前 ICQ 有 1 亿多用户，主要市场在美洲和欧洲。

即时通信是一个终端服务，允许两人或多人使用网络即时地传递文字信息、档案、语音与视频来交流。常规的即时通信软件分为两类，一类是个人应用的个人即时通信软件，比较有影响力的有微信、QQ、有度即时通、百度 HI、Skype、新浪 UC、MSN 等；另一类是企业即时通信，如通软联合 GoCom、腾讯 RTX、恒创 ActiveMessenger 等都是一种是以企业内部办公为主，建立的员工交流平台。

7.7.2　博客和微博

1. 博客

博客（Blog）是 Web 和 Log 的混成词，其正式名称为网络日记，又音译为部落格或部落阁等，是一种通常由个人管理、不定期张贴新的文章的网站。博客是继 MSN、BBS、ICQ 之后出现的第四种网络交流方式。博客是以网络为载体，使用户可以迅速、便捷地发布自己的心得，并可以及时有效轻松地与他人进行交流，代表着一种新的生活、学习和工作方式。

一个博客其实就是一个网页，通常由简短且经常更新的帖子所构成，这些帖子按照时间倒序排列。博客中的信息可以是文字、图像、其他博客或网站的链接及其他与主题相关的媒体，并且能够让读者以互动的方式留下意见。大部分的博客内容以文字为主，也有一些博客专注于艺术、摄影、视频、音乐等各种主题。比较著名的有新浪、腾讯等博客网站

博客多用于表达个人的想法和心得，成为编写者的个人日志。但是，博客并不纯粹是个人思想的表达和日常琐事的记录，它是私人性和公共性的有效结合，使其更加个性化、开放化、实时化和全球化。博客不仅仅要记录关于自己的点点滴滴，还应使它提供的内容能帮助到别人，也能让更多人知道和了解。因此，博客是共享与分享精神的体现。

博客按照功能可以分为两种，即基本博客和微型博客。基本博客是博客中较简单的形式，作者对于特定的话题提供相关的资源，发表简短的评论，这些话题几乎可以涉及所有领域。微型博客则是目前全球较受欢迎的博客形式，博客作者不需要撰写很复杂的文章，只需要 140 字内（这是大部分微博的字数限制，网易微博的字数限制为 163 个）的文字即可。知名的微博网站有 twitter、新浪微博、网易微博、搜狐微博、腾讯微博等。

下面以腾讯博客为例，介绍博客的使用方法。

① 登录 QQ 后，在其界面窗口上单击“QQ 空间”图标，即可进入 QQ 空间网页。

② 进入到 QQ 空间之后，单击“日志”，进入到写日志的界面，如图 7-29 所示。

③ 进入到写日志界面后，在指定位置输入日志的题目，在标题下方输入自己的想法、感受等文字内容，也可以添加链接、视频、图片、表情等信息，编辑完成后，单击“发表”即可及时发表。

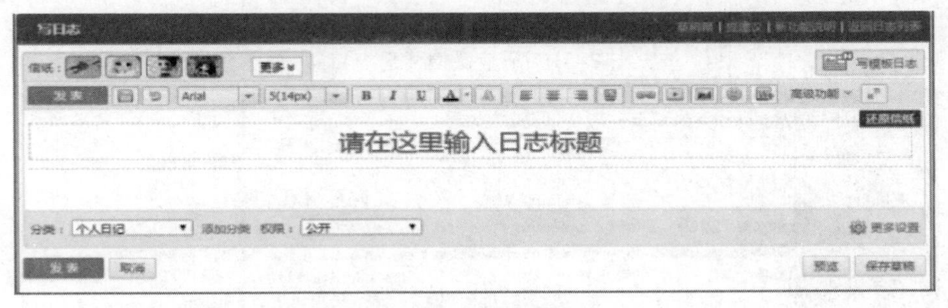

图 7-29　发表日志

④ 发表成功之后，可以返回到日志列表，也可以对日志进行评论、转发或者编辑等操作。

2. 微博

微博是微博客（MicroBlog）的简称，是指一种基于用户关系的，通过关注机制分享简短、实时信息的广播式的社交媒体、网络平台。它允许用户通过 PC、手机等多种移动终端接入，通

过 Web、Wap，以文字、图片、视频等多媒体形式，实现信息的即时分享、传播互动。2009 年 8 月新浪推出“新浪微博”内测版，成为门户网站中第一家提供微博服务的网站。此外，相继出现了腾讯微博、网易微博、搜狐微博等。

目前，具有代表性的微博是新浪微博。新浪微博具有转发功能、关注功能、评论功能等。它具有门槛低、随时随地、快速传播、实时搜索、用户排行等特色功能。下面就以新浪微博为例，给大家介绍微博的使用。

① 先进入新浪微博网站，在登录模块单击“立即注册”链接，如图 7-30 所示，打开注册窗口。

图 7-30　新浪微博登录窗口

② 在注册窗口填写注册信息，如图 7-31 所示，填写完成后单击“立即注册”完成注册。

③ 进入新浪微博窗口后，如图 7-32 所示，在微博输入框中就可以添加内容。添加的内容可以是文本、表情、图片、视频、话题信息。内容编写完成以后，可以选择该微博的发表范围“公开”“粉丝”“好友圈”“仅自己可见”或“群可见”。设置完成以后单击“发布”即可，在微博输入框下方就可以看到自己发布的内容。

如果要编辑自己发布的微博，在右侧单击标志微博数量的链接，即可进入个人微博界面“我的主页”，如图 7-33 所示，从中可以对微博进行管理，比如删除、置顶、加标签和转换为粉丝可见等。

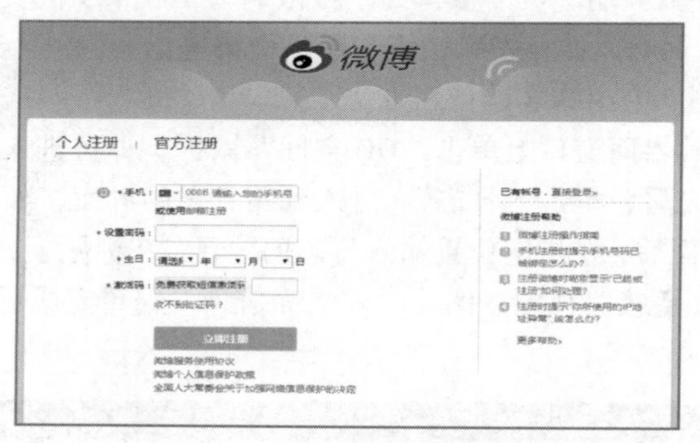

图 7-31　新浪微博注册窗口

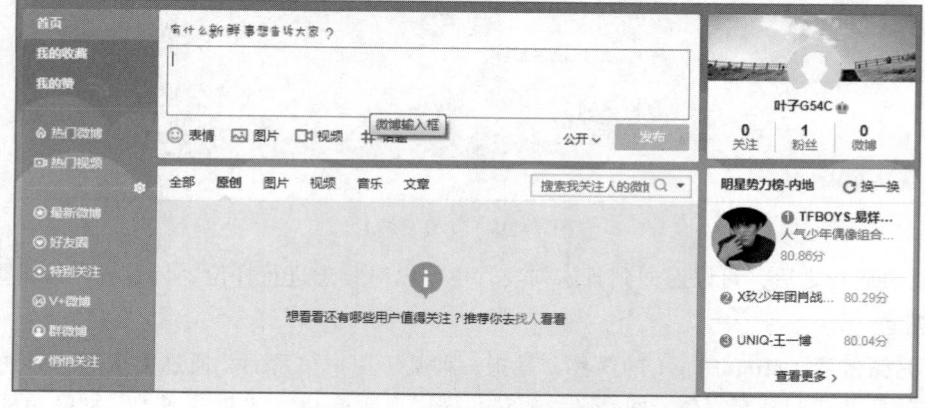

图 7-32　新浪微博输入框

图 7-33　新浪微博“我的主页”

7.7.3　电子商务

1. 电子商务概述

电子商务通常是指是在全球各地广泛的商业贸易活动中，在因特网开放的网络环境下，基于浏览器/服务器应用方式，利用计算机技术、网络技术和远程通信技术，实现整个商务过程中的电子化、数字化和网络化。广义的电子商务概念，即利用电子手段从事的商业商务活动都是电子商务；而大家通常所指的电子商务，是狭义的网络销售和网络购物的概念，即通过网络完成支付和下单的商业过程。

电子商务是因特网爆炸式发展的直接产物，是网络技术应用的全新发展方向。因特网本身所具有的开放性、全球性、低成本、高效率的特点，也成为电子商务的内在特征，并使得电子商务大大超越了作为一种新的贸易形式所具有的价值，它不仅会改变企业本身的生产、经营、管理活动，而且将影响到整个社会的经济运行结构。

2. 电子商务发展阶段

电子商务的发展大概经历了以下五个阶段。

第一阶段：电子邮件阶段。

这个阶段可以认为是从 70 年代开始，平均的通信量以每年几倍的速度增长。

第二阶段：信息发布阶段。

从 1995 年起，以 Web 技术为代表的信息发布系统，爆炸式地成长起来，成为 Internet 的主要应用。中小企业如何把握好从“粗放型”到“精准型”营销时代的电子商务。

第三阶段：电子商务阶段。

电子商务（Electronic Commerce，EC）之所以具有 EC 划时代的意义，是因为 Internet 的最终主要商业用途，就是电子商务。同时反过来也可以说，若干年后的商业信息，主要是通过 Internet 传递。Internet 即将成为我们这个商业信息社会的神经系统。

第四阶段：全程电子商务阶段。

随着 SaaS（Software as a Service）软件服务模式的出现，软件纷纷登录互联网，延长了电子商务链条，形成了当下最新的“全程电子商务”概念模式。

第五阶段：智慧阶段。

2011 年，互联网信息碎片化以及云计算技术愈发成熟，主动互联网营销模式出现，i-Commerce（individual Commerce）顺势而出，电子商务摆脱传统销售模式生搬上互联网的现状，以主动、互动、用户关怀等多角度与用户进行深层次沟通。

3. 电子商务的特点

近些年，电子商务得到了迅速发展，已经成为人们日常生活的重要组成部分。电子商务就其发展来看，具有以下特点：

① 突破时空限制。人们不受时间的限制，不受空间的限制，不受传统购物的诸多限制，可以随时随地在网上交易。通过跨越时间、空间，使我们在特定的时间里能够接触到更多的客户，为我们提供了更广阔的发展环境。

② 全球性市场，拥有庞大消费者群。在网络上，这个世界将会变得很小，一个商家可以面对全球的消费者，而一个消费者也可以在全球的任何一家商店购物。一个商店可以去建立不同地区、不同类别的买家客户群，通过网络收集到丰富的买家信息，然后对这些信息进行数据挖掘和数据分析，从而形成有效的商品推荐。

③ 流通和价格。电子商务减少了商品流通的中间环节，节省了大量的开支，从而也大大降低了商品流通和交易的成本。通过电子商务，企业能够更快的匹配买家，实现真正的产、供、销一体化，能够节约资源，减少不必要的生产浪费。

④ 更符合时代的要求。如今人们越来越追求时尚、讲究个性，注重购物的环境，网上购物，更能体现个性化的购物过程。

7.7.4 云计算

1. 云计算的定义

云计算又称网格计算，是分布式计算的一种，通过网络“云”将巨大的系统池连接在一起以提供各种 IT 服务。通过这项技术，可以在很短的时间内（几秒种）完成对数以万计的数据的处理，从而实现强大的网络服务。“云”的出现使企业与个人用户无需再投入昂贵的硬件购置成本，只需通过互联网购买或租赁计算力既可。

狭义云计算是指 IT 基础设施的交付和使用模式，指通过网络以按需、易扩展的方式获得所需的资源（硬件、平台、软件）。提供资源的网络被称为“云”。“云”中的资源在使用者看来是可以无限扩展的，并且可以随时获取，随时扩展，按需使用，按使用付费。

广义云计算是指服务的交付和使用模式，指通过网络以按需、易扩展的方式获得所需的服务。这种服务可以是 IT、软件和互联网相关的，也可以是任意其他的服务。

2. 云计算的特点

云计算与传统的网络应用模式相比，具有以下优势与特点：

（1）超大规模

“云”具有相当的规模，企业私有“云”一般拥有数百上千台服务器，比如，Google 的“云”已经拥有 100 多万台服务器，Amazon、IBM、微软等的“云”均拥有几十万台服务器。“云”能赋予用户前所未有的计算能力。

（2）虚拟化技术

虚拟化突破了时间、空间的界限，是“云”最为显著的特点。“云”支持用户在任何时间、任意位置使用各种终端获取应用服务。用户只需要一台笔记本式计算机或者一部智能手机，就可以通过网络服务来实现需要的一切，而无须了解应用运行的具体位置。

（3）通用性

“云”不针对特定的应用，在“云”的支撑下可以构造出千变万化的应用，同一个“云”可以同时支撑不同的应用运行。

（4）按需服务

“云”是一个庞大的资源池，用户可以根据自己的业务需求购买适合自己当前业务规模的硬件资源进行使用，然后像水、电那样付费。

（5）可靠性高

“云”使用了多种技术措施来保障服务的高可靠性，即使服务器故障也不影响计算与应用的正常运行。

（6）性价比高

用户可以将资源放在“云”上统一管理，不再需要购置价格昂贵、存储空间大的主机；由于“云”的特殊容错措施，可以选择相对廉价的 PC 组成云，以减少费用，且其计算性能不逊于大型主机；“云”的自动化集中式管理使大量企业无须负担日益高昂的数据中心管理成本；“云”的通用性使资源的利用率较之传统系统大幅提升。因此，用户可以充分享受“云”的低成本优势。

（7）可扩展性

“云”的规模可以动态伸缩，满足应用和用户规模增长的需要。

3. 云计算的服务类型

云计算的服务类型主要分为三种：IaaS、PaaS 和 SaaS。

（1）基础设施即服务（IaaS）

基础设施即服务是主要的服务类别之一，它个人或组织提供虚拟化计算资源，如虚拟机、存储、网络和操作系统。

（2）平台即服务（PaaS）

由于 IaaS 的蓬勃发展，为 PaaS 服务提供了可能，它能够为开发人员提供通过全球互联网构建应用程序和服务的平台。PaaS 为开发、测试和管理软件应用程序提供按需开发环境。

（3）软件即服务（SaaS）

软件即服务也是其服务的一类，通过互联网提供按需软件付费应用程序，云计算提供商托管和管理软件应用程序，并允许其用户连接到应用程序，同时通过全球互联网访问应用程序。

4. 云计算的应用

目前，云计算技术已经融入现今的社会生活，最为常见的就是网络搜索引擎和网络邮箱。此外还有以下一些应用。

（1）存储云

存储云，又称云存储，是在云计算技术上发展起来的一个新的存储技术。云存储是一个以数据存储和管理为核心的云计算系统。用户将本地资源上传至云端后，只要连入互联网就可以在任何地点获取云上的资源。国外的谷歌、微软等大型网络公司均有云存储服务。在我国，百度云和微云则是市场占有量最大的存储云。

（2）医疗云

医疗云是指在云计算、移动技术、4G 通信、大数据以及物联网等新技术基础上，结合医疗技术，使用“云计算”来创建医疗健康服务云平台，实现了医疗资源的共享和医疗范围的扩大，提高医疗机构的效率，方便居民就医。现在医院的预约挂号、电子病历等都是云计算与医疗领域结合的产物。

（3）金融云

金融云指利用云计算模型，将各金融机构及相关机构的数据中心互联互通，构成云网络，旨在为银行、保险和基金等金融机构提供互联网处理和运行服务，共享互联网资源，达到高效、低成本的目标。在 2013 年 11 月 27 日，阿里云整合阿里巴巴旗下资源，推出阿里金融云服务，既现在普及的快捷支付。现在，只需要在手机上简单操作，就可以完成银行存款、购买保险、基金买卖和二维码支付等金融操作。

（4）教育云

教育云是指教育信息化的发展，是未来教育信息化的基础架构，包括了教育信息化所必需的一切硬件计算资源，为教育领域提供云服务。现在流行的慕课，就是教育云的一种应用。在国内，中国大学 MOOC 是非常好的平台。

参考文献

[1] 柴欣，史巧硕．大学计算机基础教程[M]. 6 版．北京：中国铁道出版社，2014.

[2] 刘辰，王学严，等．计算机基础[M]．北京：人民出版社，2014.

[3] 钟志永，姚珺．大学计算机应用基础[M]．重庆：重庆大学出版社，2012.

[4] 刘红冰．计算机应用基础教程 Windows 7+Office 2010[M]．北京：中国铁道出版社，2015.

[5] 潘银松，颜烨．大学计算机基础[M]．重庆：重庆大学出版社，2017.

[6] 马利，范春年．大学计算机基础[M]．南京：东南大学出版社，2013.

[7] 倪应华．计算机基础实用教程[M]．杭州：浙江大学出版社，2013.

[8] 于玉海．大学计算机应用基础[M]．北京：中国铁道出版社，2015.

[9] 孙家启，万家华．新编大学计算机基础教程[M]．2 版．北京：北京理工大学出版社，2015.

[10] 陈淑鑫．信息技术基础[M]．北京：清华大学出版社，2013.

[11] 李兴国．信息管理学[M]．北京：高等教育出版社，2007.

[12] 雷震甲．网络工程师考试辅导[M]．2 版．西安：西安电子科技大学出版社，2007.

[13] 冯先成，李德骏．计算机网络及应用[M]．武汉市：华中科技大学出版社，2011.

[14] 严伟，潘爱民．计算机网络[M]．北京：清华大学出版社，2013.

[15] 于凌云．计算机网络基础及应用[M]．2 版．南京：东南大学出版社，2009.